C/C++
常用算法手册

陈黎娟■编著

中国铁道出版社有限公司
CHINA RAILWAY PUBLISHING HOUSE CO., LTD.

内容简介

计算机技术的发展和普及改变了人们的生活和工作方式，其中尤为重要的是计算机编程技术。现代的设计任务大多通过代码编程完成，其中算法起到了至关重要的作用。可以毫不夸张地说，算法是一切程序设计的灵魂和基础。

本书在透彻讲述算法原理和数据结构的基础上，重点分析了各类算法的实践应用，并通过面试题对所讲内容进行整合；知识点覆盖全面、结构安排紧凑、讲解详细、示例丰富。全书对每一个知识点都给出了相应的算法及应用示例。随书附赠的整体下载包中包含45讲、超过10小时的C/C++算法讲解视频，让读者所获更超值。

本书主要适用于有一定C/C++语言编程基础且想通过学习算法与数据结构提升编程水平的读者；除此之外，本书也可作为具有一定编程经验的程序员以及大中专院校学生学习数据结构和算法的参考书。

图书在版编目（CIP）数据

C/C++常用算法手册/陈黎娟编著. —北京：中国铁道出版社有限公司，2023. 1
ISBN 978-7-113-29792-3

Ⅰ. ①C… Ⅱ. ①陈… Ⅲ. ①C语言-程序设计-技术手册 ②C++语言-程序设计-技术手册 Ⅳ. ①TP312. 8-62

中国版本图书馆CIP数据核字(2022)第203923号

书　　名：**C/C++ 常用算法手册**
C/C++ CHANGYONG SUANFA SHOUCE
作　　者：陈黎娟

责任编辑：荆　波　　**编辑部电话**：(010) 63549480　　**邮箱**：the-tradeoff@qq.com
封面设计：宿　萌
责任校对：安海燕
责任印制：赵星辰

出版发行：中国铁道出版社有限公司（100054，北京市西城区右安门西街 8 号）
印　　刷：河北宝昌佳彩印刷有限公司
版　　次：2023 年 1 月第 1 版　2023 年 1 月第 1 次印刷
开　　本：787 mm×1 092 mm　1/16　**印张**：22.25　**字数**：541 千
书　　号：ISBN 978-7-113-29792-3
定　　价：99.80 元

整体下载包地址：
http://upload.m.crphdm.com/2019/0906/1567736957749.zip

FOREWORD 前言

计算机程序设计是信息化进程中最为重要的一个设计手段。一个应用程序往往由编程语言、数据结构和算法组成。其中，算法是整个程序设计的核心。算法代表求解具体问题的手段和方法，是一切程序设计的灵魂和基础。选择合理的算法，可以产生事半功倍的效果。因此，对于程序员来说，学习和掌握算法是重中之重。

数据结构和算法理论性很强，读者在学习的过程中会感到很枯燥和吃力，往往学习一段时间后便丧失了兴趣，这就使得学习的效率大大降低。如何才能提高读者的学习兴趣，使读者能够快速掌握数据结构和算法的知识呢？其实读者需要的不仅是理论知识，还需要了解这些知识点的代码实现以及应用示例。另外，对知识背景的介绍和理解往往能激发读者学习的兴趣。编者从这些基本点出发，为读者编写了一本可以轻松学习数据结构和算法的参考书。

C/C++ 是目前最为流行的编程语言之一。本书中所有的算法及示例都是采用 C 语言进行编写的，因为基本语法相同，所以同时也能在 C++ 环境下运行。但是这些算法并不仅仅局限于 C 语言。如果读者采用其他编程语言，如 C#、VB、Java 等，根据其语法格式进行适当的修改也可使用，毕竟算法是核心。C/C++ 语言是众多编程语言发展的重要参考，很多语法特点也相同。

■ 本书的特色

为了保证读者顺利掌握算法程序设计的核心技术，自写作之初我们就融入了与读者认知规律契合的写作思路，以保证质量和延长生命力。与其他同类书籍相比，本书有如下特色：

- 本书由浅入深、循序渐进地带领读者学习数据结构和算法的知识；
- 本书在讲解每个知识点的同时，均给出了相应的算法原理和算法实现，同时还给出了完整的应用示例，每个示例都可以通过编译执行，使读者能够快速掌握相应的知识点在程序设计中的应用；
- 本书在介绍各个知识点的同时，尽量结合历史背景并给出算法问题的完整分析，使读者可以了解问题的来龙去脉，避免了代码类书籍的枯燥乏味，增强了图书的易读性；
- 本书对每一个示例的程序代码都进行了详细的注释和分析，并给出了运行结果，使读者在学习时更容易理解。

■ 本书结构

本书以实用性、系统性、完整性和前沿性为特点，详细介绍了算法的基本思想和不同领域的应用示例。本书内容共分 3 篇 14 章。

第 1 篇是算法基础篇，共分为 3 章，详细介绍了算法和数据结构的相关知识。

第 2 篇为算法应用篇，共分为 7 章，详细讲解了算法在排序、查找、数值计算、数论、经典趣题和游戏中的应用。

第 3 篇为算法面试题篇，共分为 4 章，详细分析了各大 IT 公司在逻辑推理测试、数学基础测试、算法及数据结构方面的常见面试题。

■ 适合的读者

本书旨在帮助读者通过系统地学习算法和数据结构来提升编程水平，以下四类读者会从本书的阅读学习中受益：

- 系统开发人员；
- C 语言程序员；
- 计算机培训班学员；
- 大中专院校相关专业的学生及教师。

■ 致谢、勘误与支持

一本真正的好书，从策划到出版面市会凝聚很多人行之有效的想法及智慧，它不仅为读者打开一扇学习知识的门，更为读者在书本之外搭建起一条提升能力的阶梯。为了让本书更加完善，读者在学习本书的过程中如果发现有不明白的地方或者有更好的算法和其他建议，欢迎您发送邮件到 1057762679@qq.com 邮箱和我们交流。

陈黎娟

2022 年 8 月

CONTENTS

目 录

第 2 章　数据结构

第 6 章　基本数学问题

第 10 章 经典趣题计算机算法求解

第 14 章 算法常见面试题及解答

第 1 章

算法概述

计算机技术，特别是计算机程序设计技术极大地改变了人们的工作方式。现代的设计任务大多通过程序代码编程并交给计算机来完成，如何编写出更高质量的代码，算法在其中起到了至关重要的作用。磨刀不误砍柴工，在正式学习算法之前，本章我们先来了解算法的一些基本概念、发展历史、表示方式和应用等。

1.1 什么是算法

什么是算法（Algorithm）呢？算法就是用于计算的方法，通过这种方法可以实现预期的计算结果。

除此定义外，在一般的教科书或者字典上也有关于算法的专业解释。例如，算法是解决实际问题的一种精确描述方法；算法是对特定问题求解步骤的一种精确描述方法等。目前，广泛认可的算法的专业定义是模型分析的一组可行的、确定的和有穷的规则。

通俗地讲，可以将算法理解为一个完整的解题步骤，由一些基本运算和规定的运算顺序构成。通过这样的解题步骤可以解决特定的问题。从计算机程序设计的角度来看，算法由一系列求解问题的指令构成，能够根据规范的输入在有限的时间内获得有效的输出结果。算法代表了用系统的方法来描述解决问题的一种策略机制。

下面举一个例子来看算法是如何在现实生活中发挥作用的。最典型的例子就是统筹安排，假设有 3 件事（事件 A、事件 B 和事件 C）要做。

（1）做事件 A 需要耗费 5 分钟。

（2）做事件 B 需要耗费 5 分钟但需要 15 分钟的时间才可以得到结果，例如烧水等待水开的过程。

（3）做事件 C 需要耗费 10 分钟。

那么我们应该如何来合理安排这 3 件事呢？另一种方法是依次做，如图 1-1 所示。做完事件 A，再做事件 B，最后做事件 C。这样总的耗时是 5+(5+15)+10=35（分钟），这显然是一种浪费时间的方法。

在实际生活中比较可取的方法是先做事件 B，在等待事件 B 完成的过程中做事件 A 和事件 C。这样，等待事件 B 完成的 15 分钟正好可以完成事件 A 和事件 C。此时，总的耗时是 5+15=20（分钟），效率明显提高，如图 1-2 所示。

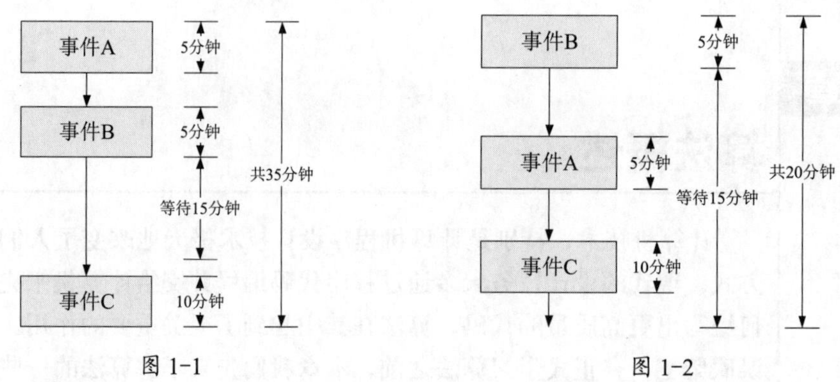

图 1-1　　图 1-2

在上面的例子中提到了两种方法，可以看作两种算法。第一种算法效率低，第二种算法效率高，但都达到了做完事情的目的。从这个例子可以看出，算法是有优劣之分的，好的算法可以提高工作效率。算法的基本任务就是对一个具体的问题找到一个高效的处理方法，从而获得最佳的结果。

一个典型的算法一般都可以从其中概括出 5 个特征：有穷性、确切性、输入、输出和可行性。下面结合上面的例子来分析这 5 个特征。

（1）有穷性

算法的指令或者步骤的执行次数必须是有限的，执行时间也是有限的。例如，在上面的例子中，通过短短的几步就可以完成任务，而且执行时间都是有限的。

（2）确切性

算法的每一个指令或者步骤都必须有明确的定义和描述。例如，在上面的例子中，为了完成 3 件事的任务，每一步做什么都有明确的规定。

（3）输入

一个算法应该有相应的输入条件，用来刻画运算对象的初始情况。例如，在上面的例子中，有 3 个待完成的事件，事件 A、事件 B 和事件 C 便是输入。

（4）输出

一个算法应该有明确的输出结果。这是很容易理解的，没有结果的算法是毫无意义的。例如，在上面的例子中，输出结果便是 3 件事全部做完了。

（5）可行性

算法的执行步骤必须是可行的，且可以在有限的时间内完成。例如，在上面的例子中，每一个步骤都切实可行。无法执行的步骤是毫无意义的，解决不了任何实际问题。

目前，算法的应用非常广泛，常用的算法包括递推算法、递归算法、穷举算法、贪婪算法、分治算法、动态规划算法和迭代算法等。本书将依次向读者展示各种算法的原理和应用。

1.2　算法的发展历史和分类

算法的起源可以追溯到公元前 1 世纪中国古代的《周髀算经》，它是算经十书之一，原名《周髀》，主要阐述了古中国的盖天说和四分历法。在唐朝的时候，被定为国子监明算科的教材之一，并被改名为《周髀算经》。算法在古中国称为“演算法”。《周髀算经》中记载了勾股定理、开平方、等差级数等问题，其中用到了相当复杂的分数算法和开平方算法等。在随后的发展中，相继出现了割圆术、秦九韶算法和剩余定理等一些经典算法。

在国外，9 世纪波斯数学家 al-Khwarizmi 提出了算法的概念。算法最初写为“algorism”，意思是采用阿拉伯数字的运算法则。到了 18 世纪，算法被正式命名为“algorithm”而沿用至今。由于汉字在表述上不太直观，导致中国古代算法的发展比较缓慢，而采用阿拉伯数字和拉丁字母的西方国家在算法领域则发展迅速。例如，著名的欧几里得算法（又称辗转相除法）就是典型的算法。

在历史上，大多数人都认可 Ada Byron 是第一个程序员。她在 1842 年编写了伯努利方程的求解算法程序，虽然未能执行，但奠定了计算机算法程序设计的基础。

后来，随着计算机技术的发展，在计算机上实现各种算法皆成为可能，也相当简捷。于是，算法在计算机程序设计领域再次得到发展。目前，无论采用何种编程语言，几乎所有的程序员都需要与算法打交道。用计算机语言来实现算法，成为计算机科学的一个重要分支，也是重要的实践应用。君可见，Google 公司的核心技术是搜索算法，中国字节跳动公司的核心技术是内容推送算法。

算法是一门古老而又庞大的学科，随着历史的发展，演化出多种多样的算法。按照不同的应用和特性，算法可以分为不同的类别。

（1）按照应用来分类

按照算法的应用领域来分类，也就是可以解决的问题，算法可以分为基本算法、数据结构相关的算法、几何算法、图论算法、规划算法、数值分析算法、加密 / 解密算法、排序算法、查找算法、并行算法和数论算法等。

（2）按照确定性来分类

按照结果的确定性来分类，算法可以分为确定性算法和非确定性算法。

① 确定性算法：这类算法在有限的时间内完成计算，且得到的结果是唯一的，经常取决于输入值。

② 非确定性算法：这类算法在有限的时间内完成计算，但是得到的结果往往不是唯一的，也就是存在多值性。

（3）按照算法的思路来分类

按照实现思路来分类，算法可以分为递推算法、递归算法、穷举算法、贪婪算法、分治算法、动态规划算法和迭代算法等。

1.3　算法与相关概念的区别

算法其实是一个很抽象的概念，往往需要依托于具体的实现方式才能体现其价值，例如在计算机编程中的算法、数值计算中的算法等。本书重点讲解的是算法在计算机编程中的应用，由于算法的抽象性，导致读者很容易产生混淆，这里有必要先澄清一些基本概念。

1.3.1　算法和公式的关系

前面谈到的算法很容易让我们联想到数学中的公式。公式用于解决某类问题，有特定的输入和结果输出，能在有限的时间内完成，并且公式都是完全可以操作并计算的。虽然公式提供了一种算法，但算法绝不完全等同于公式。

公式是一种高度精简的计算方法，可以认为就是一种算法，它是人类智慧的结晶。而算法并不一定是公式，算法的形式可以比公式更复杂，应用领域更广泛。

1.3.2 算法与程序的关系

如前面所述，算法是依托于具体的实现方式的。虽然一提到算法，我们就会联想到计算机的程序设计，但算法并非仅限于此。例如，在传统的笔算中，通过纸和笔按照一定的步骤完成的计算也是算法的应用。在速记中，人们通过特殊的方法来达到快速巩固记忆的目的，这也是一种算法的应用。

在计算机程序设计中，算法的体现更为广泛，几乎每个程序都需要用到算法，只不过有些算法比较简单，有些算法比较复杂而已。

算法和程序设计语言是不同的。程序设计语言是实现算法的一种形式，也是一种工具。往往需要首先熟悉程序设计语言的语法格式，才能使用这种程序语言编写合适的算法，实现程序的运行。学习一门程序设计语言是比较容易的，难的是如何正确合理地运用算法编写程序代码来高效地解决实际问题。

1.3.3 算法与数据结构的关系

数据结构是数据的组织形式，可以用来表征特定的对象数据。在计算机程序设计中，操作的对象是各式各样的数据，这些数据往往拥有不同的数据结构，例如数组、结构体、联合、指针和链表等。因为不同的数据结构所采用的处理方法不同，计算的复杂程度也不同，因此算法往往是依赖于某种数据结构的。也就是说，数据结构是算法实现的基础。

计算机科学家尼克劳斯·沃思（Nikiklaus Wirth）曾提出了一个著名的公式：数据结构＋算法＝程序。后来，他出版了著名的《数据结构＋算法＝程序》一书。从中可以看出算法和数据结构的关系。

经过前面的介绍，现在对程序、算法、数据结构、程序设计语言有了比较深刻的认识。如果给出一个公式，这三者的关系则可以表述成如下形式：

数据结构＋算法＋程序设计语言＝程序

其中，数据结构表示的是处理的对象；算法是计算和处理的核心方法；程序设计语言是算法的实现方式。把它们综合起来便构成了一个实实在在的程序。

注意：算法是解决问题的一个抽象方法和步骤，同一个算法在不同的语言中具有不同的实现形式。这依赖于数据结构的形式和程序设计语言的语法格式。

1.4 算法是计算机科学的灵魂

为什么算法是计算机科学的第一门专业基础课程，因为后面每一门课程都要用到算法，算法思想是这些课程的核心基础。

• 硬件需要算法——实现更快的硬件指令执行。

• 编译程序需要算法——生成运行更快的程序代码。

• 网络技术需要算法——实现稳定又高速的数据传输。

……

算法是专业和非专业人员的分野。看一个人的代码水平，看看用的什么算法就知道了。因此算法实现能力也是各种程序设计语言的根本，首先各种程序设计语言，都要实现顺序，选择和循环结构，并且尽量简捷高效，在这个基础上，才会有自己的语言特色。

什么是算法呢？简单地说，算法就是 How to do，关于效率的 How to do。

华罗庚先生曾举过一个案例：给自己烧水喝。

普通的算法：先洗水壶和茶杯，然后给水壶里面打上水开始烧，等开水烧好了，关火，去拿茶叶放入茶杯，冲茶喝。

优化的算法：先洗水壶，然后立刻给水壶里打上水开始烧；在等开水烧开的这 10 分钟里，去洗茶杯拿茶叶；然后水烧开之后，关火冲茶喝。这个算法，是不是总体执行时间就要小很多呢？

计算机程序也是这样，不管软件硬件，都在不停地优化算法，以期望用最少的硬件资源，得到更快的运行速度，节约社会整体运转成本，让世界更加和谐美好。

算法的优化是无处不在的，就在我打入这段文字的时候，我就发现，“的、地、得”三个字因为高频地出现，但都是一个发音“de”，我输入这两个字母后，需要不停地去选择到底是哪一个字。其实，好的算法就可以解决这个问题，甚至可以上升到更高层次的算法，三个字采用不同的发音。

当然，这样大的修改，需要专家去核算全社会的成本是不是值得。但我们的思想不要受到禁锢，什么创新想法都可以试一试。

毕竟，摩尔定律已经快到尽头，以前，硬件优化硬件，软件优化软件，网络优化网络，而如今这样的办法有点吃力了。需要整体考虑，整体重构，比如说，也许，我们今天的软件编写方法，可能都需要改一改习惯，让代码有更高的并行度，早早引入并行算法。硬件呢，也对应优化执行这类新代码的执行速度，毕竟现在 CPU 已经出现了好多个核心，但我们还是用原来单核心时代的程序编写方法；默认的原则是，硬件（主要指 CPU 的设计）总在想办法更快执行我们已经写出的代码。但现在已经碰到了“瓶颈”，是不是应该整体考虑一下，我们发明一种新的程序设计语言，发明一种新的算法，让我们在生成 CPU 指令的时候，就是并行度很高的、可以利用多核 CPU 运行的代码，这样在今天的 CPU 上，就可以非常高效运行这些代码。

可是，这样的修改，老代码可能在新 CPU 上运行速度就慢了，要运行速度快，很多代码都要重写，是不是社会整体成本过高？但这就是整体的思考之道，和前面“的、地、得”是不是应该修改成不同的发音一样，我们都可以思考思考，思想不要被禁锢了。

今天，这本书的读者，你们在这里学习计算机的基础算法，学习计算机科学。明天，你们中的大多数人，就要挑战计算机科学与技术面临的“瓶颈”，用更全面、更整体的算法，来让计算机应用的整个体系运行效率更高，使用资源成本更低。

1.5 算法的表示

算法是用来解决实际问题的，问题简单，算法也简单；问题复杂，算法也相应地复杂。为了便于交流和进行算法处理，往往首先需要将算法进行描述，也就是算法的表示。一般来说，算法可以采用自然语言、流程图、N-S 图和伪代码等几种方式表示。

1.5.1 自然语言

所谓自然语言，就是自然地随着文化演化而来的语言，如汉语、英语等。通俗地讲，自然语言就是我们平时口头描述的语言。对于一些简单的算法，可以采用自然语言口头描述算法的执行过程，例如前面的事件 A、B、C 统筹安排的例子。

但是，随着需求的发展，很多算法都比较复杂，很难用自然语言来描述，同时自然语言的表述烦琐难懂，不利于交流和发展。因此，需要采用其他的方式进行表示。

其实，我国古代早期的算法也可以看作自然语言表示。正是由于这种复杂、烦琐的自然语言表示大大阻碍了中国古代算法的发展。这也正是我国古代算法起源早，但后来却落后于西方国家的原因。可见，抽象和简捷的表达逻辑，是一个很重要的思想方法。

1.5.2 流程图

流程图是一种用图形表示算法流程的方法，它由一些图框和流程线组成，如图 1-3 所示。其中，图框表示各种操作的类型，图框中的说明文字和符号表示该操作的内容，流程线表示操作的先后次序。

流程图最大的优点是简单直观、便于理解，在计算机算法领域有着广泛的应用。例如，计算两个输入数据 a 和 b 的最大值，可以采用图 1-4 所示的流程图来表示。

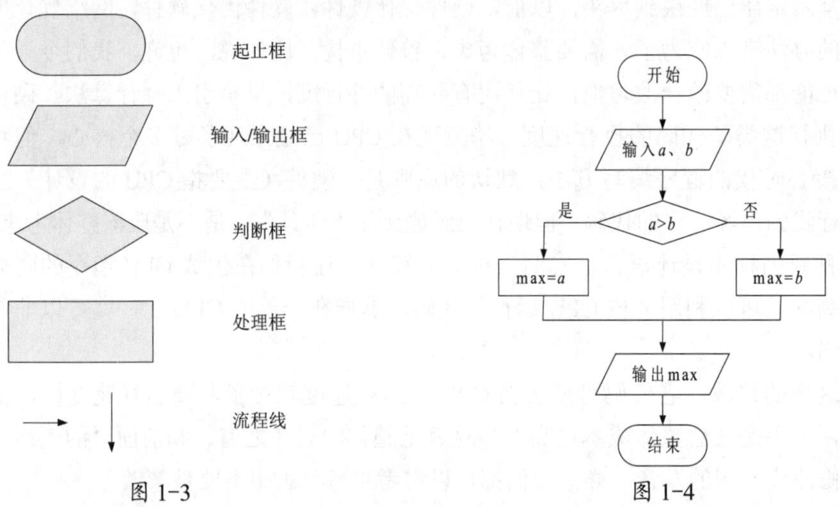

图 1-3　　图 1-4

在实际使用中，一般采用如下三种流程结构。大家一眼也可以看出来，这是程序设计语言实现的程序走向的基本结构，所以，任何一种程序设计语言，都会有基本的算法描述能力，也就有这三种结构的基本语法。大家总结会发现，各种程序设计语言的基础语法，都差不多，道理就在这里，描述算法用到的三种基本结构是一样的。

（1）顺序结构

顺序结构是最简单的一种流程结构，一个接着一个进行处理，如图 1-5 所示。一般来说，顺序结构适合于简单的算法。

（2）分支结构

分支结构常用于根据某个条件来决定算法走向的场合，如图 1-6 所示。这里首先判断条件 P，如果 P 成立，则执行 B，否则执行 A，然后再继续下面的算法。分支结构有时也称为条件结构。

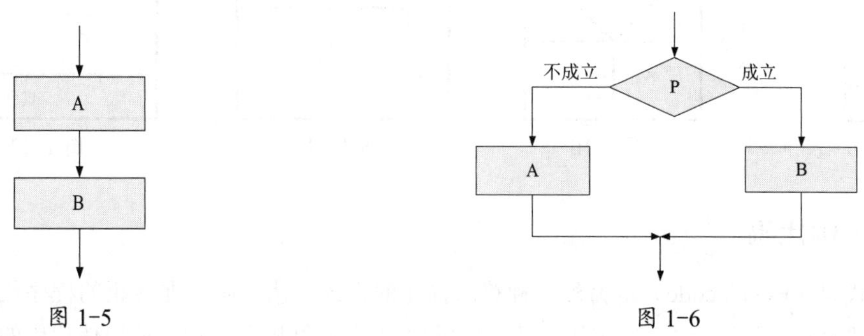

图 1-5　　　　图 1-6

（3）循环结构

循环结构常用于需要反复执行的算法操作，按照循环的方式的不同，可以将其分为当型循环结构（图 1-7）和直到型循环结构（图 1-8）。

图 1-7　　　　图 1-8

当型循环结构和直到型循环结构的区别如下：

① 当型循环结构先对条件进行判断，然后再执行，一般采用 while 语句来实现；

② 直到型循环结构先执行，然后再对条件进行判断，一般采用 until、do...while 等语句来实现。

注意：无论使用当型循环结构还是直到型循环结构，都需要进行合适的处理，以确保最终能够跳出循环，否则将构成死循环，而死循环是没有任何意义的，不符合算法的有穷性。

一般来说，采用上述三种流程结构可以完成所有的算法任务。通过合理地安排流程结构，可以构成结构化的程序，这样便于算法程序的开发和交流。

1.5.3 N-S 图

N-S 图也被称为盒图或 CHAPIN 图，1973 年由美国学者 Nassi 和 Shneiderman 提出。他

们发现采用流程图可以清楚地表示算法或程序的运行过程，但其中的流程线并不是必需的，因此创立了 N-S 图。在 N-S 图中，把整个程序写在一个大框图内，这个大框图由若干个小的基本框图构成。采用 N-S 图也可以方便地表示流程图的内容。

采用 N-S 图表示的顺序结构如图 1-9 所示。采用 N-S 图表示的分支结构如图 1-10 所示。采用 N-S 图表示的当型循环结构如图 1-11 所示。采用 N-S 图表示的直到型循环结构如图 1-12 所示。

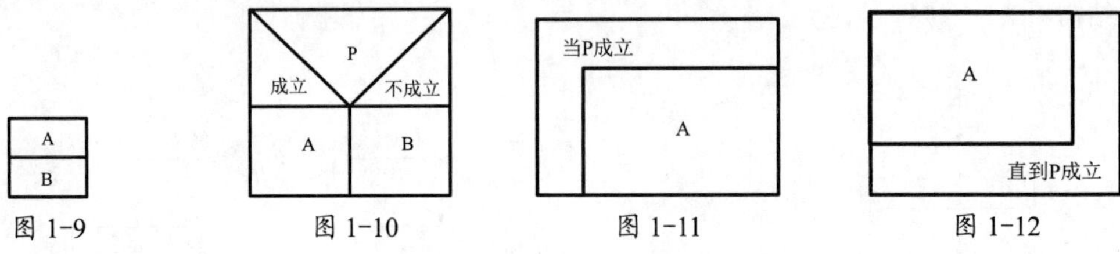

图 1-9　　图 1-10　　图 1-11　　图 1-12

1.5.4　伪代码

伪代码（Pseudocode）是另外一种算法描述的方式。伪代码并非真正的程序代码，其介于自然语言和编程语言之间。因此，伪代码并不能在计算机上运行。使用伪代码的目的是将算法描述成一种类似于编程语言的形式，例如 C、C++、Java、Pascal 等。这样，程序员便可以很容易理解算法的结构，再根据编程语言的语法特点，稍加修改，便可以实现一个真正的算法程序。

伪代码在 C 语言中得到广泛的应用，其他语言（C++、Java、C# 等）大都借鉴了 C 语言的语法特点。这些编程语言在很大程度上都和 C 语言类似，例如，都采用 if 语言表示条件分支和判断，采用 for 语句、while 语句表示循环等。因此，可以利用这些共性来描述算法，而忽略编程语言之间的差异。

在使用伪代码表示算法时，程序员可以使用自然语言来进行表述，也可以采用简化的编程语句来表示，相当随意。不过，为了编程代码的交流和重利用，程序员还是应该尽可能表述得清楚明了。

下面举一个使用伪代码表示的程序代码的例子。

```
变量 a<- 输入数据
变量 b<- 输入数据

if a>b
    变量 max<-a
else
    变量 max<-b

输出变量 max
程序结束
```

上述代码演示的是求两个数据最大值的伪代码。首先将输入的数据分别赋值给变量 *a* 和变量 *b*，然后通过 if 语句进行判断，将最大者赋值给变量 max，最后输出变量 max。从这个例子中可以看出，伪代码表示很随意，但又高度接近编程语言。程序员可以根据这段伪代码和某种编程语言的语法特点进行修改，从而得到真正可执行的程序代码。

在使用伪代码时，必须结构清晰、代码简单、可读性强，这样才能更有利于算法的表示。否则将适得其反，晦涩难懂，失去了伪代码表示的意义。

1.6　伪代码与算法程序的对应

使用伪代码来描述算法的最大优势就是简捷易懂、书写方便，也容易向编程语言过渡。传统的流程图和 N-S 图虽然也具有直观易懂的特点，但是画起来比较麻烦。在设计一个算法时，可能要反复修改，而修改流程图或者 N-S 图是比较烦琐的。相比较而言，伪代码是最便于在算法设计之初反复修改的。

虽然伪代码并无固定的、严格的语法规则，但是为了便于书写和阅读，仍然建议按照一定的规则来编写。这样便于清晰地实现从伪代码到 C、C++ 算法的转换。下面将介绍一些基本的伪代码书写规范及其与 C、C++ 算法的对应关系。

1.6.1　基本对应规则

伪代码与 C/C++ 代码之间具有一些基本的对应规则，主要体现在如下几点。

（1）在伪代码中，每一条指令占一行，指令后不跟任何符号。而对应的 C/C++ 代码则同样是每一条指令占一行，不过语句要以分号结尾。

（2）在伪代码中，可以使用“△”来表示注释。而对应的 C/C++ 代码则需要使用“//”或者“/*……*/”来表示注释。

（3）在伪代码中，为了简单方便，变量名和保留字可以不区分大小写。而对应的 C/C++ 代码则是区分大小写的。

（4）在伪代码中，变量不需要声明就可以直接使用。而对应的 C/C++ 代码则必须在合适的位置将变量进行声明和初始化之后才可以使用。

（5）赋值语句用符号“←”表示，$x \leftarrow$ exp 表示将 exp 的值赋给 x，其中 x 是一个变量，exp 是一个与 x 同类型的变量或表达式，多重赋值 $i \leftarrow j \leftarrow e$ 是将表达式 e 的值赋给变量 i 和 j，这种表示与 $j \leftarrow e$ 和 $i \leftarrow e$ 等价。例如：

```
x←y
x←20*(y+1)
x←y←30
```

而对应的 C/C++ 代码则需要使用“=”来表示，例如，上面的伪代码语句转换为 C/C++ 代码为：

```
x = y;
x = 20*(y+1);
x = y = 30;
```

（6）在伪代码中，通常用连续的数字或字母来表示同一级模块中的连续语句，有时也可省略标号。例如：

```
1. line 1
2. line 2
   a. sub line 1
   b. sub line 2
      1. sub sub line 1
      2. sub sub line 2
```

```
   c. sub line 3
3. line 3
```

而对应的 C/C++ 代码则无须用数字或字母来表示。

1.6.2 分支结构

为了描述 if-then-else 的分支结构，伪代码需要在书写上采用“缩进”来表示。“缩进”的基本原则如下：

（1）同一模块的语句有相同的缩进量；

（2）次一级模块的语句相对于其父级模块的语句缩进。

典型的分支结构伪代码示例如下：

```
line 1
line 2
   sub line 1
   sub line 2
     sub sub line 1
     sub sub line 2
   sub line 3
line 3
```

而相对应的 C/C++ 代码用花括号“{”和“}”的嵌套来表示分支结构，上述伪代码对应的 C/C++ 代码可以写为如下形式：

```
line 1
line 2
{
   sub line 1
   sub line 2
   {
      sub sub line 1
      sub sub line 2
   }
   sub line 3
}
line 3
```

1.6.3 循环结构

使用伪代码描述循环结构语句时，一般同样使用“缩进”来表示。例如：

```
1. x ← 0
2. y ← 0
3. z ← 0
4. while x < N
     1. do x ← x + 1
     2.    y ← x + y
     3.    for t ← 0 to 10
             1. do z ← ( z + x * y ) / 100
             2.    repeat
                     1. y ← y + 1
                     2. z ← z - y
             3.    until z < 0
     4.    z ← x * y
5. y ← y / 2
```

而相对应的 C/C++ 代码则使用花括号“{”和“}”的嵌套来表示。例如，上述伪代码转换为 C/C++ 代码如下：

```
x = y = z = 0;
while( z < N )
{
  x ++;
  y += x;
  for( t = 0; t < 10; t++ )
  {
     z = ( z + x * y ) / 100;
     do {
        y ++;
        z -= y;
     } while( z >= 0 );
  }
  z = x * y;
}
y /= 2;
```

1.6.4　数组及函数

在伪代码中，数组元素的存取采用数组名后跟“[下标]”表示。例如 A[j] 指示数组 A 的第 j 个元素。符号“…”用来指示数组中值的范围。例如，A[1…j] 表示含元素 A[1]、A[2]、…、A[j] 的子数组。

在伪代码中，函数值利用“return (函数返回值)”语句返回；函数用“call 函数名”语句来调用。例如：

```
1. x ← t + 10
2. y ← cos(x)
3. call JiSuan(x,y)
```

而对应的 C/C++ 代码中，函数也是使用 return() 来表示返回值；调用函数则不需要用 call 来表示，直接写函数名 + 参数，就是函数调用了。

1.7　算法的性能评价

算法其实就是解决问题的一种方法，一个问题的解决往往可以采用多种方法，但每种方法所用的时间和得到的效果往往是不一样的。好的算法执行效率高，所耗费的时间短，差的算法则往往因为需要耗费更多的时间，导致效率低下。

算法的一个重要任务便是找到合适的、效率高的解决问题的方法，也就是最合适的算法。从理论上来讲，这就需要对算法的性能有一个合理的评价。一个算法的优劣往往通过算法复杂度来衡量，算法复杂度包括时间复杂度和空间复杂度两个方面。

1．时间复杂度

时间复杂度是指算法执行所耗费的时间，时间越短，算法越好。一个算法执行的时间往往无法精确估计，通常需要在实际的计算机中运行才能知道。但可以对算法代码进行估计，从而得到算法的时间复杂度。

（1）算法代码执行的时间往往和算法代码中语句执行的数量有关。由于每条语句的执行都需要时间，所以语句执行的次数越多，整个程序所耗费的时间就越长。因此，简短的算法程序往往执行速度更快。

（2）算法的时间复杂度还与问题的规模有关。这方面在专门的算法分析中有详细的介绍，这里限于篇幅不再赘述，有兴趣的读者可以参阅算法分析相关的书籍。

2．空间复杂度

空间复杂度是指算法程序在计算机中执行所需要消耗的存储空间。空间复杂度可以分为如下两个方面：

（1）程序保存所需要的存储空间，也就是程序的大小；

（2）程序在执行过程中所需要消耗的存储空间资源，例如，程序在执行过程中的中间变量等。

一般来说，程序的规模越小，执行过程中消耗的资源越少，这个程序也就越好。在算法分析中，空间复杂度有更为详细的度量，这里限于篇幅不再赘述，有兴趣的读者可以阅读相关的书籍。

1.8 算法实例

通过前面的介绍，我们对算法有了更为清晰的认识。算法是一个解决问题的抽象方法，需要依托于具体的实现手段才能体现其价值。由于本书重点讨论的是计算机程序设计中的算法，因此这里的实现手段可以狭隘地认为是编程语言，例如 C、C++、C#、BASIC、Java、Pascal 等。

本书以流行的 C 语言为例来介绍各种算法的原理和应用，当然也适用于 C++。对于其他编程语言，只要熟悉算法的原理和编程语言的语法特点，对代码稍加修改，即可方便地进行移植。

明确了编程语言之后，还需要确定编程工具。目前流行的 C 语言集成开发环境包括 Visual C++、Dev-C++、Borland C++ 等，本书选用了应用较为广泛的 Visual C++ 集成开发环境进行算法的介绍。其实本书中的所有程序不加修改或者稍加修改便可以在其他 C 语言集成开发环境中运行。

在正式进入算法讲解之前，先通过一个实例带领读者在 Visual C++ 集成开发环境中完成一个简单算法程序的编写、调试和应用的全部步骤。为了突出重点，在后面的章节中，将会直接给出算法的源代码和运行结果，而不再赘述操作步骤。

1.8.1 查找数字：在拥有 20 个整数的数组中查找某个数字

在一个数组中查找数据是经常用到的操作，例如，在一个班级的学生档案中查找某个学生的记录等。这里将这个问题进行简化，程序随机生成一个拥有 20 个整数的数组，然后输入要查找的数字。接着可以采用最简单的顺序查找的方法，这种方法的伪代码示例如下：

```
变量 x<- 输入待查找的数据
变量 arr<- 随机生成数据数组

for 1 to 20
    if arr[i]= =x
        break; 找到数据
    else
```

```
输出该数据的位置
程序结束
```

这里的伪代码仅表示了算法的一个基本流程，并不是真正的算法程序代码。但从这里可以看出这个程序的基本结构：首先输入待查找的数据，并生成一个随机的数据数组，然后从头到尾对数据逐个进行比较，当数据值相等时找到数据，并输出该数据的位置。

程序的示例代码如下：

```
#include <stdio.h>                                          //头文件
#include <stdlib.h>
#include <time.h>

#define N 20

int main()
{
    int arr[N],x,n,i;
    int f=-1;

    srand(time(NULL));                                      //随机种子
    for(i=0;i<N;i++)
    {
        arr[i]=rand()/1000;                                 //产生数组
    }

    printf("输入要查找的整数:");
    scanf("%d",&x);                                         //输入要查找的数

    for(i=0;i<N;i++)                                        //顺序查找
    {
        if(x==arr[i])                                       //找到数据
        {
            f=i;
            break;
        }
    }

    printf("\n随机生成的数据序列:\n");
    for(i=0;i<N;i++)
    {
        printf("%d ",arr[i]);                               //输出序列
    }
    printf("\n\n");

    if(f<0)                                                 //输出查找结果
    {
        printf("没找到数据:%d\n",x);
    }
    else
    {
        printf("数据:%d 位于数组的第 %d 个元素处.\n",x,f+1);
    }

    system("pause");
    return 0;
}
```

在该程序中，main() 函数生成 20 个随机整数，然后使用 for 语句和 if 语句进行顺序查找。当查找到该数字时，便退出查找，输出该数字的位置，否则输出没找到的数据。

1.8.2 创建项目

明确算法程序后，便可以在 Visual C++ 集成开发环境中执行该程序。首先，需要创建一个 C 项目，并添加一个空的源程序文件以供代码编写。主要的操作步骤如下。

（1）启动 Microsoft Visual C++ 6.0 集成开发环境。

（2）选择 File|New 命令，打开 New 对话框，如图 1-13 所示。

（3）在 Projects 选项卡中选择 Win32 Console Application 选项，并在 Project name 文本框中输入项目的名称，Location 文本框用于设置保存路径。

（4）单击 OK 按钮，在弹出的对话框中选择 An empty project 单选按钮，如图 1-14 所示。

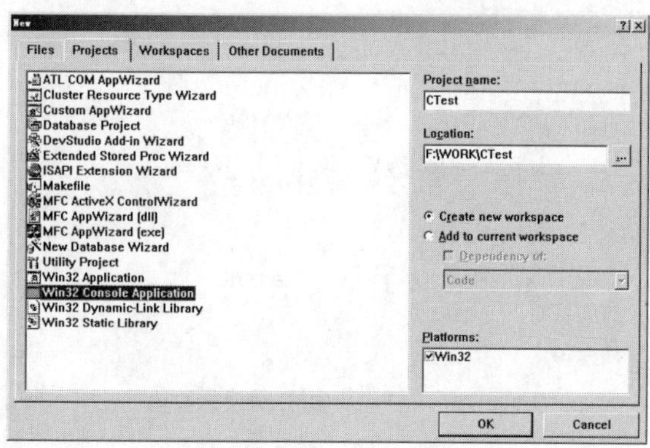

图 1-13

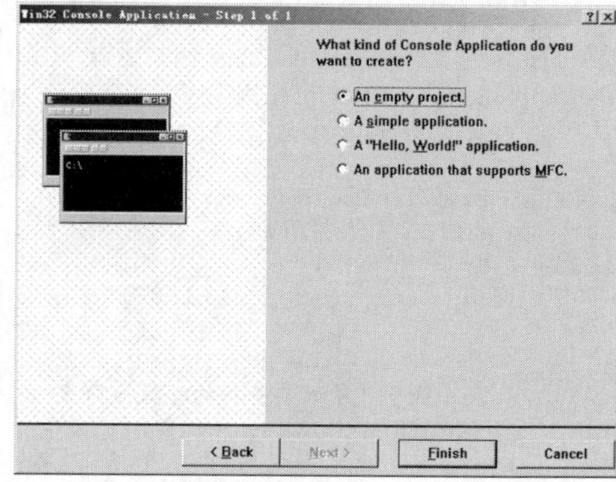

图 1-14

（5）单击 Finish 按钮，此时弹出 New Project Information 对话框，如图 1-15 所示。该对话框中列出了一些所创建项目的主要信息。

（6）单击 OK 按钮，完成项目的建立。此时只是一个空项目，项目中没有任何文件，如图 1-16 所示。

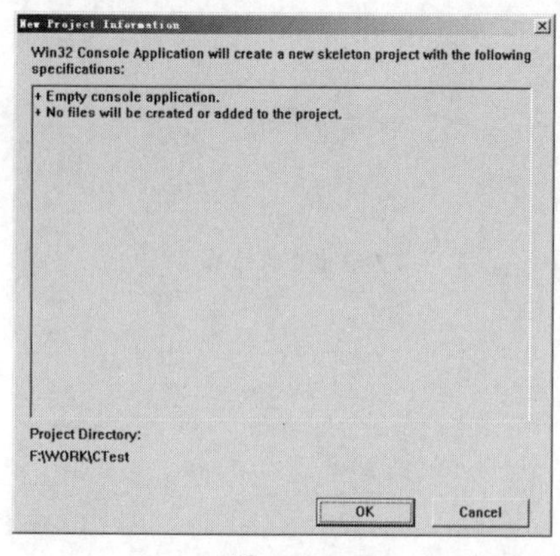

图 1-15

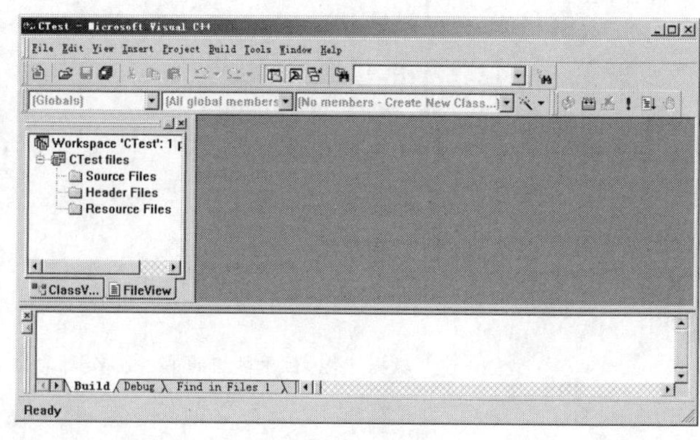

图 1-16

（7）在该项目中添加源代码文件。选择 File|New 命令，打开 New 对话框，如图 1-17 所示。

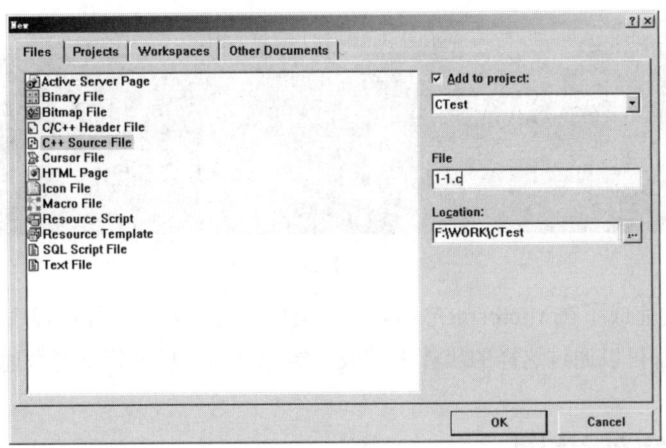

图 1-17

（8）在 Files 选项卡中选择 C++ Source File 选项，并在 File 文本框中输入源代码文件的名称，以“.c”为扩展名。

（9）单击 OK 按钮，该文件将自动添加到项目中。

这样，便完成了一个基本 C 项目的创建。这里创建的 C 文件是一个空白的文件，只需将前面的实例代码（查找数字）输入其中即可。

1.8.3　编译执行

下面需要在 Microsoft Visual C++ 6.0 集成开发环境中对该程序进行编译和连接。具体的操作步骤如下。

（1）选择 Build|Compile 命令，将对源文件进行编译操作。编译结果如图 1-18 所示，图中表示程序通过编译，源代码没有语法错误。

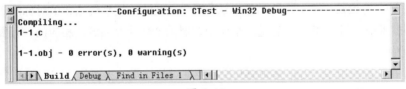

```
--------------------Configuration: CTest - Win32 Debug--------------------
Compiling...
1-1.c

1-1.obj - 0 error(s), 0 warning(s)
```
Build　Debug　Find in Files 1

图 1-18

（2）选择 Build|Build 命令，进行连接操作并生成可执行文件。连接的结果如图 1-19 所示，图中表示连接成功，并生成了相应的可执行文件。

```
--------------------Configuration: CTest - Win32 Debug--------------------
Linking...

CTest.exe - 0 error(s), 0 warning(s)
```
Build　Debug　Find in Files 1

图 1-19

（3）选择 Build|Execute 命令，可以查看程序执行的结果。此时按照提示输入要查找的数据，便可以得到查找的结果，如图 1-20 所示。

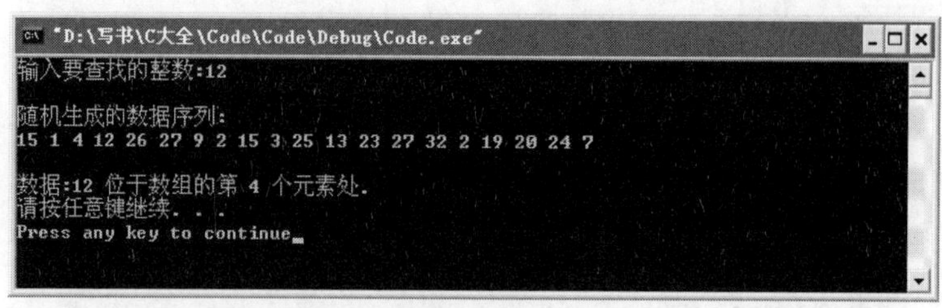

图 1-20

至此，我们便完成了在 Microsoft Visual C++ 集成开发环境中进行 C 程序设计的基本步骤。本书中很多例子都可以通过这样的步骤来完成，经此介绍，后面将不再赘述。

1.9 算法的新进展

算法的起源很早，它是一门随着历史不断发展的学科。在计算机及程序设计出现之前，算法停留在演算和手工计算的层面。计算机出现之后，算法在计算机编程领域获得了极大发展，很多以前不可能实现的算法，现在基本都可以实现了。

其实，算法是一个扎根于数学和物理学的学科。数学和物理学上的新发展往往能够激发一些新的算法应用的产生。现在就向读者展示一下近现代算法的一些进展。

1．并行算法

我们经常接触的算法模式都是单线程顺序计算的，即使其中采用了 if 分支语句或者其他跳转语句，也都是按照单一线程，每次仅完成一步操作，这就是串行计算的思想。而现在计算领域正在向并行计算方向发展，例如多核心处理器、多台计算机的分布式并行计算等。在并行计算中，一个任务可以分多个线程同时计算，大大加快了计算的速度。

并行计算的思路不同于传统的串行计算，因此需要一些新的算法来展示并行计算的优势。目前，划分法、分治法、平衡树法、倍增法 / 指针跳跃法、流水线法、破对称法等都是常用的并行算法。同时，由于并行计算是一个蓬勃发展的全新计算领域，相应的并行算法也还在不断地发展中。

其实，在实际应用中已有很多领域开始应用并行算法了，主要体现在如下几个方面：

（1）计算机的 CPU 已经全面进入多核时代，4 核、8 核 CPU 乃至更多核心的 CPU 也都在逐步实用化；

（2）显卡的 GPU 是基于并行计算思路的，显卡都在大力推广 GPU 的并行计算能力，已在科学研究和工程计算领域也得到了一定的应用。

（3）硬件电路设计领域、可编程逻辑器件 FPGA/CPLD 等都是基于并行处理思想的，可以通过 VHDL、Verilog 等语言来实现并行算法的处理。

2．专用算法

虽然摩尔定律的迭代越来越困难，但人类对更快运算的需求却没有止境。人们开始设计将一些专用算法固化成 ASIC 的方式来辅助 CPU 来提升运算速度。其实，GPU 也算其中的一种。不过，伴随人工智能技术的发展，各种 AI 专用的 XPU 其实也是一种专用算法固化的表现，CPU 把这些相关的运算交给 XPU 执行，然后等它们返回结果，比 CPU 自己来运算，速度要快很多。毕竟 XPU 是晶体管专用，功耗也小很多。

你可以这样理解这些专用算法固化的 ASIC 或者 FPGA 电路，相当于提供了一个函数库，不过这个函数库不是存在于内存之中供你调用，而是固化成了集成电路，速度就快了很多。因为没有 CPU 代码的流水线执行，整体功耗也降低了很多。

3．遗传与进化算法

遗传算法（Genetic Algorithm）和进化算法（Evolutionary Algorithms）是学科交叉的结果。遗传与进化算法根据生物的遗传、进化和变异的特性，通过模拟自然演化的方法来得到最优解。遗传算法由美国 Michigan 大学的 J.Holland 教授于 1975 年首先提出，目前在组合优化、机器学习、信号处理、自适应控制、人工生命和人工智能等领域得到了广泛的应用。

4．量子算法

量子物理学的发展是近现代物理学领域最大的突破之一，其提出了一系列颠覆性的概念和方法。量子物理学的发展，使其迅速与信息论和计算相结合，产生了量子信息技术和量子计算。量子计算是一种依照量子力学理论进行的新型计算，量子计算的基础和原理使其能够大大超越传统的图灵机模型的计算机。

量子计算（Quantum Computation）的概念最早由 IBM 公司的科学家 R. Landauer 及 C. Bennett 于 20 世纪 70 年代提出。1985 年，牛津大学的 D. Deutsch 提出量子图灵机（Quantum Turing Machine）的概念，使得量子计算开始具备了数学的基本形式。采用量子计算和相应的量子算法，可以实现超高速并行计算，目前成为各国科学家的重要研究方向之一。

目前，已经发展的量子算法包括量子 Shor 算法、Grover 搜索算法和 Hogg 搜索算法等。量子算法需要依赖量子计算来实现。现在，可以实现量子计算的途径包括光子偏振、空腔量子电动力学、离子阱和核磁共振等。它们代表了高性能计算和算法的一个发展方向。

1.10　小结：算法是程序设计的灵魂和基础

算法是一门非常重要的科学，在计算机程序设计及其他领域都有着广泛的应用。本章首先介绍了算法的概念、发展历史、算法的分类；然后，重点区分了算法与公式、程序和数据结构的关系，帮助读者厘清一些基本的概念。接着介绍了算法的自然语言表示、流程图表示、N-S 图表示和伪代码表示，同时还介绍了如何评价一个算法的优劣。本章还通过一个完整的实例向读者演示了如何进行 C 语言程序设计，这是 C 语言算法学习的基础。最后向读者介绍了一些近现代算法的最新进展，拓宽了读者的知识面。

第 2 章 数据结构

数据结构是数据的组织形式，可以用来表征特定的对象数据。在计算机程序设计中，代码处理的对象是各式各样的数据，这些数据往往拥有不同的数据结构，例如数组、结构体、联合、指针和链表等。而算法和数据结构之间有着极为密切的联系，不同的数据结构所采用的处理方法不同，计算的复杂程度也不同，因此算法在实现上往往是依赖于某种数据结构的，即数据结构是算法实现的基础。本章就介绍数据结构的概念和几种典型数据结构的应用。

2.1 数据结构概述

数据结构是计算机中对数据的一种存储和组织方式，同时也泛指相互之间存在一种或多种特定关系的数据的集合。数据结构是计算机科学与艺术的一种体现，合理的数据结构能够提高算法的执行效率，还可以提高数据的存储与读取效率。

2.1.1 究竟什么是数据结构

数据结构的具体定义是什么呢？数据结构是计算机程序设计的产物，到目前为止，计算机技术领域中还没有一个关于数据结构的统一定义。不同的专家往往对数据结构有不同的描述。

“数据结构是数据对象、存在于该对象的示例以及组成示例的数据元素之间的各种关系，并且这种关系可以通过定义相关的函数来给出。”这是 Sartaj Sahni 在其经典著作《数据结构、算法与应用》一书中提出的，他将数据对象定义为一个示例或值的集合。

“数据结构是抽象数据类型 ADT 的物理实现。”这是 Clifford A.Shaffer 在其《数据结构与算法分析》一书中给出的定义。其中，“抽象数据类型”英文全称为 Abstract Data Type，简称为 ADT。抽象数据类型（ADT）的概念将在后面讲到。

Lobert L.Kruse 也给出了数据结构设计过程的概念，他认为一个数据结构的设计过程可以分为抽象层、数据结构层和实现层。其中，抽象层是指抽象数据类型层，也就是 ADT 层，主要讨论数据的逻辑结构及其运算；数据结构层讨论一个数据结构的表示；实现层讨论一个数据结构在计算机内的存储细节以及运算的实现。

虽然业界没有一个统一的定义，但是这些定义都具有相同的含义。在这里不再深究数据结构的确切定义，只需要了解数据结构的基本含义，并能够使用其解决问题即可。可以这样简单地理解数据结构，一个数据结构是由数据元素依据某种逻辑联系组织起来的，对数据元素之间逻辑关系的描述称为数据的逻辑结构。数据必须在计算机内存储，数据的存储结构是其在计算机内的表示，也就是数据结构的实现形式。另外，讨论一个数据结构，必须涉及在该类数据结构上执行的操作。

数据结构是一切算法的基础，而且不仅如此，数据结构也可以说是程序设计语言的渊源和基础。正是由于对数据结构的深入理解，才触发了多种多样的程序设计语言的诞生，例如 Java、C++、C# 等。其中，面向对象的程序设计语言就是完善处理对象类型数据结构的典型范例，这类程序语言在某些方面可以非常方便地描述和解决实际问题。

2.1.2　数据结构中的基本概念

在深入了解数据结构之前，需要简单掌握一下数据结构中涉及的一些基本概念，主要包括如下几个概念。

（1）数据（Data）：数据是信息的载体，能够被计算机识别、存储和加工处理，是计算机程序加工的“原材料”。数据包括的类型是非常广泛的，例如基本的整数、字符、字符串、实数等。此外，图像和声音等也都被认为是一种数据。

（2）数据元素（Data Element）：数据元素是数据的基本单位，也称为元素、结点、顶点、记录等。一般来说，一个数据元素可以由若干个数据项组成，数据项是具有独立含义的最小标识单位。数据项也可称为字段、域、属性等。

（3）数据结构（Data Structure）：数据结构指的是数据之间的相互关系，也就是数据的组织形式。这是本章所要重点讨论的内容。

这几个概念在后面讲解过程中会提到，读者在这里对这几个概念简单了解即可。

2.1.3　数据结构的内容

一般来说，数据结构包括 3 个方面的内容：数据的逻辑结构、数据的存储结构和数据的运算。下面逐个分析这 3 个方面的内容。

（1）数据的逻辑结构（Logical Structure）：数据的逻辑结构是数据元素之间的逻辑关系。数据的逻辑结构是从逻辑关系上描述数据的，与数据在计算机中如何存储无关，也就是独立于计算机的抽象概念。从数学分析的角度来看，数据的逻辑结构可以看作从具体问题抽象出来的数学模型。

（2）数据的存储结构（Storage Structure）：数据的存储结构是数据元素及其逻辑关系在计算机存储器中的表示形式。数据的存储结构依赖于计算机语言，是逻辑结构用计算机语言的实现。一般来说，只有在高级语言的层次上才会讨论存储结构，在低级的机器语言中，存储结构是具体的。

（3）数据的运算：数据的运算是能够对数据施加的操作。数据的运算基础在于数据的逻辑结构上，每种逻辑结构都可以归纳一个运算的集合。在数据结构范畴内，最常用的运算包括检索、插入、删除、更新和排序等。

1. 数据结构示例

为了便于读者理解，下面通过一个具体示例来说明有关数据结构的概念和内容。表 2-1

列出了某班级学生的各科成绩，这里显示的只是其中一部分。

表 2-1　某班级学生的各科成绩

学　号	姓　名	数　学	物　理	英　语	语　文
10001	张三	90	87	90	70
10002	李四	88	78	89	80
10003	陈九	92	93	90	85
10004	王一	90	90	89	84
10005	赵六	92	98	80	80
……	……	……	……	……	……
10099	马七	94	90	85	87

在表 2-1 中，每一行可以看作一个数据元素，也可以称为记录或者结点。这个数据元素由学号、姓名、数学成绩、物理成绩、英语成绩和语文成绩等数据项构成。

首先看一下表中数据元素之间的逻辑关系（数据的逻辑结构）。下面用数据结构的语言来描述这些逻辑关系。

（1）对表中任意一个结点，直接前驱（Immediate Predecessor）结点最多只有一个。直接前趋结点也就是与它相邻且在它前面的结点。

（2）对表中任意一个结点，直接后继（Immediate Successor）结点最多只有一个。直接后继结点也就是与它相邻且在它后面的结点。

（3）表中第一个结点没有直接前驱结点（开始结点）。

（4）表中最后一个结点没有直接后继结点（终端结点）。

例如，表中“张三”同学所在的结点就是开始结点，“马七”同学所在的结点就是终端结点。表中间的“陈九”同学所在结点的直接前驱结点是“李四”同学所在的结点，“陈九”同学所在结点的直接后继结点是“王一”同学所在的结点。这些结点关系就构成了某班级学生成绩表的逻辑结构。

然后再来看一下数据的存储结构。我们知道数据的存储结构是数据元素及其逻辑关系在计算机存储器中的表示形式。这就需要采用计算机语言来进行描述，例如，是每个结点按照顺序依次存储在一片连续的存储单元中呢，还是存储在分散的空间而使用指针将这些结点链接起来呢？这方面的内容将在后面进行详细讲述。

最后再来看一下数据的运算。拿到这个表之后，会进行哪些操作呢？一般来说，主要包括如下操作：

（1）查找某个学生的成绩；

（2）对于新入学的学生的相关信息，在表中增加一个结点来存放；

（3）对于退学的学生，将其结点从表中删除。

以上 3 种操作就是最基本的数据结构的运算，即数据结点的查找、插入和删除。除此以外，还包含其他一些数据计算，例如计算每个学生的总成绩、平均成绩和整个班级的平均成绩等，不过这些不属于数据结构的范畴。

这样，结合这个简单的示例便可以理解数据结构的基本概念和内容了。

2．数据结构是一个有机的整体

其实，数据的逻辑结构、存储结构和运算是一个整体，单独地去理解这三者中的任何一个都是不全面的，这主要表现在如下两点。

（1）同一个逻辑结构可以有不同的存储结构。

逻辑结构和存储结构是两个概念，同一个逻辑结构可以有不同的存储结构。例如，线性表是最简单的一种逻辑结构，如果线性表采用顺序方式存储，这种数据结构就是顺序表；如果线性表采用链式方式存储，这种数据结构就是链表；如果线性表采用散列方式存储，这种数据结构就是散列表。

（2）同一种逻辑结构也可以有不同的数据运算集合。

数据的运算是数据结构中十分重要的内容。相同的数据逻辑结构和存储结构，若采用不同的运算集合及运算性质，将导致全新的数据结构。例如，以线性表来举例，如果将线性表的插入运算限制在表的一端，而删除操作限制在表的另一端，那么这种数据结构就是队列；如果将线性表的插入和删除操作都限制在表的同一端，那么这种数据结构就是栈。

数据的逻辑结构、数据的存储结构和数据的运算中的任何一个发生变化都将导致一个全新的数据结构出现，它们是一个有机的整体，缺一不可。

2.1.4　数据结构的分类

数据结构有很多种，一般来说，按照数据的逻辑结构对其进行简单的分类，可分为线性结构和非线性结构两类。

1．线性结构

简单地说，线性结构就是表中各个结点具有线性关系。如果用数据结构的语言来描述，线性结构应该包括如下几点：

（1）线性结构是非空集；

（2）线性结构有且仅有一个开始结点和一个终端结点；

（3）线性结构所有结点都最多只有一个直接前趋结点和一个直接后继结点；

（4）线性表就是典型的线性结构，还有栈、队列和串等都属于线性结构。

2．非线性结构

非线性结构就是表中各个结点之间具有多个对应关系。同样用数据结构的语言来描述，非线性结构应该包括如下几点：

（1）非线性结构是非空集；

（2）非线性结构的一个结点可能有多个直接前趋结点和多个直接后继结点；

（3）在实际应用中，数组、广义表、树结构和图结构等数据结构都属于非线性结构。

2.1.5　数据结构的存储方式

数据的存储结构是数据结构的一个重要内容。在计算机中，数据的存储结构可以采用如下 4 种方式来实现。

1．顺序存储方式

简单地说，顺序存储方式就是在一块连续的存储区域一个接着一个地存放数据。顺序存储方式把逻辑上相邻的结点存储在物理位置上相邻的存储单元中，结点间的逻辑关系由存储单元的邻接关系来体现。顺序存储方式也称为顺序存储结构（Sequential Storage Structure），一般采用数组或者结构数组来描述。

线性存储方式主要用于线性逻辑结构的数据存放，而对于图和树等非线性逻辑结构则不适用。

2．链接存储方式

链接存储方式比较灵活，不要求逻辑上相邻的结点在物理位置上相邻，结点间的逻辑关系由附加的指针字段表示。一个结点的指针字段往往指向下一个结点的存放位置。

链接存储方式也称为链式存储结构（Linked Storage Structure），一般在原数据项中增加指针类型来表示结点之间的位置关系。

3．索引存储方式

索引存储方式采用附加的索引表的方式来存储结点信息。索引表由若干索引项组成。索引存储方式中索引项的一般形式如下所示：

```
（关键字，地址）
```

其中，关键字是唯一能够标识一个结点的数据项。

索引存储方式还可以细分为以下两类。

（1）稠密索引（Dense Index）：这种方式中每个结点在索引表中都有一个索引项，其中，索引项的地址指示结点所在的存储位置。

（2）稀疏索引（Spare Index）：这种方式中一组结点在索引表中只对应一个索引项。其中，索引项的地址指示一组结点的起始存储位置。

4．散列存储方式

散列存储方式是根据结点的关键字直接计算出该结点的存储地址的一种存储方式。

至此，我们了解了数据结构的 4 种存储方式。在实际应用中，往往需要根据具体的数据结构来决定采用哪种存储方式。同一逻辑结构采用不同的存储方法，可以得到不同的存储结构。数据结构的 4 种基本存储方式，既可单独使用，也可组合起来对数据结构进行存储描述。

2.1.6 数据类型

谈到数据类型，我们并不陌生。几乎每一种程序设计语言都会讲到数据类型的概念。简单地说，数据类型就是一个值的集合以及在这些值上定义的一系列操作的总称。例如，对于 C 语言的整型数据类型，规定有一定的取值范围，对于整数类型还定义了加法、减法、乘法、除法和取模运算等操作。

按照数据类型的值是否能够进一步分解，可以将数据类型分为基本数据类型和聚合数据类型。

（1）基本数据类型：其值不能进一步分解，一般是程序设计语言自身定义的一些数据类型。例如 C 语言中的整型、字符型、浮点型等。

（2）聚合数据类型：其值可以进一步分解为若干个分量，一般是用户自定义的数据类型。例如 C 语言中的结构、数组等。

以上这些数据类型的概念在一般的程序设计语言中都会讲到。这里将重点介绍抽象数据类型（ADT）。

抽象数据类型指的是数据的组织及其相关的操作，可以看作数据的逻辑结构及其在逻辑结构上定义的操作。一个抽象数据类型可以定义为如下形式：

```
ADT 抽象数据类型名
{
    数据对象：（数据元素集合）
    数据关系：（数据关系二元组结合）
    基本操作：（操作函数的罗列）
} ADT 抽象数据类型名；
```

抽象数据类型一般具有如下两个重要特征：

（1）数据抽象：使用抽象数据类型时，其强调的是实体的本质特征、所能够完成的功能以及与外部用户的接口；

（2）数据封装：用于将实体的外部特性和其内部实现细节进行分离，并对外部用户隐藏其内部实现细节。

抽象数据类型可以看作是描述问题的模型，它独立于具体实现。抽象数据类型的优点是将数据和操作封装在一起，使用户程序只能通过在抽象数据类型中定义的某些操作来访问其中的数据，从而实现信息隐藏。在 C++ 语言中是使用类的说明来表示抽象数据类型，用类的实现来实现抽象数据类型。

抽象数据类型和类的概念其实很好地表现了程序设计中的两层抽象。抽象数据类型是概念层上的抽象，而类则属于实现层上的抽象。

2.1.7　常用的数据结构

在计算机科学的发展过程中，数据结构也随之发展。目前，程序设计中常用的数据结构包括如下几个。

1．数组（Array）

数组是一种聚合数据类型，它是将具有相同类型的若干变量有序地组织在一起的集合。数组可以说是最基本的数据结构，在各种编程语言中都有对应。一个数组可以分解为多个数组元素。按照数据元素的类型，数组可以分为整型数组、字符型数组、浮点型数组、指针数组和结构数组等。数组还可以有一维、二维以及多维等表现形式。

2．栈（Stack）

栈是一种特殊的线性表，它只能在一个表的一个固定端进行数据结点的插入和删除操作。栈按照后进先出的原则来存储数据，也就是说，先插入的数据将被压入栈底，最后插入的数据在栈顶。读出数据时，从栈顶开始逐个读出。栈在汇编语言程序中，经常用于重要数据的现场保护。栈中没有数据时，称为空栈。

3．队列（Queue）

队列和栈类似，也是一种特殊的线性表。和栈不同的是，队列只允许在表的一端进行插入操作，而在另一端进行删除操作。一般来说，进行插入操作的一端称为队尾，进行删除操作的一端称为队头。队列中没有元素时，称为空队列。

4．链表（Linked List）

链表是一种数据元素按照链式存储方式进行存储的数据结构，这种存储结构具有在物理上非连续的特点。链表由一系列数据结点构成，每个数据结点包括数据域和指针域两部分。

其中，指针域保存了数据结构中下一个元素存放的地址。链表结构中数据元素的逻辑顺序是通过链表中的指针链接次序来实现的。

5．树（Tree）

树是典型的非线性结构，它是包括 n 个结点的有穷集合 K。在树结构中，有且仅有一个根结点，该结点没有前驱结点。在树结构中的其他结点都有且仅有一个前驱结点，而且可以有 m（$m \geqslant 0$）个后继结点。

6．图（Graph）

图是另一种非线性数据结构。在图结构中，数据结点一般称为顶点，而边是顶点的有序偶对。如果两个顶点之间存在一条边，那么就表示这两个顶点具有相邻关系。

7．堆（Heap）

堆是一种特殊的树形数据结构，一般讨论的堆都是二叉堆。在堆结构中，根结点的值是所有结点中最小的或者最大的，并且根结点的两个子树也是一个堆结构。

8．散列表（Hash）

散列表源自散列函数（Hash function），其思想是如果在结构中存在关键字和 T 相等的记录，那么必定在 F(T) 的存储位置可以找到该记录，这样就可以不用进行比较操作而直接取得所查记录。

2.1.8 选择合适的数据结构解决实际问题

计算机的出现给人们带来了很大的方便，可以使用计算机来解决各种各样的问题。计算机能够处理的问题按操作对象的不同，一般可以分为两类：数值计算问题和非数值计算问题。

数值计算问题在早期的计算机发展中占据了很大的比例。例如，线性方程的求解、矩阵的计算等。这类问题一般需要程序设计的技巧和相应的数学知识，而数据结构方面涉及的比较少。

随着计算机应用范围的扩大，一些非数值计算问题越来越突出，成为计算机解决的焦点问题。目前来说，非数值计算问题大约占据了 80% 的计算机工作时间。这类问题不再是单单需要数学知识，还需要设计合理的数据结构才能高效地解决问题。例如，在一个包含大量数据的电话号码簿中查找指定号码、运动比赛的赛程时间安排等。这些问题往往不能简单地用数学公式来表示，还需要合理地选择数据结构来处理。

在本书中，对于数值计算问题和非数值计算问题都会涉及。数值计算相关的问题主要是一些数学和工程中的计算算法，包括多项式求解、矩阵计算、微分、积分等算法。非数值计算问题主要是本章的数据结构以及后面章节中的数据结构相关问题。

2.2 线性表

从这一节开始将陆续介绍各种常用的数据结构。首先要说明的便是线性表，这是一种典型的线性结构，是最简单也是最常用的一种数据结构。

2.2.1 什么是线性表

谈到线性表（Linear List），首先应该介绍线性表的逻辑结构定义。从逻辑上来看，线

性表就是由 n（$n \geqslant 0$）个数据元素 a_1，a_2，…，a_n 组成的有限序列。这里需要做如下几点说明：

• 数据元素的个数为 n，也称为表的长度，当 n=0 时称为空表；

• 如果一个线性表非空，也就是 n>0，则可以简单地记作（$a_1,a_2,\cdots,a_n$）；

• 数据元素 a_i（$1 \leqslant i \leqslant n$）表示各个元素，不同的场合，其含义也不尽相同。

在现实生活中，我们可以找到很多线性表的例子。例如，英文字母表就是最简单的线性表，英文字母表（A，B，C，…，Z）中，每个英文字符就是一个数据元素，也称为数据结点。另外，某班级学生成绩表也是一个线性表，其中的数据元素就是某个学生的记录，包括学号、姓名、各个科目的成绩等。

对于一个非空的线性表，具有如下所示的逻辑结构特征：

• 有且仅有一个开始结点 a_1，没有直接前驱结点，有且仅有一个直接后继结点 a_2；

• 有且仅有一个终结结点 a_n，没有直接后继结点，有且仅有一个直接前驱结点 a_{n-1}；

• 其余的内部结点 a_i（$2 \leqslant i \leqslant n-1$）都有且仅有一个直接前驱结点 a_{i-1} 和一个直接后继结点 a_{i+1}；

• 对于同一线性表，各数据元素 a_i 必须具有相同的数据类型，即同一线性表中各数据元素具有相同的类型，每个数据元素的长度相同。

2.2.2 线性表的基本运算

前面介绍的是线性表的逻辑结构，接着再来看一下线性表的基本数据运算。线性表包括如下几个基本数据运算。

（1）初始化

初始化表（InitList）也就是构造一个空的线性表 L。

（2）计算表长

计算表长（ListLength）也就是计算线性表 L 中结点的个数。

（3）获取结点

获取结点（GetNode）就是取出线性表 L 中第 i 个结点的数据，这里 $1 \leqslant i \leqslant$ ListLength(L)。

（4）查找结点

查找结点（LocateNode）就是在线性表 L 中查找值为 x 的结点，并返回该结点在线性表 L 中的位置。如果在线性表中没有找到值为 x 的结点，则返回一个错误标志。这里需要注意的是，线性表中有可能含有多个与 x 值相同的结点，那么这时就只返回第一次查找到的结点。

（5）插入结点

插入结点（InsertList）就是在线性表 L 的第 i 个位置上插入一个新的结点，使得其后的结点编号依次加 1。这时，插入 1 个新结点之后，线性表 L 的长度将变为 n+1。

（6）删除结点

删除结点（DeleteList）就是删除线性表 L 中的第 i 个结点，使得其后的所有结点编号依次减 1。这时，删除 1 个结点之后，线性表 L 的长度将变为 n–1。

上述这些都是一个线性表最基本的运算，读者也可根据需要定义其他一些运算。

至此，我们讨论了线性表的逻辑结构和数据运算，线性表的存储结构还没有介绍。其实，在计算机中，线性表可以采用两种方式来保存，一种是顺序存储结构，另一种是链式存储结构。顺序存储结构的线性表称为顺序表；链式存储的线性表称为链表。下面分别对这两种结构做详细介绍。

2.3 顺序表结构

顺序表（Sequential List）就是按照顺序存储方式存储的线性表，该线性表的结点按照逻辑次序依次存放在计算机的一组连续的存储单元中，如图 2-1 所示。

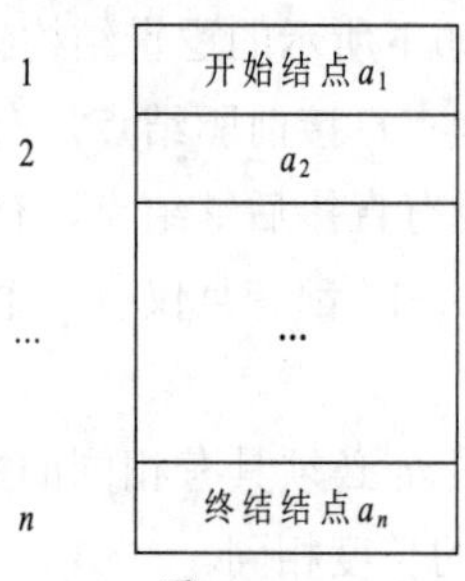

图 2-1

由于顺序表是依次存放的，只要知道了该顺序表的首地址以及每个数据元素所占用的存储长度，很容易计算出任何一个数据元素（也就是数据结点）的位置。

假设顺序表中所有结点的类型相同，则每个结点所占用存储空间的大小也相同，每个结点占用 c 个存储单元。其中第 1 个单元的存储地址则是该结点的存储地址，并设顺序表中开始结点 a_1 的存储地址（简称为基地址）是 $LOC(a_1)$，那么结点 a_i 的存储地址 $LOC(a_i)$ 可通过下式计算得到。

$$LOC(a_i)= LOC(a_1)+(i-1)*c \quad (1 \leqslant i \leqslant n)$$

上面公式是能够操作顺序表进行运算的基本规则。接下来，看一下如何在 C 语言中建立顺序表，并完成顺序表的基本运算。

2.3.1 准备数据

有了前面的理论知识后，下面就开始进行顺序表结构的程序设计。首先需要准备数据，也就是准备在顺序表操作中需要用到的变量及数据结构；示例代码如下：

```
#define MAXLEN 100                                   //定义顺序表的最大长度

typedef struct
{
    char key[10];                                    //结点的关键字
    char name[20];
    int age;
} DATA;                                              //定义结点类型

typedef struct                                       //定义顺序表结构
{
    DATA ListData[MAXLEN+1];                         //保存顺序表的结构数组
    int ListLen;                                     //顺序表已存结点的数量
}SLType;
```

上述代码中，定义了顺序表的最大长度 MAXLEN、顺序表数据元素的类型 DATA 及顺序表的数据结构 SLType。在数据结构 SLType 中，ListLen 为顺序表已存结点的数量，也就是当前顺序表的长度，ListData 是一个结构数组，用来存放各个数据结点。

其实，在这里可以认为该顺序表是一个班级学生的记录。其中，key 为学号，name 为学生的名称，age 为年龄。

由于 C 语言中数组都是从下标 0 开始的。这里为了讲述和理解的方便，从下标 1 开始记录数据结点，下标 0 的位置不使用。

2.3.2　初始化顺序表

在使用顺序表之前，首先要创建一个空的顺序表，也就是初始化顺序表。在程序中只需设置顺序表的结点数量 ListLen 为 0 即可。后面需要添加的数据元素将从顺序表的第一个位置存储；示例代码如下：

```
void SLInit(SLType *SL)                          //初始化顺序表
{
    SL->ListLen=0;                               //初始化为空表
}
```

需要注意的是，我们并没有清空一个顺序表，读者也可以采用相应的程序代码来清空。只需简单地将结点数量 ListLen 设置为 0 即可，如果顺序表中原来已有数据，也将会被覆盖，并不影响操作，反而提高了处理的速度。

2.3.3　计算顺序表长度

计算顺序表长度也就是计算线性表 L 中结点的个数。由于在数据结构 SLType 中使用 ListLen 来表示顺序表的结点数量，因此程序只要返回该值即可；示例代码如下：

```
int SLLength(SLType *SL)
{
    return (SL->ListLen);                        //返回顺序表的元素数量
}
```

2.3.4　插入结点

插入结点就是在线性表 L 的第 *i* 个位置上插入 1 个新的结点，使得其后的结点编号依次加 1。这时，插入 1 个新结点后，线性表 L 的长度将变为 *n*+1。插入结点操作的难点在于随后的每个结点数据都要进行移动，计算量是比较大的；示例代码如下：

```
int SLInsert(SLType *SL,int n,DATA data)
{
    int i;
    if(SL->ListLen>=MAXLEN)                      //顺序表结点数量已超过最大数量
    {
        printf("顺序表已满，不能插入结点!\n");
        return 0;                                //返回 0 表示插入不成功
    }
    if(n<1 || n>SL->ListLen-1)                   //插入结点序号不正确
    {
        printf("插入元素序号错误，不能插入元素! \n");
        return 0;                                //返回 0，表示插入不成功
    }
    for(i=SL->ListLen;i>=n;i--)                  //将顺序表中的数据向后移动
```

```
    {
        SL->ListData[i+1]=SL->ListData[i];
    }
    SL->ListData[n]=data;                           // 插入结点
    SL->ListLen++;                                  // 顺序表结点数量增加 1
    return 1;                                       // 成功插入，返回 1
}
```

其中，在该程序中首先判断顺序表结点数量是否已超过最大值，以及插入结点序号是否正确。当所有条件都满足后，便将顺序表中的数据向后移动，同时插入结点，并更新结点数量 ListLen。

2.3.5 追加结点

追加结点并不是一个基本的数据结构运算，它可以看作插入结点的一种特殊形式，相当于在顺序表的末端再新增加一个数据结点。由于追加结点的特殊性，代码实现与插入结点相比要简单得多，因为不必进行大量数据的移动，这里单独给出其实现的程序；示例代码如下：

```
int SLAdd(SLType *SL,DATA data)             //增加元素到顺序表尾部
{
    if(SL->ListLen>=MAXLEN)                 //顺序表已满
    {
        printf("顺序表已满，不能再添加结点了！\n");
        return 0;
    }
    SL->ListData[++SL->ListLen]=data;
    return 1;
}
```

在这里，仅简单判断这个顺序表是否已经满了；如果未满，便追加该结点，并更新结点数量 ListLen。

2.3.6 删除结点

删除结点就是删除线性表 L 中的第 i 个结点，使得其后的所有结点编号依次减 1。这时，删除 1 个结点之后，线性表 L 的长度将变为 n-1。删除结点和插入结点类似，都需要进行大量数据的移动；示例代码如下：

```
int SLDelete(SLType *SL,int n)                      //删除顺序表中的数据元素
{
    int i;
    if(n<1 || n>SL->ListLen)                        //删除结点序号不正确
    {
        printf("删除结点序号错误，不能删除结点！\n");
        return 0;                                   //删除不成功，返回 0
    }
    for(i=n;i<SL->ListLen;i++)                      //将顺序表中的数据向前移动
    {
        SL->ListData[i]=SL->ListData[i+1];
    }
    SL->ListLen--;                                  //顺序表元素数量减 1
    return 1;                                       //成功删除，返回 1
}
```

这里首先判断待删除的结点序号是否正确，然后开始移动数据，并更新结点数量ListLen。

2.3.7　查找结点

查找结点就是在线性表 L 中查找值为 *x* 的结点，并返回该结点在线性表 L 中的位置。如果在线性表中没有找到值为 *x* 的结点，则返回一个错误标志。根据值 *x* 类型的不同，查找结点可以分为按照序号查找结点和按照关键字查找结点两种。

1．按照序号查找结点

对于一个顺序表来说，序号就是数据元素在数组中的位置，也就是数组的下标标号。按照序号查找结点是顺序表查找结点最常用的方法，这是因为顺序表的存储本身就是一个数组；示例代码如下：

```
DATA *SLFindByNum(SLType *SL,int n)                    //根据序号返回数据元素
{
    if(n<1 || n>SL->ListLen+1)                         //元素序号不正确
    {
        printf("结点序号错误，不能返回结点！ \n");
        return NULL;                                   //不成功，则返回 0
    }
    return &(SL->ListData[n]);
}
```

2．按照关键字查找结点

另一个比较常用的方法是按照关键字查找结点。关键字可以是数据元素结构中的任意一项。这里以 key 为关键字进行介绍，同时把 key 定义为某班级学生的学号；示例代码如下：

```
int SLFindByCont(SLType *SL,char *key)                 //按关键字查询结点
{
    int i;
    for(i=1;i<=SL->ListLen;i++)
    {
        if(strcmp(SL->ListData[i].key,key)= =0)  //如果找到所需结点
        {
            return i;                                  //返回结点序号
        }
    }
    return 0;                                          //搜索整个表后仍没有找到，则返回 0
}
```

2.3.8　显示所有结点

显示所有结点数据并不是一个数据结构基本的运算，因为它可以通过简单地逐个引用结点来实现。不过为了方便读者理解后面的内容，这里还是将其单独列为一个函数来介绍；示例代码如下：

```
int SLAll(SLType *SL)                          //显示顺序表中的所有结点
{
    int i;
    for(i=1;i<=SL->ListLen;i++)
    {
        printf("(%s,%s,%d)\n",SL->ListData[i].key,SL->ListData[i].name,SL->
ListData[i].age);
```

```
    }
    return 0;
}
```

2.3.9 顺序表操作示例：对某班级学生学号、姓名和年龄数据进行顺序表操作

有了前面顺序表的基本运算之后，便可以轻松地完成对顺序表的各种操作。这里通过给出一个完整的示例来演示顺序表的创建、插入结点、查找结点等操作。

程序示例代码如下：

```
#include <stdio.h>
#include <string.h>

#define MAXLEN 100                          //定义顺序表的最大长度

typedef struct
{
    char key[10];                           //结点的关键字
    char name[20];
    int age;
} DATA;                                     //定义结点类型

typedef struct                              //定义顺序表结构
{
    DATA ListData[MAXLEN+1];                //保存顺序表的结构数组
    int ListLen;                            //顺序表已存结点的数量
}SLType;

void SLInit(SLType *SL)                     //初始化顺序表
{
    SL->ListLen=0;                          //初始化为空表
}
int SLLength(SLType *SL)
{
    return (SL->ListLen);                   //返回顺序表的元素数量
}

int SLInsert(SLType *SL,int n,DATA data)
{
    int i;
    if(SL->ListLen>=MAXLEN)                 //顺序表结点数量已超过最大数量
    {
        printf("顺序表已满，不能插入结点！\n");
        return 0;                           //返回 0，表示插入不成功
    }
    if(n<1 || n>SL->ListLen-1)              //插入结点序号不正确
    {
        printf("插入元素序号错误，不能插入元素！ \n");
        return 0;                           //返回 0，表示插入不成功
    }
    for(i=SL->ListLen;i>=n;i--)             //将顺序表中的数据向后移动
    {
        SL->ListData[i+1]=SL->ListData[i];
```

```
    }
    SL->ListData[n]=data;                     // 插入结点
    SL->ListLen++;                            // 顺序表结点数量增加 1
    return 1;                                 // 成功插入，返回 1
}

int SLAdd(SLType *SL,DATA data)               // 增加元素到顺序表尾部
{
    if(SL->ListLen>=MAXLEN)                   // 顺序表已满
    {
        printf("顺序表已满，不能再添加结点了！\n");
        return 0;
    }
    SL->ListData[++SL->ListLen]=data;
    return 1;
}

int SLDelete(SLType *SL,int n)                        // 删除顺序表中的数据元素
{
    int i;
    if(n<1 || n>SL->ListLen+1)                        // 删除结点序号不正确
    {
        printf("删除结点序号错误，不能删除结点！\n");
        return 0;                                     // 删除不成功，返回 0
    }
    for(i=n;i<SL->ListLen;i++)                        // 将顺序表中的数据向前移动
    {
        SL->ListData[i]=SL->ListData[i+1];
    }
    SL->ListLen--;                                    // 顺序表元素数量减 1
    return 1;                                         // 成功删除，返回 1
}

DATA *SLFindByNum(SLType *SL,int n)                   // 根据序号返回数据元素
{
    if(n<1 || n>SL->ListLen+1)                        // 元素序号不正确
    {
        printf("结点序号错误，不能返回结点！\n");
        return NULL;                                  // 不成功，则返回 0
    }
    return &(SL->ListData[n]);
}

int SLFindByCont(SLType *SL,char *key)                // 按关键字查询结点
{
    int i;
    for(i=1;i<=SL->ListLen;i++)
    {
        if(strcmp(SL->ListData[i].key,key)==0)        // 如果找到所需结点
        {
            return i;                                 // 返回结点序号
        }
    }
    return 0;                                         // 搜索整个表后仍没有找到，则返回 0
}

int SLAll(SLType *SL)                                 // 显示顺序表中的所有结点
{
    int i;
    for(i=1;i<=SL->ListLen;i++)
    {
        printf("(%s,%s,%d)\n",SL->ListData[i].key,SL->ListData[i].name,SL->
```

```
ListData[i].age);
    }
    return 0;
}

int main()
{
    int i;
    SLType SL;                                  //定义顺序表变量
    DATA data;                                  //定义结点保存数据类型变量
    DATA *pdata;                                //定义结点保存指针变量
    char key[10];                               //保存关键字

    printf("顺序表操作演示!\n");
    SLInit(&SL);                                //初始化顺序表
        printf("初始化顺序表完成!\n");

    do
    {                                           //循环添加结点数据
        printf("输入添加的结点(学号 姓名 年龄):");
        fflush(stdin);                          //清空输入缓冲区
        scanf("%s%s%d",&data.key,&data.name,&data.age);
        if(data.age)                            //若年龄不为0
        {
            if(!SLAdd(&SL,data))                //若添加结点失败
            {
               break;                           //退出死循环
            }
        }
        else                                    //若年龄为0
        {
            break;                              //退出死循环
        }
    }while(1);
    printf("\n顺序表中的结点顺序为:\n");
    SLAll(&SL);                                 //显示所有结点数据

    fflush(stdin);                                      //清空输入缓冲区
    printf("\n要取出结点的序号:");
    scanf("%d",&i);                             //输入结点序号
    pdata=SLFindByNum(&SL,i);                   //按序号查找结点
    if(pdata)                                   //若返回的结点指针不为NULL
    {
        printf("第%d个结点为:(%s,%s,%d)\n",i,pdata->key,pdata->name,pdata->age);
    }

    fflush(stdin);                              //清空输入缓冲区
    printf("\n要查找结点的关键字:");
    scanf("%s",key);                            //输入关键字
    i=SLFindByCont(&SL,key);                    //按关键字查找,返回结点序号
    pdata=SLFindByNum(&SL,i);                   //按序号查询,返回结点指针
    if(pdata)                                   //若结点指针不为NULL
    {
        printf("第%d个结点为:(%s,%s,%d)\n",i,pdata->key,pdata->name,pdata->age);
    }
    getch();
    return 0;
}
```

在上述代码中，main() 主函数首先初始化顺序表，然后循环添加数据结点，当输入数据全部为 0 时，便退出结点添加的进程。接下来显示所有的结点数据，并分别按照序号和关键字进行结点的查找。该程序执行结果如图 2-2 所示。

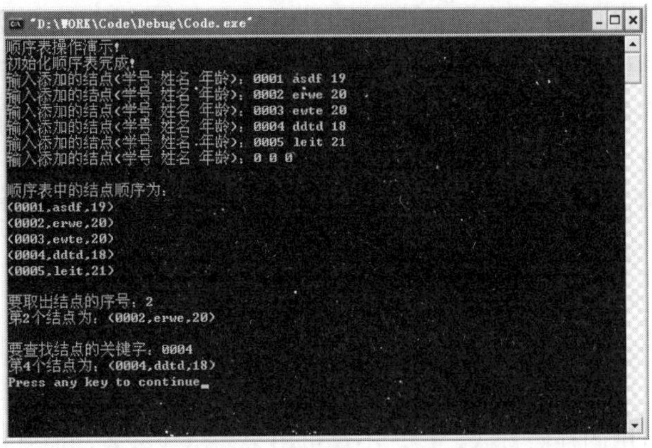

```
"D:\WORK\Code\Debug\Code.exe"
顺序表操作演示!
初始化顺序表完成!
输入添加的结点(学号 姓名 年龄): 0001 asdf 19
输入添加的结点(学号 姓名 年龄): 0002 erwe 20
输入添加的结点(学号 姓名 年龄): 0003 ewte 20
输入添加的结点(学号 姓名 年龄): 0004 ddtd 18
输入添加的结点(学号 姓名 年龄): 0005 leit 21
输入添加的结点(学号 姓名 年龄): 0 0 0

顺序表中的结点顺序为:
(0001,asdf,19)
(0002,erwe,20)
(0003,ewte,20)
(0004,ddtd,18)
(0005,leit,21)

要取出结点的序号: 2
第2个结点为: (0002,erwe,20)

要查找结点的关键字: 0004
第4个结点为: (0004,ddtd,18)
Press any key to continue
```

图 2-2

2.4　链表结构

上一节讲的顺序表结构的存储方式非常容易理解，操作也十分方便。但是顺序表结构有如下一些缺点：

• 在插入或者删除结点时，往往需要移动大量的数据；

• 如果表比较大，有时难以分配足够的连续存储空间，往往导致内存分配失败，而无法存储。

为了克服顺序表结构的以上缺点，可以采用链表结构。链表结构是一种动态存储分配的结构形式，可以根据需要动态申请所需的内存单元。

2.4.1　什么是链表结构

典型的链表结构如图 2-3 所示。链表中每个结点都包括如下两部分：

• 数据部分：保存的是该结点的实际数据；

• 地址部分：保存的是下一个结点的地址。

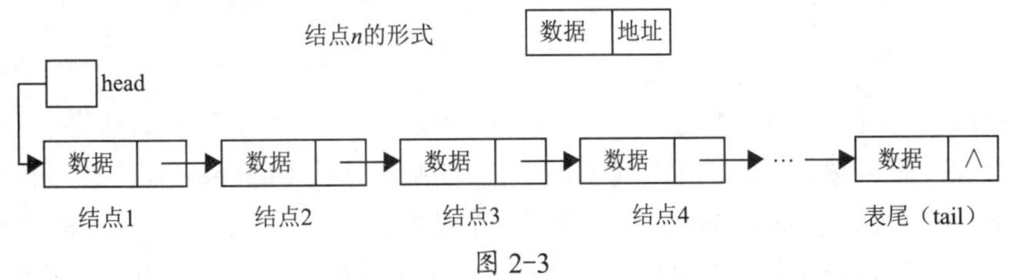

图 2-3

链表结构同样由许多结点构成。在进行链表操作时，首先需要定义 1 个“头指针”变量（一般以 head 表示），该指针变量指向链表结构的第 1 个结点，第 1 个结点的地址部分又指向第 2 个结点……直到最后一个结点。最后一个结点不再指向其他结点，称为“表尾”，一般在表尾的地址部分放一个空地址 NULL，链表到此结束。从链表结构图可以看出，整个存储过程十分类似于一条长链，因此形象地称之为链表结构，或者链式结构。

由于这里采用了指针来指示下一个数据的地址，因此在链表结构中，逻辑上相邻的结点在物理内存中并不一定相邻，逻辑相邻关系通过地址部分的指针变量来实现。

链表结构带来的最大好处便是结点之间不要求连续存放，因此在保存大量数据时，不需要分配一块连续的存储空间。用户可以通过 malloc() 函数动态分配结点的存储空间，当删除某个结点时，应该使用 free() 函数释放其占用的内存空间。

当然，链表结构也有缺点，那就是浪费存储空间，对于每个结点数据，都要额外保存一个指针变量。

对于链表的访问只能从表头逐个查找，即通过 head 头指针找到第 1 个结点，再从第 1 个结点找到第 2 个结点……这样逐个比较一直到找到需要的结点为止，而不能像顺序表那样进行随机访问。

链式存储是最常用的存储方式之一，不仅可用来表示线性表，而且可用来表示各种非线性的数据结构。链表结构还可以细分为如下几类：

- 单链表：每个结点中只包含一个指针；
- 双向链表：若每个结点包含两个指针，一个指向下一个结点，另一个指向上一个结点，这就是双向链表；
- 单循环链表：在单链表中，将终端结点的指针域 NULL 改为指向表头结点或开始结点即可构成单循环链表；
- 多重链的循环链表：如果将表中结点链在多个环上，将构成多重链的循环链表。

接下来我们看一下如何在 C 语言中建立链表，并完成链表结构的基本运算。

2.4.2 准备数据

有了前面的理论知识后，下面开始链表结构的程序设计。首先需要准备数据，也就是准备在链表操作中需要用到的变量及数据结构等；示例代码如下：

```
typedef struct
{
    char key[10];                                   //关键字
    char name[20];
    int age;
}Data;                                              //数据结点类型
typedef struct Node                                 //定义链表结构
{
    Data nodeData;
    struct Node *nextNode;
}CLType;
```

这里定义了链表数据元素的类型 Data 及链表的数据结构 CLType。结点的具体数据保存在结构 Data 中，而指针 nextNode 用来指向下一个结点。

其实可以认为该链表是一个班级学生的记录，与上面顺序表所完成的工作类似。其中，key 为学号，name 为学生的名称，age 为年龄。

2.4.3 追加结点

追加结点就是在链表末尾增加一个结点。表尾结点的地址部分原来保存的是空地址 NULL，此时需将其设置为新增结点的地址（即原表尾结点指向新增结点），然后将新增结点的地址部分设置为空地址 NULL，即新增结点成为表尾。

由于一般情况下链表只有一个头指针 head，所以要在末尾添加结点就需要从头指针 head 开始逐个检查，直到找到最后一个结点（即表尾）。

典型的追加结点的过程如图 2-4 所示。

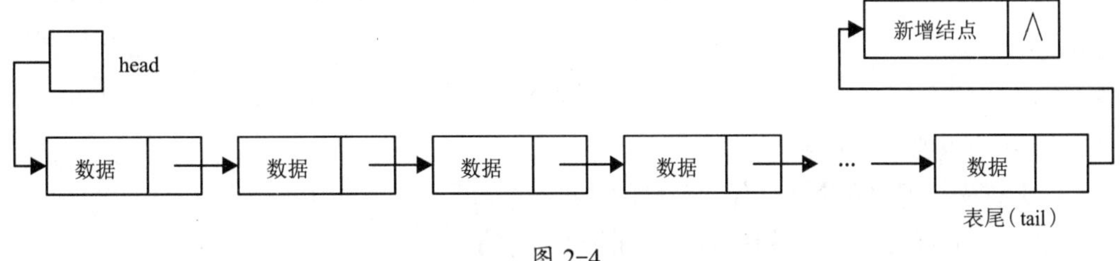

图 2-4

我们来梳理一下追加结点的操作步骤，如下：

（1）首先分配内存空间，保存新增的结点；

（2）从头指针 head 开始逐个检查，直到找到最后一个结点（即表尾）；

（3）将表尾结点的地址设置为新增结点的地址；

（4）将新增结点的地址部分设置为空地址 NULL，即新增结点成为表尾。

在链表结构中追加结点的示例代码如下：

```
CLType *CLAddEnd(CLType *head,Data nodeData)      //追加结点
{
    CLType *node,*htemp;
    if(!(node=(CLType *)malloc(sizeof(CLType))))
    {
        printf("申请内存失败！\n");
        return NULL;                                 //分配内存失败
    }
    else
    {
        node->nodeData=nodeData;                     //保存数据
        node->nextNode=NULL;                         //设置结点指针为空，即为表尾
        if(head= =NULL)                              //头指针
        {
            head=node;
            return head;
        }
        htemp=head;
        while(htemp->nextNode!=NULL)                 //查找链表的末尾
        {
            htemp=htemp->nextNode;
        }
        htemp->nextNode=node;
        return head;
    }
}
```

在这里，输入参数 head 为链表头指针，输入参数 nodeData 为结点保存的数据。程序中，使用 malloc() 函数申请保存结点数据的内存空间，如果分配内存成功，node 中将保存指向该内存区域的指针。然后将传入的 nodeData 保存到申请的内存区域，并设置该结点指向下一结点的指针值为 NULL。

2.4.4　插入头结点

插入头结点就是在链表首部添加结点的过程。插入头结点的过程如图 2-5 所示。

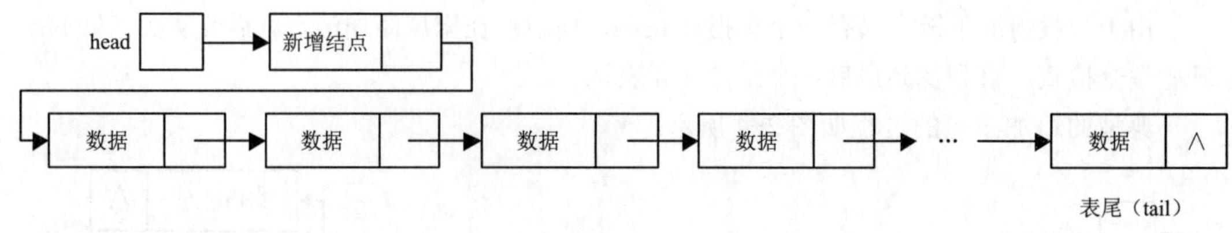

图 2-5

插入头结点的步骤如下：

（1）首先分配内存空间，保存新增的结点；

（2）使新增结点指向头指针 head 所指向的结点；

（3）然后使头指针 head 指向新增结点。

插入头结点的示例代码如下：

```
CLType *CLAddFirst(CLType *head,Data nodeData)
{
    CLType *node;
    if(!(node=(CLType *)malloc(sizeof(CLType))))
    {
        printf("申请内存失败！\n");
        return NULL;                                    //分配内存失败
    }
    else
    {
        node->nodeData=nodeData;                        //保存数据
        node->nextNode=head;                            //指向头指针所指结点
        head=node;                                      //头指针指向新增结点
        return head;
    }
}
```

在这里，输入参数 head 为链表头指针，输入参数 nodeData 为结点保存的数据。程序中首先使用 malloc() 函数申请保存结点数据的内存空间，如果分配内存成功，node 中将保存指向该内存区域的指针。然后将传入的 nodeData 保存到申请的内存区域，并使新增结点指向头指针 head 所指向的结点，然后设置头指针 head 重新指向新增结点。

2.4.5 查找结点

查找结点就是在链表结构中查找需要的元素。对于链表结构来说，一般可通过关键字进行查询。查找结点的示例代码如下：

```
CLType *CLFindNode(CLType *head,char *key)          //查找结点
{
    CLType *htemp;
    htemp=head;                                     //保存链表头指针
    while(htemp)                                    //若结点有效，则进行查找
    {
        if(strcmp(htemp->nodeData.key,key)==0)      //若结点关键字与传入关键字相同
        {
            return htemp;                           //返回该结点指针
        }
        htemp=htemp->nextNode;                      //处理下一结点
    }
    return NULL;                                    //返回空指针
}
```

在这里，输入参数 head 为链表头指针，输入参数 key 为链表中进行查找的结点关键字。程序中，首先从链表头指针开始，对结点进行逐个比较，直到查找到为止。找到关键字相同的结点后，返回该结点的指针，方便调用程序处理。

2.4.6　插入结点

插入结点就是在链表中间部分的指定位置增加一个结点。插入结点的过程如图 2-6 所示。

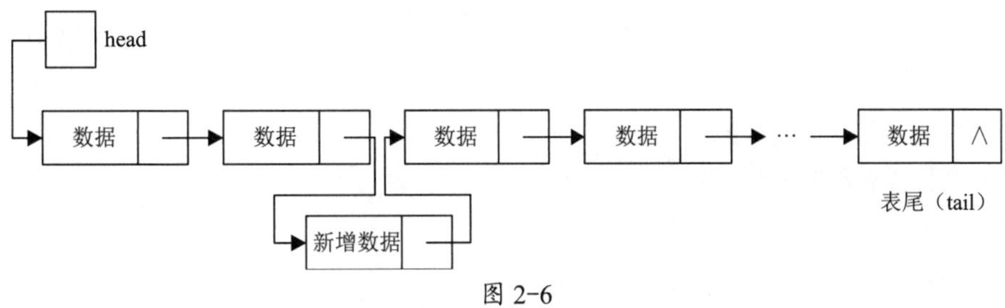

图 2-6

插入结点的操作步骤如下：

（1）首先分配内存空间，保存新增的结点；

（2）找到要插入的逻辑位置，也就是位于哪两个结点之间；

（3）修改插入位置结点的指针，使其指向新增结点，而使新增结点指向原插入位置所指向的结点。

在链表结构中插入结点的示例代码如下：

```
CLType *CLInsertNode(CLType *head,char *findkey,Data nodeData)  // 插入结点
{
    CLType *node,*nodetemp;
    if(!(node=(CLType *)malloc(sizeof(CLType)))) // 分配保存结点的内容
    {
        printf(" 申请内存失败！ \n");
        return 0;                                 // 分配内存失败
    }
    node->nodeData=nodeData;                      // 保存结点中的数据
    nodetemp=CLFindNode(head,findkey);
    if(nodetemp)                                  // 若找到要插入的结点
    {
        node->nextNode=nodetemp->nextNode;        // 新插入结点指向关键结点的下一结点
        nodetemp->nextNode=node;                  // 设置关键结点指向新插入结点
    }
    else
    {
        printf(" 未找到正确的插入位置！ \n");
        free(node);                               // 释放内存
    }
    return head;                                  // 返回头指针
}
```

在这里，输入参数 head 为链表头指针，输入参数 findkey 为链表中进行查找的结点关键字，找到该结点后将在该结点后面添加结点数据，nodeData 为新增结点的数据。程序中首先使用 malloc() 函数申请保存结点数据的内存空间，然后调用函数 ChainListFind() 查找指定关键字的结点，执行插入操作。

2.4.7 删除结点

删除结点就是将链表中的某个结点数据删除。删除结点的过程如图 2-7 所示。

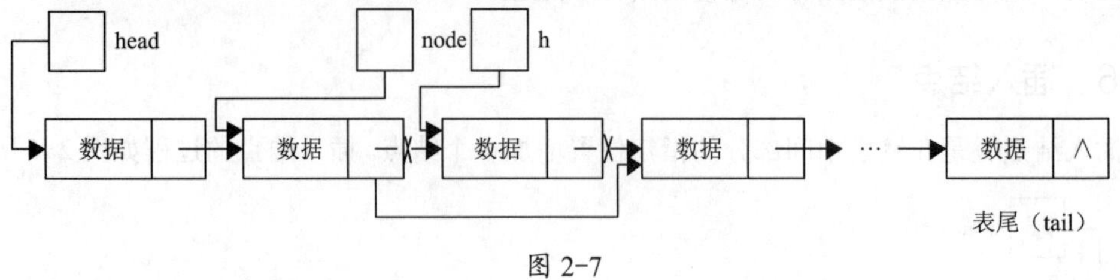

图 2-7

删除结点的操作步骤如下：

（1）查找需要删除的结点；

（2）使前个一结点指向当前结点的下个一结点；

（3）删除当前结点。

在链表结构中删除结点的示例代码如下：

```
int CLDeleteNode(CLType *head,char *key)
{
    CLType *node,*htemp;                          //node 保存删除结点的前一结点
    htemp=head;
    node=head;
    while(htemp)
    {
        if(strcmp(htemp->nodeData.key,key)==0)    //找到关键字，执行删除操作
        {
            node->nextNode=htemp->nextNode;       //使前一结点指向当前结点的下一结点
            free(htemp);                          //释放内存
            return 1;
        }
        else
        {
            node=htemp;                           //指向当前结点
            htemp=htemp->nextNode;                //指向下一结点
        }
    }
    return 0;                                     //未删除
}
```

在这里，输入参数 head 为链表头指针，输入参数 key 为链表中需要删除结点的关键字。程序中通过一个循环，按关键字在整个链表中查找要删除的结点。如果找到被删除结点，则设置上个一结点（node 指针所指结点）指向当前结点（h 指针所指结点）的下个一结点，即可完成链表中结点的逻辑删除。但是，此时被删除结点仍然保存在内存中，需要执行 free() 函数来释放被删除结点所占用的内存空间。

2.4.8 计算链表长度

计算链表长度也就是统计链表结构中结点的数量。顺序表中计算表长度比较方便，但是在链表中计算链表长度稍微复杂一些，因为链表结构在物理上并不是连续存储的，因此需要遍历整个链表来对结点数量进行累加才能得到。

计算链表长度的示例代码如下：

```
int CLLength(CLType *head)                              //计算链表长度
{
    CLType *htemp;
    int Len=0;
    htemp=head;
    while(htemp)                                        //遍历整个链表
    {
        Len++;                                          //累加结点数量
        htemp=htemp->nextNode;                          //处理下一结点
    }
    return Len;                                         //返回结点数量
}
```

在这里，输入参数 head 表示链表的头指针。程序中通过 while 循环来遍历整个链表，从而累加结点数量并返回最终的累加值。

2.4.9　显示所有结点

前面已讲到，显示所有结点数据并不是一个数据结构基本的运算，因为它可以简单地逐个引用结点来实现。不过，同样为了方便读者在后续讲解中的理解，这里还是将其单独列为一个函数，示例代码如下：

```
void CLAllNode(CLType *head)                                     //遍历链表
{
    CLType *htemp;
    Data nodeData;
    htemp=head;
    printf("当前链表共有 %d 个结点。链表所有数据如下：\n",CLLength(head));
    while(htemp)                                                 //循环处理链表每个结点
    {
        nodeData=htemp->nodeData;                                //获取结点数据
        printf("结点 (%s,%s,%d)\n",nodeData.key,nodeData.name,nodeData.age);
        htemp=htemp->nextNode;                                   //处理下一结点
    }
}
```

在这里，输入参数 head 表示链表的头指针。程序中通过 while 循环来遍历整个链表，从而输出各个结点数据。

2.4.10　链表操作示例：使用链表操作实现用户管理

有了前面链表的基本运算之后，便可以轻松地完成对链表的各种操作。这里给出一个完整的例子，来演示链表的创建、插入结点、查找结点、删除结点等操作。

程序示例代码如下：

```
#include <stdlib.h>
#include <stdio.h>
#include <string.h>
typedef struct
{
    char key[10];                                       //关键字
    char name[20];
    int age;
}Data;                                                  //数据结点类型
typedef struct Node                                     //定义链表结构
{
    Data nodeData;
    struct Node *nextNode;
```

```
}CLType;

CLType *CLAddEnd(CLType *head,Data nodeData)       // 追加结点
{
    CLType *node,*htemp;
    if(!(node=(CLType *)malloc(sizeof(CLType))))
    {
        printf("申请内存失败! \n");
        return NULL;                                // 分配内存失败
    }
    else
    {
        node->nodeData=nodeData;                    // 保存数据
        node->nextNode=NULL;                        // 设置结点指针为空，即为表尾
        if(head==NULL)                              // 头指针
        {
            head=node;
            return head;
        }
        htemp=head;
        while(htemp->nextNode!=NULL)                // 查找链表的末尾
        {
            htemp=htemp->nextNode;
        }
        htemp->nextNode=node;
        return head;
    }
}

CLType *CLAddFirst(CLType *head,Data nodeData)
{
    CLType *node;
    if(!(node=(CLType *)malloc(sizeof(CLType))))
    {
        printf("申请内存失败! \n");
        return NULL;                                // 分配内存失败
    }
    else
    {
        node->nodeData=nodeData;                    // 保存数据
        node->nextNode=head;                        // 指向头指针所指结点
        head=node;                                  // 头指针指向新增结点
        return head;
    }
}

CLType *CLFindNode(CLType *head,char *key)         // 查找结点
{
    CLType *htemp;
    htemp=head;                                     // 保存链表头指针
    while(htemp)                                    // 若结点有效，则进行查找
    {
        if(strcmp(htemp->nodeData.key,key)==0)      // 若结点关键字与传入关键字相同
        {
            return htemp;                           // 返回该结点指针
        }
        htemp=htemp->nextNode;                      // 处理下一结点
    }
    return NULL;                                    // 返回空指针
}

CLType *CLInsertNode(CLType *head,char *findkey,Data nodeData)  // 插入结点
{
```

```
    CLType *node,*nodetemp;
    if(!(node=(CLType *)malloc(sizeof(CLType))))  // 分配保存结点的内容
    {
        printf(" 申请内存失败！ \n");
        return 0;                                  // 分配内存失败
    }
    node->nodeData=nodeData;                       // 保存结点中的数据
    nodetemp=CLFindNode(head,findkey);
    if(nodetemp)                                   // 若找到要插入的结点
    {
        node->nextNode=nodetemp->nextNode;         // 新插入结点指向关键结点的下一结点
        nodetemp->nextNode=node;                   // 设置关键结点指向新插入结点
    }
    else
    {
        printf(" 未找到正确的插入位置！ \n");
        free(node);                                // 释放内存
    }
    return head;                                   // 返回头指针
}

int CLDeleteNode(CLType *head,char *key)
{
    CLType *node,*htemp;                           //node 保存删除结点的前一结点
    htemp=head;
    node=head;
    while(htemp)
    {
        if(strcmp(htemp->nodeData.key,key)==0)     // 找到关键字，执行删除操作
        {
            node->nextNode=htemp->nextNode;        // 使前一结点指向当前结点的下一结点
            free(htemp);                           // 释放内存
            return 1;
        }
        else
        {
            node=htemp;                            // 指向当前结点
            htemp=htemp->nextNode;                 // 指向下一结点
        }
    }
    return 0;                                      // 未删除
}

int CLLength(CLType *head)                         // 计算链表长度
{
    CLType *htemp;
    int Len=0;
    htemp=head;
    while(htemp)                                   // 遍历整个链表
    {
        Len++;                                     // 累加结点数量
        htemp=htemp->nextNode;                     // 处理下一结点
    }
    return Len;                                    // 返回结点数量
}

void CLAllNode(CLType *head)                       // 遍历链表
{
    CLType *htemp;
    Data nodeData;
    htemp=head;
    printf(" 当前链表共有 %d 个结点。链表所有数据如下：\n",CLLength(head));
    while(htemp)                                   // 循环处理链表每个结点
```

```
        {
            nodeData=htemp->nodeData;                    //获取结点数据
            printf("结点(%s,%s,%d)\n",nodeData.key,nodeData.name,nodeData.age);
            htemp=htemp->nextNode;                       //处理下一结点
        }
}

void main()
{
    CLType *node, *head=NULL;
    Data nodeData;
    char key[10],findkey[10];

    printf("链表测试。先输入链表中的数据，格式为：关键字 姓名 年龄\n");
    do
    {
        fflush(stdin);                                   //清空输入缓冲区
        scanf("%s",nodeData.key);
        if(strcmp(nodeData.key,"0")= =0)
        {
            break;                                       //若输入 0，则退出
        }
        else
        {
            scanf("%s%d",nodeData.name,&nodeData.age);
            head=CLAddEnd(head,nodeData);                //在链表尾部添加结点
        }
    }while(1);
    CLAllNode(head);                                     //显示所有结点

    printf("\n演示插入结点，输入插入位置的关键字：") ;
    scanf("%s",&findkey);                                //输入插入位置关键字
    printf("输入插入结点的数据(关键字 姓名 年龄):");
    scanf("%s%s%d",nodeData.key,nodeData.name,&nodeData.age);  //输入插入结点数据
    head=CLInsertNode(head,findkey,nodeData);            //调用插入函数
    CLAllNode(head);                                     //显示所有结点

    printf("\n演示删除结点，输入要删除的关键字:");
    fflush(stdin);                                       //清空输入缓冲区
    scanf("%s",key);                                     //输入删除结点关键字
    CLDeleteNode(head,key);                              //调用删除结点函数
    CLAllNode(head);                                     //显示所有结点

    printf("\n演示在链表中查找，输入查找关键字:");
    fflush(stdin);                                       //清空输入缓冲区
    scanf("%s",key);                                     //输入查找关键字
    node=CLFindNode(head,key);                           //调用查找函数，返回结点指针
    if(node)                                             //若返回结点指针有效
    {
        nodeData=node->nodeData;                         //获取结点的数据
        printf("关键字%s对应的结点为(%s,%s,%d)\n",key,nodeData.key,nodeData.name,
             nodeData.age);
    }
    else                                                 //若结点指针无效
    {
        printf("在链表中未找到关键字为%s的结点！\n",key);
    }
}
```

在上述完整的示例代码中，main() 主函数首先初始化链表，然后循环添加数据结点，当输入数据全部为 0 时，便退出结点添加的进程。接下来显示所有的结点数据，然后分别演示插入结点、删除结点和查找结点等操作。该程序的执行结果如图 2-8 所示。

```
"D:\WORK\Code\Debug\Code.exe"
链表测试。先输入链表中的数据，格式为：关键字 姓名 年龄
2001 asgsa 12
2002 sagdd 14
2003 vewef 17
2004 sssed 16
2005 swvrt 15
0
当前链表共有5个结点。链表所有数据如下：
结点(2001,asgsa,12)
结点(2002,sagdd,14)
结点(2003,vewef,17)
结点(2004,sssed,16)
结点(2005,swvrt,15)

演示插入结点，输入插入位置的关键字：2003
输入插入结点的数据(关键字 姓名 年龄):2009 erggr 10
当前链表共有6个结点。链表所有数据如下：
结点(2001,asgsa,12)
结点(2002,sagdd,14)
结点(2003,vewef,17)
结点(2009,erggr,10)
结点(2004,sssed,16)
结点(2005,swvrt,15)

演示删除结点，输入要删除的关键字:2002
当前链表共有5个结点。链表所有数据如下：
结点(2001,asgsa,12)
结点(2003,vewef,17)
结点(2009,erggr,10)
结点(2004,sssed,16)
结点(2005,swvrt,15)

演示在链表中查找，输入查找关键字:2004
关键字2004对应的结点为(2004,sssed,16)
Press any key to continue_
```

图 2-8

2.5　栈结构

在程序设计中，用户一定接触过“堆栈”的概念。“栈”和“堆”是两个不同的概念。在这里，栈是一种特殊的数据结构，在中断处理特别是重要数据的现场保护方面有着非常重要的意义。

2.5.1　什么是栈结构

栈结构是根据数据的运算来分类的，也就是说栈结构具有特殊的运算规则。而从数据的逻辑结构来看，栈结构其实就是一种线性结构。如果从数据的存储结构来进一步划分，栈结构可以分为以下两类：

• 顺序栈结构：使用一组地址连续的内存单元依次保存栈中的数据。在程序中，可以定义一个指定大小的结构数组作为栈，序号为 0 的元素就是栈底，再定义一个变量 top 保存栈顶的序号即可；

• 链式栈结构：使用链表形式保存栈中各元素的值。链表首部（head 指针所指向元素）为栈顶，链表尾部（指向地址为 NULL）为栈底。

典型的栈结构如图 2-9 所示。从图中可以看出，在栈结构中，只能在其一端进行操作，该操作端称为栈顶，另一端称为栈底。也就是说，保存和取出数据都只能从栈结构的一端进行。从数据的运算角度来分析，栈结构是按照“后进先出”（Last In Firt Out，LIFO）的原则处理结点数据的。

入栈　出栈

栈顶 → $data_n$

$data_{n-1}$

⋮

$data_2$

栈底 → $data_1$

图 2-9

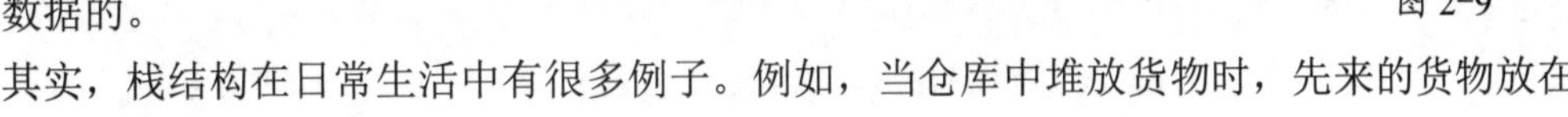

其实，栈结构在日常生活中有很多例子。例如，当仓库中堆放货物时，先来的货物放在

里面，后来的货物放在外面；而要取出货物时，总是先取外面的，最后才能取到里面的货物。也就是说，后放入的货物先取出。

在计算机程序设计中，特别是汇编程序中，栈通常用于中断或者子程序的调用过程。此时，首先将重要的寄存器或变量压入栈，进入中断例程或者子程序，处理完后，通过出栈操作恢复寄存器和变量的值。

在栈结构中，只有栈顶元素是可以访问的，栈结构的数据运算也非常简单。一般栈结构的基本操作只有以下两个：

- 入栈（Push）：将数据保存到栈顶的操作。进行入栈操作前，先修改栈顶指针，使其向上移动一个元素位置，然后将数据保存到栈顶指针所指的位置；
- 出栈（Pop）：将栈顶数据弹出的操作。通过修改栈顶指针，使其指向栈中的下一个元素。

接下来，我们以常见的顺序栈结构为例，看一下如何在 C 语言中建立顺序栈，并完成顺序栈结构的基本运算。

2.5.2 准备数据

有了前面的理论知识，下面开始讲解栈结构的程序设计。首先需要准备数据，也就是准备在栈操作中需要用到的变量及数据结构；示例代码如下：

```
#define MAXLEN 50

typedef struct
{
    char name[10];
    int age;
}DATA;

typedef struct stack
{
    DATA data[SIZE+1];                                          //数据元素
    int top;                                                    //栈顶
}StackType;
```

上述代码中定义了栈结构的最大长度 MAXLEN、栈结构数据元素的类型 DATA 及栈结构的数据结构 StackType。在数据结构 StackType 中，data 为数据元素，top 为栈顶的序号。当 top=0 时，表示栈为空；当 top=SIZE 时，表示栈满。

2.5.3 初始化栈结构

在使用顺序栈之前，首先要创建一个空的顺序栈，也就是初始化顺序栈。顺序栈的初始化操作步骤如下：

（1）按符号常量 SIZE 指定的大小申请一块内存空间，用来保存栈中的数据；

（2）设置栈顶指针的值为 0，表示是一个空栈。

初始化顺序栈的示例代码如下：

```
StackType *STInit()
{
    StackType *p;

    if(p=(StackType *)malloc(sizeof(StackType)))          //申请栈内存
```

```
    {
        p->top=0;                                          //设置栈顶为 0
        return p;                                          //返回指向栈的指针
    }
    return NULL;
}
```

这里首先使用 malloc() 函数申请内存，申请成功后设置栈顶为 0，然后返回申请内存的首地址。如果申请内存失败，将返回 NULL。

2.5.4　判断空栈

顾名思义，判断空栈就是判断一个栈结构是否为空。如果是空栈，则表示该栈结构中没有数据。此时可以进行入栈操作，但不可以进行出栈操作。

判断空栈的示例代码如下：

```
int STIsEmpty(StackType *s)                            //判断栈是否为空
{
    int t;
    t=(s->top==0);
    return t;
}
```

这里输入参数 s 作为一个指向操作的栈的指针。程序中，根据栈顶指针 top 是否为 0 来判断栈是否为空。

2.5.5　判断满栈

同样，判断满栈就是判断一个栈结构是否为满。如果是满栈，则表示该栈结构中没有多余的空间来保存额外数据。此时不可以进行入栈操作，但是可以进行出栈操作。

判断满栈的示例代码如下：

```
int STIsFull(StackType *s)                             //判断栈是否已满
{
    int t;
    t=(s->top==MAXLEN);
    return t;
}
```

这里输入参数 s 作为一个指向操作的栈的指针。程序中，根据栈顶指针 top 是否等于符号常量 MAXLEN 来判断栈是否已满。

2.5.6　清空栈

清空栈就是栈中的所有数据被清除；示例代码如下：

```
void STClear(StackType *s)                             //清空栈
{
    s->top=0;
}
```

这里输入参数 s 作为一个指向操作的栈的指针。程序中，将栈顶指针 top 设置为 0，表示执行清空栈操作。

2.5.7 释放空间

释放空间是释放栈结构所占用的内存单元。由初始化操作可知，在初始化栈结构时，使用 malloc() 函数分配了内存空间。这里需要注意，虽然可以使用清空栈操作，但是清空栈操作并不会释放内存空间，这就需要使用 free() 函数释放所分配的内存。

释放空间的示例代码如下：

```
void STFree(StackType *s)                              //释放栈所占用空间
{
    if(s)
    {
        free(s);
    }
}
```

这里输入参数 s 作为一个指向操作的栈的指针。程序中，直接调用 free() 函数释放所分配的内存。一般在不需要使用栈结构时调用该函数，特别是程序结束时。

2.5.8 入栈

入栈是栈结构的基本操作，是将数据元素保存到栈结构。入栈操作的具体步骤如下：

（1）首先判断栈顶 top，如果 top 大于或等于 SIZE，则表示溢出，进行出错处理；

（2）设置 top=top+1（栈顶指针加 1，指向入栈地址）；

（3）将入栈元素保存到 top 指向的位置。

入栈操作的示例代码如下：

```
int PushST(StackType *s,DATA data)                         //入栈操作
{
    if((s->top+1)>MAXLEN)
    {
        printf("栈溢出!\n");
        return 0;
    }
    s->data[++s->top]=data;                                //将元素入栈
    return 1;
}
```

这里输入参数 s 作为一个指向操作的栈的指针，输入参数 data 是需要入栈的数据元素。程序中首先判断栈是否溢出，如果溢出则不进行入栈操作；否则修改栈顶指针的值，将数据元素入栈。

2.5.9 出栈

出栈是栈结构的基本操作，它与入栈相反，是从栈顶弹出一个数据元素。出栈操作的具体步骤如下：

（1）首先判断栈顶 top，如果 top=0，则表示为空栈，进行出错处理；

（2）将栈顶指针 top 所指位置的元素返回；

（3）设置 top=top-1，也就是使栈顶指针减 1，指向栈的下一个元素，原来栈顶元素被弹出。

出栈操作的示例代码如下：

```
DATA PopST(StackType *s)                                    //出栈操作
{
    if(s->top==0)
    {
        printf("栈为空!\n");
        exit(0);
    }
    return (s->data[s->top--]);
}
```

这里输入参数 s 作为一个指向操作的栈的指针。返回值是一个 DATA 类型的数据，其内容是栈顶的数据元素。

2.5.10　读结点数据

读结点数据也就是读取栈结构中结点的数据。由于栈结构只能在一端进行操作，因此这里的读操作其实就是读取栈顶的数据。

需要注意的是，读结点数据的操作与出栈操作不同。读结点数据的操作仅是显示栈顶结点数据的内容，而出栈操作则将栈顶数据弹出，该数据将不再存在。

读结点数据的示例代码如下：

```
DATA PeekST(StackType *s)                                   //读栈顶数据
{
    if(s->top==0)
    {
        printf("栈为空!\n");
        exit(0);
    }
    return (s->data[s->top]);
}
```

这里输入参数 s 作为一个指向操作的栈的指针。返回值同样是一个 DATA 类型的数据，内容是栈顶的数据元素。

2.5.11　栈结构操作示例：使用栈结构实现学生数据操作

有了前面栈结构的基本运算之后，可以轻松地完成对栈结构的各种操作。这里给出一个完整的例子来演示栈结构的创建、入栈和出栈等操作。

程序示例代码如下：

```
#include <stdlib.h>                          //头文件
#include <stdio.h>
#include <string.h>

#define MAXLEN 50                            //最大长度

typedef struct
{
    char name[10];
    int age;
}DATA;

typedef struct stack
{
    DATA data[SIZE+1];                       //数据元素
    int top;                                 //栈顶
}StackType;
```

```
StackType *STInit()
{
StackType *p;

    if(p=(StackType *)malloc(sizeof(StackType)))          //申请栈内存
    {
        p->top=0;                                          //设置栈顶为 0
        return p;                                          //返回指向栈的指针
    }
    return NULL;
}

int STIsEmpty(StackType *s)                                //判断栈是否为空
{
    int t;
    t=(s->top==0);
    return t;
}

int STIsFull(StackType *s)                                 //判断栈是否已满
{
    int t;
    t=(s->top==MAXLEN);
    return t;
}

void STClear(StackType *s)                                 //清空栈
{
    s->top=0;
}

void STFree(StackType *s)                                  //释放栈所占用空间
{
    if(s)
    {
        free(s);
    }
}

int PushST(StackType *s,DATA data)                         //入栈操作
{
     if((s->top+1)>MAXLEN)
     {
         printf("栈溢出!\n");
         return 0;
     }
     s->data[++s->top]=data;                               //将元素入栈
     return 1;
}

DATA PopST(StackType *s)                                   //出栈操作
{
     if(s->top==0)
     {
         printf("栈为空!\n");
         exit(0);
     }
     return (s->data[s->top--]);
}

DATA PeekST(StackType *s)                                  //读栈顶数据
{
```

```
        if(s->top==0)
        {
            printf(" 栈为空 !\n");
            exit(0);
        }
        return (s->data[s->top]);
}

void main()                                                     // 主函数
{
    StackType *stack;
    DATA data,data1;

    stack=STInit();                                             // 初始化栈
    printf(" 入栈操作: \n");
    printf(" 输入姓名 年龄进行入栈操作 :");
    do
    {
        scanf("%s%d",data.name,&data.age);
        if(strcmp(data.name,"0")==0)
        {
            break;                                              // 若输入 0，则退出
        }
        else
        {
            PushST(stack,data);
        }
    }while(1);

    do
    {
        printf("\n 出栈操作 : 按任意键进行出栈操作 :");
        getchar();
        data1=PopST(stack);
        printf(" 出栈的数据是 (%s,%d)\n" ,data1.name,data1.age);
    }while(1);

    STFree(stack);                                              // 释放栈所占用的空间
}
```

上述代码中，main() 主函数首先初始化栈结构，然后循环进行入栈操作，添加数据结点，当输入值全部为 0 时，则退出结点添加的进程。接下来，用户每按一次键，则进行一次出栈操作，显示结点数据。当为空栈时，退出程序。该程序的执行结果如图 2-10 所示。

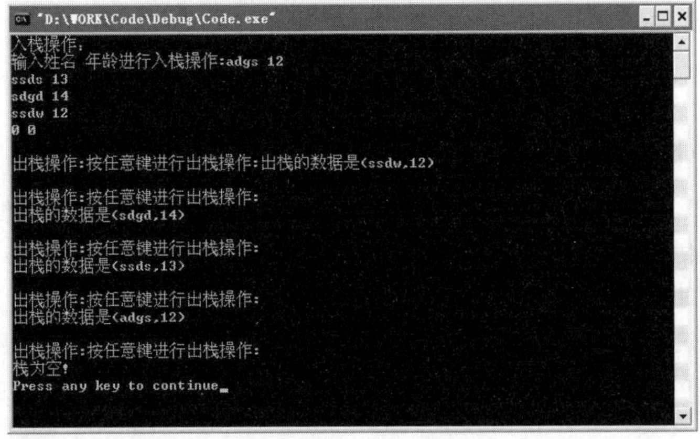

图 2-10

2.6 队列结构

在程序设计中，队列结构也是一种常用的数据结构。队列结构和栈结构类似，同样只能在两端进行操作。在现实生活中都有对应的例子，可以说是来源于生活的数据结构。

2.6.1 什么是队列结构

队列结构是按照数据的运算来分类的，也就是说队列结构具有特殊的运算规则。而从数据的逻辑结构来看，队列结构其实就是一种线性结构。如果从数据的存储结构来进一步划分，队列结构可以分为以下两类：

• 顺序队列结构：使用一组地址连续的内存单元依次保存队列中的数据。在程序中，可以定义一个指定大小的结构数组来作为队列；

• 链式队列结构：使用链表形式保存队列中各元素的值。

典型的队列结构如图 2-11 所示。从图中可以看出，在队列结构中只允许对两端进行操作，但是两端的操作不同。在表的一端只能进行删除操作，称为队头；在表的另一端只能进行插入操作，称为队尾。如果队列中没有数据元素，则称为空队列。

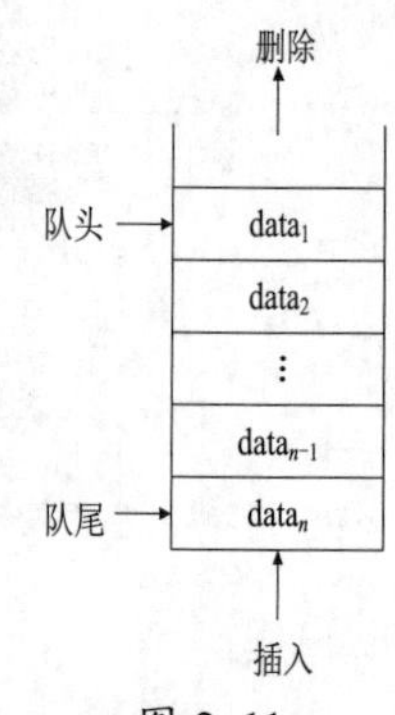

图 2-11

从数据的运算角度来分析，队列结构是按照“先进先出”（First In First Out，FIFO）的原则处理结点数据。

其实，队列结构在日常生活中有很多例子。例如银行的电子排号系统，先来的人取的号靠前，后来的人取的号靠后。这样，先来的人将先得到服务，后来的人将后得到服务，一切按照“先来先服务”的原则。

在硬件的存储类芯片中，有一类根据队列结构构造的芯片，就是 FIFO 芯片。这类芯片具有一定的容量，其一端进行数据的存入，另一端进行数据的读出。先存入的数据将先被读出。

在队列结构中，数据运算非常简单。一般队列结构的基本操作只有以下两个：

• 入队列：将一个元素添加到队尾（相当于到队列最后排队等候）；

• 出队列：将队头的元素取出，同时删除该元素，使后一个元素成为队头。

除此之外，还需要有初始化队列、获取队列长度等简单的操作。接下来，我们同样以顺序队列结构为例，看一下如何在 C 语言中建立顺序队列结构，并完成顺序队列结构的基本运算。

2.6.2 准备数据

有了前面的理论知识，下面开始讲解队列结构的程序设计。首先需要准备数据，也就是准备在队列操作中需要用到的变量及数据结构等；示例代码如下：

```
#define QUEUELEN 15

typedef struct
{
    char name[10];
    int age;
}DATA;
```

```
typedef struct
{
    DATA data[QUEUELEN];                        //队列数组
    int head;                                   //队头
    int tail;                                   //队尾
}SQType;
```

上述代码中，定义了队列结构的最大长度 QUEUELEN、队列结构数据元素的类型 DATA 以及队列结构的数据结构 SQType。在数据结构 SQType 中，data 为数据元素，head 为队头的序号，tail 为队尾的序号。当 head=0 时，表示队列为空；当 tail=QUEUELEN 时，表示队列为满。

2.6.3 初始化队列结构

在使用顺序队列之前，首先要创建一个空的顺序队列，也就是初始化顺序队列。顺序队列的初始化操作步骤如下：

（1）按符号常量 QUEUELEN 指定的大小申请一块内存空间，用来保存队列中的数据；

（2）设置 head=0 和 tail=0，表示是一个空栈。

初始化顺序队列的示例代码如下：

```
SQType *SQTypeInit()
{
    SQType *q;

    if(q=(SQType *)malloc(sizeof(SQType)))              //申请内存
    {
        q->head = 0;                                    //设置队头
        q->tail = 0;                                    //设置队尾
        return q;
    }
    else
    {
        return NULL;                                    //返回空
    }
}
```

这里首先使用 malloc() 函数申请内存，申请成功后设置队头和队尾，返回申请内存的首地址。如果申请内存失败，则返回 NULL。

2.6.4 判断空队列

判断空队列就是判断一个队列结构是否为空。如果是空队列，则表示该队列结构中没有数据。此时可以进行入队列操作，但不可以进行出队列操作。

判断空队列的示例代码如下：

```
int SQTypeIsEmpty(SQType *q)                    //判断空队列
{
    int temp;
    temp=q->head==q->tail;
    return (temp);
}
```

在这里，输入参数 q 作为一个指向操作的队列的指针。程序中，根据队列 head 是否等于 tail 来判断队列是否为空。

2.6.5 判断满队列

判断满队列就是判断一个队列结构是否为满。如果是满队列，则表示该队列结构中没有多余的空间来保存额外数据。此时不可以进行入队列操作，但是可以进行出队列操作。

判断满队列的示例代码如下：

```
int SQTypeIsFull(SQType *q)                          // 判断满队列
{
    int temp;
    temp=q->tail==QUEUELEN;
    return (temp);
}
```

在这里，输入参数 q 作为一个指向操作的队列的指针。程序中，根据队列 tail 是否等于符号常量 QUEUELEN 来判断队列是否已满。

2.6.6 清空队列

清空队列就是清除队列中的所有数据，但内存空间并没有释放。

清空队列的示例代码如下：

```
void SQTypeClear(SQType *q)                    //清空队列
{
    q->head = 0;                               //设置队头
    q->tail = 0;                               //设置队尾
}
```

在这里，输入参数 q 作为一个指向操作的队列的指针。程序中，将队列顶指针 head 和 tail 设置为 0，表示执行清空队列操作。

2.6.7 释放空间

释放空间是释放队列结构所占用的内存单元。同栈结构相似，在初始化队列结构时，使用 malloc() 函数分配了内存空间。虽然可以使用清空队列操作，但是清空队列操作并没有释放内存空间，这就需要使用 free() 函数释放队列结构所分配的内存。

释放空间的示例代码如下：

```
void SQTypeFree(SQType *q)                     //释放队列
{
    if (q!=NULL)
    {
        free(q);
    }
}
```

在这里，输入参数 q 作为一个指向操作的队列的指针。程序中，直接调用 free() 函数释放所分配的内存。一般在不需要使用队列结构时调用该函数，特别是程序结束时。

2.6.8 入队列

入队列是队列结构的基本操作，它是将数据元素保存到队列结构。入队列操作的具体步骤如下：

（1）判断队列顶 tail 的值，如果 tail=QUEUELEN，则表示溢出，进行出错处理；否则，执行下面的步骤；

（2）设置 tail=tail+1（队列顶指针加 1，指向入队列地址）；

（3）将入队列元素保存到 tail 指向的位置。

入队列操作的示例代码如下：

```
int InSQType(SQType *q,DATA data)                              //入队列
{
    if(q->tail==QUEUELEN)
    {
        printf("队列已满！操作失败！\n");
        return(0);
    }
    else
    {
        q->data[q->tail++]=data;                               //将元素入队列
        return(1);
    }
}
```

在这里，输入参数 q 为一个指向操作的队列的指针，输入参数 data 为需要入队列的数据元素。程序中，首先判断队列是否溢出，如果溢出，则不进行入队列操作；否则，修改队列顶指针的值，再将元素入队列。

2.6.9 出队列

出队列是队列结构的基本操作，它与入队列相反，是从队列顶弹出一个数据元素。出队列操作的具体步骤如下：

（1）判断队列 head 的值，如果 head=tail，则表示为空队列，进行出错处理；否则，执行下面的步骤；

（2）从队列首部取出队头元素（实际是返回队头元素的指针）；

（3）设修改队头 head 的序号，使其指向后一个元素。

出队列的具体实现代码如下：

```
DATA *OutSQType(SQType *q)                                      //出队列
{
    if(q->head==q->tail)
    {
        printf("\n队列已空！操作失败！\n");
        exit(0);
    }
    else
    {
        return &(q->data[q->head++]);
    }
}
```

在这里，输入参数 q 为一个指向操作的队列的指针。返回值是一个 DATA 类型的数据，其内容是指向该数据元素的指针。

2.6.10 读结点数据

顾名思义，读结点数据也就是读取队列结构中结点的数据，这里的读操作其实就是读队列头的数据。需要注意的是，读结点数据的操作和出队列操作不同。读结点数据的操作仅是

显示队列顶结点数据的内容，而出队列操作则将队列顶数据弹出，该数据将不再存在。

读结点数据的示例代码如下：

```
DATA *PeekSQType(SQType *q)                                    //读结点数据
{
    if(SQTypeIsEmpty(q))
    {
        printf("\n空队列!\n");
        return NULL;
    }
    else
    {
        return &(q->data[q->head]);
    }
}
```

在这里，输入参数 q 为一个指向操作的队列的指针。返回值同样是一个 DATA 类型的指针数据，其内容是指向数据元素的指针。

2.6.11 计算队列长度

计算队列长度就是统计该队列中数据结点的个数。计算队列长度的方法比较简单，直接将队尾序号减去队头序号即可。

计算队列长度的示例代码如下：

```
int SQTypeLen(SQType *q)                                       //计算队列长度
{
    int temp;
    temp=q->tail-q->head;
    return (temp);
}
```

在这里，输入参数 q 为一个指向操作的队列的指针。函数的返回值便是队列的长度。

2.6.12 队列结构操作示例：使用队列结构实现学生数据操作

有了前面队列结构的基本运算之后，便可以轻松地完成对队列结构的各种操作。这里给出一个完整的例子来演示队列结构的创建、入队列和出队列等操作。

程序示例代码如下：

```
#include <stdlib.h>                                            //头文件
#include <stdio.h>
#include <string.h>

#define QUEUELEN 15                                                    //最大长度

typedef struct
{
    char name[10];
    int age;
}DATA;

typedef struct
{
    DATA data[QUEUELEN];                                       //队列数组
    int head;                                                  //队头
    int tail;                                                  //队尾
}SQType;
```

```
SQType *SQTypeInit()
{
SQType *q;

    if(q=(SQType *)malloc(sizeof(SQType)))          //申请内存
    {
        q->head = 0;                                //设置队头
        q->tail = 0;                                //设置队尾
        return q;
    }
    else
    {
        return NULL;                                //返回空
    }
}

int SQTypeIsEmpty(SQType *q)                        //判断空队列
{
    int temp;
    temp=q->head==q->tail;
    return (temp);
}

int SQTypeIsFull(SQType *q)                         //判断满队列
{
    int temp;
    temp=q->tail==QUEUELEN;
    return (temp);
}

void SQTypeClear(SQType *q)                         //清空队列
{
    q->head = 0;                                    //设置队头
    q->tail = 0;                                    //设置队尾
}

void SQTypeFree(SQType *q)                          //释放队列
{
    if (q!=NULL)
    {
        free(q);
    }
}

int InSQType(SQType *q,DATA data)                   //入队列
{
    if(q->tail==QUEUELEN)
    {
        printf("队列已满!操作失败!\n");
        return(0);
    }
    else
    {
        q->data[q->tail++]=data;                    //将元素入队列
        return(1);
    }
}

DATA *OutSQType(SQType *q)                          //出队列
{
    if(q->head==q->tail)
    {
```

```
            printf("\n队列已空！操作失败！\n");
            exit(0);
        }
        else
        {
            return &(q->data[q->head++]);
        }
}

DATA *PeekSQType(SQType *q)                              //读结点数据
{
        if(SQTypeIsEmpty(q))
        {
            printf("\n空队列！\n");
            return NULL;
        }
        else
        {
            return &(q->data[q->head]);
        }
}

int SQTypeLen(SQType *q)                                 //计算队列长度
{
        int temp;
        temp=q->tail-q->head;
        return (temp);
}

void main()                                              //主函数
{
        SQType *stack;
        DATA data;
        DATA *data1;

        stack=SQTypeInit();                              //初始化队列
        printf("入队列操作：\n");
        printf("输入姓名 年龄进行入队列操作：");
        do
        {
            scanf("%s%d",data.name,&data.age);
            if(strcmp(data.name,"0")==0)
            {
                break;                                   //若输入0，则退出
            }
            else
            {
                InSQType(stack,data);
            }
        }while(1);

        do
        {
            printf("出队列操作：按任意键进行出栈操作：\n");
            getchar();
            data1=OutSQType(stack);
            printf("出队列的数据是(%s,%d)\n" ,data1->name,data1->age);
        }while(1);
        SQTypeFree(stack);                               //释放队列所占用的空间
}
```

上述代码中，main()主函数首先初始化队列结构，然后循环进行入队列操作，添加数据结点，当输入值全部为0时，便退出结点添加的进程。接下来，用户每按一次按键，进行一

次出队列操作，显示结点数据。当为空队列时，退出程序。该程序的执行结果如图 2-12 所示。

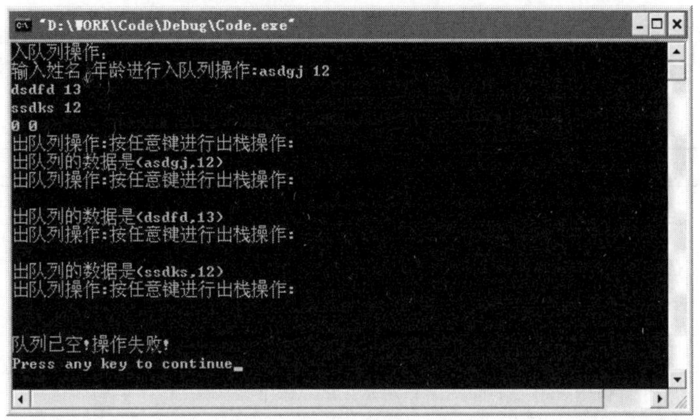

图 2-12

2.7　树结构

前面介绍的几种数据结构都属于线性结构，但有些问题无法用线性数据结构来表示，例如一个国家的行政机构、一个家族的家谱等。这些问题有一个共同点，就是可以表示成层次关系。这种层次关系可以抽象为树结构，这也是本节所要讲解的数据结构。

2.7.1　什么是树结构

树结构是一种描述非线性层次关系的数据结构，其中重要的是“树”的概念。树是 n 个数据结点的集合，在该集合中包含一个根结点，根结点之下则分布着一些互不交叉的子集合，这些子集合也是根结点的子树。树结构的基本特征如下：

- 在一个树结构中，有且仅有一个结点没有直接前驱结点，这个结点就是树的根结点；
- 除根结点外，其余每个结点有且仅有一个直接前驱结点；
- 每个结点可以有任意多个直接后继结点。

典型的树结构如图 2-13 所示。从图中可以直观地看到它很类似于现实中树的根系，越往下层根系分支越多。对照着此图，我们知道 A 便是树的根结点，根结点 A 有 3 个直接后继结点 B、C 和 D，而结点 B、C、D 只有一个直接前驱结点 A。

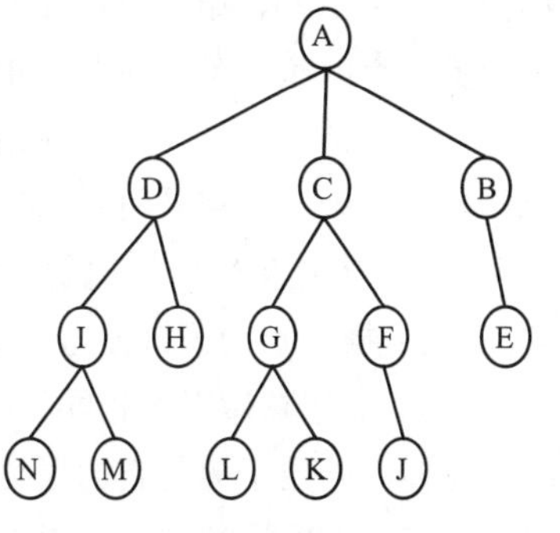

图 2-13

另外，一个树结构也可以为空，此时空树中没有数据结点，也就是一个空集合。如果树结构中仅包含一个结点，那么这也是一个树，树根便是该结点自身。

从前面树的定义可以看出，树具有一种层次结构的性质。而从数学的角度来看，树具有一种递归的特性。在树中的每个结点及其之后的所有结点构成一个子树，这个子树也包括根结点。

2.7.2 树的基本概念

对于本书读者来说，树会是一种全新的数据结构，其中包含了许多需要了解的新概念（见表 2-2）。

表 2-2

概　念	解　释
父结点和子结点	每个结点的子树的根称为该结点的子结点，相应地，该结点被称为子结点的父结点
兄弟结点	具有同一父结点的结点称为兄弟结点
结点的度	一个结点所包含子树的数量
树的度	该树所有结点中最大的度
叶结点	树中度为零的结点称为叶结点或终端结点
分支结点	树中度不为零的结点称为分支结点或非终端结点
结点的层数	结点的层数从树根开始计算，根结点为第 1 层、依次向下为第 2，3，…，n 层。树是一种层次结构，每个结点都处在一定的层次上
树的深度	树中结点的最大层数称为树的深度
有序树	若树中各结点的子树（兄弟结点）是按一定次序从左向右安排的，称为有序树
无序树	若树中各结点的子树（兄弟结点）未按一定次序安排，称为无序树
森林	$n(n>1)$ 棵互不相交的树的集合

下面从一个例子来看上述树结构的基本概念。图 2-14 展示了一个基本的树结构。其中，结点 A 为根结点。结点 A 有 3 个子树，因此，结点 A 的度为 3。同理，结点 E 有两个子树，结点 E 的度为 2。所有结点中，结点 A 的度为 3，是最大的，因此整个树的度为 3。结点 E 是结点 K 和结点 L 的父结点，结点 K 和结点 L 是结点 E 的子结点，结点 K 和结点 L 之间互为兄弟结点。

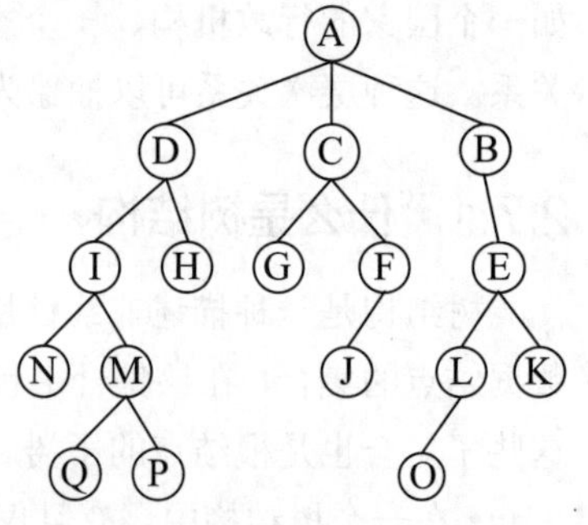

图 2-14

在这个树结构中，结点 G、结点 H、结点 K、结点 J、结点 N、结点 O、结点 P 和结点 Q 都是叶结点。其余的都是分支结点，整个树的深度为 4。除去根结点 A，留下的子树就构成了一个森林。

由于树结构不是一种线性结构，很难用数学公式来表示，这就需要采用全新的方式来表示树。一般来说，常采用层次括号法。层次括号法的基本规则如下：

（1）根结点放入一对圆括号中；

（2）根结点的子树按由左至右的顺序放入圆括号中；

（3）对子树做上述相同的处理。

这样，同层子树与它的根结点用圆括号括起来，同层子树之间用逗号隔开，最后用闭括号括起来。按照这种方法，图 2-13 所示的树结构可以表示成如下形式：

(A(B(E)),(C(F(J)),(G(K,L))),(D(H),(I(M,N))))

2.7.3 二叉树

在树结构中，二叉树是最简单的一种形式。在研究树结构时，二叉树是重点。因为二叉树的描述相对简单，处理也相对简单，而且更为重要的是，任意的树结构都可以转换成对应的二叉树。因此，二叉树是所有树结构的基础。

1．什么是二叉树

二叉树是树结构的一种特殊形式，它是 n 个结点的集合，每个结点最多只能有两个子结点。二叉树的子树仍然是二叉树。二叉树一个结点上对应的两个子树分别称为左子树和右子树。由于子树有左右之分，因此二叉树是有序树。

从这个定义可以看出，在普遍的树结构中，结点的最大度数没有限制，而二叉树结点的最大度数为 2。另外，树结构中没有左子树和右子树的区分，而二叉树中则有这个区别。

一个二叉树结构也可以是空的，此时空二叉树中没有数据结点，也就是一个空集合。如果二叉树结构中仅包含一个结点，那么这也是一个二叉树，树根便是该结点自身。

另外，依照子树的位置的个数，二叉树还有如图 2-15 所示的几种形式。

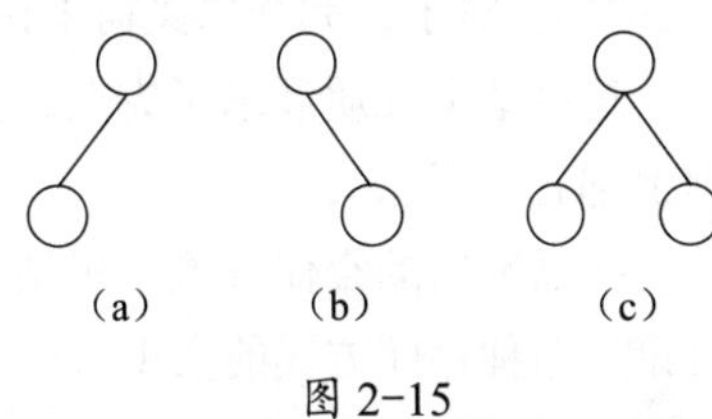

图 2-15

其中，图 2-15（a）只有一个子结点且位于左子树位置，右子树位置为空；图 2-15（b）只有一个子结点且位于右子树位置，左子树位置为空；图 2-15（c）具有完整的两个子结点，也就是左子树和右子树都存在。

对于一般的二叉树来说，在树结构中可能包含上述的各种形式。按照上述二叉树的这几种形式来看，为了研究的方便，二叉树还可以进一步细分为两种特殊的类型：满二叉树和完全二叉树。

对于满二叉树，就是在二叉树中除最下一层的叶结点外，每层的结点都有两个子结点。典型的满二叉树如图 2-16 所示。

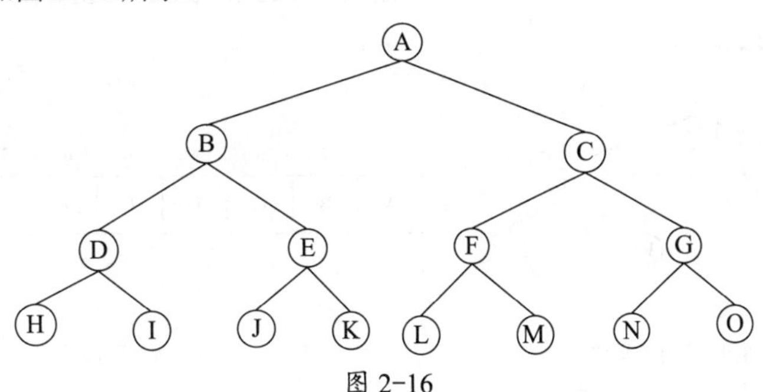

图 2-16

对于完全二叉树，就是在二叉树中除二叉树最下一层外，其他各层的结点数都达到最大个数，且最下一层叶结点按照从左向右的顺序连续存在，只缺最后一层右侧若干结点。典型的完全二叉树如图 2-17 所示。

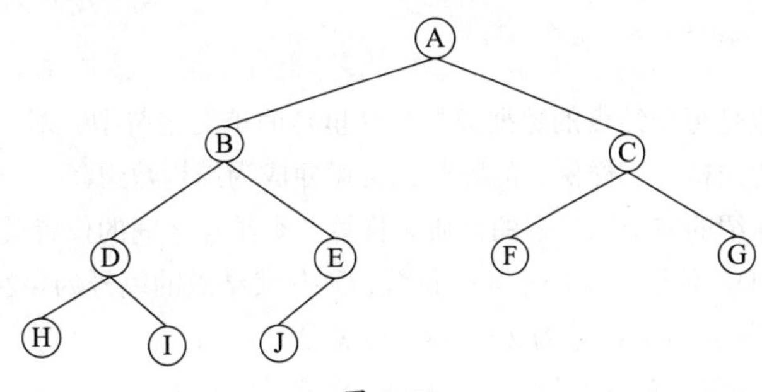

图 2-17

从满二叉树和完全二叉树的定义可以看出，满二叉树一定是完全二叉树，而完全二叉树不一定是满二叉树，因为没有达到完全满分支的结构。

2．完全二叉树的性质

完全二叉树是二叉树中研究的重点。对于完全二叉树来说，如果树中包含 *n* 个结点，假设这些结点按照顺序方式存储。那么，对于任意一个结点 *m* 来说，具有如下性质：

（1）如果 *m* != 1，则结点 *m* 的父结点的编号为 *m*/2；

（2）如果 2*m* ≤ *n*，则结点 *m* 的左子树根结点的编号为 2*m*；若 2*m*>*n*，则无左子树，进一步也就没有右子树；

（3）如果 2*m*+1 ≤ *n*，则结点 *m* 的右子树根结点编号为 2*m*+1；若 2*m*+1>*n*，则无右子树；

（4）对于该完全二叉树来说，其深度为 $[\log_2 n]+1$。

这些基本性质展示了完全二叉树结构上的一些特点，在完全二叉树的存储方式及运算处理上都有重要意义。

按照数据的存储方式，树结构可以分为顺序存储结构和链式存储结构两种。接下来分别讨论这两种存储方式的实现。

3．二叉树的顺序存储

顺序存储方式是最基本的数据存储方式。与线性表类似，树结构的顺序存储一般也是采用一维结构数组来表示，关键是定义合适的次序来存放树中各个层次的数据。

先来看完全二叉树的顺序存储。如图 2-18（a）所示，这是一个典型的完全二叉树。每个结点的数据为字符类型。如果采用顺序存储方式，可以将其按层来存储。即先存储根结点，然后从左至右依次存储下一层结点的数据，直到所有的结点数据完全存储。图 2-18（b）展示了这种存储的形式。

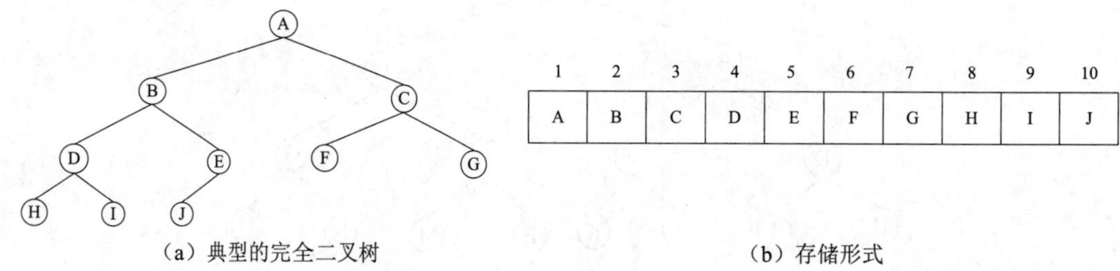

（a）典型的完全二叉树　　（b）存储形式

图 2-18

上述完全二叉树顺序存储结构的数据定义，可以采用如下形式：

```
#define MAXLen 100                          //最大结点数
typedef char DATA;                          //元素类型
typedef DATA SeqBinTree[MAXLen];
SeqBinTree SBT;                             //定义保存二叉树数组
```

其中，元素类型是每个结点的数据类型，这里是简单的字符型。对于复杂的数据，读者也可以采用自定义的结构，这样保存的完全二叉树便成为结构数组。

可以根据前面介绍的完全二叉树的性质来推算各个结点之间的位置关系。

（1）对于结点 D，位于数组的第 4 个位置，则其父结点的编号为 4/2=2，也就是结点 B。

（2）结点 D 左子结点的编号为 2×4=8，也就是结点 H。

（3）结点 D 右子结点的编号为 2×4+1=9，也就是结点 I。

关于非完全二叉树的存储要稍微复杂一些。为了仍然可以使用上述简单有效的完全二叉树的性质，可以将一个非完全二叉树填充为一个完全二叉树，如图 2-19 所示。图 2-19（a）为一个典型的非完全二叉树，将缺少的部分填上空的数据结点来构成图 2-19（b）所示的完全二叉树。

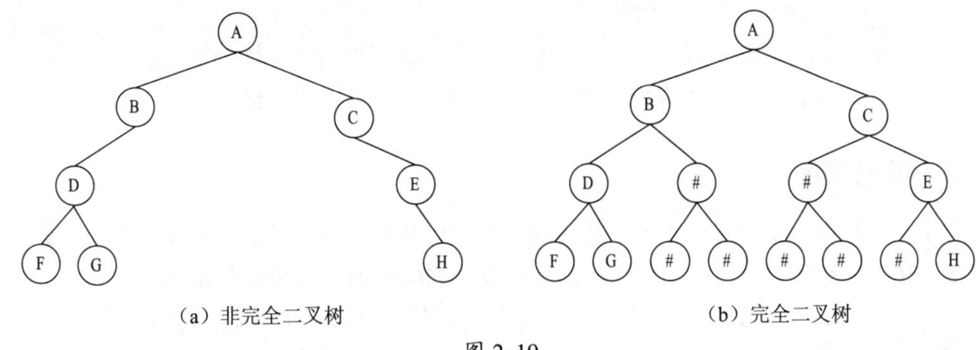

（a）非完全二叉树　　（b）完全二叉树

图 2-19

这样，再按照完全二叉树的顺序存储方式来存储，如图 2-20 所示。这样我们便可以按照前述的规则来推算结点之间的关系了。

1	2	3	4	5	6	7	8	9	10	11	12	13	14	15
A	B	C	D	#	#	E	F	G	#	#	#	#	#	H

图 2-20

但是，这种存储方式有很大的缺点，就是浪费存储空间，因为其中填充了大量的无用数据。因此，顺序存储方式一般只适用于完全二叉树。对于非完全二叉树，建议采用链式存储方式。

4．二叉树的链式存储

与线性结构的链式存储类似，二叉树的链式存储结构包含结点元素以及分别指向左子树和右子树的指针。典型的二叉树的链式存储结构如图 2-21 所示。

LSonNode	NodeData	RSonNode

图 2-21

二叉树的链式存储结构定义如下：

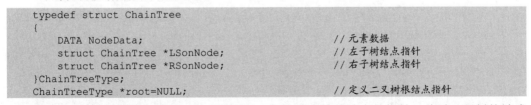

```
typedef struct ChainTree
{
    DATA NodeData;                          //元素数据
    struct ChainTree *LSonNode;             //左子树结点指针
    struct ChainTree *RSonNode;             //右子树结点指针
}ChainTreeType;
ChainTreeType *root=NULL;                   //定义二叉树根结点指针
```

有时为了后续计算的方便，也可以保存一个该结点的父结点的指针。此时二叉树的链式存储结构包含结点元素、指向父结点的指针以及分别指向左子树和右子树的指针。这种带父结点的二叉树链式存储结构如图 2-22 所示。

LSonNode	NodeData	RSonNode	ParentNode

图 2-22

带父结点的二叉树链式存储结构定义如下：

```
typedef struct ChainTree
{
    DATA NodeData;                          //元素数据
    struct ChainTree *LSonNode;             //左子树结点指针
    struct ChainTree *RSonNode;             //右子树结点指针
    struct ChainTree *ParentNode;           //父结点指针
}ChainTreeType;
ChainTreeType *root=NULL;                   //定义二叉树根结点指针
```

接下来看一下如何在 C 语言中建立二叉树结构，并完成二叉树结构的基本运算。

2.7.4 准备数据

有了前面的理论知识后，下面开始讲解二叉树结构的程序设计。首先需要准备数据，也就是准备在二叉树结构操作中需要用到的变量及数据结构等；示例代码如下：

```
#define MANLEN 20                                   //最大长度
typedef char DATA;                                  //定义元素类型
typedef struct CBT                                  //定义二叉树结点类型
{
    DATA data;                                      //元素数据
    struct CBT *left;                               //左子树结点指针
    struct CBT *right;                              //右子树结点指针
}CBTType;
```

在这里，定义了二叉树结构数据元素的类型 DATA 和二叉树结构的数据结构 CBTType。结点的具体数据保存在结构 DATA 中，而指针 left 用来指向左子树结点，指针 right 用来指向右子树结点。

2.7.5 初始化二叉树

在使用二叉树之前，首先要初始化二叉树。在这里，在程序中只需将一个结点设置为二叉树的根结点；示例代码如下：

```
CBTType *InitTree()                                 //初始化二叉树的根
{
    CBTType *node;

    if(node=(CBTType *)malloc(sizeof(CBTType)))     //申请内存
    {
        printf("请先输入一个根结点数据：\n");
        scanf("%s",&node->data);
        node->left=NULL;
        node->right=NULL;
        if(node!=NULL)                              //如果二叉树根结点不为空
        {
            return node;
        }
        else
        {
            return NULL;
        }
    }
    return NULL;
}
```

在这里，首先申请内存，然后由用户输入一个根结点数据，并将指向左子树和右子树的指针设置为空，即可完成二叉树的初始化工作。

2.7.6　添加结点

添加结点就是在二叉树中添加结点数据。添加结点时除了要输入结点数据外，还需要指定其父结点，以及添加的结点是作为左子树还是右子树。添加结点的示例代码如下：

```
void AddTreeNode(CBTType *treeNode)                         // 添加结点
{
    CBTType *pnode,*parent;
    DATA data;
    char menusel;

   if(pnode=(CBTType *)malloc(sizeof(CBTType))) // 分配内存
   {
       printf(" 输入二叉树结点数据 :\n");
       fflush(stdin);                                        // 清空输入缓冲区
       scanf("%s",&pnode->data);
       pnode->left=NULL;                                     // 设置左右子树为空
       pnode->right=NULL;

       printf(" 输入该结点的父结点数据 :");
       fflush(stdin);                                        // 清空输入缓冲区
       scanf("%s",&data);
       parent=TreeFindNode(treeNode,data);                   // 查找指定数据的结点
       if(!parent)                                           // 如果未找到
       {
           printf(" 未找到该父结点 !\n");
           free(pnode);                                      // 释放创建的结点内存
           return;
       }
       printf("1. 添加该结点到左子树 \n2. 添加该结点到右子树 \n");
       do
       {
           menusel=getch();                                  // 输入选择项
           menusel-='0';
           if(menusel==1 || menusel==2)
           {
               if(parent==NULL)
               {
                   printf(" 不存在父结点，请先设置父结点 !\n");
               }
               else
               {
                   switch(menusel)
                   {
                       case 1:                               // 添加到左结点
                           if(parent->left)                  // 左子树不为空
                           {
                               printf(" 左子树结点不为空 !\n");
                           }
                           else
                           {
                               parent->left=pnode;
                           }
                           break;
                       case 2:                               // 添加到右结点
                           if( parent->right)                // 右子树不为空
                           {
                               printf(" 右子树结点不为空 !\n");
                           }
```

```
                        else
                        {
                            parent->right=pnode;
                        }
                        break;
                    default:
                        printf("无效参数！\n");
                }
            }
        }
    }while(menusel!=1 && menusel!=2);
}
}
```

在这里，输入参数 treeNode 为二叉树的根结点，传入根结点方便在代码中进行查找。程序中，首先申请内存，然后由用户输入二叉树结点数据，并设置左右子树为空。接着指定其父结点，最后设置其作为左子树还是作为右子树。

2.7.7 查找结点

查找结点就是遍历二叉树中的每一个结点，逐个比较数据，当找到目标数据时将返回该数据所在结点的指针。查找结点的示例代码如下：

```
CBTType *TreeFindNode(CBTType *treeNode,DATA data)        //查找结点
{
    CBTType *ptr;

    if(treeNode==NULL)
    {
        return NULL;
    }
    else
    {
        if(treeNode->data==data)
        {
            return treeNode;
        }
        else
        {                                                  //分别向左右子树递归查找
            if(ptr=TreeFindNode(treeNode->left,data))
            {
                return ptr;
            }
            else if(ptr=TreeFindNode(treeNode->right, data))
            {
                return ptr;
            }
            else
            {
                return NULL;
            }
        }
    }
}
```

在这里，输入参数 treeNode 为待查找的二叉树的根结点，输入参数 data 为待查找的结点数据。程序中，首先判断根结点是否为空，若不为空，则分别向左右子树递归查找。如果当前结点的数据与查找数据相等，则返回当前结点的指针。

2.7.8 获取左子树

获取左子树就是返回当前结点的左子树结点的值。由于在二叉树结构中定义了相应的指针，因此，这个操作比较简单。获取左子树的示例代码如下：

```
CBTType *TreeLeftNode(CBTType *treeNode)          //获取左子树
{
    if(treeNode)
    {
        return treeNode->left;                    //返回值
    }
    else
    {
        return NULL;
    }
}
```

在这里，输入参数 treeNode 为二叉树的一个结点。该程序将返回该结点的左子树的指针。

2.7.9 获取右子树

获取右子树就是返回当前结点的右子树结点的值。同样，由于在二叉树结构中定义了相应的指针，因此，这个操作比较简单。获取右子树的示例代码如下：

```
CBTType *TreeRightNode(CBTType *treeNode)         //获取右子树
{
    if(treeNode)
    {
        return treeNode->right;                   //返回值
    }
    else
    {
        return NULL;
    }
}
```

在这里，输入参数 treeNode 为二叉树的一个结点。该程序将返回该结点的右子树的指针。

2.7.10 判断空树

判断空树就是判断一个二叉树结构是否为空。如果是空树，则表示该二叉树结构中没有数据。判断空树的示例代码如下：

```
int TreeIsEmpty(CBTType *treeNode)                //判断空树
{
    if(treeNode)
    {
        return 0;
    }
    else
    {
        return 1;
    }
}
```

在这里，输入参数 treeNode 为待判断的二叉树的根结点。函数检查二叉树是否为空，若为空，则返回 1；否则，返回 0。

2.7.11 计算二叉树深度

计算二叉树深度就是计算二叉树中结点的最大层数，往往需要采用递归算法来实现。计算二叉树深度的示例代码如下：

```
int TreeDepth(CBTType *treeNode)                            //计算二叉树深度
{
    int depleft,depright;

    if(treeNode==NULL)
    {
        return 0;                                           //对于空树，深度为0
    }
    else
    {
        depleft = TreeDepth(treeNode->left);                //左子树深度（递归调用）
        depright = TreeDepth(treeNode->right);              //右子树深度（递归调用）
        if(depleft>depright)
        {
           return depleft + 1;
        }
        else
        {
            return depright + 1;
        }
    }
}
```

在这里，输入参数treeNode为待计算的二叉树的根结点。程序中首先判断根结点是否为空，若不为空，则分别按照递归调用来计算左子树深度和右子树深度，从而完成整个二叉树深度的计算。

2.7.12 清空二叉树

清空二叉树就是将二叉树变成一个空树，这里也需要使用递归算法来实现。清空二叉树的示例代码如下：

```
void ClearTree(CBTType *treeNode)                           //清空二叉树
{
     if(treeNode)
     {
         ClearTree(treeNode->left);                         //清空左子树
         ClearTree(treeNode->right);                        //清空右子树
         free(treeNode);                                    //释放当前结点所占内存
         treeNode=NULL;
     }
}
```

在这里，输入参数treeNode为待清空的二叉树的根结点。程序中按照递归调用来清空左子树和右子树，并且使用free()函数来释放当前结点所占内存空间，从而完成清空操作。

2.7.13 显示结点数据

显示结点数据就是显示当前结点的数据内容，这个操作比较简单。显示结点数据的示例代码如下：

```
void TreeNodeData(CBTType *p)                               //显示结点数据
{
```

```
    printf("%c ",p->data);                              //输出结点数据
}
```

在这里，输入参数 p 为待显示的结点。在程序中直接使用 printf() 函数输出该结点数据即可。

2.7.14　遍历二叉树

遍历二叉树就是逐个查找二叉树中所有的结点，这是二叉树的基本操作，因为很多操作都需要首先遍历整个二叉树。由于二叉树结构的特殊性，往往可以采用多种方法来进行遍历。

1．按层遍历算法

由于二叉树代表的是一种层次结构，因此，首先想到的便是按层来遍历整个二叉树。对于二叉树的按层遍历，一般不能使用递归算法来编写代码，而是使用一个循环队列来进行处理，首先从第 1 层（根结点）进入队列，再从第 1 根结点的左右子树（第 2 层）进入队列……这样循环处理，即可逐层遍历。

按层遍历算法的示例代码如下：

```
void LevelTree(CBTType *treeNode,void (*TreeNodeData)(CBTType *p)) //按层遍历
{
     CBTType *p;
     CBTType *q[MANLEN];                              //定义一个顺序栈
     int head=0,tail=0;

     if(treeNode)                                     //如果队首指针不为空
     {
          tail=(tail+1)%MANLEN;                       //计算循环队列队尾序号
          q[tail] = treeNode;                         //将二叉树根指针进队
     }
     while(head!=tail)                                //队列不为空，进行循环
     {
          head=(head+1)%MANLEN;                       //计算循环队列的队首序号
          p=q[head];                                  //获取队首元素
          TreeNodeData(p);                            //处理队首元素
          if(p->left!=NULL)                           //如果结点存在左子树
          {
               tail=(tail+1)%MANLEN;                  //计算循环队列的队尾序号
               q[tail]=p->left;                       //将左子树指针进队
          }

          if(p->right!=NULL)                          //如果结点存在右子树
          {
               tail=(tail+1)%MANLEN;                  //计算循环队列的队尾序号
               q[tail]=p->right;                      //将右子树指针进队
          }
     }
}
```

在这里，输入参数 treeNode 为需要遍历的二叉树根结点，而函数指针 p 是一个需要对结点进行操作的函数。程序在整个处理过程中，首先从根结点开始，将每层的结点逐步进入队列，这样即可得到按层遍历的效果。

2．递归算法

上述按层遍历有点儿复杂，也可以使用递归来简化遍历算法。首先来分析一个二叉树中

的基本结构，如图 2-23 所示。这里 D 表示根结点，L 表示左子树，R 表示右子树。可以采用如下几种方法来遍历整个二叉树。

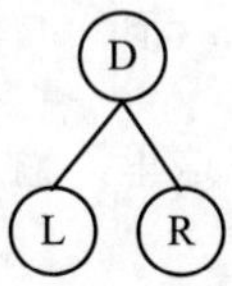

（1）先序遍历：先访问根结点，再按先序遍历左子树，最后按先序遍历右子树。先序遍历也称为先根次序遍历，简称为 DLR 遍历。

（2）中序遍历：先按中序遍历左子树，再访问根结点，最后按中序遍历右子树。中序遍历也称为中根次序遍历，简称为 LDR 遍历。

图 2-23

（3）后序遍历：先按后序遍历左子树，再按后序遍历右子树，最后访问根结点。后序遍历也称为后根次数遍历，简称为 LRD 遍历。

先序遍历、中序遍历和后序遍历的最大好处是可以方便地利用递归的思想来实现遍历算法。下面详细介绍这几种遍历算法的代码实现。

（1）先序遍历算法的示例代码如下：

```
void DLRTree(CBTType *treeNode,void (*TreeNodeData)(CBTType *p))        //先序遍历
{
    if(treeNode)
    {
        TreeNodeData(treeNode);                                  //显示结点的数据
        DLRTree(treeNode->left,TreeNodeData);
        DLRTree(treeNode->right,TreeNodeData);
    }
}
```

在这里，输入参数 treeNode 为需要遍历的二叉树根结点，而函数指针 p 是一个需要对结点进行操作的函数。

（2）中序遍历算法的示例代码如下：

```
void LDRTree(CBTType *treeNode,void(*TreeNodeData)(CBTType *p))   // 中序遍历
{
    if(treeNode)
    {
        LDRTree(treeNode->left,TreeNodeData);   // 中序遍历左子树
        TreeNodeData(treeNode);                 // 显示结点数据
        LDRTree(treeNode->right,TreeNodeData);  // 中序遍历右子树
    }
}
```

（3）后序遍历算法的示例代码如下：

```
void LRDTree(CBTType *treeNode,void (*TreeNodeData)(CBTType *p)) //后序遍历
{
    if(treeNode)
    {
        LRDTree(treeNode->left,TreeNodeData);          //后序遍历左子树
        LRDTree(treeNode->right,TreeNodeData);         //后序遍历右子树
        TreeNodeData(treeNode);                        //显示结点数据
    }
}
```

2.7.15 树结构操作示例：用 4 种遍历方式操作经典二叉树

了解树结构的基本运算之后，便可以轻松地完成树结构的各种操作。这里给出一个完整的例子，用来演示树结构的创建、插入结点和遍历等操作。

程序示例代码如下：

```
#include <stdio.h>
#include <stdlib.h>
#include <conio.h>

#define MANLEN 20                                   //最大长度
typedef char DATA;                                  //定义元素类型
typedef struct CBT                                  //定义二叉树结点类型
{
    DATA data;                                      //元素数据
    struct CBT *left;                               //左子树结点指针
    struct CBT *right;                              //右子树结点指针
}CBTType;

//二叉树操作函数

void main()                                         //主函数
{
    CBTType *root=NULL;                             //root为指向二叉树根结点的指针
    char menusel;
    void (*TreeNodeData1)();                        //指向函数的指针
    TreeNodeData1=TreeNodeData;                     //指向具体操作的函数
    //设置根元素
    root=InitTree();
    //添加结点
    do{
        printf("请选择菜单添加二叉树的结点\n");
        printf("0.退出\t");                          //显示菜单
        printf("1.添加二叉树的结点\n");
        menusel=getch();
        switch(menusel)
        {
            case '1':                               //添加结点
                AddTreeNode(root);
                break;
            case '0':
                break;
            default:
                ;
        }
    }while(menusel!='0');

    //遍历
    do{
        printf("请选择菜单遍历二叉树，输入0表示退出:\n");
        printf("1.先序遍历DLR\t");                   //显示菜单
        printf("2.中序遍历LDR\n");
        printf("3.后序遍历LRD\t");
        printf("4.按层遍历\n");
        menusel=getch();
        switch(menusel)
        {
        case '0':
            break;
        case '1':                                   //先序遍历
```

```
                printf("\n 先序遍历 DLR 的结果：");
                DLRTree(root,TreeNodeData1);
                printf("\n");
                break;
            case '2':                                   //中序遍历
                printf("\n 中序 LDR 遍历的结果：");
                LDRTree(root,TreeNodeData1);
                printf("\n");
                break;
            case '3':                                   //后序遍历
                printf("\n 后序遍历 LRD 的结果：");
                LRDTree(root,TreeNodeData1);
                printf("\n");
                break;
            case '4':                                   //按层遍历
                printf("\n 按层遍历的结果：");
                LevelTree(root,TreeNodeData1);
                printf("\n");
                break;
            default:
                ;
            }
        }while(menusel!='0');
        //深度
        printf("\n 二叉树深度为 :%d\n",TreeDepth(root));

        ClearTree(root);                                //清空二叉树
        root=NULL;
    }
```

在程序执行时，首先初始化输入根结点为 A，然后选择菜单“1”分别添加结点 B 为结点 A 的左子树，添加结点 C 为结点 A 的右子树。整个程序的执行过程，如图 2-24 所示。添加完所有的结点后，选择菜单“0”便可以退出结点的添加过程，进而执行后面的程序。

程序接下来便是执行不同的二叉树遍历操作。按照菜单的指示分别选择先序遍历、中序遍历、后序遍历和按层遍历 4 种方式。程序执行结果如图 2-25 所示。读者可以结合这 4 种遍历算法的方法和程序代码来理解这个遍历的结果。最后，用户输入菜单“0”退出遍历过程。程序最后输出该二叉树的深度为 3，并清空整个二叉树，从而完成整个操作过程。

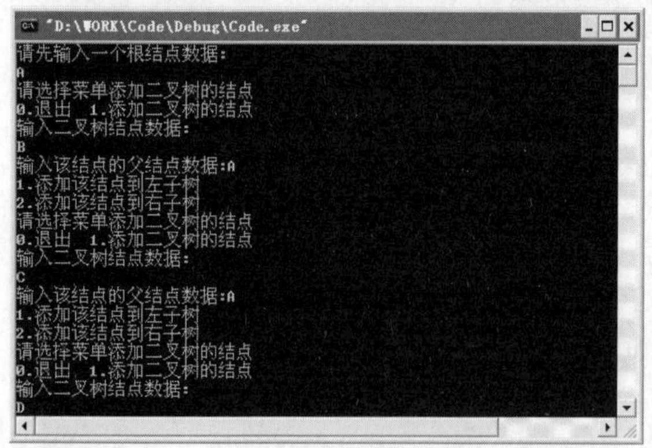

图 2-24

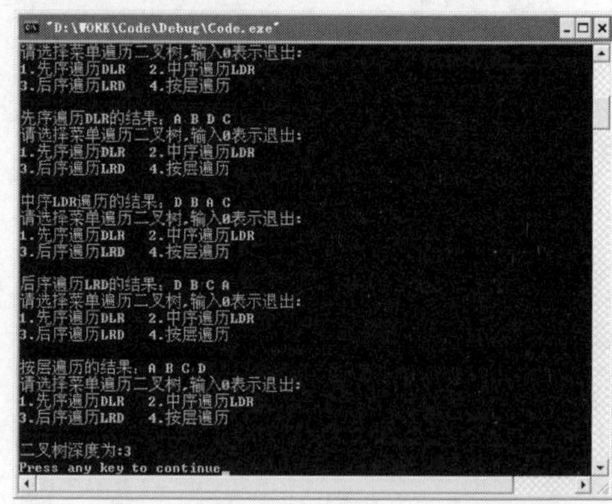

图 2-25

2.8 图结构

图结构也是一种非线性数据结构，它在实际生活中具有非常多的例子。例如，通信网络、交通网络、人际关系网络等都可以归结为图结构。图结构的组织形式比树结构更为复杂。因此，图结构对存储和遍历等操作具有更高的要求。

2.8.1 什么是图结构

前面介绍的树结构有一个基本特点，是数据元素之间具有层次关系，每一层的元素可以和多个下层元素关联，但是只能和一个上层元素关联。如果把这个规则进一步扩展，每个数据元素之间可以任意关联，这就构成了一个图结构。正是这种任意关联性，导致了图结构中数据关系的复杂性。研究图结构的一个专门理论工具便是图论。

典型的图结构如图 2-26 所示。一个典型的图结构包括如下两个部分：

- 顶点（Vertex）：图中的数据元素；
- 边（Edge）：图中连接这些顶点的线。

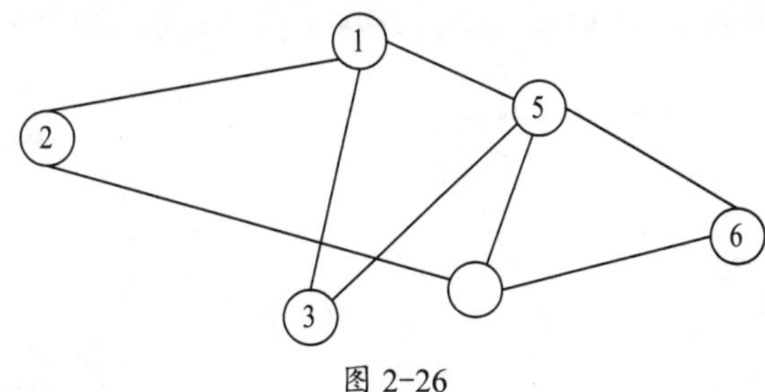

图 2-26

所有的顶点构成顶点集合，所有的边构成边集合，一个完整的图结构就是由顶点集合和边集合组成。图结构在数学上一般记为如下所示的形式：

```
G=(V,E)
```

或者

```
G=(V(G),E(G))
```

其中，V(G) 表示图结构中所有顶点的集合，顶点可以用不同的数字或者字母来表示。E(G) 是图结构中所有边的集合，每条边由所连接的两个顶点表示。

注意：图结构中顶点集合 V(G) 必须为非空，即必须包含一个顶点。而图结构中边集合 E(G) 可以为空，此时表示没有边。

例如，对于图 2-26 所示的图结构，对应的顶点集合和边集合如下：

```
V(G)={V1,V2,V3,V4,V5,V6}
E(G)={(V1,V2) , (V1,V3) , (V1,V5) , (V2,V4) , (V3,V5) , (V4,V5) , (V4,V6) , 
(V5,V6)}
```

2.8.2 图结构中的基本概念

图论是专门研究图结构的一个理论工具。为了读者理解的方便，这里简单介绍一些基本的图结构概念。

1. 无向图

如果一个图结构中所有的边都没有方向性，这种图便被称为无向图。典型的无向图如图 2-27 所示。由于无向图中的边没有方向性，在表示边时对两个顶点的顺序没有要求。例如顶点 V_1 和顶点 V_5 之间的边，可以表示为 (V_1,V_5)，也可以表示为 (V_5,V_1)。

对于图 2-27 所示的无向图，对应的顶点集合和边集合如下：

```
V(G)={V1,V2,V3,V4,V5}
E(G)={(V1,V2) , (V1,V5) , (V2,V4) , (V3,V5) , (V4,V5) , (V1,V3)}
```

2. 有向图

如果一个图结构中边是有方向性的，这种图便被称为有向图。典型的有向图如图 2-28 所示。由于有向图中的边有方向性，所以在表示边时对两个顶点的顺序有所要求。为了与无向图区分，这里采用尖括号表示有向边。例如，$<V_3,V_4>$ 表示从顶点 V_3 到顶点 V_4 的一条边，而 $<V_4,V_3>$ 表示从顶点 V_4 到顶点 V_3 的一条边。$<V_3,V_4>$ 和 $<V_4,V_3>$ 表示的是两条不同的边。

对于图 2-28 所示的有向图，对应的顶点集合和边集合如下：

```
V(G)={V1,V2,V3,V4,V5,V6}
E(G)={<V1,V2>,<V2,V1>,<V2,V3>,<V3,V4>,<V4,V3>,<V4,V5>,<V5,V6>,<V6,V4>,<V6,V2>}
```

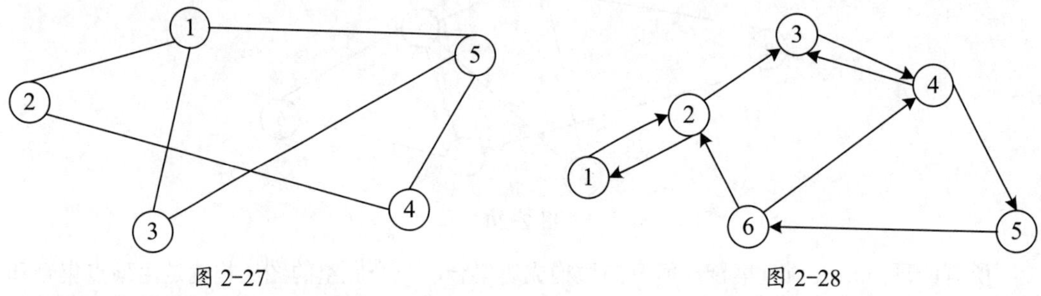

图 2-27　　　　　图 2-28

3. 顶点的度（Degree）

连接顶点的边的数量称为顶点的度。顶点的度在有向图和无向图中具有不同的意义。对于无向图，一个顶点 V 的度比较简单，是连接该顶点的边的数量，记为 D(V)。例如，图 2-27 所示的无向图中，顶点 V_4 的度为 2，而 V_5 的度为 3。

对于有向图则稍微复杂一些，根据连接顶点 V 的边的方向性，一个顶点的度有入度和出度之分，具体如下：

- 入度是以该顶点为端点的入边数量，记为 ID(V)；
- 出度是以该顶点为端点的出边数量，记为 OD(V)。

在有向图中，一个顶点 V 的度便是入度和出度之和，即 D(V)=ID(V)+OD(V)。例如，在图 2-28 所示的有向图中，顶点 V_3 的入度为 2，出度为 1，因此，顶点 V_3 的度为 3。

4. 邻接顶点

邻接顶点是指图结构中一条边的两个顶点。邻接顶点在有向图和无向图中具有不同的意义。对于无向图，邻接顶点比较简单。例如，在图 2-27 所示的无向图中，顶点 V_1、V_5 互为邻接顶点，另外，顶点 V_1 的邻接顶点有顶点 V_2、顶点 V_3 和顶点 V_5。

对于有向图则稍微复杂一些，根据连接顶点 V 的边的方向性，两个顶点分别被称为起始顶点（起点或始点）和结束顶点（终点）。有向图的邻接顶点可分为以下两类：

• 入边邻接顶点：连接该顶点的边中的起始顶点。例如，对于组成 <V_1,V_2> 这条边的两个顶点，V_1 是 V_2 的入边邻接顶点。

• 出边邻接顶点：连接该顶点的边中的结束顶点。例如，对于组成 <V_1,V_2> 这条边的两个顶点，V_2 是 V_1 的出边邻接顶点。

5. 无向完全图

在一个无向图中，如果每两个顶点之间都存在一条边，那么这种图结构被称为无向完全图。典型的无向完全图如图 2-29 所示。

从理论上可以证明，对于 1 个包含 n 个顶点的无向完全图，其总的边数为 $n(n-1)/2$。

6. 有向完全图

在一个有向图中，如果每两个顶点之间都存在方向相反的两条边，那么这种图结构被称为有向完全图。典型的有向完全图如图 2-30 所示。

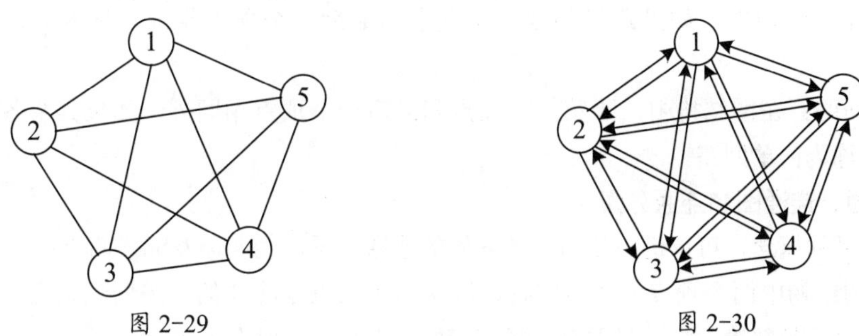

图 2-29　　　　图 2-30

从理论上可以证明，对于一个包含 n 个顶点的有向完全图，其总的边数为 $n(n-1)$，是无向完全图的两倍，这个也很好理解，因为每两个顶点之间需要两条边。

7. 子图

子图的概念类似于子集合，由于一个完整的图结构包括所有的顶点和边，因此任意一个子图的顶点和边都应该是完整图结构的子集合。例如，图 2-31 中的图（a）为一个无向图结构，图（b）、图（c）和图（d）均为图（a）的子图。

这里需要强调的是，只有顶点集合是子集或者只有边集合是子集的图，都不是子图。

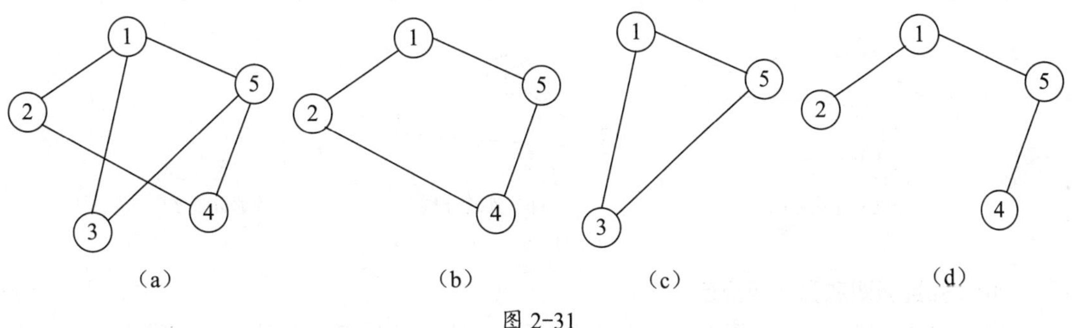

图 2-31

8. 路径

路径就是图结构中两个顶点之间的连线，路径中边的数量称之为路径长度。两个顶点之间的路径可能途经多个其他顶点，两个顶点之间的路径也可能不止一条，相应地，其路径长度可能不一样。

典型的图结构中的路径如图 2-32 所示。粗线部分显示的是顶点 V_5 到 V_2 之间的一条路径，这条路径途经的顶点为 V_4，途经的边依次为 (V_5,V_4)、(V_4,V_2)，路径长度为 2。

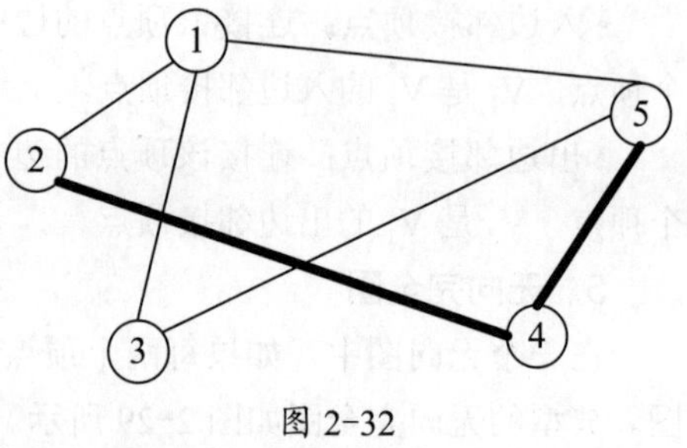

图 2-32

同样，也可以在该图中找到顶点 V_5 到 V_2 之间的其他路径，分别如下所示：

• 路径 (V_5,V_1)、(V_1,V_2)，途经顶点 V_1，路径长度为 2；

• 路径 (V_5,V_3)、(V_3,V_1)、(V_1,V_2)，途经顶点 V_1 和 V_3，路径长度为 3。

图结构中的路径还可以细分为如下 3 种形式：

• 简单路径：在图结构中，如果一条路径上顶点不重复出现，称为简单路径；

• 环：在图结构中，如果路径的第一个顶点和最后一个顶点相同，称为环，有时也称为回路；

• 简单回路：在图结构中，除第一个顶点和最后一个顶点相同外，如果其余各顶点都不重复的回路称为简单回路。

9．连通、连通图和连通分量

通过路径的概念，可以进一步研究图结构的连通关系，主要涉及如下两点：

• 如果图结构中两个顶点之间有路径，则这两个顶点是连通的。需要注意的是，连通的两个顶点可以不是邻接顶点，只要有路径连接即可，可以途经多个顶点；

• 如果无向图中任意两个顶点都是连通的，那么这个图便称为连通图。如果无向图中有两个顶点是不连通的，那么这个图便称为非连通图。

无向图的极大连通子图称为该图的连通分量。

从理论上可以证明，对于一个连通图，其连通分量有且只有一个，就是该连通图自身。而对于一个非连通图，则有可能存在多个连通分量。例如，在图 2-33 所示的图结构中，图（a）为一个非连通图，因为顶点 V_2 和顶点 V_3 之间没有路径。这个非连通图中的连通分量包括两个，分别为图（b）和图（c）。

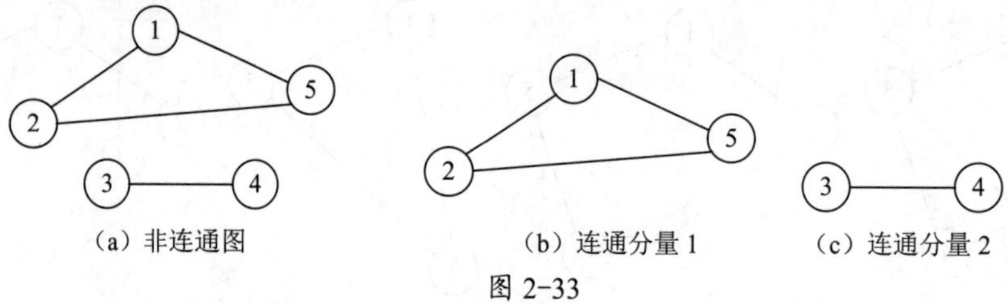

图 2-33

10．强连通图和强连通分量

与无向图类似，在有向图中也有连通的关系，主要涉及如下两个：

• 如果两个顶点之间有路径，也称这两个顶点是连通的。需要注意的是，有向图中边是有方向的。因此，有时从 V_i 到 V_j 是连通的，但从 V_j 到 V_i 却不一定连通。

• 如果有向图中任意两个顶点都是连通的，则称该图为强连通图。如果有向图中有两个顶点不是连通的，则称该图为非强连通图。

有向图的极大强连通子图称为该图的强连通分量。

从理论上可以证明，强连通图有且只有一个强连通分量，那就是该图自身。而对于一个非强连通图，则有可能存在多个强连通分量。例如，在图 2-34 所示的图结构中，图（a）为一个非强连通图，因为其中顶点 V_2 和顶点 V_3 之间没有路径。这个非强连通图中的强连通分量包括两个，分别为图（b）和图（c）。

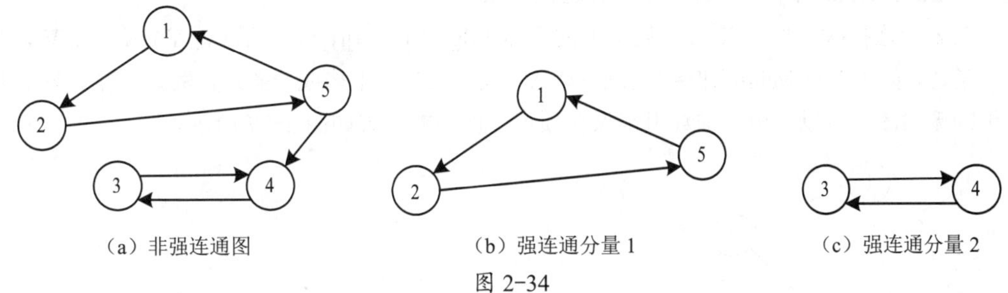

图 2-34

11．权

前面介绍的图结构的各个边并没有赋予任何含义，而在实际的应用中往往需要将边表示成某种数值，这个数值便是该边的权（Weight）。无向图中加入权值，称为无向带权图；有向图中加入权值，称为有向带权图。典型的无向带权图和有向带权图如图 2-35 所示。

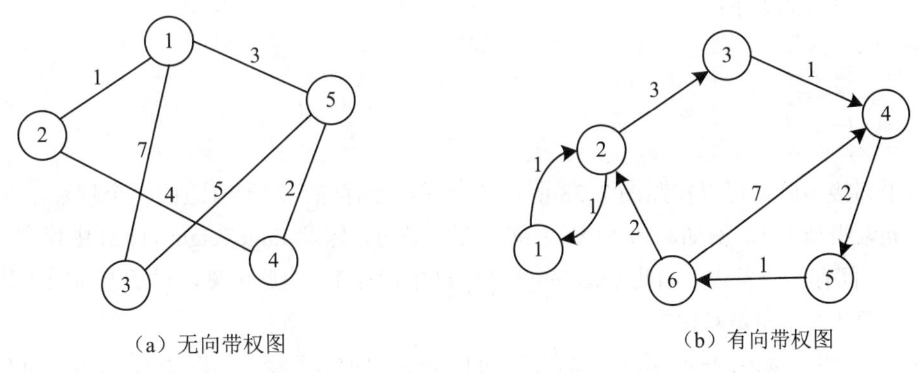

图 2-35

权在实际应用中可以代表各种含义。例如，在交通图中表示道路的长度，在通信网络中表示基站之间的距离，在人际关系中代表亲密程度等。

12．网（Network）

网是边上带有权值的图的另一种名称。网的概念与实际应用更为贴切。

2.8.3 准备数据

掌握前面的理论知识后，下面就开始学习图结构的程序设计。首先需要准备数据，也就是准备在图结构操作中需要用到的变量及数据结构等。由于图是一种复杂的数据结构，顶点之间存在多对多的关系，所以无法简单地将顶点映射到内存中。

在实际应用中，通常需要采用结构数组的形式来单独保存顶点信息，然后采用二维数组的形式保存顶点之间的关系。这种保存顶点之间关系的数组称为邻接矩阵（Adjacency Matrix）。

这样，对于一个包含 *n* 个顶点的图，可以使用如下语句来声明 1 个数组保存顶点信息，再声明 1 个邻接矩阵保存边的权。

```
char Vertex[n];                                          //保存顶点信息（序号或字母）
int EdgeWeight[n][n];                                    //邻接矩阵，保存边的权
```

对于数组 Vertex，其中每一个数组元素用来保存顶点信息，可以是序号或者字母。而邻接矩阵 EdgeVeight 用来保存边的权或者连接关系。

在表示连接关系时，该二维数组中的元素 EdgeVeight[i][j]=1 表示 (V_i, V_j) 或 $<V_i, V_j>$ 构成一条边，如果 EdgeVeight[i][j]=0 表示 (V_i, V_j) 或 $<V_i, V_j>$ 不构成一条边。例如，对于图 2-36 所示的无向图，可以采用一维数组来保存顶点，保存的形式如图 2-37 所示。

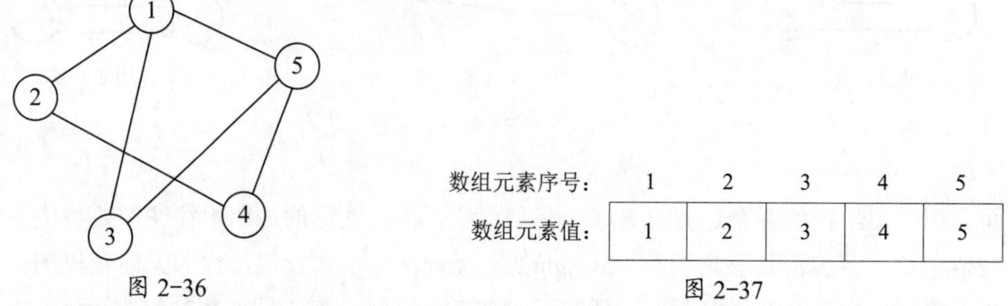

数组元素序号：	1	2	3	4	5
数组元素值：	1	2	3	4	5

图 2-36　　图 2-37

程序示例代码如下：

```
Vertex[1]=1;
Vertex[2]=2;
Vertex[3]=3;
Vertex[4]=4;
Vertex[5]=5;
```

对于邻接矩阵，可以按照图 2-38 所示的形式进行存储。对于有边的两个顶点，在对应的矩阵元素中填入 1。例如，V_1 和 V_3 之间存在一条边，因此 EdgeVeight [1][3] 中保存 1，而 V_3 和 V_1 之间存在一条边，因此 EdgeVeight [3][1] 中保存 1。由此可见，对于无向图，其邻接矩阵左下角和右上角是对称的。

对于有向图，如图 2-39 所示，保存顶点的一维数组形式不变，如图 2-40 所示。而对于邻接矩阵，仍然采用二维数组，其保存形式如图 2-41 所示。对于有边的两个顶点，在对应的矩阵元素中保存 1。这里需要注意的是，边是有方向的。例如，顶点 V_2 到顶点 V_3 存在一条边，因此在 EdgeVeight [2][3] 中保存 1，而顶点 V_3 到顶点 V_2 不存在边，因此在 EdgeVeight [3][2] 中保存 0。

	1	2	3	4	5
1	0	1	1	0	1
2	1	0	0	1	0
3	1	0	0	0	1
4	0	1	0	0	1
5	1	0	1	1	0

图 2-38

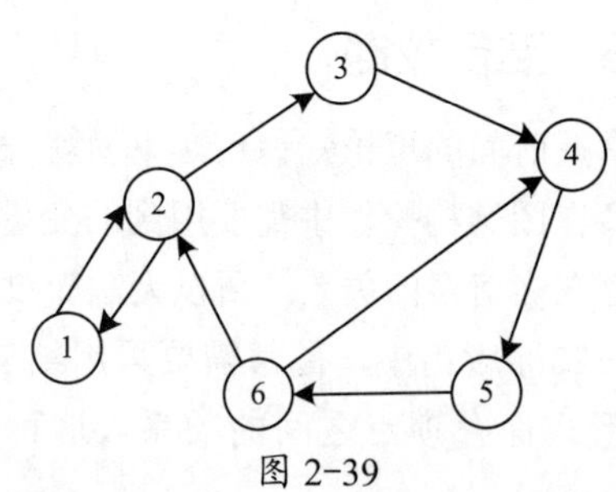

图 2-39

数组元素序号：	1	2	3	4	5	6
数组元素值：	1	2	3	4	5	6

图 2-40

	1	2	3	4	5	6
1	0	1	0	0	0	0
2	1	0	1	0	0	0
3	0	0	0	1	0	0
4	0	0	0	0	1	0
5	0	0	0	0	0	1
6	0	1	0	1	0	0

图 2-41

对于带有权值的图来说，邻接矩阵中可以保存相应的权值。也就是说，此时，有边的项保存对应的权值，而无边的项则保存一个特殊的符号 Z。例如，对于图 2-42 所示的有向带权图，其对应的邻接矩阵的存储形式如图 2-43 所示。

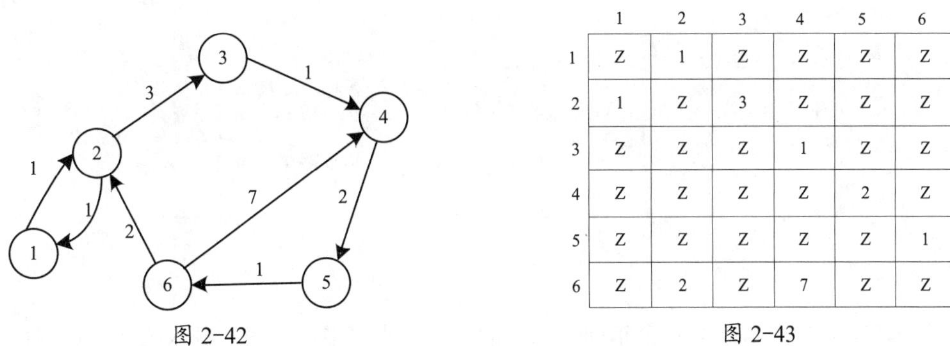

图 2-42

	1	2	3	4	5	6
1	Z	1	Z	Z	Z	Z
2	1	Z	3	Z	Z	Z
3	Z	Z	Z	1	Z	Z
4	Z	Z	Z	Z	2	Z
5	Z	Z	Z	Z	Z	1
6	Z	2	Z	7	Z	Z

图 2-43

这里需要注意的是，在实际程序中，为了保存带权值的图，往往需要定义一个最大值 MAX，其值大于所有边的权值之和，用 MAX 来替代特殊的符号 Z 保存在二维数组中。

有了前面的理论知识后，可以在程序中准备相应的数据用于保存图结构。程序示例代码如下：

```
#define MaxNum 20                                   //图的最大顶点数
#define MaxValue 65535                              //最大值（可设为一个最大整数）
typedef struct
{
    char Vertex[MaxNum];                            //保存顶点信息（序号或字母）
    int GType;                                      //图的类型（0：无向图，1：有向图）
    int VertexNum;                                  //顶点的数量
    int EdgeNum;                                    //边的数量
    int EdgeWeight[MaxNum][MaxNum];                 //保存边的权
    int isTrav[MaxNum];                             //遍历标志
}GraphMatrix;                                       //定义邻接矩阵图结构
```

上述代码中，定义了图的最大顶点数 MaxNum 和用于保存特殊符号 Z 的最大值 MaxValue。邻接矩阵图结构为 GraphMatrix，其中包括保存顶点信息的数组 Vertex、图的类型 GType、顶点的数量 VertexNum、边的数量 EdgeNum、保存边的权的二维数组 EdgeWeight 以及遍历标志数组 isTrav。

2.8.4 创建图

在使用图结构之前，首先要创建并初始化一个图；其程序示例代码如下：

```
void CreateGraph(GraphMatrix *GM)                          //创建邻接矩阵图
{
    int i,j,k;
    int weight;                                             //权
    char EstartV,EendV;                                     //边的起始顶点

    printf("输入图中各顶点信息\n");
    for(i=0;i<GM->VertexNum;i++)                            //输入顶点
    {
        getchar();
        printf("第%d个顶点:",i+1);
        scanf("%c",&(GM->Vertex[i]));                       //保存到各顶点数组元素中
    }
    printf("输入构成各边的顶点及权值:\n");
    for(k=0;k<GM->EdgeNum;k++)                              //输入边的信息
    {
        getchar();
        printf("第%d条边: ",k+1);
        scanf("%c %c %d",&EstartV,&EendV,&weight);
        for(i=0;EstartV!=GM->Vertex[i];i++);               //在已有顶点中查找始点
        for(j=0;EendV!=GM->Vertex[j];j++);                 //在已有顶点中查找终点
        GM->EdgeWeight[i][j]=weight;                        //对应位置保存权值，表示有一条边
        if(GM->GType= =0)                                   //若是无向图
        {
            GM->EdgeWeight[j][i]=weight;                    //在对角位置保存权值
        }
    }
}
```

其中，输入参数GM为一个指向图结构的指针。程序中，由用户输入顶点和边的信息。对于边来说，需要输入的信息包括起始顶点、结束顶点和权值，各项之间以空格分隔。最后判断该图结构是否为无向图，因为无向图还需将边的权值保存到对角位置。

2.8.5 清空图

清空图就是将一个图结构变成一个空图，这里只需将矩阵中各个元素设置为MaxValue即可。清空图的示例代码如下：

```
void ClearGraph(GraphMatrix *GM)
{
    int i,j;

    for(i=0;i<GM->VertexNum;i++)                            //清空矩阵
    {
        for(j=0;j<GM->VertexNum;j++)
        {
            GM->EdgeWeight[i][j]=MaxValue;                  //设置矩阵中各元素的值为MaxValue
        }
    }
}
```

其中，输入参数GM为一个指向图结构的指针。程序中，通过双重循环来为矩阵中各个元素赋值MaxValue，表示这是一个空图。

2.8.6 显示图

显示图就是显示图的邻接矩阵，用户可以通过邻接矩阵方便地了解图的顶点和边的结构信息。显示图的示例代码如下：

```
void OutGraph(GraphMatrix *GM)                              //输出邻接矩阵
{
    int i,j;
    for(j=0;j<GM->VertexNum;j++)
    {
        printf("\t%c",GM->Vertex[j]);                       //在第 1 行输出顶点信息
    }
    printf("\n");
    for(i=0;i<GM->VertexNum;i++)
    {
        printf("%c",GM->Vertex[i]);
        for(j=0;j<GM->VertexNum;j++)
        {
            if(GM->EdgeWeight[i][j]==MaxValue)              //若权值为最大值
            {
                printf("\tZ");                              //用 Z 表示无穷大
            }
            else
            {
                printf("\t%d",GM->EdgeWeight[i][j]);        //输出边的权值
            }
        }
        printf("\n");
    }
}
```

其中，输入参数 GM 为一个指向图结构的指针。程序中，首先在第 1 行输出顶点信息；然后逐个输出矩阵中的每个元素。这里用 Z 表示无穷大（MaxValue）。

2.8.7 遍历图

遍历图就是逐个访问图中所有的顶点。由于图的结构复杂，具有多对多的特点。因此，当顺着某一路径访问过某顶点后，可能还会顺着另一路径返回该顶点。同一顶点被多次访问会浪费大量时间，这样遍历的效率较低。

为了避免发生以上情况，在图结构中设置了一个数组 isTrav[n]，该数组各元素的初始值为 0，当某个顶点被遍历访问后，则设置对应的数据元素值为 1。在访问某个顶点 i 时，先判断数组 isTrav[i] 中的值，如果其值为 1，表示已被遍历访问过，则继续访问路径的下一个顶点；如果其值为 0，则访问当前顶点（进行相应的处理），然后继续路径的下一个顶点。

常用的图遍历方法有两种，分别是广度优先法和深度优先法。这里以深度优先遍历算法为例进行介绍。深度优先遍历算法类似于树的先序遍历，具体执行过程如下：

（1）从数组 isTrav 中选择一个未被访的顶点 V_i，将其标记为 1，表示已访问；

（2）从 V_i 的一个未被访问过的邻接点出发进行深度优先遍历；

（3）重复步骤（2），直至图中所有和 V_i 有相通路径的顶点都被访问过；

（4）重复步骤（1）～（3）的操作，直到图中所有顶点都被访问过。

深度优先遍历算法是一个递归过程，示例代码如下：

```
void DeepTraOne(GraphMatrix *GM,int n)                //从第 n 个结点开始，深度遍历图
```

```
{
    int i;
    GM->isTrav[n]=1;                                    //标记该顶点已处理过
    printf("->%c",GM->Vertex[n]);                       //输出结点数据

    //添加处理结点的操作
    for(i=0;i<GM->VertexNum;i++)
    {
        if(GM->EdgeWeight[n][i]!=MaxValue && !GM->isTrav[n])
        {
            DeepTraOne(GM,i);                           //递归进行遍历
        }
    }
}
void DeepTraGraph(GraphMatrix *GM)                      //深度优先遍历
{
    int i;

    for(i=0;i<GM->VertexNum;i++)                        //清除各顶点遍历标志
    {
        GM->isTrav[i]=0;
    }
    printf("深度优先遍历结点:");
    for(i=0;i<GM->VertexNum;i++)
    {
        if(!GM->isTrav[i])                              //若该点未遍历
        {
            DeepTraOne(GM,i);                           //调用函数遍历
        }
    }
    printf("\n");
}
```

其中，函数 DeepTraGraph() 用于执行完整的深度优先遍历，以访问所有的顶点。程序中通过调用函数 DeepTraOne() 来完成所有顶点的遍历。函数 DeepTraOne() 从第 *n* 个结点开始深度遍历图，其输入参数 GM 为一个指向图结构的指针，输入参数 *n* 为顶点编号。

2.8.8 图结构操作示例：使用深度优先遍历算法遍历无向图

了解了图结构的基本运算之后，便可以轻松地完成对图结构的各种操作。下面通过一个完整的例子来演示图结构的创建和遍历等操作。

程序示例代码如下：

```
#include <stdio.h>

#define MaxNum 20                                       //图的最大顶点数
#define MaxValue 65535                                  //最大值（可设为一个最大整数）
typedef struct
{
    char Vertex[MaxNum];                                //保存顶点信息（序号或字母）
    int GType;                                          //图的类型（0：无向图，1：有向图）
    int VertexNum;                                      //顶点的数量
    int EdgeNum;                                        //边的数量
    int EdgeWeight[MaxNum][MaxNum];                     //保存边的权
    int isTrav[MaxNum];                                 //遍历标志
}GraphMatrix;                                           //定义邻接矩阵图结构

void CreateGraph(GraphMatrix *GM)                       //创建邻接矩阵图
{
    int i,j,k;
```

```
    int weight;                                         // 权
    char EstartV,EendV;                                 // 边的起始顶点

    printf("输入图中各顶点信息\n");
    for(i=0;i<GM->VertexNum;i++)                        // 输入顶点
    {
        getchar();
        printf("第%d个顶点:",i+1);
        scanf("%c",&(GM->Vertex[i]));                   // 保存到各顶点数组元素中
    }
    printf("输入构成各边的顶点及权值:\n");
    for(k=0;k<GM->EdgeNum;k++)                          // 输入边的信息
    {
        getchar();
        printf("第%d条边: ",k+1);
        scanf("%c %c %d",&EstartV,&EendV,&weight);
        for(i=0;EstartV!=GM->Vertex[i];i++);            // 在已有顶点中查找始点
        for(j=0;EendV!=GM->Vertex[j];j++);              // 在已有顶点中查找终点
        GM->EdgeWeight[i][j]=weight;                    // 对应位置保存权值，表示有一条边
        if(GM->GType==0)                                // 若是无向图
        {
            GM->EdgeWeight[j][i]=weight;                // 在对角位置保存权值
        }
    }
}

void ClearGraph(GraphMatrix *GM)
{
    int i,j;

    for(i=0;i<GM->VertexNum;i++)                        // 清空矩阵
    {
        for(j=0;j<GM->VertexNum;j++)
        {
            GM->EdgeWeight[i][j]=MaxValue;              // 设置矩阵中各元素的值为 MaxValue
        }
    }
}
void OutGraph(GraphMatrix *GM)                          // 输出邻接矩阵
{
    int i,j;
    for(j=0;j<GM->VertexNum;j++)
    {
        printf("\t%c",GM->Vertex[j]);                   // 在第 1 行输出顶点信息
    }
    printf("\n");
    for(i=0;i<GM->VertexNum;i++)
    {
        printf("%c",GM->Vertex[i]);
        for(j=0;j<GM->VertexNum;j++)
        {
            if(GM->EdgeWeight[i][j]= =MaxValue)         // 若权值为最大值
            {
                printf("\tZ");                          // 以 Z 表示无穷大
            }
            else
            {
                printf("\t%d",GM->EdgeWeight[i][j]);    // 输出边的权值
            }
        }
        printf("\n");
    }
}
```

```
void DeepTraOne(GraphMatrix *GM,int n)                    // 从第 n 个结点开始，深度遍历图
{
    int i;
    GM->isTrav[n]=1;                                      // 标记该顶点已处理过
    printf("->%c",GM->Vertex[n]);                         // 输出结点数据

    // 添加处理结点的操作
    for(i=0;i<GM->VertexNum;i++)
    {
        if(GM->EdgeWeight[n][i]!=MaxValue && !GM->isTrav[n])
        {
            DeepTraOne(GM,i);                             // 递归进行遍历
        }
    }
}

void DeepTraGraph(GraphMatrix *GM)                        // 深度优先遍历
{
    int i;

    for(i=0;i<GM->VertexNum;i++)                          // 清除各顶点遍历标志
    {
        GM->isTrav[i]=0;
    }
    printf("深度优先遍历结点:");
    for(i=0;i<GM->VertexNum;i++)
    {
        if(!GM->isTrav[i])                                // 若该点未遍历
        {
            DeepTraOne(GM,i);                             // 调用函数遍历
        }
    }
    printf("\n");
}

void main()                                               // 主测试函数
{
    GraphMatrix GM;                                       // 定义保存邻接表结构的图

    printf("输入生成图的类型:");
    scanf("%d",&GM.GType);                                // 图的种类
    printf("输入图的顶点数量:");
    scanf("%d",&GM.VertexNum);                            // 输入图顶点数
    printf("输入图的边数量:");
    scanf("%d",&GM.EdgeNum);                              // 输入图边数
    ClearGraph(&GM);                                      // 清空图
    CreateGraph(&GM);                                     // 生成邻接表结构的图
    printf("该图的邻接矩阵数据如下:\n");
    OutGraph(&GM);                                        // 输出邻接矩阵
    DeepTraGraph(&GM);                                    // 深度优先搜索遍历图
}
```

在该程序中，首先由用户在主函数中输入图的种类，0 表示无向图，1 表示有向图。然后，由用户输入顶点数和边数。接着清空图，并按照用户输入的数据生成邻接表结构的图。最后，输出邻接矩阵并执行深度优先遍历算法来遍历整个图。

整个程序的执行结果如图 2-44 所示。由结果可知，这里输入的是一个无向图，包含 4 个顶点和 6 条边。

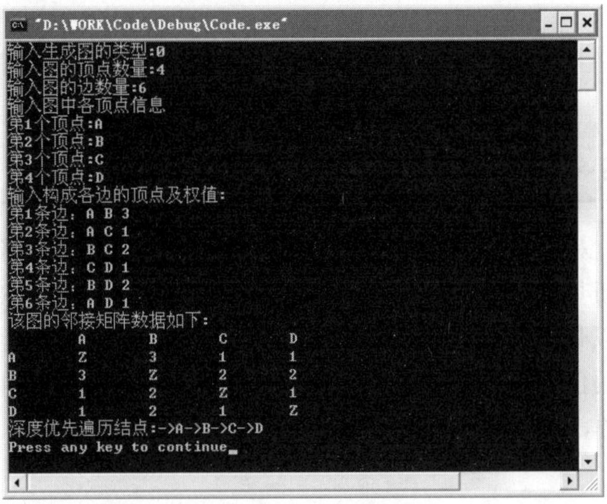

```
"D:\WORK\Code\Debug\Code.exe"
输入生成图的类型:0
输入图的顶点数量:4
输入图的边数量:6
输入图中各顶点信息
第1个顶点:A
第2个顶点:B
第3个顶点:C
第4个顶点:D
输入构成各边的顶点及权值:
第1条边: A B 3
第2条边: A C 1
第3条边: B C 2
第4条边: C D 1
第5条边: B D 2
第6条边: A D 1
该图的邻接矩阵数据如下:
        A       B       C       D
A       Z       3       1       1
B       3       Z       2       2
C       1       2       Z       1
D       1       2       1       Z
深度优先遍历结点:->A->B->C->D
Press any key to continue
```

图 2-44　执行结果

2.9　小结：数据结构 + 算法 = 程序

数据结构是算法的基础。本章首先介绍了数据结构的基本概念和特点，然后介绍了线性表、顺序表、链表、栈、队列、树和图等典型的数据结构。在介绍每一种数据结构时，同时给出了相应的实现算法和完整的操作示例。读者通过对照演示这些示例代码可以加深对数据结构的理解。

第 3 章

基本算法思想

对于程序员来说，学习一门程序语言是不太难的，但如何编写一个高质量的程序却是不容易的。算法可以说是程序的灵魂，一个好的算法可以化繁为简，高效率地解决问题。因此，程序员除了学习程序语言本身的使用外，还应该掌握各种算法思路，并在学习和工作中不断总结使用算法的经验。本章将重点介绍几种常用的算法思想及其应用。

3.1 常用算法思想概述

在实际应用中，不同问题的解题思路往往也不同。如果找不到一个合理的思路（也就是算法），那么求解过程可能就变得冗长复杂，甚至最后无法求解得到结果。选择了合适的思路，可以帮助用户厘清问题的头绪，正确并高效地解决问题。可见算法思想的作用至关重要。

所以，我们首先要熟悉一些算法思想，以帮助我们积累采用何种算法的经验。根据应用频率的多寡和实践中遇到问题的不同，有如下 6 种常用的算法思想可以帮助我们进行求解。

（1）穷举算法思想

（2）递推算法思想

（3）递归算法思想

（4）分治算法思想

（5）概率算法思想

（6）贪心算法思想

在程序设计中，算法是独立于程序语言的。无论采用哪一门程序语言，都可以使用这些算法。本书主要以 C/C++ 语言为例进行介绍。其实对于其他程序设计语言，读者只需根据相应的语法规则进行适当修改即可。

3.2 穷举算法

穷举算法（Exhaustive Attack Method）是最简单的一种算法，其依赖于计算机的强大计算能力来穷尽每一种可能的情况，从而达到求解的目的。穷举算法效率并不高，适用于一些没有明显规律可循的场合。

3.2.1　穷举算法基本思想

穷举算法的基本思想就是从所有可能的情况中搜索正确的答案，其执行流程如下：

（1）对于一种可能的情况，计算其结果；

（2）判断结果是否满足要求，如果不满足，则执行第（1）步来搜索下一种可能的情况；如果满足要求，则表示寻找到一个正确的答案。

在使用穷举算法时，需要明确的是问题答案的范围，这样才可以在指定范围内搜索答案。指定范围之后，即可使用循环语句和条件判断语句逐步验证候选答案的正确性，从而得到所需要的正确答案。

3.2.2　穷举算法示例：鸡兔同笼问题

穷举算法是最基本的算法思想之一，下面通过一个简单的例子来看穷举算法的应用。

鸡兔同笼问题最早记载于 1500 年前的《孙子算经》，这是我国古代一个非常有名的问题。鸡兔同笼的原文记载如下：

今有鸡兔同笼，上有三十五头，下有九十四足，问鸡兔各几何？

这个问题的大致意思是：在一个笼子里关着若干只鸡和若干只兔，从上面数共有 35 个头；从下面数共有 94 只脚。问笼中鸡和兔的数量各是多少？

1．穷举算法思路

通过对题目分析可以知道鸡的数量应该为 0~35 的数。这样，可以使用穷举法来逐个判断是否符合条件，从而搜索答案。

采用穷举算法求解鸡兔同笼问题的程序原理代码如下：

```
int qiongju(int head,int foot,int *chicken,int *rabbit) //穷举算法
{
    int re,i,j;

    re=0;
    for(i=0;i<=head;i++)                                //循环
    {
        j=head-i;
        if(i*2+j*4==foot)                               //判断，找到答案
        {
            re=1;
            *chicken=i;
            *rabbit=j;
        }
    }

    return re;
}
```

其中，输入参数 head 为笼中头的个数，输入参数 foot 为笼中脚的个数，输入参数 chicken 为保存鸡的数量的变量，输入参数 rabbit 为保存兔的数量的变量。该函数循环改变鸡的个数，然后判断是否满足脚的个数条件，当搜索到符合条件的答案后，返回 1，否则返回 0。

2．穷举算法实现

有了前面求解鸡兔同笼问题的穷举算法，这里给出完整的穷举算法求解鸡兔同笼问题的程序代码。

程序示例代码如下：

```
#include <stdio.h>                                                  //头文件

int qiongju(int head,int foot,int *chicken,int *rabbit) //穷举算法
{
    int re,i,j;

    re=0;
    for(i=0;i<=head;i++)                                            //循环
    {
        j=head-i;
        if(i*2+j*4==foot)                                 //判断，找到答案
        {
             re=1;
            *chicken=i;
            *rabbit=j;
        }
    }

    return re;
}

void main()                                                         //主函数
{
    int chicken,rabbit,head,foot;
    int re;

    printf("穷举法求解鸡兔同笼问题:\n");
    printf("输入头数:");
    scanf("%d",&head);                                              //输入头数
    printf("输入脚数:");
    scanf("%d",&foot);                                              //输入脚数

    re=qiongju(head,foot,&chicken,&rabbit);
    if(re==1)                                                       //输出结果
    {
        printf("鸡有:%d只，兔子有:%d只。\n",chicken,rabbit);
    }
    else
    {
        printf("无法求解！\n");
    }
}
```

在该程序中，首先由用户输入头的数量和脚的数量，然后调用穷举法求解鸡兔同笼问题的函数，最后输出求解的结果。

执行该程序，按照提示的要求输入数据，得到图 3-1 所示的结果。可知，笼中有 23 只鸡和 12 只兔子。

图 3-1

3.3　递推算法

递推算法是一种常用的算法思想，在数学计算等场景有着广泛的应用。递推算法适用于有明显公式规律的场景。友情提醒一下，本章的递推算法和递归算法，在具体实现的时候，都要用到 C/C++ 语言的函数嵌套和递归调用，有些读者可能会不适应这种比较巧妙的函数调用方式，请同步学习一下 C 语言的函数调用、嵌套调用和递归函数等知识。也可以直接慢慢领悟本章中的代码，其实也能体会到 C 语言函数的精妙之处。一般其他程序设计语言不太容许这样调用。

3.3.1　递推算法基本思想

递推算法是理性思维模式的代表，根据已有的数据和关系，逐步推导而得到结果。递推算法的执行过程如下：

（1）根据已知结果和关系，求解中间结果；

（2）判定是否达到要求，如果没有达到，则继续根据已知结果和关系求解中间结果。如果满足要求，则表示寻找到一个正确的答案。

递推算法需要用户知道答案和问题之间的逻辑关系。在许多数学问题中，都有明确的计算公式可以遵循，因此常常采用递推算法来实现。

3.3.2　递推算法示例：兔子产仔问题

下面通过一个简单的数学例子来看看递推算法的应用。

数学里面的斐波那契数列便是一个使用递推算法的经典例子。13 世纪意大利数学家斐波那契的《算盘书》中记载了典型的兔子产仔问题，其记载的大意如下：

如果一对两个月大的兔子以后每一个月都可以生一对小兔子，而一对新生的兔子出生两个月后才可以生小兔子。也就是说，1 月份出生，3 月份才可产仔。那么假定一年内没有产生兔子死亡事件，那么 1 年后共有多少对兔子呢？

1. 递推算法思路

先来分析一下兔子产仔问题，逐月来看每月的兔子对数，如下：

第一个月：1 对兔子；

第二个月：1 对兔子；

第三个月：2 对兔子；

第四个月：3 对兔子；

第五个月：5 对兔子；

……

从上面可以看出，从第三个月开始，每个月的兔子总对数等于前两个月兔子对数的总和。相应的计算公式如下：

$$\text{第 } n \text{ 个月兔子总数 } F_n = F_{n-2} + F_{n-1}$$

这就是著名的斐波那契数列。从该公式可以看出，初始第一个月的兔子数为 $F_1=1$，第二个月的兔子数为 $F_2=1$。

为了通用性的方便，可以编写一个算法，用于计算斐波那契数列问题。可以按照这个思路来编写兔子产仔问题的求解算法，示例代码如下：

```
int Fibonacci(n)                                          //递推算法
{
    int t1,t2;

    if (n==1 || n==2)
    {
        return 1;
    }
    else
    {
        t1=Fibonacci(n-1);                                //递归调用
        t2=Fibonacci(n-2);
        return t1+t2;
    }
}
```

其中，输入参数为经历的时间，也就是月数。程序中通过递归调用来实现斐波那契数列的计算。

2. 递推算法实现

有了上述通用的兔子产仔问题算法后，可以求解任意的此类问题。下面给出兔子产仔问题的求解程序示例。

程序示例代码如下：

```
#include <stdio.h>

int Fibonacci(n)                                          //兔子产仔算法
{
    int t1,t2;

    if (n==1 || n==2)
    {
        return 1;
    }
    else
    {
        t1=Fibonacci(n-1);                                //递归调用
        t2=Fibonacci(n-2);
        return t1+t2;
    }
}

void main()                                               //主函数
{
    int n,num;

    printf("递推算法求解兔子产仔问题！\n");
    printf("请先输入时间：");
    scanf("%d",&n);                                       //时间
    num=Fibonacci(n);                                     //求解
    printf("经过%d月的时间，共能繁殖成%d对兔子！\n",n,num);
}
```

在该程序中，首先由用户输入时间，也就是月数；然后调用 Fibonacci() 函数求解计算兔子产仔问题；最后输出结果。

执行该程序，用户输入 12，得到图 3-2 所示的结果。可见，经过 12 个月的时间，共能繁殖成 144 对兔子。

图 3-2

3.4　递归算法

递归算法也是一种常用的算法思想。使用递归算法，往往可以简化代码，提高程序的可读性。但是不合适的递归可能会导致程序的执行效率变低。

3.4.1　递归算法基本思想

递归算法就是在程序中反复调用自身来达到求解问题的方法。这里强调的重点是调用自身，这就需要等待求解的问题能够分解为相同问题的一个子问题。这样，通过多次递归调用，便可以完成求解。

递归调用是一个函数在它的函数体内调用它自身的函数调用方式，这种函数也称为“递归函数”。在递归函数中，主调函数同时又是被调函数。执行递归函数将反复调用其自身，每调用一次就进入新的一层。

函数的递归调用可分为以下两种情况：

• 直接递归：在函数中调用函数本身；

• 间接递归：间接地调用一个函数，如 func_a 调用 func_b，func_b 又调用 func_a。间接递归使用得不多。

编写递归函数时，必须使用 if 语句强制函数在未执行递归调用前返回；否则，在调用函数后，它将永远不会返回，这是一个很容易犯的错误。

了解递归函数的设计方法和工作原理后，接下来对递归的优缺点进行总结。

（1）递归函数的优点

程序代码更简洁清晰，可读性更好。有些算法用递归表示要比用循环表示简捷精练，特别是与人工智能有关的问题，更适合使用递归方法，例如八皇后问题、汉诺塔问题等。有些算法用递归能实现，而用循环却不一定能实现。

（2）递归函数的缺点

大部分递归例程没有明显地减少代码规模和节省内存空间。递归形式比非递归形式的运行速度要慢一些。这是因为附加的函数调用延长了时间，例如需要执行一系列的压栈出栈等操作。如果递归层次太深，还可能导致堆栈溢出。但在许多情况下，速度的差别并不是很明显。

3.4.2　递归算法示例：求数字 12 的阶乘

递归算法常用于一些数学计算，或者有明显递推性质的问题。理解递归最常用的一个典型例子就是编写程序求阶乘问题。

1．递归算法思路

所谓阶乘，就是从 1 到指定数之间的所有自然数相乘的结果，n 的阶乘如下所示：

$$n! = n\times(n-1)\times(n-2)\times \cdots \times2\times1$$

而对于 $(n-1)!$，则有如下的表达式：

$$(n-1)! = (n-1)\times(n-2)\times \cdots \times2\times1$$

从上面这两个表达式可以看到，阶乘具有明显的递推性质，也就是符合如下的递推公式：

$$n! =n\times(n-1)!$$

因此，可以采用递归的思想来计算阶乘。递归算法计算阶乘的示例代码如下：

```
long fact(int n)                                    //求阶乘函数
{
    if(n<=1)
        return 1;
    else
        return n*fact(n-1);                         //递归
}
```

其中，输入参数 n 为需要计算的阶乘。在该函数中，当 $n\leqslant 1$ 时，$n!=1$；当 $n>1$ 时，通过递归调用来计算阶乘。函数 fact() 是一个递归函数，在该函数内部程序又调用了 fact() 的函数（即自身）。函数的返回值便是 $n!$。

2．递归算法实现

有了前面的递归算法求解阶乘问题的算法思路，下面结合例子来看数字 12 阶乘运算的使用。程序示例代码如下：

```
#include <stdio.h>                                  //头文件

long fact(int n);                                   //函数声明

void main()
{
    int i;                                          //声明变量

    printf("请输入要求阶乘的一个整数：");
    scanf("%d",&i);                                 //输入数据
    printf("%d的阶乘结果为：%ld\n",i,fact(i));      //调用函数
}

long fact(int n)                                    //求阶乘函数
{
    if(n<=1)
        return 1;
    else
        return n*fact(n-1);                         //递归
}
```

该程序中，首先由用户输入一个要求阶乘的整数 12，调用递归函数 fact() 来计算阶乘。该程序的执行结果如图 3-3 所示。

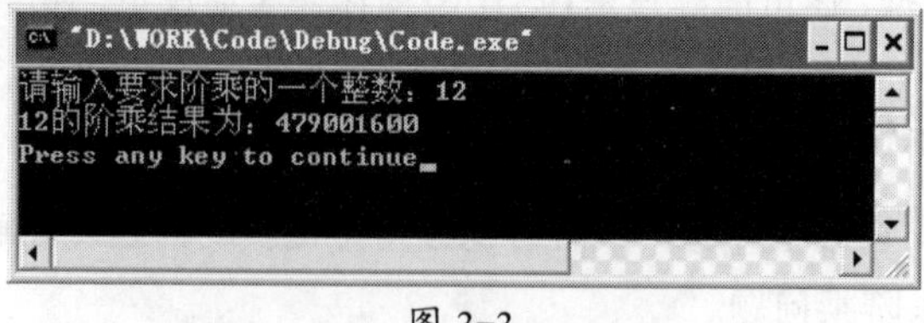

图 3-3

从这个例子可以看到，使用递归算法求解阶乘问题的代码比较简捷，易于理解。

3.5　分治算法

分治算法是一种化繁为简的算法思想。分治算法往往应用于计算步骤比较复杂的问题，通过将问题简化而逐步得到结果。

3.5.1　分治算法基本思想

分治算法的基本思想是将一个计算复杂的问题分为若干个规模较小、计算简单的小问题来进行求解，然后综合各个小问题，得到最终问题的答案。分治算法的执行过程如下：

（1）对于一个规模为 N 的问题，若该问题可以很容易地解决（比如说规模 N 较小），则直接解决，否则执行下面的步骤；

（2）将该问题分解为 M 个规模较小的子问题，这些子问题应互相独立，并且与原问题形式相同；

（3）递归求解各个子问题；

（4）然后将各个子问题的解合并得到原问题的解。

3.5.2　分治算法示例：从 30 枚银币中找出仅有的 1 枚假银币

一个袋子里有 30 枚银币，其中 1 枚是假银币，并且假银币和真银币一模一样，肉眼很难分辨，目前只知道假银币比真银币的质量轻一点。请问如何找出假银币？

1．分治算法思路

我们可以采用递归分治的思想来求解这个问题，操作过程如下：

（1）为每个银币编号，然后将所有的银币等分为两份，放在天平的两边。这样就将区分 30 个银币的问题变为区分两堆银币的问题；

（2）因为假银币的质量较轻，因此天平较轻的一侧中一定包含假银币；

（3）再将较轻的一侧中的银币等分为两份，重复上述做法；

（4）直到剩下两枚银币，便可用天平直接找出假银币来。

这种方法在银币个数较多时比穷举算法有明显的优势。可以按照这个思路来编写相应的求解算法，示例代码如下：

```
int FalseCoin(int coin[],int low,int high)        //算法
{
    int i,sum1,sum2,sum3;
    int re;

    sum1=sum2=sum3=0;
    if(low+1= =high)
    {
        if(coin[low]<coin[high])
        {
            re=low+1;
            return re;
        }
        else
```

```
            {
                re=high+1;
                return re;
            }
        }
        if((high-low+1)%2 == 0)                          //n 是偶数
        {
            for(i=low;i<=low+(high-low)/2;i++)
            {
                sum1= sum1 + coin[i];                    //前半段和
            }
            for(i=low+(high-low)/2+1;i<=high;i++)
            {
                sum2 = sum2 + coin[i];                   //后半段和
            }
            if(sum1>sum2)
            {
                re=FalseCoin(coin,low+(high-low)/2+1,high);
                return re;
            }
            else if(sum1<sum2)
            {
                re=FalseCoin(coin,low,low+(high-low)/2);
                return re;
            }
            else
            {
            }
        }
        else
        {
            for(i=low;i<=low+(high-low)/2-1;i++)
            {
                sum1= sum1 + coin[i];                    //前半段和
            }
            for(i=low+(high-low)/2+1;i<=high;i++)
            {
                sum2 = sum2 + coin[i];                   //后半段和
            }
            sum3 = coin[low+(high-low)/2];
            if(sum1>sum2)
            {
                re=FalseCoin(coin,low+(high-low)/2+1,high);
                return re;
            }
            else if(sum1<sum2)
            {
                re=FalseCoin(coin,low,low+(high-low)/2-1);
                return re;
            }
            else
            {
            }
            if(sum1+sum3 == sum2+sum3)
            {
                re=low+(high-low)/2+1;
                return re;
            }
        }
    }
```

上述代码中，输入参数 coin[] 为银币重量数组，输入参数 low 为寻找的起始银币编号，输入参数 high 为寻找的结束银币编号。该函数的返回值便是假币的位置，也就是假银币的编号。程序中严格遵循了前面的分治递归算法，读者可以对照进行加深理解。

2．分治算法实现

了解了利用分治算法寻找假银币问题的思路后，下面来看一下分治算法应用的程序示例。

程序示例代码如下：

```
#include <stdio.h>                                          //头文件

#define MAXNUM 30                                           //最大数量

int FalseCoin(int coin[],int low,int high)                  //算法
{
    int i,sum1,sum2,sum3;
    int re;

    sum1=sum2=sum3=0;
    if(low+1==high)
    {
        if(coin[low]<coin[high])
        {
            re=low+1;
            return re;
        }
        else
        {
            re=high+1;
            return re;
        }
    }
    if((high-low+1)%2 == 0)                                 //n 是偶数
    {
        for(i=low;i<=low+(high-low)/2;i++)
        {
            sum1= sum1 + coin[i];                           //前半段和
        }
        for(i=low+(high-low)/2+1;i<=high;i++)
        {
            sum2 = sum2 + coin[i];                          //后半段和
        }
        if(sum1>sum2)
        {
            re=FalseCoin(coin,low+(high-low)/2+1,high);
            return re;
        }
        else if(sum1<sum2)
        {
            re=FalseCoin(coin,low,low+(high-low)/2);
            return re;
        }
        else
        {
        }
    }
    else
    {
        for(i=low;i<=low+(high-low)/2-1;i++)
        {
            sum1= sum1 + coin[i];                           //前半段和
        }
        for(i=low+(high-low)/2+1;i<=high;i++)
        {
            sum2 = sum2 + coin[i];                          //后半段和
```

```
        }
        sum3 = coin[low+(high-low)/2];
        if(sum1>sum2)
        {
            re=FalseCoin(coin,low+(high-low)/2+1,high);
            return re;
        }
        else if(sum1<sum2)
        {
            re=FalseCoin(coin,low,low+(high-low)/2-1);
            return re;
        }
        else
        {
        }
        if(sum1+sum3 == sum2+sum3)
        {
            re=low+(high-low)/2+1;
            return re;
        }
    }
}

void main()                                                   // 主函数
{
    int coin[MAXNUM];
    int i,n;
    int weizhi;

    printf("分治算法求解假银币问题！\n");
    printf("请输入银币总的个数：");
    scanf("%d",&n);                                           // 银币总的个数
    printf("请输入银币的真假：");
    for(i=0;i<n;i++)
    {
        scanf("%d",&coin[i]);                                 // 输入银币的真假
    }

    weizhi=FalseCoin(coin,0,n-1);                             // 求解
    printf("在上述%d个银币中，第%d个银币是假的！\n",n,weizhi);
}
```

该程序中，主函数中首先由用户输入银币总个数，然后由用户输入银币的真假，最后调用 FalseCoin() 函数进行求解。这里，用户输入的银币真假数组用重量来表示，例如以 2 表示真银币的重量，以 1 表示假银币的重量。

该程序的执行结果如图 3-4 所示。

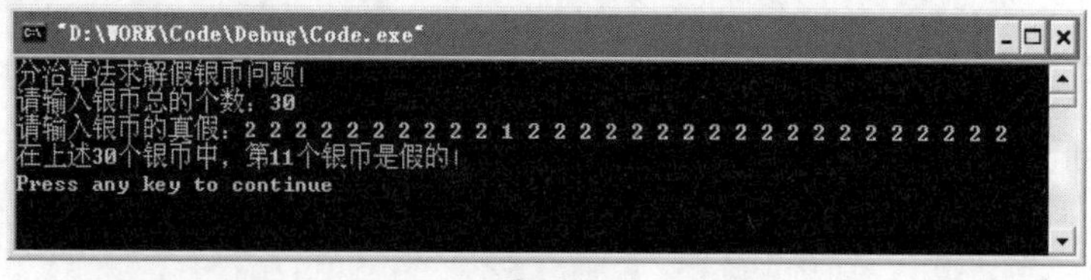

图 3-4

3.6 概率算法

概率算法是依照概率统计的思路来求解问题的算法，它往往不能得到问题的精确解，但

却在数值计算领域得到广泛的应用。因为很多数学问题往往没有或者很难计算出精确解，这时便需要通过数值计算来求解近似值。

3.6.1　概率算法基本思想

概率算法执行的基本过程如下：

（1）将问题转化为相应的几何图形 S，S 的面积是容易计算的，问题的结果往往对应几何图形中某一部分 S_1 的面积；

（2）向几何图形中随机撒点；

（3）统计几何图形 S 和 S_1 中的点数。根据 S 面积和 S_1 面积的关系以及各图形中的点数来计算得到结果；

（4）判断上述结果是否在需要的精度之内，如果未达到精度则执行步骤（2）。如果达到精度，则输出近似结果。

概率算法大致可分为如下 4 种：

（1）数值概率算法；

（2）蒙特卡罗（Monte Carlo）概率算法；

（3）拉斯维加斯（Las Vegas）概率算法；

（4）舍伍德（Sherwood）概率算法。

3.6.2　概率算法示例：利用蒙特卡罗算法计算圆周率 π

上面讲到了 4 种概率算法，其中蒙特卡罗概率算法较为常用，我们以此来举例。

这里通过一个计算圆周率 π 的示例来看看蒙特卡罗概率算法的应用。

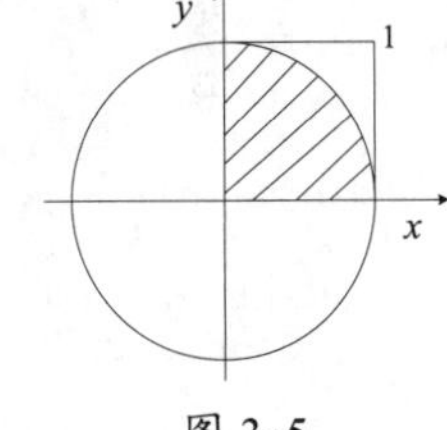

图 3-5

1．概率算法思路

下面简单介绍一下使用蒙特卡罗算法计算圆周率 π 的思路。这个思路其实比较简单，首先看一个半径为 1 的圆，如图 3-5 所示。对于图中圆的面积有如下公式：

$$S_{圆} = \eth * r^2$$

而图中阴影部分是一个圆的 1/4，因此阴影部分的面积有如下计算公式：

$$S_{阴影} = S_{圆} / 4 = \frac{\eth * r^2}{4} = \frac{\eth}{4}$$

而图中正方形的面积为：

$$S_{正方形} = r^2 = 1$$

这样，按照图示建立一个坐标系。如果均匀地向正方形内撒点，那么落入阴影部分的点数与全部的点数之比应该是：

$$S_{阴影} / S_{正方形} = \pi/4$$

根据概率统计的规律，只要撒的点足够多，那么将得到近似的结果。通过这个原理便可

以计算圆周率 π 的近似值，这就是蒙特卡罗算法。

使用蒙特卡罗算法计算圆周率有如下两个关键点：

（1）均匀撒点：在 C 语言中可以使用随机函数来实现，产生 [0,1] 之间随机的坐标值 $[x,y]$；

（2）区域判断：图中阴影部分的特点是距离坐标原点的距离小于或等于 1，这样，可以通过计算判断 $x^2+y^2 \leqslant 1$ 来实现。

2. 概率算法实现

下面来看一下蒙特卡罗概率算法在计算圆周率 π 时的具体代码实现。

程序示例代码如下：

```
#include <stdio.h>
#include <time.h>
#include <stdlib.h>

double MontePI(int n)                                   //蒙特卡罗算法
{
    double PI;
    double x,y;
    int i,sum;

    sum=0;
    srand(time(NULL));
    for(i=1;i<n;i++)
    {
        x=(double)rand()/RAND_MAX;                      //产生 0~1 之间的一个随机数
        y=(double)rand()/RAND_MAX;                      //产生 0~1 之间的一个随机数
        if((x*x+y*y)<=1)                                //若在阴影区域
            sum++;                                      //计数
    }
    PI=4.0*sum/n;                                       //计算 PI
    return PI;
}

void main()                                             //主函数
{
    int n;
    double PI;

    printf("蒙特卡罗概率算法计算π:\n");
    printf("输入点的数量:");
    scanf("%d",&n);                                     //输入撒点个数
    PI=MontePI(n);                                      //计算 PI
    printf("PI=%f\n",PI);                               //输出结果
}
```

在程序中，主函数首先接收用户输入的撒点个数 n，然后调用 MontePI() 算法函数来计算圆周率 π 的近似值。该程序的执行结果如图 3-6 所示。

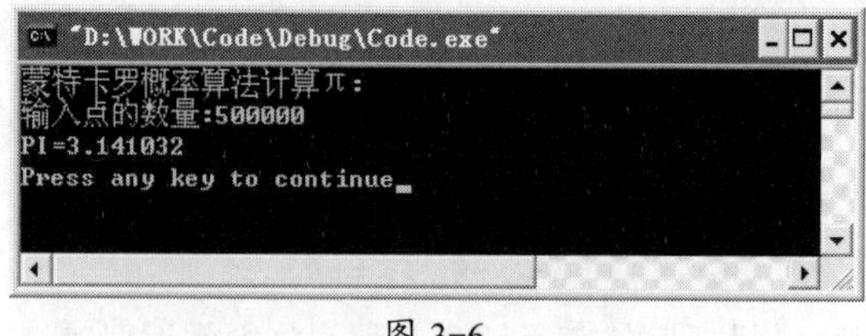

图 3-6

读者可以多次执行该程序，会发现撒点的数量越多，圆周率π计算的精度也就越高。同时，由于概率算法的随机性，在不同的运行时间，即使输入同样的撒点数，得到的结果也是不相同的。

3.7 贪心算法

贪心算法的基本原理是以局部最优解来求得全局最优解。生活中最常见的例子便是购物找零，收银员一定会用最少的钱币数量完成找零，这其中便用到了贪心算法。

3.7.1 贪心算法基本思想

所谓贪心算法，就是总是做出在当前看来是最好的选择的一种方法，并不从问题的整体最优上加以考虑，它所作出的每一步选择只是在某种意义上得局部最优选择。因此，严格意义上讲，要使用贪心算法求解问题，该问题应当具备以下两个性质：

（1）贪心选择性质：所求解的问题的整体最优解可以通过一系列的局部最优解得到。所谓局部最优解，就是指在当前的状态下作出的最好选择；

（2）最优子结构性质：当一个问题的最优解包含着它的子问题的最优解时，就称此问题具有最优子结构性质。

3.7.2 贪心算法示例：兑换硬币

某银行有 5 元、2 元和 1 元硬币若干，当客户来换硬币的时候，总是默认给客户最少的硬币数量。请编写一个程序，当银行柜员输入硬币金额的时候，立刻打印出应该兑换的硬币数量各多少个。

具体的实现思想方法，前面我们已经讲过，下面我们用计算机代码“翻译”一下。

程序示例代码如下：

```
#include <stdio.h>

int main()
{
    int userCoin=128;
    int fiveCoin=0,twoCoin=0,oneCoin=0;              // 初始化硬币的数量

    printf("Please input the Coins Value=");
    scanf("%d",&userCoin);                           // 获取客户兑换金额

    if( userCoin <=0 )
    {
            printf("Input Error!\n");                // 如果用户输入不合格的处理

            return 0;
    }

    while( userCoin>=5 )                             // 算出 5 元硬币的数量
    {
            userCoin = userCoin-5;
            fiveCoin = fiveCoin + 1;
    }
```

```
    while( userCoin>=2 )                              //算出 2 元硬币的数量
        {
                userCoin = userCoin-2;
                twoCoin = twoCoin + 1;
        }

    while( userCoin>=1 )                              //算出 1 元硬币的数量
        {
                userCoin = userCoin-1;
                oneCoin = oneCoin + 1;
        }


        printf("5 元硬币数 =%d\n",fiveCoin);
        printf("2 元硬币数 =%d\n",twoCoin);
        printf("1 元硬币数 =%d\n",oneCoin);           //把计算结果打印出来


        return 0;

    }
```

我们来简单解释一下上面的程序，首先打印一行提示，接收用户输入，格式化用户的输入并存储起来。但如果用户输入是负数，则要出错处理。

在程序中，采用贪心策略，首先用一个循环不断去和 5 元比较，如果大于 5，那就是还能兑换 5 元，那就兑换一个，5 元硬币的数字增加一个；当小于 5 元了，同样一个循环来兑换 2 元硬币，接下来是 1 元硬币。该程序的执行结果如图 3-7 所示。程序最后会输出兑换的最佳组合。

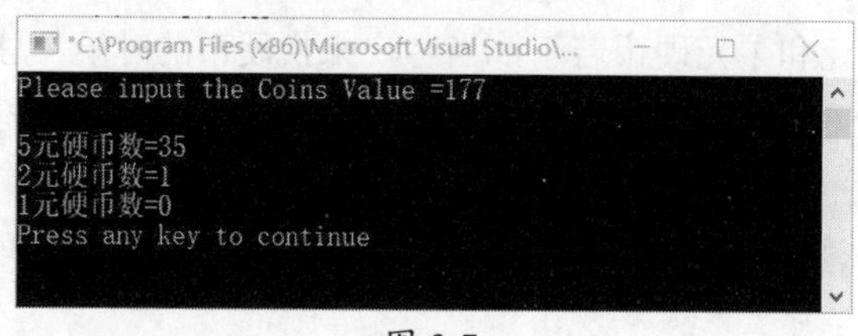

图 3-7

3.8 小结：思路决定出路

算法是程序员的一门必修课。选择合适的算法往往能够提高解决问题的效率。本章介绍了几种常用的程序设计算法思想，包括穷举算法、递推算法、递归算法、分治算法、概率算法和贪心算法。读者应该认真掌握这些算法的基本思路及其应用，对以后的程序设计工作会非常有益。

第 4 章

排序算法

在各类算法问题中，排序算法是最基本的一个问题。现实生活中很多方面都需要将一些数据按从小到大或者从大到小的顺序进行排列。对于一个排好序的序列来说，在进行查找最大值、最小值、遍历、计算和求解等各种操作时都十分方便。本章将详细介绍各种排序算法。

4.1 排序算法概述

排序（Sort）是将一组数据按照一定的规则进行排列，一般按递增或递减的顺序进行排列。排序算法是一种最基本的算法。排序虽然看似是一个很简单的问题，但是在实际的应用场合往往面临一些困难。这是因为实际应用中的数据量往往很庞大，这样算法的效率和排序的速度就是关键。需要根据合适的问题寻找一个适合高效的排序算法，因此便演变出了多种排序算法。

常用的排序算法如图 4-1 所示。最基本的排序法包括交换排序、选择排序、插入排序和合并排序。其中，交换排序主要包括冒泡排序法和快速排序法；选择排序主要包括选择排序法和堆排序法；插入排序主要包括插入排序法和 Shell 排序法。

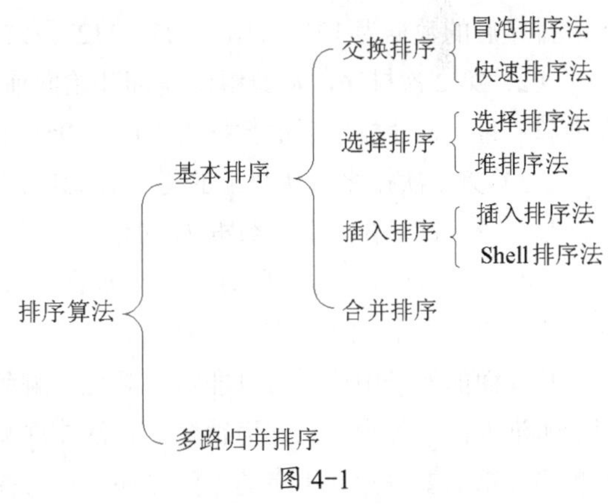

图 4-1

上述几种基本排序算法直接对计算机内存中的数据进行排序。而对于一些较大的文件，由于计算机的内存有限，往往不能直接将其读入内存进行排序。这时可以采用多路归并排序法，将文件划分为几个能够读入内存的小部分，然后分别读入进行排序，经过多次处理便可以完成大文件的排序。

每种排序算法都有各自的特点，某种算法在某些特定的场合具有比较好的执行效率。因此，读者需要根据实际问题的需要来合理选择排序算法。下面对每一种排序算法进行详细讲解。

在实际应用中，排序的对象基本是整数，基本排序规则包括从小到大排序和从大到小排序。下面主要以整型数据从小到大进行排序为例介绍排序算法。对于其他类型的数据，或者从大到小的排序方法均类似，这里不再赘述。

4.2 冒泡排序法

冒泡排序法（Bubble Sort）是所有排序算法中最简单、最基本的一种。冒泡排序法的思路就是交换排序，通过相邻数据的比较交换来达到排序的目的。

4.2.1 冒泡排序算法

冒泡排序算法通过多次比较和交换来实现排序，其排序流程如下：

（1）对数组中的各数据，依次比较相邻的两个元素的大小；

（2）如果前面的数据大于后面的数据，就交换这两个数据。经过第一轮的多次比较排序后，便可把最小的数据排好；

（3）再用同样的方法把剩下的数据逐个进行比较，最后便可按照从小到大的顺序排好数组中各数据的顺序。

为了更清晰地理解冒泡排序算法的执行过程，这里举一个实际数据的例子来演示冒泡排序算法。对于5个整型数据118、101、105、127、112，这是一组无序的数据。对其执行冒泡排序过程，如图4-2所示。冒泡排序算法的执行过程如下：

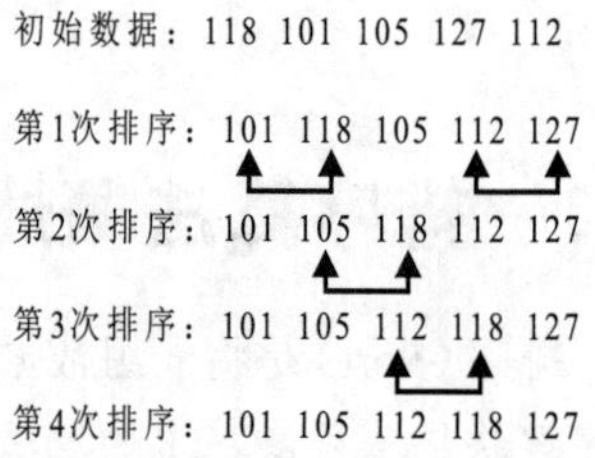

初始数据：118 101 105 127 112

第1次排序：101 118 105 112 127

第2次排序：101 105 118 112 127

第3次排序：101 105 112 118 127

第4次排序：101 105 112 118 127

图 4-2

（1）第1次排序，从数组的尾部开始向前依次比较。首先是127和112比较，由于127大于112，因此将数据112向上移了一位；同理，118和101比较，将数据101向前移了一位。此时排序后的数据为101、118、105、112、127；

（2）第2次排序，从数组的尾部开始向前依次比较。105和118比较，可以将数据105向前移一位。此时排序后的数据为101、105、118、112、127；

（3）第3次排序，从数组的尾部开始向前依次比较。112和118比较，可以将数据112向前移一位。此时排序后的数据为101、105、112、118、127；

（4）第4次排序时，此时，各个数据已经按顺序排列好，无须再进行数据交换。排序的最终结果为101、105、112、118、127。

从上面的例子中读者可以非常直观地了解到冒泡排序算法的执行过程。整个排序过程类似于水泡的浮起过程，故此而得名。冒泡排序算法在对 n 个数据进行排序时，无论原数据有无顺序，都需要进行 n-1 步的中间排序。这种排序方法思路简单直观，但缺点是执行的步骤较多，效率不是很高。

有一种改进的方法，就是在每次中间排序之后，比较一下数据是否已经按照顺序排列完成。如果排列完成，则退出排序过程；否则，便继续进行冒泡排序。这样对于比较有规律的数据，可以加速算法的执行过程。冒泡排序算法的示例代码如下：

```
void BubbleSort(int *a,int len)                                //冒泡排序法
{
    int i,j,k,temp;
```

```
    for(i=0;i<len-1;i++)                                    //外层循环
    {
        for(j=len-1;j>i;j--)                                //内层循环
        {
            if(a[j-1]>a[j])
            {
                temp=a[j-1];
                a[j-1]=a[j];
                a[j]=temp;
            }
        }
        printf("第%d步排序结果:",i);                        //输出每步排序的结果
        for(k=0;k<len;k++)
        {
            printf("%d ",a[k]);                             //输出
        }
        printf("\n");
    }
}
```

其中，输入参数“*a”为一个数组的首地址，输入参数 len 为数组的大小。待排序的原数据可以保存在数组 a 中，程序中通过两层循环来对数据进行冒泡排序。读者可以结合前面的冒泡排序算法加深理解。为了让读者清楚排序算法的执行过程，排序的每一步都输出了当前的排序结果。

4.2.2　冒泡排序算法示例：对包含 10 个数字的整型数组进行排序

有了前面的冒泡排序算法的基本思想和算法之后，可以通过一个完整的例子来说明。

一个整型数组，其中包含 10 个数字，具体如图 4-3 所示，请用冒泡排序算法进行排序。

程序示例代码如下：

```
#include <stdio.h>                                          //头文件
#include <stdlib.h>
#include <time.h>

#define SIZE 10                                             //数组大小

void BubbleSort(int *a,int len)                             //冒泡排序法
{
    int i,j,k,temp;

    for(i=0;i<len-1;i++)
    {
        for(j=len-1;j>i;j--)
        {
            if(a[j-1]>a[j])
            {
                temp=a[j-1];
                a[j-1]=a[j];
                a[j]=temp;
            }
        }
        printf("第%d步排序结果:",i);                        //输出每步排序的结果
        for(k=0;k<len;k++)
        {
            printf("%d ",a[k]);                             //输出
        }
        printf("\n");
    }
```

```
}

void main()                                        // 主函数
{
    int shuzu[SIZE],i;

    srand(time(NULL));                             // 随机种子
    for(i=0;i<SIZE;i++)
    {
        shuzu[i]=rand()/1000+100;                  // 初始化数组
    }

    printf("排序前的数组为：\n");                    // 输出排序前的数组
    for(i=0;i<SIZE;i++)
    {
        printf("%d ",shuzu[i]);
    }
    printf("\n");

    BubbleSort(shuzu,SIZE);                        // 排序操作

    printf("排序后的数组为：\n");
    for(i=0;i<SIZE;i++)
    {
        printf("%d ",shuzu[i]);                    // 输出排序后的数组
    }
    printf("\n");
}
```

在程序中，宏定义了符号常量 SIZE，用于表征需要排序整型数组的大小。在主函数中，首先初始化随机种子，然后对数组进行随机初始化，并输出排序前的数组内容。接着调用冒泡排序算法函数来对数组进行排序。最后输出排序后的数组。

该程序的执行结果如图 4-3 所示，显示了每一步排序的中间结果。从图中可以看出从第 4 步之后已经完成数据排序，但是算法仍然需要按部就班地进行后续的比较步骤。读者可以根据前面介绍的算法思路，加入判断部分，比较一下数据是否已经按照顺序排列完成，以便能够尽早结束排序过程，从而提高程序的执行效率。

```
"D:\WORK\Code\Debug\Code.exe"
排序前的数组为:
114 118 118 108 101 108 107 105 119 124
第0步排序结果:101 114 118 118 108 105 108 107 119 124
第1步排序结果:101 105 114 118 118 108 107 108 119 124
第2步排序结果:101 105 107 114 118 118 108 108 119 124
第3步排序结果:101 105 107 108 114 118 118 108 119 124
第4步排序结果:101 105 107 108 108 114 118 118 119 124
第5步排序结果:101 105 107 108 108 114 118 118 119 124
第6步排序结果:101 105 107 108 108 114 118 118 119 124
第7步排序结果:101 105 107 108 108 114 118 118 119 124
第8步排序结果:101 105 107 108 108 114 118 118 119 124
排序后的数组为:
101 105 107 108 108 114 118 118 119 124
Press any key to continue
```

图 4-3

4.3　选择排序法

选择排序法（Selection Sort）也是比较简单的排序算法，思路比较直观。选择排序算法在每一步中选取最小值来重新排列，从而达到排序的目的。

4.3.1　选择排序算法原理

选择排序算法通过选择和交换来实现排序，其排序基本流程如下：

（1）首先从原始数组中选择一个最小的数据，将其和位于第 1 个位置的数据交换；

（2）从剩下的 *n*-1 个数据中选择次小的一个元素，将其和位于第 2 个位置的数据交换；

（3）这样不断重复，直到最后两个数据完成交换。最后，完成对原始数组从小到大的排序。

为了更清晰地理解选择排序算法的执行过程，这里举一个实际数据的例子来演示选择排序算法。对于 5 个整型数据 118、101、105、127、112，这是一组无序的数据。对其执行选择排序过程，如图 4-4 所示。选择排序算法的执行过程如下：

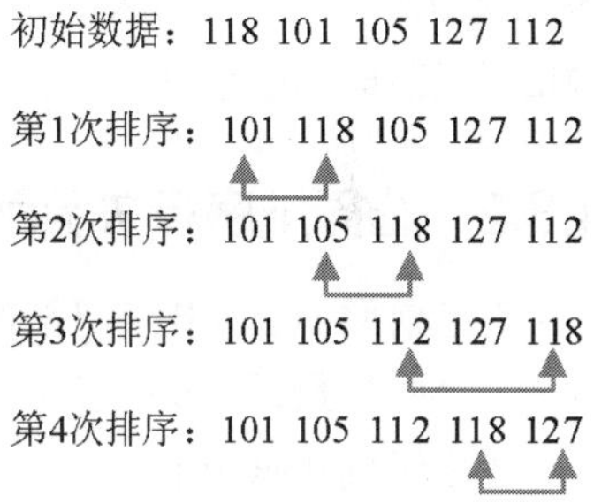

初始数据：118 101 105 127 112

第1次排序：101 118 105 127 112

第2次排序：101 105 118 127 112

第3次排序：101 105 112 127 118

第4次排序：101 105 112 118 127

图 4-4

（1）第 1 次排序，从原始数组中选择最小的数据，这个数据便是 101，将其与第 1 个数据 118 进行交换。此时排序后的数据为 101、118、105、127、112；

（2）第 2 次排序，从剩余的数组中选择最小的数据，这个数据便是 105，将其与第 2 个数据 118 进行交换。此时排序后的数据为 101、105、118、127、112；

（3）第 3 次排序，从剩余的数组中选择最小的数据，这个数据便是 112，将其与第 3 个数据 118 进行交换。此时排序后的数据为 101、105、112、127、118；

（4）第 4 次排序，从剩余的数组中选择最小的数据，这个数据便是 118，将其与第 4 个数据 127 进行交换。此时最终排序后的数据为 101、105、112、118、127。

从上面的例子中读者可以非常直观地了解到选择排序算法的执行过程。选择排序算法在对 *n* 个数据进行排序时，无论原数据有无顺序，都需要进行 *n*-1 步的中间排序。这种排序方法的思路很简单直观，但缺点是执行的步骤较多，效率也不是很高。

选择排序算法的示例代码如下：

```
void SelectionSort(int *a,int len)                              //选择排序法
{
    int i,j,k,h;
    int temp;                                                   //交换临时变量

    for (i=0;i<len-1;i++)
    {
        k=i;
        for (j=i+1;j<len;j++)
        {
            if (a[j]<a[k])
                k=j;
        }
        if(k!=i)                                                //交换
```

```
        {
            temp=a[i];
            a[i]=a[k];
            a[k]=temp;
        }

        printf(" 第 %d 步排序结果 :",i);                    // 输出每步排序的结果
        for(h=0;h<len;h++)
        {
            printf("%d ",a[h]);                              // 输出
        }
        printf("\n");
    }
}
```

其中，输入参数“*a”一般为一个数组的首地址，输入参数 len 为数组的大小。待排序的原数据便保存在数组 a 中，程序中通过两层循环来对数据进行选择排序。读者可以结合前面的选择排序算法来加深理解。为了让读者清楚排序算法的执行过程，在排序的每一步中都输出了当前的排序结果。

4.3.2 选择排序算法示例：对包含 10 个数字的整型数组进行排序

有了前面的选择排序算法的基本思想和算法之后，可以通过一个完整的例子来说明。

一个整型数组，其中包含 10 个数字，具体如图 4-5 所示，请用选择排序算法进行排序。

程序示例代码如下：

```
#include <stdio.h>                                           // 头文件
#include <stdlib.h>
#include <time.h>

#define SIZE 10                                              // 数组大小

void SelectionSort(int *a,int len)                           // 选择法排序
{
    int i,j,k,h;
    int temp;                                                // 交换临时变量

    for (i=0;i<len-1;i++)
    {
        k=i;
        for (j=i+1;j<len;j++)
        {
            if (a[j]<a[k])
                k=j;
        }
        if(k!=i)                                             // 交换
        {
            temp=a[i];
            a[i]=a[k];
            a[k]=temp;
        }

        printf(" 第 %d 步排序结果 :",i);                    // 输出每步排序的结果
        for(h=0;h<len;h++)
        {
            printf("%d ",a[h]);                              // 输出
        }
        printf("\n");
    }
```

```
}

void main()                                        // 主函数
{
    int i;                                         // 声明变量
    int shuzu[SIZE];                               // 声明数组

    srand(time(NULL));
    for(i=0;i<SIZE;i++)                            // 初始化数组
    {
        shuzu[i]=rand()/1000+100;
    }

    printf("排序前：\n");
    for(i=0;i<SIZE;i++)
    {
        printf("%d ",shuzu[i]);                    // 输出
    }
    printf("\n");

    SelectionSort(shuzu,SIZE);                     // 排序

    printf("排序后：\n");
    for(i=0;i<SIZE;i++)
    {
        printf("%d ",shuzu[i]);                    // 输出
    }
    printf("\n");
}
```

在程序中，宏定义了符号常量 SIZE，用于表征需要排序整型数组的大小。在主函数中，首先初始化随机种子，然后对数组进行随机初始化，并输出排序前的数组内容。接着调用选择排序算法函数来对数组进行排序。最后输出排序后的数组。

该程序的执行结果如图 4-5 所示，显示了每一步排序的中间结果。

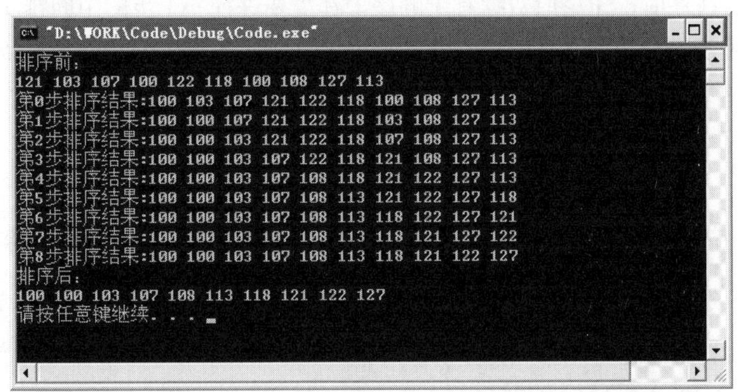

图 4-5

4.4　插入排序法

插入排序法（Insertion Sort）通过对未排序的数据逐个插入合适的位置而完成排序工作。插入排序算法的思路也比较简单，使用得也比较多。

4.4.1 插入排序算法原理

插入排序算法通过比较和插入来实现排序，其排序流程如下：

（1）首先对数组的前两个数据进行从小到大排序；

（2）将第 3 个数据与排好序的两个数据比较，将第 3 个数据插入合适的位置；

（3）将第 4 个数据插入已排好序的前 3 个数据中；

（4）不断重复上述过程，直到把最后一个数据插入合适的位置。最后便完成了对原始数组从小到大的排序。

初始数据：118 101 105 127 112

第1次排序：101 118 105 127 112

第2次排序：101 105 118 127 112

第3次排序：101 105 118 127 112

第4次排序：101 105 112 118 127

图 4-6

为了更清晰地理解插入排序算法的执行过程，这里举一个实际数据的例子来执行插入排序算法。对于 5 个整型数据 118、101、105、127、112，这是一组无序的数据。对其执行插入排序过程，如图 4-6 所示。插入排序算法的执行过程如下：

（1）对数组的前两个数据 118 和 101 排序，由于 118 大于 101，因此将其交换。此时排序后的数据为 101、118、105、127、112；

（2）对于第 3 个数据 105，其大于 101，而小于 118，将其插入它们之间。此时排序后的数据为 101、105、118、127、112；

（3）对于第 4 个数据 127，其大于 118，将其插入 118 之后。此时排序后的数据为 101、105、118、127、112；

（4）对于第 5 个数据 112，其大于 105，小于 118，将其插入 105 和 118 之间。此时排序后的数据为 101、105、112、118、127。

从上面的例子中读者可以非常直观地了解到插入排序算法的执行过程。插入排序算法在对 *n* 个数据进行排序时，无论原数据有无顺序，都需要进行 *n*-1 步的中间排序。这种排序方法思路很简单直观，在数据已有一定顺序的情况下，排序效率较好。但如果数据无规则，则需要移动大量的数据，这样的场合其排序效率也不高。

插入排序算法的示例代码如下：

```
void InsertionSort(int *a,int len)                          // 插入排序
{
    int i,j,t,h;

    for (i=1;i<len;i++)                                      // 循环处理
    {
        t=a[i];
        j=i-1;
        while(j>=0 && t<a[j])
        {
            a[j+1]=a[j];
            j--;
        }
        a[j+1]=t;

        printf(" 第 %d 步排序结果 :",i);                         // 输出每步排序的结果
        for(h=0;h<len;h++)
        {
            printf("%d ",a[h]);                              // 输出
        }
```

```
        printf("\n");
    }
}
```

其中，输入参数“*a”一般为一个数组的首地址，输入参数 len 为数组的大小，待排序的原数据便保存在数组 a 中。在程序中，首先将需要插入的元素保存到变量 *t* 中。变量 *j* 表示需要插入的位置，一般就是插入数组元素的序号。设置变量 *j* 的值为 *i*–1，表示准备将当前位置（序号为 *i*）的数插入序号为 *i*–1（即前一个元素）的位置。

算法程序通过 while 循环来进行判断，如果序号为 *j* 元素的数据大于变量 *t*（需要插入的数据），则将序号为 *j* 的元素向后移，同时变量 *j* 减 1，以判断前一个数据是否还需要向后移。通过 while 循环，找到一个元素的值比 *t* 小，该元素的序号为 *j*。然后，将在序号为 *j* 的下一个元素进行数据插入操作。

读者可以结合前面的插入排序算法来加深理解。为了让读者清楚排序算法的执行过程，在排序的每一步中都输出了当前的排序结果。

4.4.2　插入排序算法示例：对包含 10 个数字的整型数组进行排序

有了前面的插入排序算法的基本思想和算法之后，这里通过一个完整的例子来说明。

一个整型数组，其中包含 10 个数字，具体如图 4–7 所示，请用插入排序算法进行排序。

程序示例代码如下：

```
#include <stdio.h>                                              //头文件
#include <stdlib.h>
#include <time.h>

#define SIZE 10                                                 //数组大小

void InsertionSort(int *a,int len)                              //插入排序
{
    int i,j,t,h;

    for (i=1;i<len;i++)
    {
        t=a[i];
        j=i-1;
        while(j>=0 && t<a[j])
        {
            a[j+1]=a[j];
            j--;
        }
        a[j+1]=t;

        printf("第 %d 步排序结果 :",i);                        //输出每步排序的结果
        for(h=0;h<len;h++)
        {
            printf("%d ",a[h]);                                 //输出
        }
        printf("\n");
    }
}

void main()
{
    int arr[SIZE],i;                                            //声明数组
```

```
    srand(time(NULL));
    for(i=0;i<SIZE;i++)                                         // 初始化数组
    {
        arr[i]=rand()/1000+100;
    }

    printf(" 排序前: \n");
    for(i=0;i<SIZE;i++)
    {
        printf("%d ",arr[i]);                                   // 输出
    }
    printf("\n");

    InsertionSort(arr,SIZE);                                    // 排序

    printf(" 排序后: \n");
    for(i=0;i<SIZE;i++)
    {
        printf("%d ",arr[i]);                                   // 输出
    }
    printf("\n");
}
```

在程序中，宏定义了符号常量 SIZE，用于表征需要排序整型数组的大小。在主函数中，首先初始化随机种子，然后对数组进行随机初始化，并输出排序前的数组内容。接着调用插入排序算法函数来对数组进行排序。最后输出排序后的数组。

该程序的执行结果如图 4-7 所示，显示了每一步排序的中间结果。

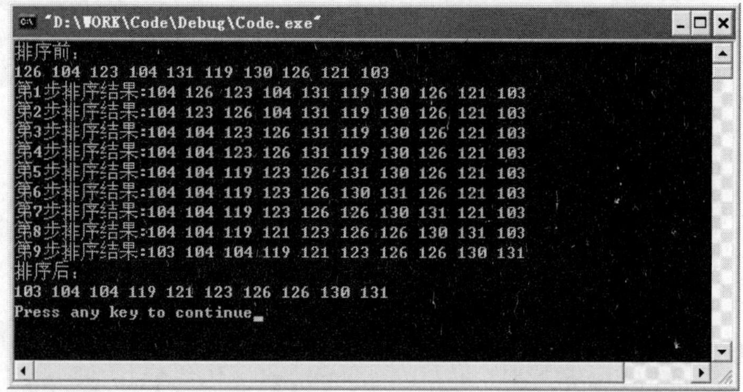

图 4-7　执行结果

4.5　Shell 排序法

前面介绍的冒泡排序算法、选择排序算法和插入排序算法的思路都比较直观，但是排序的效率都比较低。遇到大量的数据需要排序时，往往需要寻求其他更为高效的排序算法，Shell 排序算法便是其中一种。

4.5.1　Shell 排序算法原理

Shell 排序算法严格来说是基于插入排序的思想，又称为希尔排序或缩小增量排序。Shell 排序算法的排序流程如下：

（1）将有 *n* 个元素的数组分成 *n*/2 个数字序列，第 1 个数据和第 *n*/2+1 个数据为一对，等等，依此类推；

（2）一次循环使每一个序列对排好顺序；

（3）变为 *n*/4 个序列，再次排序；

（4）不断重复上述过程，随着序列减少直至最后变为 1 个，完成整个排序。

为了更清晰地理解 Shell 排序算法的执行过程，这里举一个实际数据的例子来逐步执行 Shell 排序算法。对于 6 个整型数据 127、118、105、101、112、100，这是一组无序的数据。对其执行 Shell 排序过程，如图 4-8 所示。Shell 排序算法的执行过程如下：

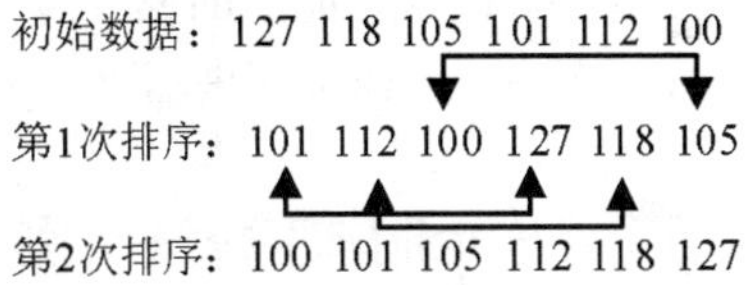

初始数据：127 118 105 101 112 100

第1次排序：101 112 100 127 118 105

第2次排序：100 101 105 112 118 127

图 4-8

（1）将数组分为 6/2=3 个数字序列，第 1 个数据 127 和第 4 个数据 101 为一对，第 2 个数据 118 和第 5 个数据 112 为一对，第 3 个数据 105 和第 6 个数据 100 为一对。每一对数据进行排序，此时排序后的数据为 101、112、100、127、118、105；

（2）将数组分为 6/4=1 个序列（这里执行的取整操作），此时逐个对数据进行比较，按照插入排序算法对这个序列进行排序。排序后的数据为 100、101、105、112、118、127。

从上面的例子中读者可以非常直观地了解到 Shell 排序算法的执行过程。其实前面我们已知道，在插入排序时，如果原数据已经是基本有序的，则排序的效率可大大提高。另外，对于数量较小的序列可使用直接插入排序，因为需要移动的数据量较少，所以效率较高。因此，Shell 排序算法具有比较高的执行效率。

Shell 排序算法的示例代码如下：

```
void ShellSort(int *a,int len)                                    //Shell 排序
{
    int i,j,h;
    int r,temp;
    int x=0;

    for(r=len/2;r>=1;r/= 2)                                      // 划组排序
    {
     for(i=r;i<len;i++)
     {
            temp=a[i];
            j=i-r;
            while(j>=0 && temp<a[j])
            {
                a[j+r]=a[j];
                j-=r;
            }
            a[j+r]=temp;
        }

        x++;
        printf(" 第 %d 步排序结果 :",x);                          // 输出每步排序的结果
        for(h=0;h<len;h++)
        {
            printf("%d ",a[h]);                                  // 输出
        }
        printf("\n");
    }
}
```

其中，输入参数“*a”一般为一个数组的首地址，输入参数 len 为数组的大小，待排序的原数据便保存在数组 a 中。

在程序中使用了三重循环嵌套。最外层的循环用来分解数组元素为多个序列，每次比较两数的间距，直到其值为 0 时结束循环。下面一层的循环按设置的间距 *r*，分别比较对应的数组元素。在该循环中使用插入排序法对指定间距的元素进行排序。

读者可以结合前面的 Shell 排序算法来加深理解。这里为了让读者清楚排序算法的执行过程，在排序中的每一步都输出了当前的排序结果。

4.5.2 Shell 排序算法示例：对包含 10 个数字的整型数组进行排序

有了前面的 Shell 排序算法的基本思想和算法之后，可以通过一个完整的例子来说明。

一个整型数组，其中包含 10 个数字，具体如图 4-9 所示，请用 Shell 排序算法进行排序。

程序示例代码如下：

```
#include <stdio.h>                                               //头文件
#include <stdlib.h>
#include <time.h>

#define SIZE 10                                                  //数组大小

void ShellSort(int *a,int len)                                   //Shell 排序
{
    int i,j,h;
    int r,temp;
    int x=0;

    for(r=len/2;r>=1;r/= 2)                                      //划组排序
    {
    for(i=r;i<len;i++)
    {
            temp=a[i];
            j=i-r;
            while(j>=0 && temp<a[j])
            {
                a[j+r]=a[j];
                j-=r;
            }
            a[j+r]=temp;
        }

        x++;
        printf("第 %d 步排序结果 :",x);                          //输出每步排序的结果
        for(h=0;h<len;h++)
        {
            printf("%d ",a[h]);                                  //输出
        }
        printf("\n");
    }
}

void main()
{
    int i;                                                       //声明变量
    int arr[SIZE];                                               //声明数组
```

```
    srand(time(NULL));
    for(i=0;i<SIZE;i++)                                  //初始化数组
    {
        arr[i]=rand()/1000+100;
    }

    printf("排序前：\n");
    for(i=0;i<SIZE;i++)
    {
        printf("%d ",arr[i]);                            //输出
    }
    printf("\n");

    ShellSort(arr,SIZE);                                 //排序

    printf("排序后：\n");
    for(i=0;i<SIZE;i++)
    {
        printf("%d ",arr[i]);                            //输出
    }
    printf("\n");
}
```

在程序中，宏定义了符号常量 SIZE，用于表征需要排序整型数组的大小。在主函数中，首先初始化随机种子，然后对数组进行随机初始化，并输出排序前的数组内容。接着调用 Shell 排序算法函数来对数组进行排序。最后输出排序后的数组。

该程序的执行结果如图 4-9 所示，显示了每一步排序的中间结果。

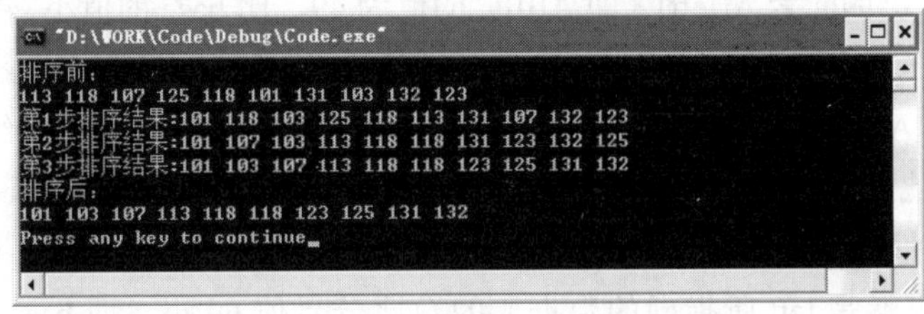

图 4-9

4.6　快速排序法

快速排序法（Quick Sort）和冒泡排序法类似，都是基于交换排序思想。但是快速排序对冒泡排序法进行了改进，从而使其具有更高的执行效率。

4.6.1　快速排序算法原理

快速排序算法通过多次比较和交换来实现排序，其排序流程如下：

（1）首先设定一个分界值，通过该分界值将数组分成左右两部分；

（2）将大于或等于分界值的数据集中到数组右边，小于分界值的数据集中到数组的左边。此时，左边部分中各元素都小于或等于分界值，而右边部分中各元素都大于或等于分界值；

（3）左边和右边的数据可以独立排序。对于左侧的数组数据，又可以取一个分界值，将该部分数据分成左右两部分，同样在左边放置较小值，右边放置较大值。右侧的数组数据

也可以做类似处理；

（4）重复上述过程，可以看出这是一个递归定义。通过递归将左侧部分排好序后，再递归排好右侧部分的顺序。当左、右两个部分各数据排序完成后，整个数组的排序也就完成了。

为了更清晰地理解快速排序算法的执行过程，这里举一个实际数据的例子来逐步执行快速排序算法。对于 8 个整型数据 69、62、89、37、97、17、28、49，这是一组无序的数据。对其执行快速排序过程，如图 4-10 所示。快速排序算法的执行过程如下：

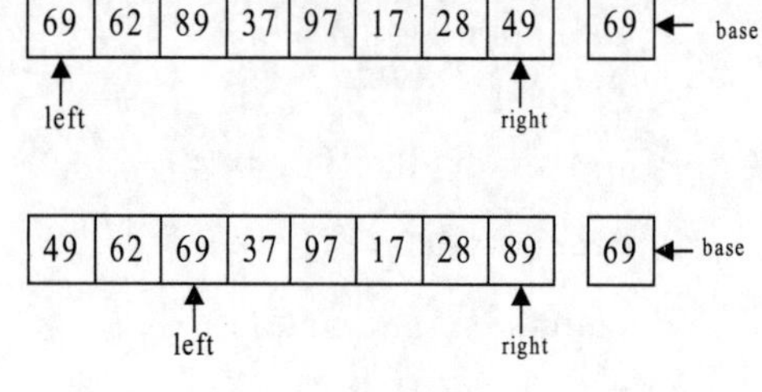

图 4-10

（1）选取一个分界值，这里选择第一个数据 69 作为分界值。在变量 left 中保存数组的最小序号 0，在变量 right 中保存数组的最大序号 7，在变量 base 中保存分界值 69；

（2）从数组右侧开始，逐个取出数据与分界值 69 比较，直到找到比 base 小的数据为止。数组最右侧的元素 A[right] 的值 49 就比 base 变量中保存的值 69 小；

（3）将右侧比基准 base 小的数（数组元素 A[right] 中的数）保存到 A[left]（即 A[0]）元素中；

（4）从数组左侧开始，逐个取出元素与分界值 69 比较，直到找到比分界值 69 大的数据为止。数组最左侧的元素 A[left]（即 A[0]）的值为 49，比 base 的值小，将 left 自增 1（值为 1）。再取 A[left]（即 A[1]）的值 62 与 base 的值 69 比较，62 小于 69，继续将 left 自增 1（值为 2）。再取 A[left]（即 A[2]）的值 89 与 base 比较，因 89 大于 69，结束查找；

（5）将左侧比分界值 69 大的数（数组元素 A[2]）保存到 A[right]（即 A[7]）元素中；

（6）将分界值 69 中的值保存到 A[left]（即 A[2]）中，最后得到结果。经过这一次分割，base 数据左侧（也就是 left 所指向的数据）的数比分界值 69 小，而 base 数据右侧的数比 base 大；

（7）通过递归调用，将 left 左侧的数据进行同样的排序，再将 left 右侧的数据进行同样的排序。

经过这样的递归调用，最终可将数据完成排序操作。

快速排序算法的示例代码如下：

```
void QuickSort(int *arr,int left,int right)                    //快速排序算法
{
    int f,t;
    int rtemp,ltemp;

    ltemp=left;
    rtemp=right;
    f=arr[(left+right)/2];                                      //确定分界值
    while(ltemp<rtemp)
    {
        while(arr[ltemp]<f)
        {
            ++ltemp;
        }
        while(arr[rtemp]>f)
        {
```

```
            --rtemp;
        }
        if(ltemp<=rtemp)
        {
            t=arr[ltemp];
            arr[ltemp]=arr[rtemp];
            arr[rtemp]=t;
            --rtemp;
            ++ltemp;
        }
    }
    if(ltemp==rtemp)
    {
        ltemp++;
    }

    if(left<rtemp)
    {
        QuickSort(arr,left,ltemp-1);                        //递归调用
    }
    if(ltemp<right)
    {
        QuickSort(arr,rtemp+1,right);                       //递归调用
    }
}
```

其中，输入参数“*arr”一般为一个数组的首地址，输入参数 left 指向数组最左边的值，输入参数 right 指向数组最右边的值。

程序中首先确定分界值为数组中间位置的值，也可以选在其他位置，比如数组的第 1 个数据。然后按照快速排序法的思路进行处理。接着通过递归调用，处理分界值左侧的元素和右侧的元素。读者可以结合前面的快速排序算法来加深理解。

4.6.2　快速排序算法示例：对包含 18 个数字的整型数组进行排序

有了前面的快速排序算法的基本思想和算法之后，这里通过一个完整的例子来说明。

一个整型数组，包含 18 个数字，具体如图 4-11 所示，请用快速排序算法进行排序。

程序示例代码如下：

```
#include <stdio.h>                                  //头文件
#include <stdlib.h>
#include <time.h>

#define SIZE 18                                     //数组大小

void QuickSort(int *arr,int left,int right)         //快速排序算法
{
    int f,t;
    int rtemp,ltemp;

    ltemp=left;
    rtemp=right;
    f=arr[(left+right)/2];                          //分界值
    while(ltemp<rtemp)
    {
        while(arr[ltemp]<f)
        {
            ++ltemp;
        }
        while(arr[rtemp]>f)
```

```
        {
            --rtemp;
        }
        if(ltemp<=rtemp)
        {
            t=arr[ltemp];
            arr[ltemp]=arr[rtemp];
            arr[rtemp]=t;
            --rtemp;
            ++ltemp;
        }
    }
    if(ltemp= =rtemp)
    {
        ltemp++;
    }

    if(left<rtemp)
    {
        QuickSort(arr,left,ltemp-1);                    //递归调用
    }
    if(ltemp<right)
    {
        QuickSort(arr,rtemp+1,right);                   //递归调用
    }
}
void main()                                             //主函数
{
    int i;
    int shuzu[SIZE];                                    //声明数组

    srand(time(NULL));
    for(i=0;i<SIZE;i++)                                 //初始化数组
    {
        shuzu[i]=rand()/1000+100;
    }

    printf("排序前：\n");
    for(i=0;i<SIZE;i++)
    {
        printf("%d ",shuzu[i]);                         //输出
    }
    printf("\n");

    QuickSort(shuzu,0,SIZE-1);                          //排序

    printf("排序后：\n");
    for(i=0;i<SIZE;i++)
    {
        printf("%d ",shuzu[i]);                         //输出
    }
    printf("\n");
}
```

在程序中，宏定义了符号常量SIZE，用于表征需要排序整型数组的大小。在主函数中，首先初始化随机种子，然后对数组进行随机初始化，并输出排序前的数组内容。接着调用快速排序算法函数来对数组进行排序，最后输出排序后的数组。

该程序的执行结果如图4-11所示。

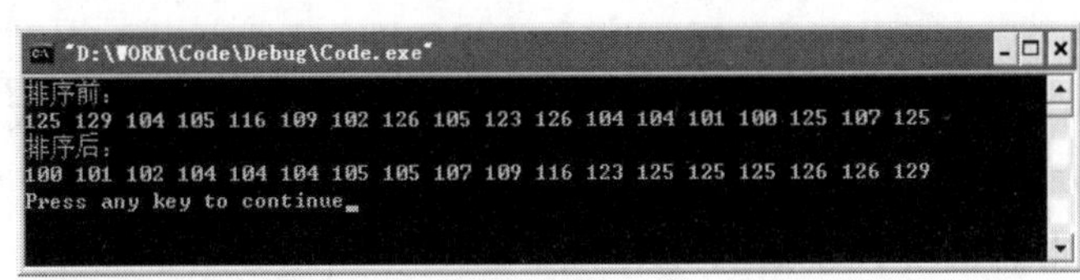

图 4-11

4.7　堆排序法

堆排序法（Heap Sort）是基于选择排序思想，利用堆结构和二叉树的一些性质来完成数据的排序。堆排序算法在一些场合具有很广泛的应用。

4.7.1　堆排序算法原理

相对于前面几种排序算法，堆排序比较新颖，涉及的概念比较多。下面介绍堆结构的概念和堆排序的过程和算法实现。

1．堆结构

堆排序的关键是构造堆结构。堆结构是一种树结构，准确地说是一个完全二叉树。在这个树中每个结点对应原始数据的一个记录，并且每个结点应满足以下条件：

• 如果按照从小到大的顺序排序，要求非叶结点的数据要大于或等于其左、右子结点的数据；

• 如果按照从大到小的顺序排序，要求非叶结点的数据要小于或等于其左、右子结点的数据。

下面以从小到大的顺序进行排序为例进行介绍。从堆结构的定义可以看出，对结点的左子结点和右子结点的大小没有要求，只规定父结点和子结点数据之间必须满足的大小关系。这样，如果要求按照从小到大的顺序输出数据时，则堆结构的根结点为要求的最大值。

2．堆排序过程

一个完整的堆排序需要反复经过两个步骤：构造堆结构和堆排序输出。下面介绍如何构造堆结构。

构造堆结构就是把原始的无序数据按前面堆结构的定义进行调整。需要将原始的无序数据放置到一个完全二叉树的各个结点中，可以按照前面介绍的方法来实现。

由完全二叉树的下层向上层逐层对父子结点的数据进行比较，使父结点的数据大于子结点的数据。这里需要使用筛运算进行结点数据的调整，直到使所有结点最后满足堆结构的条件为止。筛运算主要针对非叶结点进行调整。

例如，对于一个非叶结点 A_i，这里假定 A_i 的左子树和右子树均已进行筛运算，也就是说其左子树和右子树均已构成堆结构。对 A_i 进行筛运算，操作步骤如下：

（1）比较 A_i 的左子树和右子树的最大值，将最大值放在 A_j 中；

（2）将 A_i 的数据与 A_j 的数据进行比较，如果 A_i 大于或等于 A_j，表示以 A_i 为根的子树已构成堆结构，可以终止筛运算；

（3）如果 A_i 小于 A_j，则将 A_i 与 A_j 互换位置；

（4）经过第（3）步后，可能会破坏以 A_i 为根的堆，因为此时 A_i 的值为原来的 A_j。下面以 A_j 为根重复前面的步骤，直到满足堆结构的定义，也就是父结点数据大于子结点。这样，以 A_j 为根的子树被调整为一个堆结构。

在执行筛运算时，值较小的数据将被逐层下移。

下面通过一个实际的例子来演示构造堆结构的过程和堆排序输出的过程，以加深读者的理解。假设有 8 个需要排序的数据序列 67、65、77、38、97、3、33、49，构造堆结构的操作步骤如下。

（1）首先将原始的数据构成一个完全二叉树，如图 4-12 所示。

（2）最后一个非叶结点为结点 4，对该结点进行筛运算。因为该结点只有左子树，也就是结点 8，并且 38 小于 49。按照堆结构定义，对这两个结点进行位置互换。这样结点 4 及其子结点构成一个堆结构，如图 4-13 所示。

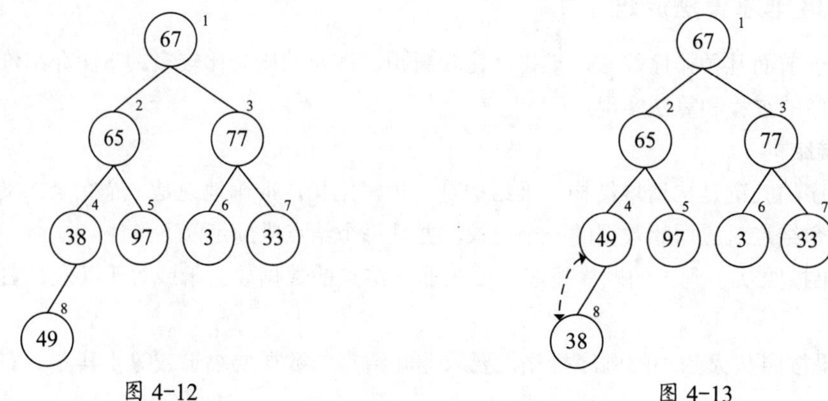

图 4-12　　图 4-13

（3）上述二叉树中倒数第 2 个非叶结点是结点 3，对该结点进行筛运算。因结点 3 的两个子结点中结点 7 的值较大，因此使结点 3 与结点 7 进行比较。因为 77 大于 33，此时不需要进行互换，结点 3 及其子结点已经构成堆结构，如图 4-14 所示。

（4）上述二叉树中倒数第 3 个非叶结点是结点 2，对该结点进行筛运算。因结点 2 的两个子结点中结点 5 的值较大，因此使结点 2 与结点 5 进行比较。因为 65 小于 97，此时需要将结点 2 与结点 5 互换数据。这样结点 2 及其子结点构成堆，如图 4-15 所示。

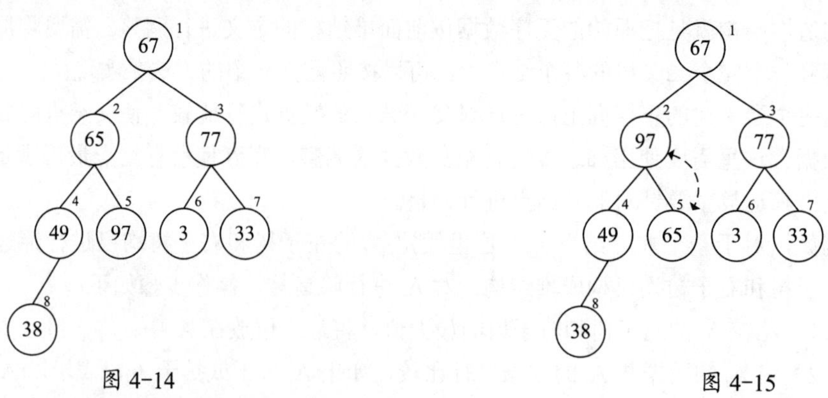

图 4-14　　图 4-15

（5）上述二叉树中倒数第 4 个非叶结点是结点 1，对该结点进行筛运算。因结点 1 的两个子结点中结点 2 的值较大，因此使结点 1 与结点 2 进行比较。因为 67 小于 97，因此将结点 1 与结点 2 互换数据。这时，因结点 2 的值已改变，需要重新对结点 2 及其子结点进行筛运算，因为有可能破坏了结点 2 与其子结点构成的堆结构。这样，结点 1 及其子结点构成堆结构，如图 4-16 所示。

至此，将原始的数据序列构造成一个堆结构。便可以进行堆排序输出，从而完成整个排序过程。我们来看一下具体操作步骤。

（1）根据堆结构的特点，堆结构的根结点是最大值。采用的是从小到大排序，将其放到数组的最后。因此，将结点 8 的值与结点 1 互换，如图 4-17 所示。

（2）结点 8 的值 38 换到根结点后，对除最后一个结点外的其他结点重新执行前面介绍的构造堆过程。此时得到的堆结构如图 4-18 所示。

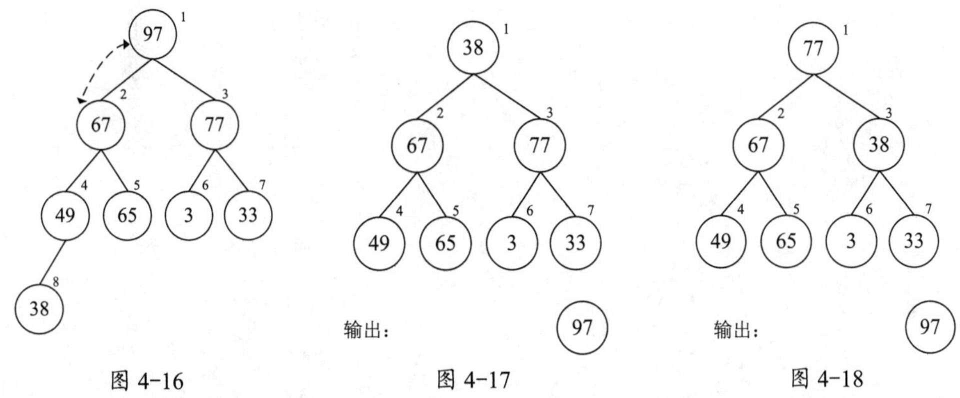

图 4-16　　图 4-17　　图 4-18

（3）重复上述过程，取此时堆结构的根结点（最大值）进行交换，放在数组的后面。此时，结点 1 和结点 7 互换，如图 4-19 所示。

（4）然后重复将剩余的数据构造堆结构，取根结点与最后一个结点交换，得到图 4-20 所示的结果。

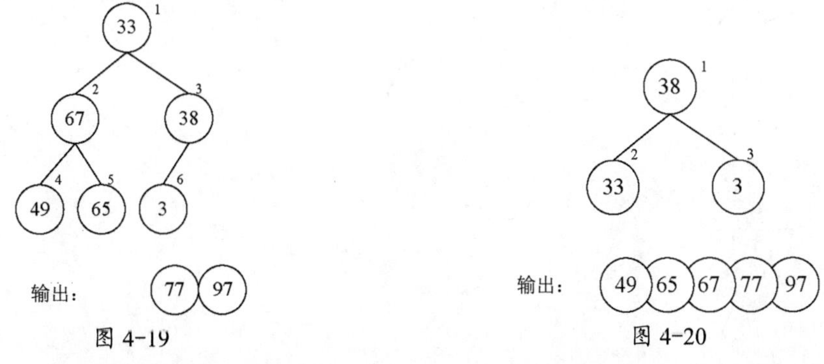

图 4-19　　图 4-20

（5）进一步执行堆排序输出，结点 1 与结点 3 互换，得到图 4-21 所示的结果。

（6）对最后的两个数据进行处理，得到最终的输出结果，如图 4-22 所示。

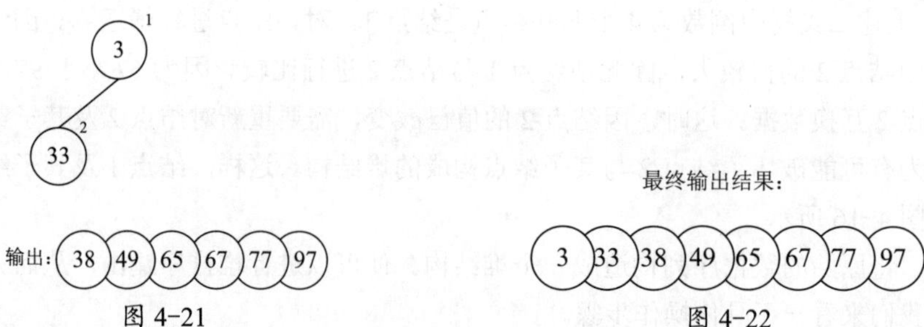

图 4-21　　图 4-22

这样便完成了堆排序过程，得到的最终的排序结果为：3、33、38、49、65、67、77、97。

3. 堆排序算法实现

理解了堆结构和堆排序过程后，便可以编写相应的算法。堆排序算法的示例代码如下：

```
void HeapSort(int a[],int n)                          //堆排序
{
    int i,j,h,k;
    int t;

    for(i=n/2-1;i>=0;i--)                             //将a[0,n-1]建成大根堆
    {
        while(2*i+1<n)                                //第i个结点有右子树
        {
            j=2*i+1 ;
            if((j+1)<n)
            {
                if(a[j]<a[j+1])                       //左子树小于右子树，则需要比较右子树
                    j++;                              //序号增加1，指向右子树
            }
            if(a[i]<a[j])                             //比较i与j为序号的数据
            {
                t=a[i];                               //交换数据
                a[i]=a[j];
                a[j]=t;
                i=j ;                                 //堆被破坏，需要重新调整
            }
            else                                      //比较左右子结点均大则堆未破坏，不再
                                                        需要调整
            {
                break;
            }
        }
    }
    //输出构成的堆
    printf("原数据构成的堆：");
    for(h=0;h<n;h++)
    {
        printf("%d ",a[h]);                          //输出
    }
    printf("\n");

    for(i=n-1;i>0;i--)
    {
        t=a[0];                                       //与第i个记录交换
        a[0] =a[i];
        a[i] =t;
        k=0;
        while(2*k+1<i)                                //第i个结点有右子树
        {
```

```
                j=2*k+1 ;
                if((j+1)<i)
                {
                    if(a[j]<a[j+1])                     // 左子树小于右子树，则需要比较右子树
                    {
                        j++;                            // 序号增加 1，指向右子树
                    }
                }
                if(a[k]<a[j])                           // 比较 i 与 j 为序号的数据
                {
                    t=a[k];                             // 交换数据
                    a[k]=a[j];
                    a[j]=t;
                    k=j ;                               // 堆被破坏，需要重新调整
                }
                else                                    // 比较左右子结点均大则堆未破坏，不再
                                                           需要调整
                {
                    break;
                }
            }

            printf("第 %d 步排序结果：",n-i);            // 输出每步排序的结果
            for(h=0;h<n;h++)
            {
                printf("%d ",a[h]);                     // 输出
            }
            printf("\n");
        }
    }
```

其中，输入参数 a[] 为保存以线性方式保存的二叉树的数组，输入参数 *n* 为数组的长度。程序中反复执行构造堆结构和堆排序输出，严格遵循了前述的算法步骤，读者可以对照前面的讲解来加深理解。为了让读者清楚排序过程，程序中还输出了每步排序的结果。

4.7.2　堆排序算法示例：对包含 10 个数字的整型数组进行排序

有了前面的堆排序算法的基本思想和算法之后，可以通过一个完整的例子来说明。

一个整型数组，包含 10 个数字，具体如图 4-23 所示，请用堆排序算法进行排序。

程序示例代码如下：

```
#include <stdio.h>                                      // 头文件
#include <stdlib.h>
#include <time.h>

#define SIZE 10                                         // 数组大小

void HeapSort(int a[],int n)                            // 堆排序
{
    int i,j,h,k;
    int t;

    for(i=n/2-1;i>=0;i--)                               // 将 a[0,n-1] 建成大根堆
    {
        while(2*i+1<n)                                  // 第 i 个结点有右子树
        {
            j=2*i+1 ;
            if((j+1)<n)
            {
                if(a[j]<a[j+1])                         // 若左子树小于右子树，则需要比较右子树
```

```
                j++;                                    // 序号增加 1，指向右子树
            }
            if(a[i]<a[j])                               // 比较 i 与 j 为序号的数据
            {
                t=a[i];                                 // 交换数据
                a[i]=a[j];
                a[j]=t;
                i=j ;                                   // 堆被破坏，需要重新调整
            }
            else                                        // 若比较左右子结点均大，则堆未破坏，
                                                           不再需要调整
            {
                break;
            }
        }
    }
    // 输出构成的堆
    printf(" 原数据构成的堆 :");
    for(h=0;h<n;h++)
    {
        printf("%d ",a[h]);                             // 输出
    }
    printf("\n");

    for(i=n-1;i>0;i--)
    {
        t=a[0];                                         // 与第 i 个记录交换
        a[0] =a[i];
        a[i] =t;
        k=0;
        while(2*k+1<i)                                  // 第 i 个结点有右子树
        {
            j=2*k+1 ;
            if((j+1)<i)
            {
                if(a[j]<a[j+1])                         // 若左子树小于右子树，则需要比较右子树
                {
                    j++;                                // 序号增加 1，指向右子树
                }
            }
            if(a[k]<a[j])                               // 比较 i 与 j 为序号的数据
            {
                t=a[k];                                 // 交换数据
                a[k]=a[j];
                a[j]=t;
                k=j ;                                   // 堆被破坏，需要重新调整
            }
            else                                        // 若比较左右子结点均大，则堆未破坏，
                                                           不再需要调整
            {
                break;
            }
        }

        printf(" 第 %d 步排序结果 :",n-i);               // 输出每步排序的结果
        for(h=0;h<n;h++)
        {
            printf("%d ",a[h]);                         // 输出
        }
        printf("\n");
    }
}
```

```
void main()                                    // 主函数
{
    int i;
    int shuzu[SIZE];                           // 声明数组

    srand(time(NULL));
    for(i=0;i<SIZE;i++)                        // 初始化数组
    {
        shuzu[i]=rand()/1000+100;
    }

    printf("排序前：\n");
    for(i=0;i<SIZE;i++)
    {
        printf("%d ",shuzu[i]);                // 输出
    }
    printf("\n");

    HeapSort(shuzu,SIZE);                      // 排序

    printf("排序后：\n");
    for(i=0;i<SIZE;i++)
    {
        printf("%d ",shuzu[i]);                // 输出
    }
    printf("\n");
}
```

在程序中，宏定义了符号常量 SIZE，用于表征需要排序整型数组的大小。在主函数中，首先初始化随机种子，然后对数组进行随机初始化，并输出排序前的数组内容。接着调用堆排序算法函数来对数组进行排序。最后输出排序后的数组。

该程序的执行结果如图 4-23 所示，其中显示了每一步排序的中间结果。

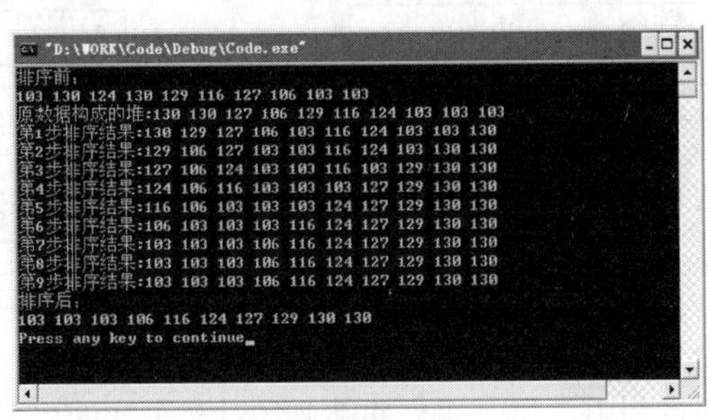

图 4-23

4.8　合并排序法

合并排序法（Merge Sort）就是将多个有序数据表合并成一个有序数据表。如果参与合并的只有两个有序表，称为二路合并。对于一个原始的待排序序列，往往可以通过分割的方法来归结为多路合并排序。这里以二路合并为例来介绍实现合并排序的算法。

4.8.1　合并排序算法原理

一个待排序的原始数据序列进行合并排序的基本思路如下：首先将含有 n 个结点的待排序数据序列看作有 n 个长度为 1 的有序子表组成，将它们依次两两合并，得到长度为 2 的若

干有序子表；然后，再对这些子表进行两两合并，得到长度为 4 的若干有序子表，重复上述过程，直到最后的子表长度为 *n*，从而完成排序过程。

1．合并排序算法原理

下面通过一个实际的例子来演示合并排序算法的执行过程，以加深读者的理解。假设有 9 个需要排序的数据序列 67、65、77、38、97、3、33、49、34。我们来看一下，合并排序算法的操作步骤。

（1）首先将 9 个原始数据看成 9 个长度为 1 的有序子表。每一个子表中只有一个数据，因此无所谓有序无序，可以认为单个数据是有序的。

（2）将 9 个有序子表两两合并，这里为了方便，将相邻的进行两两合并。例如，将第 1、2 个合并在一起、第 3、4 个合在一起，最后一个没有合并的，就单独放在那里，直接进入下一遍合并，如图 4-24 所示。

（3）经过第 1 遍的合并，得到长度为 2 的有序表序列，再将这些长度为 2 的有序表序列进行两两合并，如图 4-25 所示。

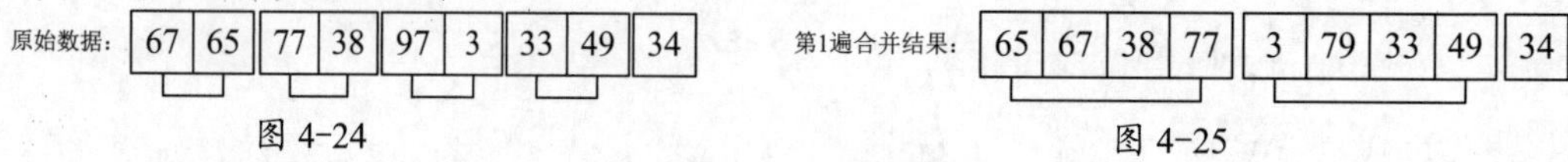

图 4-24　　图 4-25

（4）重复两两合并，经过第 2 遍合并，得到长度为 4 的有序表序列，再将这些长度为 4 的有序表进行两两合并，如图 4-26 所示。

（5）经过第 3 遍合并，得到长度为 8 的有序表序列，以及最后只有一个元素的序列，如图 4-27 所示。

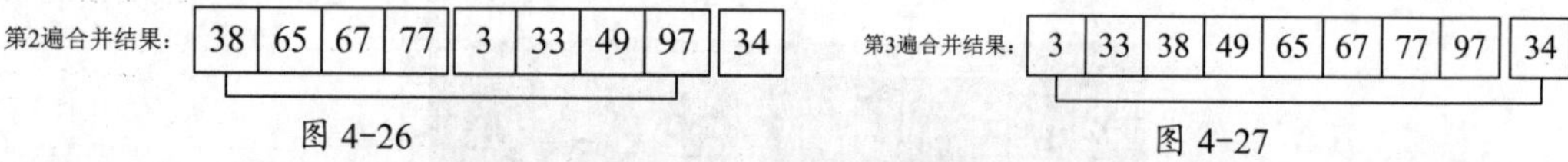

图 4-26　　图 4-27

（6）将这两个序列进行合并，即可完成合并排序，最后的结果如图 4-28 所示。

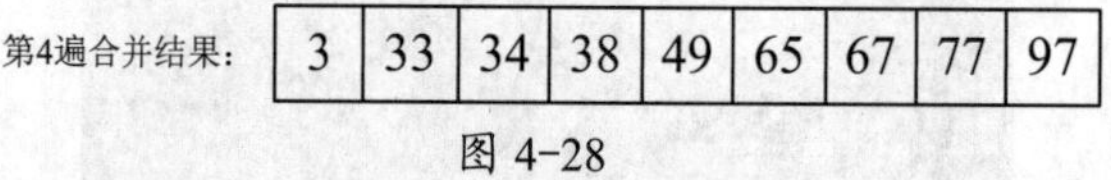

图 4-28

在上述二路合并排序过程中，每一遍合并都要经过若干次的二路合并。因此，这个算法的关键便是二路合并。通过多次二路合并完成一遍完整的合并，经过多遍的完整合并最终完成合并排序算法。

2．合并排序算法实现

理解了合并排序算法的原理后，可以编写相应的算法。合并排序算法的示例代码如下：

```
void MergeOne(int a[],int b[],int n,int len)      //完成一遍合并的函数
{
    int i,j,k,s,e;

    s=0;
    while(s+len<n)
    {
        e=s+2*len-1;
        if(e>=n)                                   //最后一段可能少于 len 个结点
        {
```

```
            e=n-1;
        }
        //相邻有序段合并
        k=s;
        i=s;
        j=s+len;
        while(i<s+len && j<=e)                    //如果两个有序表都未结束时，循环比较
        {
            if(a[i]<=a[j])                        //如果较小的元素复制到数组b中
            {
              b[k++]=a[i++];
            }
            else
            {
                b[k++]=a[j++];
            }
        }
        while(i<s+len)                            //未合并的部分复制到数组b中
        {
            b[k++]=a[i++];
        }
        while(j<=e)
        {
          b[k++]=a[j++];                          //未合并的部分复制到数组b中
        }

        s=e+1;                                    //下一对有序段中左段的开始下标
    }
    if(s<n)                                       //将剩余的一个有序段从数组a中复制到
                                                    数组b中
    {
        for(;s<n;s++)
        {
            b[s]=a[s];
        }
    }
}
void MergeSort(int a[],int n)                     //合并排序
{
    int *p;
    int h,count,len,f;

    count=0;                                      //排序步骤
    len=1;                                        //有序序列的长度
    f=0;                                          //变量f作标志
    if(!(p=(int *)malloc(sizeof(int)*n)))         //分配内存空间
    {
        printf("内存分配失败!\n");
        exit(0);
    }
    while(len<n)
    {
        if(f==1)                                  //交替在a和P之间合并
        {
            MergeOne(p,a,n,len);                  //p合并到a
        }
        else
        {
            MergeOne(a,p,n,len);                  //a合并到p
        }
        len=len*2;                                //增加有序序列长度
        f=1-f;                                    //使f值在0和1之间切换

        count++;
```

```
        printf("第 %d 步排序结果：",count);          //输出每步排序的结果
        for(h=0;h<SIZE;h++)
        {
            printf("%d ",a[h]);                     //输出
        }
        printf("\n");

    }
    if(f)                                           //如果进行了排序
    {
        for(h=0;h<n;h++)                            //将内存 p 中的数据复制到数组 a 中
        {
            a[h]=p[h];
        }
    }
    free(p);                                        //释放内存
}
```

其中，MergeOne() 函数用于完成一遍完整的合并排序，MergeSort() 函数便是完整的合并排序算法。

在 MergeOne() 函数中，输入参数 a[] 为一个数组，用来保存待排序的数据，输入参数 b[] 为一个数组，用来保存合并后的数据，参数 *n* 表示数组 a 中需要进行排序的元素总数，参数 len 表示每个有序子表的长度。

在 MergeSort() 函数中，输入参数 a[] 为一个数组，用来保存待排序的数据，输入参数 *n* 为数组的长度。MergeSort() 函数中通过多次调用 MergeOne() 函数来完成一遍完整的合并排序。程序中严格遵循了前述算法步骤，读者可以对照前面的讲解来加深理解。为了让读者清楚排序过程，程序中还输出了每步排序的结果。

这里需要注意的是，二路合并排序算法往往需要申请较大的辅助内存空间，这个辅助空间的大小与待排序原始序列一样多。

4.8.2 合并排序算法示例：对包含 15 个数字的整型数组进行排序

有了前面的合并排序算法的基本思想和算法之后，下面通过一个完整的例子来说明。

一个整型数组，包含 15 个数字，具体如图 4-29 所示，请用合并排序算法进行排序。

程序示例代码如下：

```
#include <stdio.h>                                  //头文件
#include <stdlib.h>
#include <time.h>

#define SIZE 15                                     //数组大小

void MergeOne(int a[],int b[],int n,int len)        //完成一遍合并的函数
{
    int i,j,k,s,e;

    s=0;
    while(s+len<n)
    {
        e=s+2*len-1;
        if(e>=n)                                    //最后一段可能少于 len 个结点
        {
            e=n-1;
        }
```

```
        //相邻有序段合并
        k=s;
        i=s;
        j=s+len;
        while(i<s+len && j<=e)                    //如果两个有序表都未结束时，循环比较
        {
            if(a[i]<=a[j])                        //如果较小的元素复制到数组b中
            {
               b[k++]=a[i++];
            }
            else
            {
                b[k++]=a[j++];
            }
        }
        while(i<s+len)                            //未合并的部分复制到数组b中
        {
            b[k++]=a[i++];
        }
        while(j<=e)
        {
           b[k++]=a[j++];                         //未合并的部分复制到数组b中
        }

        s=e+1;                                    //下一对有序段中左段的开始下标
    }
    if(s<n)                                       //将剩余的一个有序段从数组a中复制到
                                                    数组b中
    {
        for(;s<n;s++)
        {
            b[s]=a[s];
        }
    }
}
void MergeSort(int a[],int n)                     //合并排序
{
    int *p;
    int h,count,len,f;

    count=0;                                      //排序步骤
    len=1;                                        //有序序列的长度
    f=0;                                          //变量f作标志
    if(!(p=(int *)malloc(sizeof(int)*n)))         //分配内存空间
    {
        printf("内存分配失败!\n");
        exit(0);
    }
    while(len<n)
    {
        if(f==1)                                  //交替在a和p之间合并
        {
            MergeOne(p,a,n,len);                  //p合并到a
        }
        else
        {
            MergeOne(a,p,n,len);                  //a合并到p
        }
        len=len*2;                                //增加有序序列长度
        f=1-f;                                    //使f值在0和1之间切换

        count++;
        printf("第%d步排序结果:",count);          //输出每步排序的结果
        for(h=0;h<SIZE;h++)
```

```
            {
                printf("%d ",a[h]);                               //输出
            }
            printf("\n");

        }
        if(f)                                                     //如果进行了排序
        {
            for(h=0;h<n;h++)                                      //将内存 p 中的数据复制到数组 a 中
            {
                a[h]=p[h];
            }
        }
        free(p);                                                  //释放内存
    }

    void main()                                                   //主测试函数
    {
        int i;
        int shuzu[SIZE];                                          //声明数组

        srand(time(NULL));
        for(i=0;i<SIZE;i++)                                       //初始化数组
        {
            shuzu[i]=rand()/1000+100;
        }

        printf("排序前: \n");
        for(i=0;i<SIZE;i++)
        {
            printf("%d ",shuzu[i]);                               //输出
        }
        printf("\n");

        MergeSort(shuzu,SIZE);                                    //排序

        printf("排序后: \n");
        for(i=0;i<SIZE;i++)
        {
            printf("%d ",shuzu[i]);                               //输出
        }
        printf("\n");
    }
```

在程序中，宏定义了符号常量 SIZE，用于表征需要排序整型数组的大小。在主函数中，首先初始化随机种子，然后对数组进行随机初始化，并输出排序前的数组内容。接着调用合并排序算法函数来对数组进行排序。最后输出排序后的数组。

该程序的执行结果如图 4-29 所示，其中显示了每一步排序的中间结果。

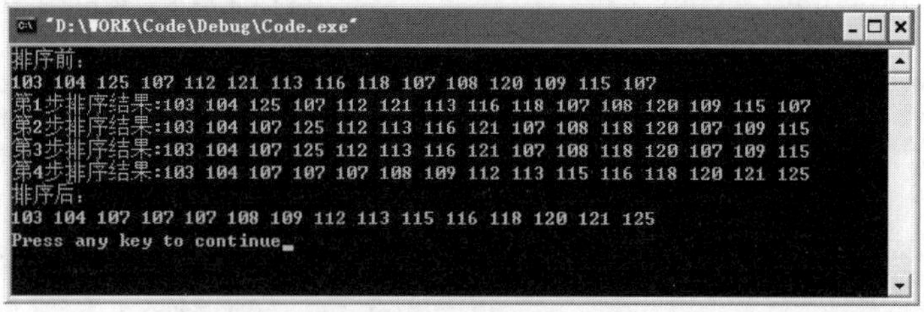

```
"D:\WORK\Code\Debug\Code.exe"
排序前:
103 104 125 107 112 121 113 116 118 107 108 120 109 115 107
第1步排序结果:103 104 125 107 112 121 113 116 118 107 108 120 109 115 107
第2步排序结果:103 104 107 125 112 113 116 121 107 108 118 120 107 109 115
第3步排序结果:103 104 107 125 112 113 116 121 107 108 118 120 107 109 115
第4步排序结果:103 104 107 107 107 108 109 112 113 115 116 118 120 121 125
排序后:
103 104 107 107 107 108 109 112 113 115 116 118 120 121 125
Press any key to continue
```

图 4-29

4.9　排序算法的效率

排序算法有很多种，每种算法都有其优缺点，可以适应不同场合的需要。速度是决定排序算法最主要的因素之一，它是排序效率的一个重要指标。一般来说，可从以下两方面判断一个排序算法的优劣。

（1）计算的复杂度：为了全面考虑，往往以最差、平均和最好 3 种情况进行评价。

（2）系统资源的占用：主要包括内存以及其他资源的占用。一个好的排序算法应该尽量占用较少的内存资源。在本章介绍的排序算法中，大部分排序算法都只需要使用 1 个元素的存储单元，用来交换数据。而合并排序算法需使用与原始序列一样长的 n 个元素的存储单元，用来保存多遍合并操作。因此，合并排序算法占用的系统资源较大。

对于计算的复杂度，一般依据排序数据量的大小 n 来度量，主要表征了算法执行速度。这是算法优劣的一个重要指标。对于前面介绍的几种排序算法，其相应的计算复杂度排列见表 4-1。

表 4-1

算 法 名 称	平 均 速 度	最坏情况下速度
冒泡排序法	$O(n^2)$	$O(n^2)$
快速排序法	$O(n\log n)$	$O(n^2)$
选择排序法	$O(n^2)$	$O(n^2)$
堆排序法	$O(n\log n)$	$O(n\log n)$
插入排序法	$O(n^2)$	$O(n^2)$
Shell 排序法	$O(n^{3/2})$	$O(n^2)$
合并排序法	$O(n\log n)$	$O(n\log n)$

其实，在排序算法中还有一个特殊的概念，就是稳定排序算法。稳定排序算法主要是依照相等的关键字维持记录的相对次序来进行排序。通俗地讲，当有两个有相等关键字的数据 D_1 和 D_2，在待排序的数据中 D_1 出现在 D_2 之前，在排序过后的数据中 D_1 也在 D_2 之前，那么这就是一个稳定排序算法。

在前面介绍的几种排序算法中，冒泡排序法、插入排序法和合并排序法都是稳定排序算法，而选择排序法、Shell 排序法、快速排序法和堆排序法都不是稳定排序算法。

其实，没有某一种排序算法是绝对最好的，不同的排序算法各有优劣。在实际应用中，需要根据实际问题来选择合适的排序算法。如果数据量 n 较小时，可采用插入排序法或选择排序法；当数据量 n 较大时，则应采用时间复杂度为 $O(n\log n)$ 的排序方法，如快速排序、堆排序或合并排序。如果待排序的原始数据随机分布，那么快速排序算法排序的平均时间最短。

掌握了上述知识后，可以根据实际问题的需要来选择合适的排序算法，以便达到更高的算法执行效率。

4.10　排序算法的其他应用

前面介绍的各种排序算法，都是以从小到大的顺序对整型数据序列进行排序，这是最基本的排序方法。在实际应用中，有时也需要按照从大到小的顺序进行排序，某些场合还需要对其他类型的数据进行排序，这些都可以通过对上述算法进行适当修改来满足特定应用的需求。下面就针对这些情况进行详细介绍。

4.10.1 反序排序

所谓反序排序就是按照从大到小的顺序对数组进行排序。反序排序实现起来十分方便，只需对上述的算法稍加修改即可实现。

这里以插入排序算法为例，按从大到小的反序插入排序算法进行排序。示例代码如下：

```
void InsertionSort(int *a,int len)                  //从大到小的插入排序
{
    int i,j,t,h;

    for (i=1;i<len;i++)                              //循环处理
    {
        t=a[i];
        j=i-1;
        while(j>=0 && t>a[j])                        //从大到小的顺序
        {
            a[j+1]=a[j];
            j--;
        }
        a[j+1]=t;
        printf("第 %d 步排序结果 :",i);              //输出每步排序的结果
        for(h=0;h<len;h++)
        {
            printf("%d ",a[h]);                      //输出
        }
        printf("\n");
    }
}
```

其中，输入参数“*a”一般为一个数组的首地址，输入参数 len 为数组的大小，待排序的原数据保存在数组 a 中。

在程序中，首先将需要插入的元素保存到变量 t 中。变量 j 表示需要插入的位置，一般就是插入数组元素的序号。设置变量 j 的值为 i-1，表示准备将当前位置（序号为 i）的数插入到序号为 i-1（即前一个元素）的位置。

算法程序通过 while 循环来进行判断，如果序号为 j 元素的数据小于变量 t（需要插入的数据），则将序号为 j 的元素向后移，同时变量 j 减 1，以判断前一个数据是否还需要向后移。通过这个 while 循环，找到一个元素的值比 t 大，该元素的序号为 j。然后将在序号为 j 的下一个元素进行数据插入操作。

读者可以结合前面的插入排序算法来加深理解。这里为了让读者清楚排序算法的执行过程，在排序的每一步都输出了当前的排序结果。

4.10.2 反序插入排序算法示例：对包含 10 个数字的整型数组进行排序

了解了反序插入排序算法的思想之后，下面通过一个完整的例子来说明。

一个整型数组，包含 10 个数字，具体如图 4-30 所示，请用反序插入排序算法进行排序。

程序示例代码如下：

```
#include <stdio.h>                                   //头文件
#include <stdlib.h>
```

```
#include <time.h>

#define SIZE 10                                      //数组大小

void InsertionSort(int *a,int len)                   //插入排序
{
    int i,j,t,h;

    for (i=1;i<len;i++)
    {
        t=a[i];
        j=i-1;
        while(j>=0 && t>a[j])                        //反序
        {
            a[j+1]=a[j];
            j--;
        }
        a[j+1]=t;

        printf("第%d步排序结果:",i);                  //输出每步排序的结果
        for(h=0;h<len;h++)
        {
            printf("%d ",a[h]);                      //输出
        }
        printf("\n");
    }
}

void main()
{
    int arr[SIZE],i;                                 //声明数组

    srand(time(NULL));
    for(i=0;i<SIZE;i++)                              //初始化数组
    {
        arr[i]=rand()/1000+100;
    }

    printf("排序前：\n");
    for(i=0;i<SIZE;i++)
    {
        printf("%d ",arr[i]);                        //输出
    }
    printf("\n");

    InsertionSort(arr,SIZE);                         //反序排序

    printf("排序后：\n");
    for(i=0;i<SIZE;i++)
    {
        printf("%d ",arr[i]);                        //输出
    }
    printf("\n");
}
```

在程序中，宏定义了符号常量 SIZE，用于表征需要排序整型数组的大小。在主函数中，首先初始化随机种子，然后对数组进行随机初始化，并输出排序前的数组内容。接着调用反序插入排序算法函数对数组进行排序。最后输出从大到小排序后的数组。

该程序的执行结果如图 4-30 所示，其中显示了每一步排序的中间结果。

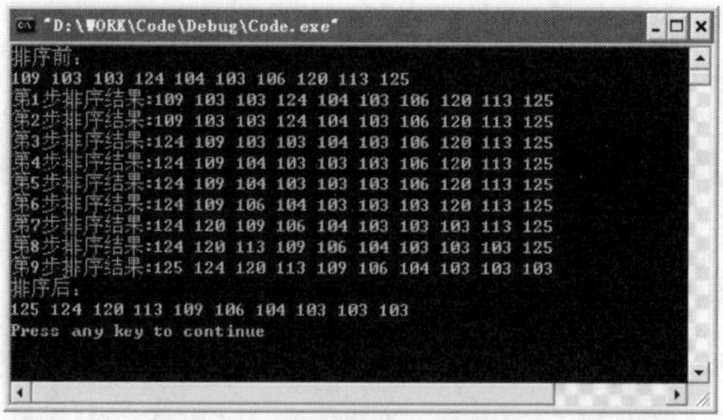

```
"D:\WORK\Code\Debug\Code.exe"
排序前:
109 103 103 124 104 103 106 120 113 125
第1步排序结果:109 103 103 124 104 103 106 120 113 125
第2步排序结果:109 103 103 124 104 103 106 120 113 125
第3步排序结果:124 109 103 103 104 103 106 120 113 125
第4步排序结果:124 109 104 103 103 103 106 120 113 125
第5步排序结果:124 109 104 103 103 103 106 120 113 125
第6步排序结果:124 109 106 104 103 103 103 120 113 125
第7步排序结果:124 120 109 106 104 103 103 103 113 125
第8步排序结果:124 120 113 109 106 104 103 103 103 125
第9步排序结果:125 124 120 113 109 106 104 103 103 103
排序后:
125 124 120 113 109 106 104 103 103 103
Press any key to continue
```

图 4-30

4.10.3 字符串的排序

前面介绍了几种常用的排序算法，都是针对整型数组排序的。在实际应用中有时需要对字符串进行排序。此时的字符串也可以当作整型数组看待。这样就仍然可以参考排序算法，只需进行稍加修改即可。

下面以快速排序法为例讲解字符串排序中的应用，修改后的算法示例代码如下：

```
void kuaisu(char *a,int left,int right)                          //字符串快速排序
{
    int f,l,r,t;

    l=left;
    r=right;
    f=a[(left+right)/2];
    while(l<r)
    {
        while(a[l]<f) ++l;
        while(a[r]>f) --r;
        if(l<=r)
        {
            t=a[l];
            a[l]=a[r];
            a[r]=t;
            ++l;
            --r;
        }
    }
    if(l==r)
        l++;
    if(left<r)
    {
        kuaisu(a,left,l-1);                                      //递归调用
    }

    if(l<right)
    {
        kuaisu(a,r+1,right);                                     //递归调用
    }
}
```

其中，输入参数 *a* 为一个字符数组的首地址，输入参数 left 指向数组最左边的值，输入参数 right 指向数组最右边的值。

4.10.4 字符串排序示例：对包含 16 个字母的字符串进行排序

了解了快速排序算法思想之后，下面通过一个完整的例子来说明。

一个字符串，包含 16 个英文字母，具体如图 4-31 所示，请用快速排序算法进行排序。

程序示例代码如下：

```
#include <stdio.h>                                      //头文件
#include <stdlib.h>
#include <time.h>
#include <string.h>

void kuaisu(char *a,int left,int right)                 //字符快速排序
{
    int f,l,r,t;

    l=left;
    r=right;
    f=a[(left+right)/2];
    while(l<r)
    {
        while(a[l]<f) ++l;
        while(a[r]>f) --r;
        if(l<=r)
        {
            t=a[l];
            a[l]=a[r];
            a[r]=t;
            ++l;
            --r;
        }
    }
    if(l==r)
        l++;
    if(left<r)
    {
        kuaisu(a,left,l-1);                             //递归调用
    }

    if(l<right)
    {
        kuaisu(a,r+1,right);                            //递归调用
    }
}

int main()
{
    char str[80];
    int N;

    memset(str,'\0',sizeof(str));

    printf("输入一个字符串：");
    scanf("%s",str);                                    //输入字符串

    N=strlen(str);

    printf("排序前：\n");
    printf("%s\n",str);                                 //输出

    kuaisu(str,0,N-1);                                  //排序

    printf("排序后：\n");
```

```
    printf("%s\n",str);                              //输出

    system("pause");
    return 0;
}
```

在该程序中，主函数首先定义一个字符数组，用户输入一个字符串；然后输出排序前的字符数组内容。接着调用修改的 kuaisu() 函数的排序子函数，最后输出排序后的字符数组内容。

与前面介绍的快速排序法不同的是，这里排序个数是通过 strlen() 函数获得的。另外，kuaisu() 函数中的输入参数为 char 型的指针。

编译执行这段程序，按照提示输入一个字符串，经过排序后，得到图 4-31 所示的结果。

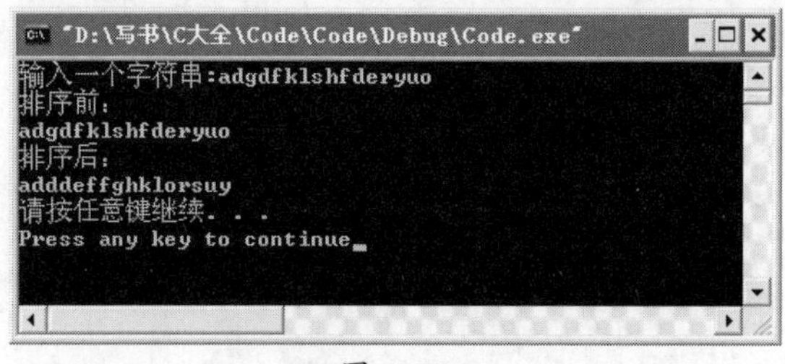

图 4-31

当然也可以采用其他的排序方法对字符串进行排序，只需进行类似的修改即可。读者可以参照这个例子来使用前面所讲的其他排序法作为练习进行排序。

4.10.5 字符串数组的排序

前面介绍了对字符串进行排序。而在实际应用中有时需要对字符串数组进行排序。此时，可以建立一个指向字符串的字符指针数组，在排序需要交换字符串的位置时，只需要交换指针即可。这样就可以借鉴排序算法，进行稍加修改即可。

这里以快速排序算法为例讲解在字符串数组排序中的应用，修改后的快速排序算法示例代码如下：

```
void QuickSort(char *a[],int left,int right)              //字符串数组快速排序
{
    int l,r;
    char *f,*t;

    l=left;
    r=right;
    f=a[(left+right)/2];

    while(l<r)
    {
        while(strcmp(a[l],f)<0 && l<right)                //比较字符串
        {
            ++l;
        }
        while(strcmp(a[r],f)>0 && r>left)
        {
            --r;
        }
```

```
        if(l<=r)
        {
            t=a[l];
            a[l]=a[r];
            a[r]=t;
            ++l;
            --r;
        }
    }
    if(l= =r)
        l++;
    if(left<r)
    {
        QuickSort(a,left,l-1);                              //递归调用
    }

    if(l<right)
    {
        QuickSort(a,r+1,right);                             //递归调用
    }
}
```

其中，输入参数 a[] 为一个字符串数组的首地址，输入参数 left 指向数组最左边的值，输入参数 right 指向数组最右边的值。

4.10.6　字符串数组排序示例：对包含 5 个单词的字符串数组进行排序

了解了字符串数组的快速排序算法思想之后，下面通过一个完整的例子来说明。

一个字符串数组，包含 5 个单词，具体如图 4-32 所示，请用快速排序算法进行排序。

程序示例代码如下：

```
#include <stdio.h>                                  //头文件
#include <stdlib.h>
#include <time.h>

#define N 5                                              //字符串数组元素个数

void QuickSort(char *a[],int left,int right)      //字符串数组快速排序
{
    int l,r;
    char *f,*t;

    l=left;
    r=right;
    f=a[(left+right)/2];

    while(l<r)
    {
        while(strcmp(a[l],f)<0 && l<right)         //比较字符串
        {
            ++l;
        }
        while(strcmp(a[r],f)>0 && r>left)
        {
            --r;
        }

        if(l<=r)
        {
            t=a[l];
            a[l]=a[r];
```

```
                a[r]=t;
                ++l;
                --r;
            }
        }
        if(l==r)
            l++;
        if(left<r)
        {
            QuickSort(a,left,l-1);                              //递归调用
        }

        if(l<right)
        {
            QuickSort(a,r+1,right);                             //递归调用
        }
    }

    int main()                                                  //主函数
    {
        char *arr[N]={"One","World","Dream","Beijing","Olympic"}; //声明并初始化
        int i;

        printf("排序前：\n");
        for(i=0;i<N;i++)
        {
            printf("%s\n",arr[i]);                              //输出排序前
        }

        QuickSort(arr,0,N-1);                                   //排序

        printf("排序后：\n");
        for(i=0;i<N;i++)
        {
            printf("%s\n",arr[i]);                              //输出排序后
        }

        system("pause");
        return 0;
    }
```

在该程序中，主函数首先初始化一个字符串指针数组，并输出排序前的内容；然后调用 QuickSort() 函数排序子函数，接着输出排序后的内容。

程序中使用 char 指针类型来声明字符指针数组，并初始化字符串指针数组，分别指向 5 个不同字符串。输出字符串时，使用的字符串格式为 %s。

在对字符串进行排序时，使用 QuickSort() 函数，用递归的方式对字符串进行排序。这里定义了两个字符指针变量，用来作为临时变量，保存比较的字符串指针地址。程序中使用 strcmp() 函数比较两个字符串的大小。通过交换字符串指针所指向的地址，即可完成字符串顺序的重新排列。如果要交换字符串本身，需使用 strcpy() 函数来复制字符。

编译执行这段程序，得到图 4-32 所示的结果。

当然，也可以采用其他的排序方法对字符串数组进行排序，只需要进行类似的修改即可。读者可以参照这个例子来使用前面所讲的其他排序法进行排序练习。

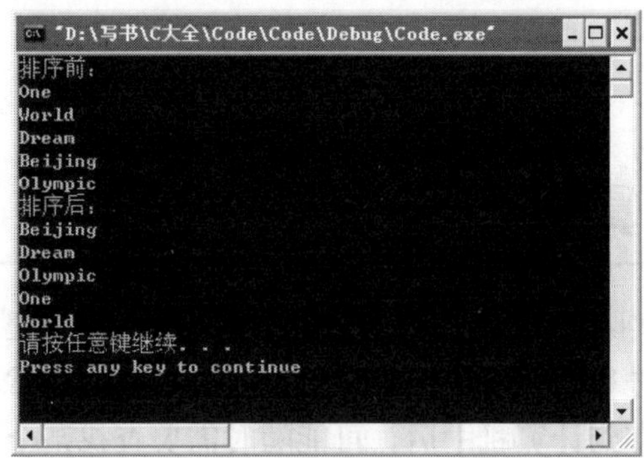

图 4-32

4.11　小结：排序是最基本的算法

排序算法是各类算法中最基本、最简单的一类算法。本章详细讲解了各种常用的排序算法及其具体应用的 C 语言代码。排序算法主要包括冒泡排序算法、选择排序算法、插入排序算法、Shell 排序算法、快速排序算法、堆排序算法和合并排序算法。每一种排序算法都各有优缺点，读者可以根据实际问题的需要来选择合适、高效的算法进行排序操作。

第 5 章 查找算法

在实际应用中，将用户输入的数据进行处理、保存，目的是为了方便以后进行查找、输出等操作。查找是其中最常用的操作。例如，将通信录保存到计算机中后，可能随时需要查找某个人的电话号码、通信地址等信息，查找算法就是为解决这类问题而提出的。排序之后更好查找，所以，这两个算法是相辅相成的。本章将详细介绍常用的查找算法及其应用。

5.1 查找算法概述

查找（Search）是指从一批记录中找出满足指定条件的某一记录的过程，查找又称为检索。查找算法广泛应用于各类应用程序中。因此，一个有效的查找算法往往可以大大提高程序的执行效率。

在实际应用中，数据的类型千变万化，每条数据项往往包含多个数据域。但是，在执行查找操作时，往往只是指定一个或几个域的值，这些作为查找条件的域称为关键字（Key），关键字分为两类。

（1）主关键字（Primary Key）：如果关键字可以唯一标识数据结构中的一个记录，则称此关键字为主关键字。

（2）次关键字（Secondary Key）：如果关键字不能唯一区分不同的记录，则称此关键字为次关键字。

我们遇到的大部分查找问题都是以主关键字为准的。而且为了方便读者的理解，后面将以整型数据关键字为例进行讲解，其他类型的关键字的查找算法与此类似。

如果查找到相应的数据项，往往需要返回该数据项的地址或者位置信息。这样程序中即可通过位置信息来进行显示数据项、插入数据项、删除数据项等操作。如果没有查找到相应的数据项，则可以返回相应的提示信息。

在实际应用中，针对不同的情况往往可以选择不同的查找算法。对于无顺序的数据，只有逐个比较数据，才能找到需要的内容，这种方法称为顺序查找。对于有顺序的数据，也可以采用顺序查找法逐个比较，但也可以采取其他更快速的方法找到所需数据。另外，对于一些特殊的数据结构，例如链表、树结构和图结构等，也都有相对应的合适的查找算法。

5.2　顺序查找

顺序查找比较简单，执行的操作是从数据序列中的第 1 个元素开始，从头到尾依次逐个查找，直到找到所需要的数据或搜索整个数据序列。顺序查找主要针对数量较少的、无规则的数据。

对于包含 *n* 个数据的数据序列，使用顺序查找方法查找数据，最理想的情况是目标数据位于数组的第 1 个，这样比较 1 次就能找到目标数据；而最差的情况是需要比较完所有的 *n* 个数据才能找到目标数据或者确认没有该数据。平均来说，使用顺序查找方法比较次数为 *n*/2 次，效率是比较低的。

5.2.1　顺序查找算法

顺序查找算法的程序代码很简单，在 C 语言中只需编写一个循环，将数组中各元素依次与待查找的目标数进行比较即可。顺序查找算法的示例代码如下：

```
int SearchFun(int a[],int n,int x)                           //顺序查找函数
{
    int i,f=-1;

    for(i=0;i<n;i++)
    {
        if(x==a[i])                                          //查找到
        {
            f=i;
            break;                                           //退出
        }
    }

    return f;
}
```

其中，输入参数 a[] 为数据序列数组，参数 *n* 为数组的长度，*x* 为待查找的数据。

该函数中定义变量 *f* 的初始为 -1。在下面的 for 循环中从头开始，逐个比较数组中的元素，找到相应数据后，则将该元素的序号保存到变量 *f* 中，并通过 break 语句跳出循环（后面即使有相同的数据也不再查找）。最后，返回变量 *f* 的值，也就是该数据所在的位置。

5.2.2　顺序查找操作示例：在包含 15 个数字的数组中查找第 7 个数字

有了前面的顺序查找算法之后，下面通过一个完整的例子说明。

有一组包含 15 个数字的数组，如图 5-1 所示，请用顺序查找算法找出第 7 个数字。

程序示例代码如下：

```
#include <stdio.h>                                           //头文件
#include <stdlib.h>
#include <time.h>

#define N 15

int SearchFun(int a[],int n,int x)                           //顺序查找函数
{
    int i,f=-1;
```

```
    for(i=0;i<n;i++)
    {
        if(x==a[i])
        {
            f=i;
            break;                                          //退出
        }
    }

    return f;
}

void main()                                                 //测试主函数
{
    int x,n,i;
    int shuzu[N];

    srand(time(NULL));                                      //随机种子
    for(i=0;i<N;i++)
    {
        shuzu[i]=rand()/1000+100;                           //产生数组
    }

    printf("顺序查找算法演示! \n");
    printf("数据序列:\n");
    for(i=0;i<N;i++)
    {
        printf("%d ",shuzu[i]);                             //输出序列
    }
    printf("\n\n");
    printf("输入要查找的数:");
    scanf("%d",&x);                                         //输入要查找的数

    n=SearchFun(shuzu,N,x);                                 //查找

    if(n<0)                                                 //输出查找结果
    {
        printf("没找到数据:%d\n",x);
    }
    else
    {
        printf("数据:%d 位于数组的第 %d 个元素处.\n",x,n+1);
    }
}
```

在该程序中，宏定义了数组的大小 *n*=15，main() 函数生成 15 个随机数并输出显示这些数据；然后调用 SearchFun() 函数进行查找操作。如果在数组中查找到了目标数，将返回该数在数组中的序号；若未查找到目标数，将返回“-1”。在主调函数中通过 SearchFun() 函数的返回值进行判断。

编译执行以上程序，首先将显示 1 个随机的数据序列，然后输入 1 个目标数，程序将显示查找的结果，如图 5-1 所示。

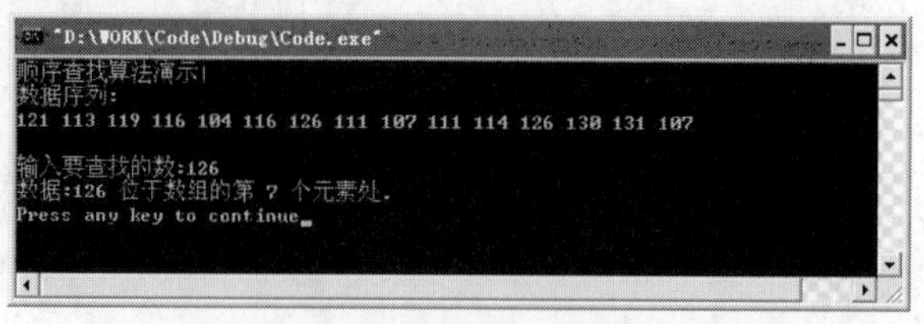

图 5-1

5.3 折半查找

在实际应用中，有些数据序列是经过排序的，或者可以经过排序来呈现某种线性结构，这样便不用通过逐个比较来查找，而是采用折半查找的方法来提高查找的效率。

5.3.1 折半查找算法

折半查找(Binary Search)又称为二分查找,要求数据序列呈线性结构,也就是经过排序的。对于没有经过排序的，可以通过排序算法进行预排序，然后再执行折半查找操作。

折半查找可以明显地提高查找的效率。其算法的操作过程如下。

首先需要设 3 个变量 lownum、midnum 和 highnum，分别保存数组元素的开始、中间和末尾的序号。假定有 10 个元素，开始时令 lownum=0，highnum=9，midnum =(lownum+highnum)/2=4。然后进行以下判断。

（1）如果序号为 midnum 的数组元素的值与 x 相等，表示查找到了数据，返回该序号 midnum。

（2）如果 x<a[midnum]，表示要查找的数据 x 位于 lownum 与 midnum−1 序号之间，就不需要再去查找 midnum 与 highnum 序号之间的元素。将 highnum 变量的值改为 midnum−1，重新查找 lownum 与 midnum−1（即 highnum 变量的新值）之间的数据。

（3）如果 x>a[midnum]，表示要查找的数据 x 位于 midnum+1 与 highnum 序号之间，就不需要再去查找 lownum 与 midnum 序号之间的元素。将 lownum 变量的值改为 midnum+1，重新查找 midnum+1（即 lownum 变量的新值）与 highnum 之间的数据。

（4）逐步循环，如果到 lownum>highnum 时还未找到目标数据 x，则表示数组中无此数据。

从上面的算法执行过程可以看出，折半查找是一种递归过程。每折半查找一次，可使查找范围缩小一半，当查找范围缩小到只剩下一个元素时，该元素仍与关键字不相等，说明查找失败。

在最坏的情况下，折半查找所需的比较次数为 $O(n\log_2 n)$，其查找效率比顺序查找法要快得多。

下面通过一个实际的例子来看折半查找算法的执行过程。假设有如下经过排序的数据：3、12、31、42、54、59、69、77、90、97，待查找关键字为 42，则其折半查找过程如下所示；

（1）取中间数据项 mid 与待查找关键字 42 对比，mid 项的值大于 42。因此，42 应该在数据的前半部分；

（2）取前半部分的中间数据项 mid 与待查找关键字 42 对比，mid 项的值小于 42。因此，42 应该在数据的后半部分；

（3）取后半部分的中间数据项 mid 与待查找关键字 42 对比，mid 项的值小于 42。因此，42 应该在数据的后半部分；

（4）最后数据仅剩一项，将其作为 mid 与待查找关键字 42 对比，正好相等，表示查找到该数据。

这样，经过 4 次比较便查找到 42 所在的位置。整个查找过程如图 5-2 所示。

如果要查找关键字 67，仍在相同的数据序列中查找，其查找过程如下所示：

（1）取中间数据项 mid 与待查找关键字 67 对比，mid 项的值小于 67。因此，67 应该在数据的后半部分；

（2）取后半部分的中间数据项 mid 与待查找关键字 67 对比，mid 项的值大于 67。因此，67 应该在数据的前半部分；

（3）取前半部分的中间数据项 mid 与待查找关键字 67 对比，mid 项的值小于 67。因此，67 应该在数据的后半部分；

（4）最后数据仅剩一项，将其作为 mid 与待查找关键字 67 对比，不相等，表示没有查找到该数据。

这样，经过 4 次比较将查找范围缩小到只剩一个元素，仍没有找到指定关键字，说明查找失败。整个查找过程如图 5-3 所示。

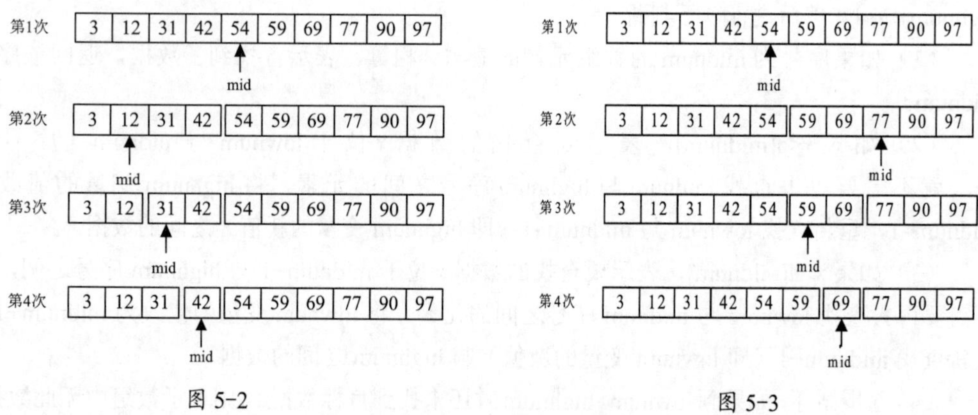

图 5-2　　　　图 5-3

从上面的过程可看出，折半查找只需要 4 次，而此时采用顺序查找则需要对比完所有的数据才能确定有没有该数据。折半查找比顺序查找具有更快的查找效率。

根据以上算法的操作步骤，可以编写相应的折半查找算法，示例代码如下：

```
int SearchFun(int a[],int n,int x)                              //折半查找
{
    int mid,low,high;

    low=0;
    high=n-1;
    while(low<=high)
    {
        mid=(low+high)/2;
        if(a[mid]==x)                                           //查找到
            return mid;                                         //返回
        else if(a[mid]>x)
            high=mid-1;
        else
            low=mid+1;
    }

    return -1;                                                  //未查找到
}
```

其中，输入参数 a[] 为数据序列数组，n 为数组的长度，x 为待查找的数据。在程序中，严格遵循了前面的折半查找算法，读者可以对照两者来看以加深理解。如果在数组中查找到

了目标数，将返回该数在数组中的序号；若未查找到目标数，将返回“-1”。在主调函数中通过 SearchFun() 函数的返回值进行判断。

5.3.2　折半查找操作示例：在包含 15 个数字的数组中查找第 11 个数字

有了前面的折半查找算法之后，下面通过一个完整的例子来说明。

数组包含 15 个数字，如图 5-2 所示，请用折半查找算法找出第 11 个数字。

程序示例代码如下：

```
#include <stdio.h>                                    //头文件
#include <stdlib.h>
#include <time.h>

#define N 15

void QuickSort(int *arr,int left,int right)           //快速排序算法
{
    int f,t;
    int rtemp,ltemp;

    ltemp=left;
    rtemp=right;
    f=arr[(left+right)/2];                            //确定分界值
    while(ltemp<rtemp)
    {
        while(arr[ltemp]<f)
        {
            ++ltemp;
        }
        while(arr[rtemp]>f)
        {
            --rtemp;
        }
        if(ltemp<=rtemp)
        {
            t=arr[ltemp];
            arr[ltemp]=arr[rtemp];
            arr[rtemp]=t;
            --rtemp;
            ++ltemp;
        }
    }
    if(ltemp= =rtemp)
    {
        ltemp++;
    }

    if(left<rtemp)
    {
        QuickSort(arr,left,ltemp-1);                  //递归调用
    }
    if(ltemp<right)
    {
        QuickSort(arr,rtemp+1,right);                 //递归调用
    }
}

int SearchFun(int a[],int n,int x)                    //折半查找
{
    int mid,low,high;
```

```
    low=0;
    high=n-1;
    while(low<=high)
    {
           mid=(low+high)/2;
        if(a[mid]==x)
            return mid;                                    //找到
        else if(a[mid]>x)
            high=mid-1;
        else
            low=mid+1;
    }

    return -1;                                             //未找到
}

void main()                                                //主测试函数
{
    int shuzu[N],x,n,i;

    srand(time(NULL));                                     //随机种子
    for(i=0;i<N;i++)
    {
        shuzu[i]=rand()/1000+100;                          //产生数组
    }

    printf("折半查找算法演示! \n");
    printf("排序前数据序列 :\n");
    for(i=0;i<N;i++)
    {
        printf("%d ",shuzu[i]);                            //输出序列
    }
    printf("\n\n");
    QuickSort(shuzu,0,N-1);                                //排序
    printf("排序后数据序列 :\n");
    for(i=0;i<N;i++)
    {
        printf("%d ",shuzu[i]);                            //输出序列
    }
    printf("\n\n");
    printf("输入要查找的数 :");
    scanf("%d",&x);                                        //输入要查找的数

    n=SearchFun(shuzu,N,x);                                //查找

    if(n<0)                                                //输出查找结果
    {
        printf("没找到数据 :%d\n",x);
    }
    else
    {
        printf("数据 :%d 位于数组的第 %d 个元素处 .\n",x,n+1);
    }
}
```

该程序中，宏定义了数组的大小 *N*=15，main() 函数生成 15 个随机数，然后调用 QuickSort() 函数进行排序，接着调用 SearchFun() 函数进行查找。

编译执行以上程序，程序将显示排序前后的数据序列。用户输入待查找的数据，程序便给出查找的结果，如图 5-4 所示。

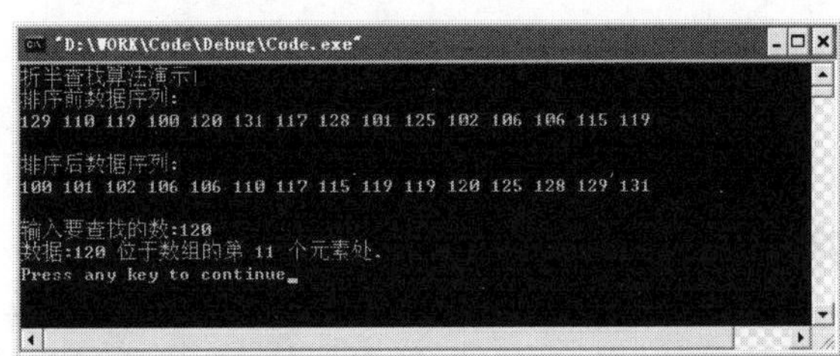

图 5-4

5.4　小结：查找是最基本的应用

查找算法在很多应用程序中都广泛使用，特别是与数据库有关的程序。本章介绍了两种基本的查找算法，顺序查找算法和折半查找算法。在此要提醒读者：不同数据结构中的查找算法，包括顺序表结构中的查找算法、链表结构中的查找算法、树结构中的查找算法和图结构中的查找算法，在本书的第 2 章中都已经作过讲解，本章中也没有重复讲述，读者应一并学习掌握。

第 6 章

基本数学问题

算法的一个重要应用就是求解数学问题。实际应用中很多场合都会涉及或者最终归结为数学问题，例如日历的推算、科学计算、工程处理等。数学问题涉及的内容非常广泛，往往需要很多数学背景知识。本章将详细介绍一些基本数学问题的算法求解，在讲解过程中也会简单讲解相关的数学背景知识。

6.1 判断闰年

闰年（Leap Year）是一个比较简单而又经典的数学问题。闰年就是阳历或阴历中有闰日的年，或阴、阳历中有闰月的年。其实闰年问题是历法上的一种折中办法，主要是为了弥补人为制定历法而形成的年度天数与地球实际公转周期的时间差而设置的。也就是说，补上时间差的年份称为闰年。

在数学上，闰年的一个基本规则就是“四年一闰，百年不闰，四百年再闰”。通俗来讲，闰年就是能够被 4 整除，但同时不能够被 100 整除，却能够被 400 整除的年份。根据闰年的数学描述便可以编写程序来判断给定的年份是否为闰年。

下面给出一个判断闰年的算法，示例代码如下：

```
int LeapYear(int year)                                    //判断闰年
{
    if((year%400==0) || (year%100!=0) && (year%4= =0))
    {
        return 1;                                         //是闰年，则返回 1
    }
    else
    {
        return 0;                                         //不是闰年，则返回 0
    }
}
```

其中，使用 LeapYear() 函数来判断闰年，输入参数为年份 year，如果该年份是闰年则返回值为 1，否则返回值为 0。在该函数中，采用 if 判断语句对年份 year 来进行判断。

在具体程序中如何使用该算法来判断闰年，我们来看一个具体的示例（判断 2000 年到 3000 年之间所有的闰年）。

程序示例代码如下：

```
#include <stdio.h>

int LeapYear(int year)                                    //判断闰年
```

```
{
    if((year%400==0) || (year%100!=0) && (year%4==0))
    {
        return 1;                                       //是闰年，则返回 1
    }
    else
    {
        return 0;                                       //不是闰年，则返回 0
    }
}

void main()
{
    int year;

    printf("2000 年到 3000 年之间所有的闰年如下：\n");
    for(year=2000;year<=3000;year++)
    {
        if(LeapYear(year)==1)
        {
            printf("%d,",year);                         //输出闰年年份
        }
    }
    printf("\n");
    getch();
}
```

在该程序中，main() 主函数通过 for 循环逐个对 2000 ～ 3000 的年份进行判断，最终输出所有的闰年。该程序的执行结果如图 6-1 所示。

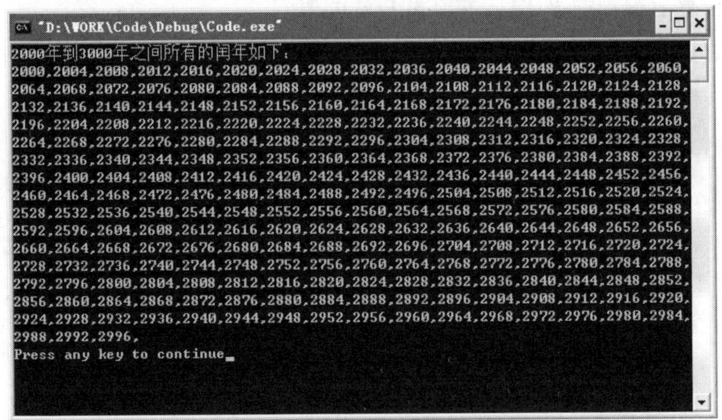

图 6-1

6.2　多项式计算

多项式（Polynomial）是基础数学中经常会用到的概念，多项式就是若干个单项式的和构成的式子。首先明确几个与多项式相关的基本概念，多项式中每个单项式称为多项式的项，多项式项的最高次数称为多项式的次数，不含字母的项称为常数项。

6.2.1　一维多项式求值

一维多项式是包含一个变量的多项式，一个普遍的一维多项式如下：

$$P(x)=a_{n-1}x^{n-1}+a_{n-2}x^{n-2}+\cdots+a_1x+a_0$$

一维多项式求值就是计算上述多项式在指定的 x 处的函数值。例如：

$$P(x)=3x^6+7x^5-3x^4+2x^3+7x^2-7x-15$$

计算该多项式在指定的 x 值时，$P(x)$ 的函数值。这个问题其实比较简单，可以采用如下程序代码来实现。

```
double x=2.0;
double P;
P=3*x*x*x*x*x*x+7*x*x*x*x*x-3*x*x*x*x+2*x*x*x+7*x*x-7*x-15;
printf("P(%lf)=%lf",x,P);
```

但是，如果重新换一个多项式呢？那就需要重新改写代码，重列一个多项式表达式来进行计算，这样比较麻烦。有没有一个通用的算法来计算多项式的值呢？答案是肯定的，研究算法的目的就是寻找有效的、通用的求解问题的方法。

一个通用的计算多项式的值的算法可以采用递推的方式。首先可以将上述多项式变形为如下等价形式：

$$P(x)=(\cdots((a_{n-1}x+a_{n-2})x+a_{n-3})x+\cdots+a_1)x+a_0$$

通过这个表达式可以看出，只要从里向外逐层按照如下方式递推，便可以计算得到整个一维多项式的值。

$$R_{n-1}=a_{n-1}$$

$$R_k=R_k+1_x+a_k,\qquad k=n-2,\cdots,1,0$$

通过逐层计算后得到的 R_0 便是多项式 $P(x)$ 的值。

依照这个思路来编写一维多项式求值的算法，示例代码如下：

```
double polynomial1D(double a[],int n,double x)
{
    int i;
    double result;
    result=a[n-1];
    for (i=n-2; i>=0; i--)                                    //递推算法计算
    {
        result=result*x+a[i];
    }
    return result;                                            //返回计算结果
}
```

其中，输入参数 n 为多项式的项数，数组 a[] 依次存放多项式的 n 个系数，x 即为指定的变量值。该函数的返回值即为多项式在指定的 x 点的值。

6.2.2 一维多项式求值示例：计算多项式在 x 取不同值时的值

下面按照这个算法来计算如下多项式在 x=–2.0、–0.5、1.0、2.0、3.7 和 4.0 处的值。

$$P(x)=3x^6+7x^5-3x^4+2x^3+7x^2-7x-15$$

程序示例代码如下：

```
#include <stdio.h>

double polynomial1D(double a[],int n,double x)
{
    int i;
    double result;
```

```
    result=a[n-1];
    for (i=n-2; i>=0; i--)                                      //递推算法计算
    {
        result=result*x+a[i];
    }
    return result;                                              //返回计算结果
}

void main()
{
    int i;
    static double a[7]={-15.0,-7.0,7.0,2.0,-3.0,7.0,3.0};
    static double x[6]={-2.0,-0.5,1.0,2.0,3.7,4.0};
    double result;

    printf("\n");
    for (i=0; i<6; i++)                                         //逐个计算结果
    {
        result=polynomial1D(a,7,x[i]);
        printf("x=%5.2lf时，p(x)=%13.7e\n",x[i],result);
    }
    printf("\n");
}
```

其中，main() 主函数首先给出了多项式的系数以及需要求值的 x 位置，然后循环调用 polynomial1D() 函数来计算指定点的多项式的值，并打印输出该值。该程序的执行结果如图 6-2 所示。

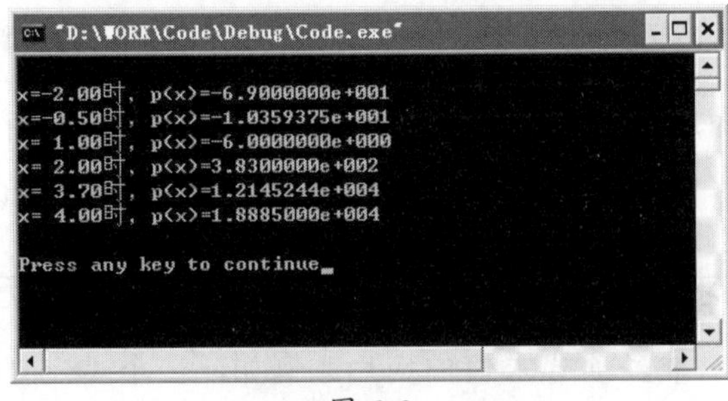

图 6-2

从上个例子可以看出，只要换一个思路即可编写出一个通用的算法来适应此类问题的求解。后面也采用同样的方法编写通用的计算算法，而非简单求解单个问题的计算。

6.2.3　二维多项式求值

对于二维多项式，也就是包含 x、y 两个变量的多项式。二维多项式的一般形式如下：

$$P(x,y)=\sum_{i=0}^{m-1}\sum_{j=0}^{n-1}a_{ij}x^iy^j$$

二维多项式求值即计算在指定的 (x,y) 处的函数值。可以采用与一维多项式相同的方法来将二维多项式变形，然后利用递推的方式计算二维多项式的值。上述二维多项式等价于如下形式：

$$P(x,y)=\sum_{i=0}^{m-1}\sum_{j=0}^{n-1}a_{ij}x^iy^j=\sum_{i=0}^{m-1}\left[\sum_{j=0}^{n-1}(a_{ij}x^i)y^j\right]$$

可以将上述式子中“[]”项看作是一维多项式，则有如下式子：

$$t_i = \sum_{j=0}^{n-1}(a_{ij}x^i)y^j, i = 0,1,\cdots,m-1$$

参照上一节内容即可得到计算 t_i 的递推表达式。

$$R_{n-1}=a_{i,n-1}x^j$$

$$R_j = R_j + 1_y + a_{ij}x^j,\ j = n-2,\cdots,1,0$$

递推到最后的 R_0 也就是 t_i。最后只需将所有的 t_i 累加在一起即可。按照这种思路，可以编写如下二维多项式求值的算法，示例代码如下：

```
double polynomial2D(double a[],int m,int n,double x,double y)
{
    int i,j;
    double result,temp,tt;
    result=0.0;
    tt=1.0;
    for(i=0;i<m;i++)                                        //递推求值
    {
        temp=a[i*n+n-1]*tt;
        for(j=n-2;j>=0;j--)                                 //内层的递推算法
        {
          temp=temp*y+a[i*n+j]*tt;
        }
        result+=temp;
        tt*=x;
     }
    return result;                                          //返回结果
}
```

其中，输入参数 m 和 n 分别为二多项式自变量 x 和 y 的项数，数组 a[] 为二维多项式的系数，x 和 y 为指定的求值点。该函数的返回值便是指定的 (x, y) 处的多项式的值。

6.2.4 二维多项式求值示例：求 4×5 的二维多项式在给定处的值

下面举例来说明二维多项式求值的应用。例如，一个 4×5 的二维多项式 $P(x, y)=\sum_{i=0}^{3}\sum_{j=0}^{4}a_{ij}x^iy^j$，其中的系数可以用二维数组来表示，如下所示：

$$\begin{bmatrix} 1.0 & 2.0 & 3.0 & 4.0 & 5.0 \\ 6.0 & 7.0 & 8.0 & 9.0 & 10.0 \\ 11.0 & 12.0 & 13.0 & 14.0 & 15.0 \\ 16.0 & 17.0 & 18.0 & 19.0 & 20.0 \end{bmatrix}$$

对于这样一个二维多项式，计算在给定的 (0.5,–2.0) 处的多项式的值。

程序示例代码如下：

```
#include <stdio.h>

double polynomial2D(double a[],int m,int n,double x,double y)
{
    int i,j;
    double result,temp,tt;
    result=0.0;
    tt=1.0;
    for(i=0;i<m;i++)                                        //递推求值
    {
```

```
            temp=a[i*n+n-1]*tt;
            for(j=n-2;j>=0;j--)                                  // 内层的递推算法
            {
              temp=temp*y+a[i*n+j]*tt;
            }
            result+=temp;
            tt*=x;
          }
        return result;                                           // 返回结果
    }

    void main()
    {
        double result;
        double x,y;
        double a[4][5]={{1.0,2.0,3.0,4.0,5.0},                   // 初始化二维多项式的系数
                        {6.0,7.0,8.0,9.0,10.0},
                        {11.0,12.0,13.0,14.0,15.0},
                        {16.0,17.0,18.0,19.0,20.0}};
        x=0.5;                                                   // 待求值的点
        y=-2.0;
        printf(" 二维多项式求值：\n");
        result=polynomial2D(a,4,5,x,y);                          // 调用函数计算
        printf("p(%2.1lf,%2.1lf)=%10.4e\n",x,y,result);
        printf("\n");
    }
```

其中，main() 主函数首先给出了二维多项式的系数，采用二维数组来表示，以及要求值的 (x, y) 的位置；然后调用 polynomial2D() 函数来计算指定点的多项式的值，并打印输出该值。该程序的执行结果如图 6-3 所示。

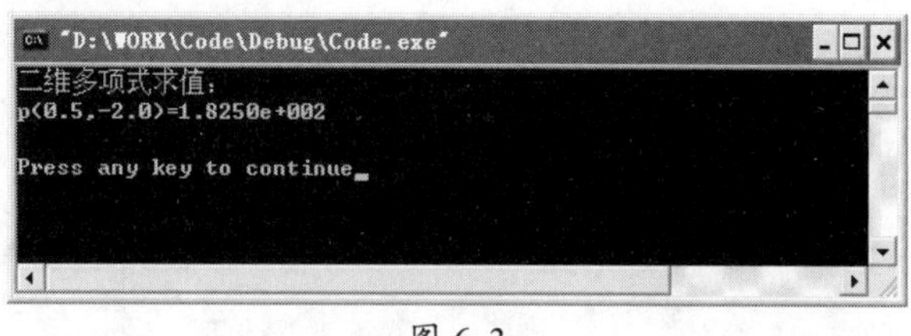

图 6-3

6.2.5　多项式乘法

多项式乘法就是将两个多项式相乘，最后得到一个新的多项式。例如，如下所示的两个多项式。

$$A(x)=a_{m-1}x^{m-1}+a_{m-2}x^{m-2}+\cdots+a_1x+a_0$$

$$B(x)=b_{n-1}x^{n-1}+b_{n-2}x^{n-2}+\cdots+b_1x+b_0$$

这两个多项式的项数分别为 m 和 n，最高次数分别为 $m-1$ 和 $n-1$，这两个多项式相乘的结果如下：

$$R(x)=A(x)B(x)=r_{n+m}-2^{xn+m-2}+\cdots+r_1x+r_0$$

乘积多项式的最高次数为 $m+n-2$。其中，每一项的系数可以按照如下方法来计算。

$$r_k=0, \text{其中 } k=0,1,\cdots,m+n-2$$

$$r_{i+j}=r_{i+j}+a_ib_j, \text{其中 } i=0,1,\cdots,m-1; j=0,1,\cdots,n-1$$

依照这个方法即可编写相应的多项式乘法的算法，示例代码如下：

```
void polynomial_mul(double A[],int m,double B[],int n,double R[],int k)
{
    int i,j;
    for (i=0; i<k; i++)                                     //初始化
    {
        R[i]=0.0;
    }
    for (i=0; i<m; i++)                                     //计算各项系数
    {
        for (j=0; j<n; j++)
        {
            R[i+j]+=A[i]*B[j];
        }
    }
}
```

其中，输入参数 A[] 和 m 分别为多项式 A(x) 的系数矩阵和项数，输入参数 B[] 和 n 分别为多项式 B(x) 的系数矩阵和项数，参数 R[] 和 k 分别为乘积多项式 $R(x)$ 的系数矩阵和项数。

6.2.6 多项式乘法示例：计算两个多项式的乘积多项式

下面通过一个实例来演示多项式乘法的算法。例如，计算如下两个多项式的乘积多项式。

$$A(x)=2x^5+3x^4-x^3+2x^2+5x-4$$

$$B(x)=3x^3+x^2-2x-3$$

通过这两个表达式可以知道 m=6，n=4，最后的乘积多项式 $k=m+n-1=9$。这样即可使用上述算法来进行计算。

程序示例代码如下：

```
#include <stdio.h>

void polynomial_mul(double A[],int m,double B[],int n,double R[],int k)
{
    int i,j;
    for (i=0; i<k; i++)                                     //初始化
    {
        R[i]=0.0;
    }
    for (i=0; i<m; i++)                                     //计算各项系数
    {
        for (j=0; j<n; j++)
        {
            R[i+j]+=A[i]*B[j];
        }
    }
}

void main()
{
    int i;
    static double A[6]={-4.0,5.0,2.0,-1.0,3.0,2.0};
    static double B[4]={-3.0,-2.0,1.0,3.0};
    double R[9];

    polynomial_mul(A,6,B,4,R,9);                            //调用函数来计算
    printf("多项式A(x)和B(x)乘积的各项系数如下：\n");
    for (i=0; i<9; i++)
    {
        printf(" R(%d)=%13.7e\n",i,R[i]);                   //输出各项系数
```

```
    }
    printf("\n");
}
```

在程序中，main() 主函数首先给出了两个多项式的系数，分别采用一维数组来表示，然后调用 polynomial_mul() 函数来计算乘积多项式的各个系数值，并打印输出该值。该程序的执行结果如图 6-4 所示。

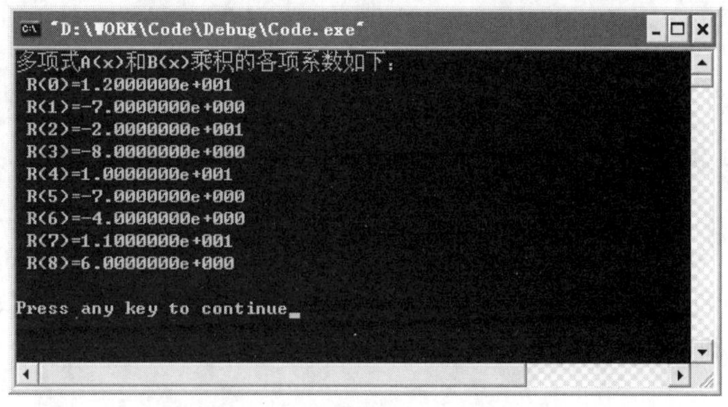

图 6-4

通过结果可以知道，最终的乘积多项式如下：

$$R(x)=6x^8+11x^7-4x^6-7x^5+10x^4-8x^3-20x^2-7x+12$$

6.2.7　多项式除法

多项式除法就是将两个多项式相除，最后得到一个商多项式和余多项式。例如，如下所示的两个多项式。

$$A(x)=a_{m-1}x^{m-1}+a_{m-2}x^{m-2}+\cdots+a_1x+a_0$$

$$B(x)=b_{n-1}xn-1+b_{n-2}x^{n-2}+\cdots+b_1x+b_0$$

这两个多项式的项数分别为 m 和 n，且 $m>n$，最高次数分别为 $m-1$ 和 $n-1$。多项式相除 $A(x)/B(x)$ 的商多项式为 $R(x)$，余多项式为 $L(x)$。

通过推算，可以知道商多项式为 $R(x)$ 的最高次数为 $k=m-n$，余多项式的最高次数为 $n-2$。在数学上可以通过综合除法来计算商多项式 $R(x)$ 和余多项式为 $L(x)$ 中的各个系数。商多项式 $R(x)$ 的各个系数由下列递推算法计算得到。

$$r_{k-i}=a_{m-1-i}/b_{n-1}$$

$$b_j=b_j-s_{k-i}b_{j+i-k}$$

其中，$j=m-i-1$，…，$k-i$，$i=0$，1，…，k。而余多项式为 $L(x)$ 中的各个系数 L_0，L_1，…，L_{n-2}，分别递推最后得 b_0，b_1，…，b_{n-2}。

依照这个方法便可以编写相应的多项式除法的算法，示例代码如下：

```
void polynomial_div(double A[],int m,double B[],int n,double R[],int k,double L[],int l)
{
    int i,j,mm,ll;
    for (i=0; i<k; i++)                                    // 初值
    {
        R[i]=0.0;
    }
```

```
    ll=m-1;
    for (i=k; i>0; i--)
    {
        R[i-1]=A[ll]/B[n-1];                              //除法，计算商多项式系数
        mm=ll;
        for (j=1; j<=n-1; j++)
        {
            A[mm-1]-=R[i-1]*B[n-j-1];
            mm-=1;
        }
        ll-=1;
    }
    for (i=0; i<l; i++)                                   //余多项式系数
    {
        L[i]=A[i];
    }
}
```

其中，输入参数 A[] 和 m 为被除多项式的系数数组和项数；输入参数 B[] 和 n 为除数多项式的系数数组和项数；参数 R[] 和 k 为商多项式的系数数组和项数；参数 L[] 和 l 为余多项式的系数数组和项数。

6.2.8 多项式除法示例：计算 $A(x)/B(x)$ 的商多项式和余多项式

下面通过一个例子来演示多项式除法的算法。例如，计算 $A(x)/B(x)$ 的商多项式和余多项式，$A(x)$ 和 $B(x)$ 分别如下所示：

$$A(x)=2x^4+4x^3-3x^2+6x-3$$

$$B(x)= x^2+x-1$$

通过推算可以知道，多项式 $A(x)$ 的项数 $m=5$，多项式 $B(x)$ 的项数 $n=3$，商多项式 $R(x)$ 的项数 $k=m-n+1=3$，余多项式 $L(x)$ 的项数 $l=n-1=2$。

按照上面的算法即可进行多项式除法的计算，请参考下面程序示例。

程序示例代码如下：

```
#include <stdio.h>

void polynomial_div(double A[],int m,double B[],int n,double R[],int k,double L[],int l)
{
    int i,j,mm,ll;
    for (i=0; i<k; i++)                                   //初值
    {
        R[i]=0.0;
    }
    ll=m-1;
    for (i=k; i>0; i--)
    {
        R[i-1]=A[ll]/B[n-1];                              //除法，计算商多项式系数
        mm=ll;
        for (j=1; j<=n-1; j++)
        {
            A[mm-1]-=R[i-1]*B[n-j-1];
            mm-=1;
        }
        ll-=1;
    }
    for (i=0; i<l; i++)                                   //余多项式系数
    {
```

```
            L[i]=A[i];
        }
    }

    void main()
    {
        int i;
        static double A[5]={-3.0,6.0,-3.0,4.0,2.0};
        static double B[3]={-1.0,+1.0,1.0};
        double R[3],L[2];

        printf("计算A(x)/B(x)的商多项式和余多项式：\n");
        polynomial_div(A,5,B,3,R,3,L,2);                    //调用函数计算
        for (i=0; i<=2; i++)                                //输出商多项式系数
        {
            printf("商多项式系数 R(%d)=%10.2e\n",i,R[i]);
        }
        printf("\n");
        for (i=0; i<=1; i++)                                //输出余多项式系数
        {
            printf("余多项式系数 L(%d)=%10.2e\n",i,L[i]);
        }
        printf("\n");
    }
```

在程序中，main() 主函数首先给出了两个多项式的系数，分别采用一维数组来表示，然后调用 polynomial_div() 函数来计算商多项式和余多项式的各个系数值，并打印输出该值。该程序的执行结果如图 6-5 所示。

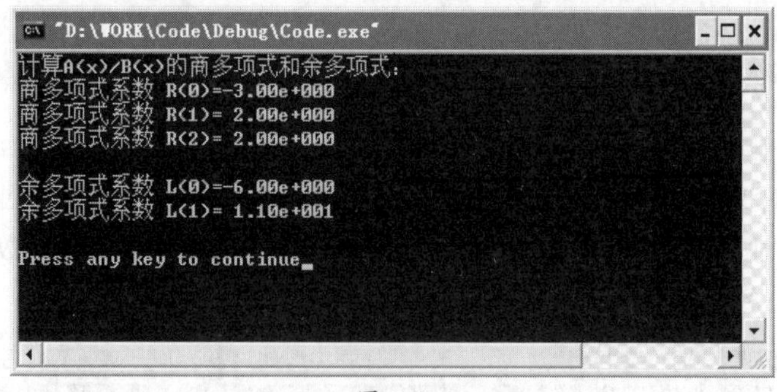

图 6-5

通过结果可以知道，最终的商多项式和余多项式分别如下：

$$R(x)=2x^2+2x-3$$

$$L(x)=11x-6$$

6.3　随机数生成

随机数在很多场合都有广泛的应用，最典型的应用是在登录网上论坛、网上银行等站点，或者进行注册时，为了保证账户安全，网页会随机给出一个字符和数字组成的序列，这就是验证码。验证码是一种典型的随机数。除此之外，随机数在加 / 解密算法、蒙特卡罗分析等场合也有着重要的用途。

6.3.1 C 语言中的随机函数

提到随机数，熟悉编程语言的读者知道编程语言一般都提供了随机数生成函数。例如，C 语言中就提供了如下两个随机数生成函数。

（1）伪随机函数 rand()：用于返回一个 0 ～ 32 767 的伪随机数。

（2）随机种子函数 srand()：用来初始化随机数发生器的随机种子。

配合使用这两个函数，便可以产生所需要的随机数。一个典型的随机数产生的程序示例如下：

```
#include <stdio.h>                                          //头文件
#include <stdlib.h>
#include <time.h>

int main()
{
    int i,j;                                                //声明变量

    srand((int)time(0));                                    //随机种子
    for(j=0;j<10;j++)
    {
        for(i=0;i<10;i++)
        {
            printf("%d\t",rand());                          //输出随机数
        }
        printf("\n");
    }

    system("pause");
    return 0;
}
```

在该程序示例中，首先定义并初始化变量，然后调用 srand() 函数初始化随机种子。这里的随机种子由时间函数 time(0) 来获得，每次执行程序时，该函数将返回不同的值。使用时间函数 time(0) 时，需要添加头文件 time.h。接着在循环中调用 rand() 函数获得伪随机数，每行 10 个，共 10 行。该程序的执行结果如图 6-6 所示。

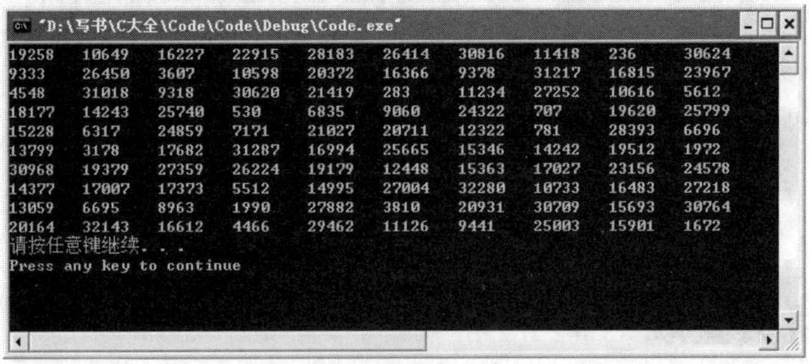

```
"D:\写书\C大全\Code\Code\Debug\Code.exe"
19258   10649   16227   22915   28183   26414   30816   11418   236     30624
9333    26450   3607    10598   20372   16366   9378    31217   16815   23967
4548    31018   9318    30620   21419   283     11234   27252   10616   5612
18177   14243   25740   530     6835    9060    24322   707     19620   25799
15228   6317    24859   7171    21027   20711   12322   781     28393   6696
13799   3178    17682   31287   16994   25665   15346   14242   19512   1972
30968   19379   27359   26224   19179   12448   15363   17027   23156   24578
14377   17007   17373   5512    14995   27004   32280   10733   16483   27218
13059   6695    8963    1990    27882   3810    20931   30709   15693   30764
20164   32143   16612   4466    29462   11126   9441    25003   15901   1672
请按任意键继续. . .
Press any key to continue
```

图 6-6

当然也可以采用一定的技巧产生任意范围内的随机数；例如，要输出 0 ～ 100 的随机整数。

程序示例代码如下：

```
#include <stdio.h>                                          //头文件
#include <stdlib.h>
```

```
#include <time.h>

int main()
{
    int i,j;                                                //声明变量

    srand((int)time(0));                                    //随机种子
    for(j=0;j<10;j++)
    {
        for(i=0;i<10;i++)
        {
            printf("%d\t",rand()*100/32767);                //输出 0~100 之间的随机整数
        }
        printf("\n");
    }

    system("pause");
    return 0;
}
```

在该程序中，首先定义并初始化变量，然后调用 srand() 函数初始化随机种子。这里的随机种子由时间函数 time(0) 来获得，每次执行程序时，该函数将返回不同的值。接着在循环中调用 rand() 函数获得伪随机数，每行 10 个，共 10 行。这里通过表达式 rand()*100/32767 将输出的结果限制在 0 ～ 100。

也可以使用这两个函数来产生随机的字符输出等结果。虽然编程语言给我们提供了一个很方便的随机数生成函数，但是有些场合仍需要用户自己来编写产生随机数的算法。下面要讨论的便是如何实现随机数的生成算法。

6.3.2　[0,1] 之间均匀分布的随机数算法

产生随机数的算法有很多种，读者遵循一定的方法可以进行自由发挥。这里给出一个比较简单的产生 [0,1] 之间均匀分布的随机数的算法。

首先设定一个基数 base=256.0，以及两个常数 a=17.0 和 b=139.0。其中，基数 base 一般取 2 的整数倍，常数 a 和 b 可以根据经验随意取值。然后按照下面的递推算法来逐个得到 [0,1] 之间的随机数。

$$r_i=\text{mod}(a*r_{i-1}+b,\ \text{base})$$

$$p_i=r_i/\text{base}$$

其中，i=1，2,…。而 p_i 便是递推得到的第 i 个随机数。

使用该递推算法时，需要注意如下两点。

（1）这里的取模运算是针对浮点型数据的，而 C 语言中的取模运算符不能用于浮点型数据的操作，这就需要用户自己编写取模的程序。

（2）r_i 是随着递推而每次更新的。因此，如果将这个算法编写成函数，则必须考虑参数是传值还是传地址。

根据上述算法来编写相应的随机数生成函数，示例代码如下：

```
double Rand01(double *r)
{
    double base,u,v,p,temp1,temp2,temp3;
    base=256.0;                                 //基数
    u=17.0;
```

```
    v=139.0;

    temp1=u*(*r)+v;                        //计算总值
    temp2=(int)(temp1/base);               //计算商
    temp3=temp1-temp2*base;                //计算余数
    *r=temp3;                              //更新随机种子，便于下一次使用
    p=*r/base;                             //随机数

    return p;
}
```

其中，输入参数为浮点型指针变量 *r*，*r* 在初始时可以作为随机种子。在每次调用该函数时，该地址所对应的值将被改变，以便于下一次计算使用。该函数的返回值便是要求的随机数。

下面来看如何在程序中使用该算法产生指定个数的随机数（输出 10 个 0～1 的随机数）。

程序示例代码如下：

```
#include <stdio.h>

double Rand01(double *r)
{
    double base,u,v,p,temp1,temp2,temp3;
    base=256.0;                                //基数
    u=17.0;
    v=139.0;

    temp1=u*(*r)+v;                            //计算总值
    temp2=(int)(temp1/base);                   //计算商
    temp3=temp1-temp2*base;                    //计算余数
    *r=temp3;                                  //更新随机种子，为下一次使用
    p=*r/base;                                 //随机数

    return p;
}

void main()
{
    int i;
    double r;
    r=5.0;

    printf("产生 10 个 [0, 1] 之间的随机数：\n");
    for (i=0; i<10; i++)                       //循环调用
    {
      printf("%10.5lf\n",Rand01(&r));
    }
    printf("\n");
}
```

在该程序中，首先初始化随机种子 *r*=5.0，然后循环调用 Rand01() 函数来输出随机数。其中，将变量 *r* 的地址传入 Rand01() 函数中，是为了能够在每次调用之后更新随机种子的值，否则将得到完全一样的数据而失去随机性。该程序的执行结果如图 6-7 所示。

图 6-7

6.3.3　产生任意范围的随机数

上面这个算法是最基本的算法，读者可以采用这个算法并施加一些技巧，即可生成任意范围的随机数。例如，需要一个 [*m*,*n*] 之间的浮点随机数，可以采用如下方法获得：

$$m+(n-m)*\text{Rand01}(\&r)$$

我们来看一下如何输出 10 个 10.0 ～ 20.0 的浮点随机数。

程序示例代码如下：

```
#include <stdio.h>

double Rand01(double *r)
{
    double base,u,v,p,temp1,temp2,temp3;
    base=256.0;                                    // 基数
    u=17.0;
    v=139.0;

    temp1=u*(*r)+v;                                // 计算总值
    temp2=(int)(temp1/base);                       // 计算商
    temp3=temp1-temp2*base;                        // 计算余数
    *r=temp3;                                      // 更新随机种子，便于下一次使用
    p=*r/base;                                     // 随机数

    return p;
}

void main()
{
    int i;
    double r,m,n;
    r=5.0;
    m=10.0;
    n=20.0;

    printf("产生 10 个 [10.0,20.0] 之间的浮点随机数：\n");
    for (i=0; i<10; i++)                                // 循环调用
    {
        printf("%10.5lf\n",m+(n-m)*Rand01(&r));
    }
    printf("\n");
}
```

这个程序的基本结构和上一个程序类似，只不过这里通过表达式 $m+(n-m)*\text{Rand01}(\&r)$ 将输出结果限制在 [10.0,20.0] 之间。该程序的运行结果如图 6-8 所示。

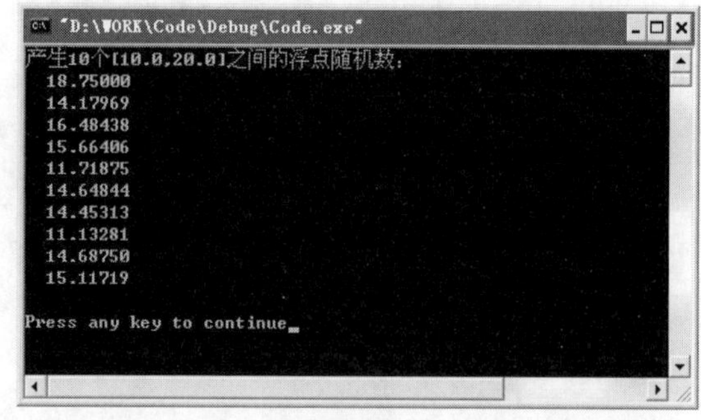

图 6-8

6.3.4 [m,n] 之间均匀分布的随机整数算法

有了上面的 [0,1] 之间均匀分布的随机数算法，如果需要得到随机的整数，也比较容易，只需将结果取整即可。例如，如果需要得到 [*m*,*n*] 之间均匀分布的随机整数算法，这里的 *m* 和 *n* 都是整数，可以采用如下的式子得到：

$$m+(\text{int})((n-m)*\text{Rand01}(\&r))$$

简单举个例子，输出 10 个 100 ～ 200 的随机整数。

程序示例代码如下：

```
#include <stdio.h>

double Rand01(double *r)
{
    double base,u,v,p,temp1,temp2,temp3;
    base=256.0;                                 //基数
    u=17.0;
    v=139.0;

    temp1=u*(*r)+v;                             //计算总值
    temp2=(int)(temp1/base);                    //计算商
    temp3=temp1-temp2*base;                     //计算余数
    *r=temp3;                                   //更新随机种子，便于下一次使用
    p=*r/base;                                  //随机数

    return p;
}

void main()
{
    int i,m,n;
    double r;
    r=5.0;
    m=100;
    n=200;

    printf("产生 10 个 [100,200] 之间的随机整数：\n");
    for (i=0; i<10; i++)                        //循环调用
    {
       printf("%d\n",m+(int)((n-m)*Rand01(&r)));
    }
    printf("\n");
}
```

在该程序中，通过表达式 $m+(\text{int})((n-m)*\text{Rand01}(\&r))$，产生了 10 个 [100,200] 之间的随

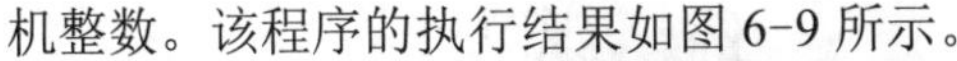
机整数。该程序的执行结果如图 6-9 所示。

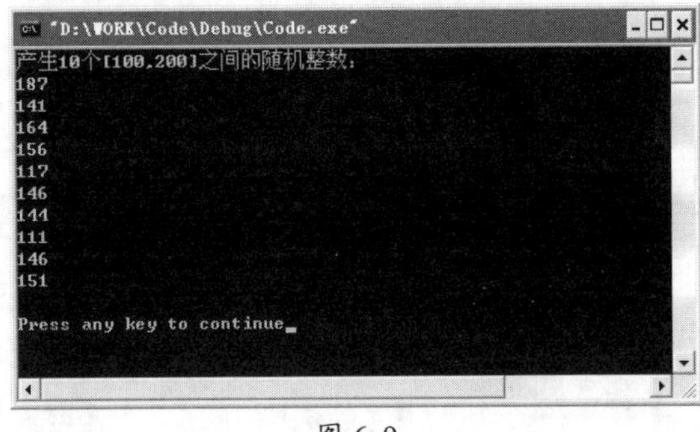

图 6-9

6.3.5　正态分布的随机数生成算法

前面介绍的都是均匀分布的随机数生成算法，而在科学及工程应用中，正态分布的随机数也是经常用到的。对于一个给定的正态分布，应描述该正态分布的参数，包括均值 μ 和方差 σ^2。在数学上，一种近似的产生正态分布的算法如下：

$$\mathrm{RZT}=\mu+\sigma\frac{\left(\sum_{i=0}^{n-1}R_i\right)-n/2}{\sqrt{n/12}}$$

其中，R_i 为 [0,1] 之间均匀分布的随机数。当 n 趋向于无穷大时，得到的随机分布为正态分布。关于这个算法更为详细的数学讨论，读者可以参阅相关的概率统计书籍，这里只是直接引用该算法。

在实际应用中，不可能取 n 为无穷大。一般来说，n 只需足够大即可。为了计算方便，可以取 n=12，这样上式分母中的根号便可以忽略，而且得到的结果也足够解决正态分布。

按照上面的算法，可以编写正态分布的随机数生成算法，示例代码如下：

```
double RandZT(double u,double t, double *r)        //正态分布的随机数
{
    int i;
    double total=0.0;
    double result;
    for(i=0;i<12;i++)
    {
        total+=Rand01(r);                          //累加
    }
    result=u+t*(total-6.0);                        //随机数
    return result;
}
```

其中，输入参数 u 是正态分布的均值 μ，输入参数 t 是正态分布的方差参数 σ，输入参数 r 为随机种子。在该程序中，使用了前面的 [0,1] 之间均匀分布的随机数算法 Rand01()。

下面结合一个完整的示例，来看一下如何输出 10 个正态分布随机数。这里假设需要的正态分布均值 μ=2.0，方差 σ^2=3.5^2。

程序示例代码如下：

```
#include <stdio.h>
```

```
double Rand01(double *r)                              //0~1之间的随机数
{
    double base,u,v,p,temp1,temp2,temp3;
    base=256.0;                                       //基数
    u=17.0;
    v=139.0;

    temp1=u*(*r)+v;                                   //计算总值
    temp2=(int)(temp1/base);                          //计算商
    temp3=temp1-temp2*base;                           //计算余数
    *r=temp3;                                         //更新随机种子，便于下一次使用
    p=*r/base;                                        //随机数

    return p;
}

double RandZT(double u,double t, double *r)           //正态分布的随机数
{
    int i;
    double total=0.0;
    double result;
    for(i=0;i<12;i++)
    {
        total+=Rand01(r);                             //累加
    }
    result=u+t*(total-6.0);                           //随机数
    return result;
}

void main()
{
    int i;
    double r,u,t;
    r=5.0;
    u=2.0;
    t=3.5;

    printf("产生10个正态分布的随机数：\n");
    for (i=0; i<10; i++)                              //循环调用
    {
       printf("%10.5lf\n",RandZT(u,t,&r));
    }
    printf("\n");
}
```

该程序中，main() 主函数首先初始化正态分布的均值 μ 和方差参数 σ，然后循环调用 RandZT() 函数来输出该正态分布的随机数。该程序的执行结果如图 6-10 所示。

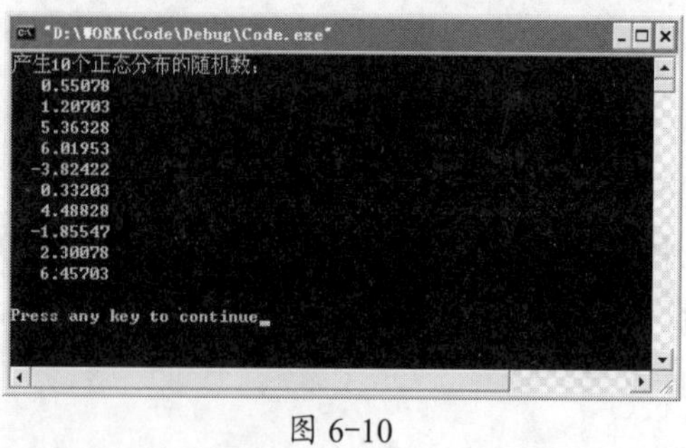

图 6-10

当然也可以通过取整的限制来得到任意正态分布的随机整数。这里不再赘述，读者可以参阅前面的介绍，自己编写出相应的程序。

6.4　复数运算

复数运算在科学及工程计算领域都有着极为重要的地位，因为很多问题不采用复数将很难描述或计算。在 C 语言中，C89 标准中没有对复数的支持，在而后出现的 C99 标准中增加了复数类型，从而可以完成复数运算。但是，C99 标准并不是每个 C 语言编译器都支持的。例如，使用最为广泛的 Microsoft Visual C++ 6.0 仅支持 C89 标准。为了适应不同的 C 语言编译器，下面将介绍如何借助简单的数学知识和基本的 C 语法，自己实现复数算法。

6.4.1　简单的复数运算

谈到运算，最简单的莫过于加法（+）、减法（–）、乘法（*）和除法（/）操作。下面将分别探讨这 4 种运算的实现。对于已给定的两个复数如下所示：

$$a+\mathrm{i}b$$

$$c+\mathrm{i}d$$

其中，i= $\sqrt{-1}$，在有些场合也采用 j 来表示复数，含义是一样的，本书统一采用 i 来表示。

对于复数的加法运算比较简单，将对应项相加即可，计算结果如下：

$$e+\mathrm{i}f=(a+\mathrm{i}b)+(c+\mathrm{i}d)=(a+c)+(b+d)\mathrm{i}$$

按照上面的计算公式，可以编写如下复数加法的算法函数。

```
void CPlus(double a,double b,double c,double d,double * e,double * f)
{
    *e=a+c;
    *f=b+d;
}
```

其中，输入参数 *a* 和 *b* 分别为第一个复数的实部和虚部，输入参数 *c* 和 *d* 分别为第二个复数的实部和虚部，参数 *e* 和 *f* 为相加结果的实部和虚部。

同样对于复数的减法运算，计算公式如下：

$$e+\mathrm{i}f=(a+\mathrm{i}b)-(c+\mathrm{i}d)=(a-c)+(b-d)\mathrm{i}$$

相应的复数减法的算法函数如下：

```
void CMinus(double a,double b,double c,double d,double *e,double *f)
{
    *e=a-c;
    *f=b-d;
}
```

其中，输入参数 *a* 和 *b* 分别为被减复数的实部和虚部，输入参数 *c* 和 *d* 分别为减数复数的实部和虚部，参数 *e* 和 *f* 为相减结果的实部和虚部。

对于复数的乘法运算，计算公式如下：

$$e+\mathrm{i}f=(a+\mathrm{i}b)*(c+\mathrm{i}d)= (ac-bd)+(ad+bc)\mathrm{i}$$

相应的复数乘法的算法函数如下：

```
void CMul(double a,double b,double c,double d,double *e,double *f)
{
    *e=a*c-b*d;
    *f=a*d+b*c;
}
```

其中，输入参数 *a* 和 *b* 分别为第一个复数的实部和虚部，输入参数 *c* 和 *d* 分别为第二个复数的实部和虚部，参数 e 和 f 为相乘结果的实部和虚部。

对于复数的除法运算，计算公式如下：

$$e+\mathrm{i}f=(a+\mathrm{i}b)/(c+\mathrm{i}d)=\frac{ac+bd}{c^2+d^2}+\frac{bc-ad}{c^2+d^2}\mathrm{i}$$

相应的复数除法的算法函数如下：

```
void CDiv(double a,double b,double c,double d,double *e,double *f)
{
    double sq;
    sq=c*c+d*d;
    *e=(a*c+b*d)/sq;
    *f=(b*c-a*d)/sq;
}
```

其中，输入参数 a 和 b 分别为被除复数的实部和虚部；输入参数 c 和 d 分别为除数复数的实部和虚部；参数 e 和 f 为相除结果的实部和虚部。

6.4.2 简单复数运算示例：计算两个复数的加减乘除结果

下面将通过一个例子来看一下如何使用以上所讲的算法，进行复数的加减乘除运算。

程序示例代码如下：

```
#include <stdio.h>

void CPlus(double a,double b,double c,double d,double *e,double *f)     //加法
{
    *e=a+c;
    *f=b+d;
}

void CMinus(double a,double b,double c,double d,double *e,double *f)    //减法
{
    *e=a-c;
    *f=b-d;
}

void CMul(double a,double b,double c,double d,double *e,double *f)      //乘法
{
    *e=a*c-b*d;
    *f=a*d+b*c;
}

void CDiv(double a,double b,double c,double d,double *e,double *f)      //除法
{
    double sq;
    sq=c*c+d*d;
    *e=(a*c+b*d)/sq;
    *f=(b*c-a*d)/sq;
}

void main()
{
    double a,b,c,d;
    double e,f;
    a=4;b=6;                                                //第一个复数的实部和虚部
    c=2;d=-1;                                               //第二个复数的实部和虚部

    CPlus(a,b,c,d,&e,&f);                                   //加法
    printf("(%f+%fi) + (%f+%fi)= %f+%fi\n",a,b,c,d,e,f);
```

```
    CMinus(a,b,c,d,&e,&f);                                    //减法
    printf("(%f+%fi) - (%f+%fi)= %f+%fi\n",a,b,c,d,e,f);
    CMul(a,b,c,d,&e,&f);                                      //乘法
    printf("(%f+%fi) * (%f+%fi)= %f+%fi\n",a,b,c,d,e,f);
    CDiv(a,b,c,d,&e,&f);                                      //除法
    printf("(%f+%fi) / (%f+%fi)= %f+%fi\n",a,b,c,d,e,f);
}
```

在该程序中，首先初始化第一个复数和第二个复数的实部及虚部，然后分别调用前面预定义的复数加法、减法、乘法和除法的算法函数来进行计算，并输出相应的运算结果。该程序的执行结果如图 6-11 所示。

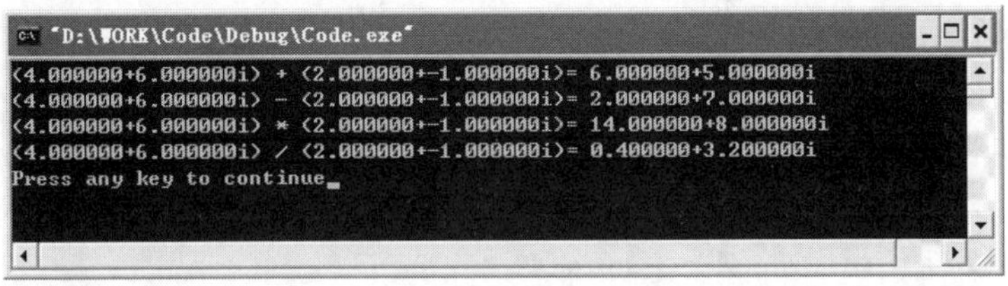

```
"D:\WORK\Code\Debug\Code.exe"
(4.000000+6.000000i) + (2.000000+-1.000000i)= 6.000000+5.000000i
(4.000000+6.000000i) - (2.000000+-1.000000i)= 2.000000+7.000000i
(4.000000+6.000000i) * (2.000000+-1.000000i)= 14.000000+8.000000i
(4.000000+6.000000i) / (2.000000+-1.000000i)= 0.400000+3.200000i
Press any key to continue
```

图 6-11

6.4.3 复数的幂运算

复数的幂运算是指对于给定的一个复数来计算如下所示的表达式的值：

$$e+\mathrm{i}f=(a+\mathrm{i}b)^n$$

其中，n 为正整数。由于前面已经介绍了复数乘法的算法，因此复数的幂运算也就比较容易实现了。下面便是依照复数乘法得到的复数幂运算的算法，示例代码如下：

```
void CPowN(double a,double b,int n,double *e,double *f) //幂运算
{
    double result;
    int i;
    *e=a;
    *f=b;

    if(n= =1)                                              //1 次幂为其本身
    {
        return;
    }
    else
    {
        for(i=1;i<n;i++)
        {
            CMul(*e,*f,a,b,e,f);                           //递推得到 n 次幂
        }
    }
}
```

其中，对于幂次 n=1 时，其实就是其本身；而对于幂次 n>1 时，则多次调用复数乘法的算法 CMul 来实现。

6.4.4 复数的幂运算示例：一个复数的 n（n=5）次幂运算

下面通过一个完整的例子来看复数幂运算的求解。

程序示例代码如下：

```
#include <stdio.h>

void CMul(double a,double b,double c,double d,double *e,double *f) //乘法
{
    *e=a*c-b*d;
    *f=a*d+b*c;
}

void CPowN(double a,double b,int n,double *e,double *f)         //幂运算
{
    double result;
    int i;
    *e=a;
    *f=b;

    if(n= =1)                                                    //1 次幂为其本身
    {
        return;
    }
    else
    {
        for(i=1;i<n;i++)
        {
            CMul(*e,*f,a,b,e,f);                                 //递推得到 n 次幂
        }
    }
}

void main()
{
    double a,b;
    double e,f;
    int n;
    a=1;b=1;                                                     //初始化复数的实部
                                                                   和虚部
    n=5;                                                         //幂次

    CPowN(a,b,n,&e,&f);                                          //幂运算
    printf("(%f+%fi) 的%d 次幂 = %f+%fi\n",a,b,n,e,f);
}
```

在该程序中，首先初始化复数的实部和虚部，以及需要计算的幂次 *n*。然后调用幂运算的算法函数 CPowN() 来进行计算。该程序的执行结果如图 6-12 所示。

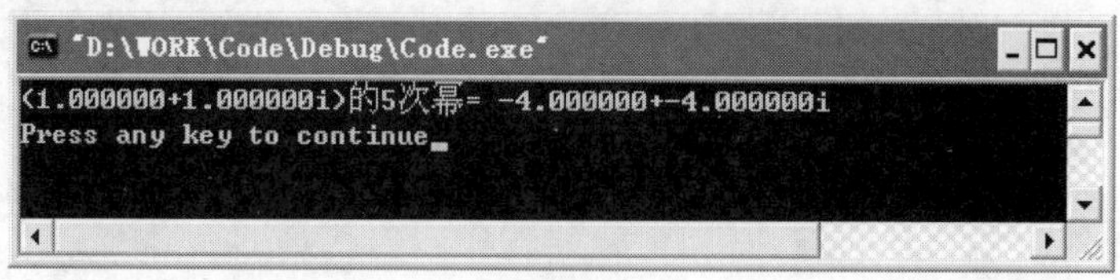

图 6-12

另外，复数的幂运算也可以换一种思路来完成。在数学上，一个复数可以表示成极坐标的形式，示例如下：

$$a+ib=r(\cos\theta+i\sin\theta)$$

依照这个规则，便可以得到复数幂运算的计算公式如下：

$$e+if=(a+ib)^n=(r(\cos\theta+i\sin\theta))^n=r^n(\cos(n\theta)+i\sin(n\theta))$$

这样，只需首先计算得到 r 和 θ，即可非常容易计算了。读者可以将上式转换为相应的 C 算法来实现。这里不再赘述。

6.4.5 复指数运算

复指数是指以复数作为 e 指数的形式，示例如下：

$$e^{a+bi}$$

虽然复数可以表示成这种形式，但是这种表示不容易理解，往往还需要将其进一步计算为常用的表示形式，示例如下：

$$e+if=e^{a+bi}$$

这个过程就是复指数运算。相应的算法还要从数学上来寻找，根据数学规则可以将上式进一步计算为如下形式：

$$e+if=e^{a+bi}=e^{a}e^{bi}=e^{a}(\cos b+i\sin b)$$

这样便找到了复指数运算的结果：

$$e=e^{a}\cos b，f=e^{a}\sin b$$

依照上面的算法，即可得到复指数运算的算法，示例代码如下：

```
void CExp(double a,double b,double *e,double *f)
{
    double temp;
    temp=exp(a);
    *e=temp*cos(b);
    *f=temp*sin(b);
}
```

在该函数中，输入参数 a 和 b 分别为复指数的实部和虚部；参数 e 和 f 是复指数运算的实部结果和虚部结果。

6.4.6 示例：给定复数的复指数运算

下面结合一个例子来看一个复指数运算的使用。

程序示例代码如下：

```
#include <stdio.h>
#include <math.h>

void CExp(double a,double b,double *e,double *f)          //复指数运算
{
    double temp;
    temp=exp(a);
    *e=temp*cos(b);
    *f=temp*sin(b);
}

void main()
{
    double a,b;
    double e,f;
    a=3;b=2;                                              //初始化

    CExp(a,b,&e,&f);                                      //复指数运算
    printf("e 的 (%f+%fi) 次幂 = %f+%fi\n",a,b,e,f);
}
```

在程序中，main() 主函数首先初始化了复指数的实部和虚部，然后调用复指数算法函数来进行计算。该程序的执行结果如图 6-13 所示。

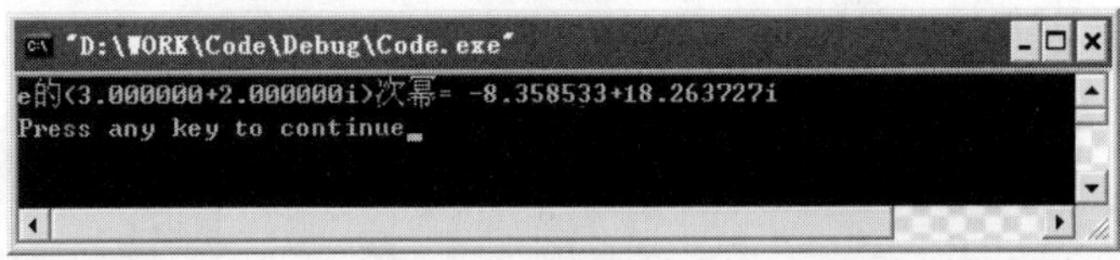

图 6-13

6.4.7 复对数运算

复对数运算就是计算复变量的自然对数。也就是对于 ln(a+bi) 形式的复数，如何将其表示成常见的形式，示例如下：

$$e + \mathrm{i}f = \ln(a+b\mathrm{i})$$

在数学上，上式可以通过如下公式来计算：

$$e+\mathrm{i}f = \ln(a+b\mathrm{i}) = \ln\sqrt{a^2+b^2} + \mathrm{i}*\arctan\frac{b}{a}$$

这样便找到了对应的结果如下：

$$e= \ln\sqrt{a^2+b^2}\ ,\quad f=\arctan\frac{b}{a}$$

参照上面的推算，便可以得到复对数运算的算法，示例代码如下：

```
void CLog(double a,double b,double *e,double *f)
{
    double temp;
    temp=log(sqrt(a*a+b*b));
    *e=temp;                                        //实部
    *f=atan2(b,a);                                  //虚部
}
```

在该函数中，输入参数 a 和 b 分别为复对数的实部和虚部；参数 e 和 f 是复对数运算的实部结果和虚部结果。

6.4.8 示例：给定复数的复对数计算

下面结合一个例子来看一个复对数运算的使用。

程序示例代码如下：

```
#include <stdio.h>
#include <math.h>

void CLog(double a,double b,double *e,double *f) //复对数运算
{
    double temp;
    temp=log(sqrt(a*a+b*b));
    *e=temp;                                                //实部
    *f=atan2(b,a);                                          //虚部
}

void main()
{
    double a,b;
    double e,f;
    a=2.0;b=3.0;
```

```
    CLog(a,b,&e,&f);                                    //复对数运算
    printf("ln(%f+%fi)= %f+%fi\n",a,b,e,f);
}
```

在程序中，main() 主函数首先初始化了复指数的实部和虚部，然后调用复对数算法函数进行计算。该程序的执行结果如图 6-14 所示。

图 6-14

6.4.9　复正弦运算

复正弦运算就是计算复变量的正弦值。也就是，对于 sin(*a*+*b*i) 形式的复数，如何将其表示成常见的形式，示例如下：

$$e+\mathrm{i}f=\sin(a+b\mathrm{i})$$

在数学上，上式可以通过如下公式来计算：

$$e+\mathrm{i}f=\sin(a+b\mathrm{i})=\sin a\cos(\mathrm{i}b)+\cos a\sin(\mathrm{i}b)=\sin a*\frac{e^{b}+e^{-b}}{2}+\mathrm{i}\cos a*\frac{e^{b}-e^{-b}}{2}$$

这样便找到了对应的结果，如下所示：

$$e=\sin a*\frac{e^{b}+e^{-b}}{2}，\quad f=\cos a*\frac{e^{b}-e^{-b}}{2}$$

参照上面的推算，便可以得到复正弦运算的算法，示例代码如下：

```
void CSin(double a,double b,double *e,double *f)
{
    double p,q;
    p=exp(b);
    q=1/p;
    *e=sin(a)*(p+q)/2.0;                                              //实部
    *f=cos(a)*(p-q)/2.0;                                              //虚部
}
```

在该函数中，输入参数 *a* 和 *b* 分别为输入复数的实部和虚部；参数 *e* 和 *f* 是复正弦运算的实部结果和虚部结果。

6.4.10　示例：给定复数的复正弦运算

下面结合一个例子来看一个复正弦运算的使用。

程序示例代码如下：

```
#include <stdio.h>
#include <math.h>

void CSin(double a,double b,double *e,double *f)          //复正弦
{
```

```
    double p,q;
    p=exp(b);
    q=1/p;
    *e=sin(a)*(p+q)/2.0;                                    //实部
    *f=cos(a)*(p-q)/2.0;                                    //虚部
}

void main()
{
    double a,b;
    double e,f;
    a=1.0;b=4.0;                                            //初始化

    CSin(a,b,&e,&f);                                        //复正弦运算
    printf("sin(%f+%fi)= %f+%fi\n",a,b,e,f);
}
```

在程序中，main() 主函数首先初始化了复指数的实部和虚部，然后调用复正弦算法函数来进行计算。该程序的执行结果如图 6-15 所示。

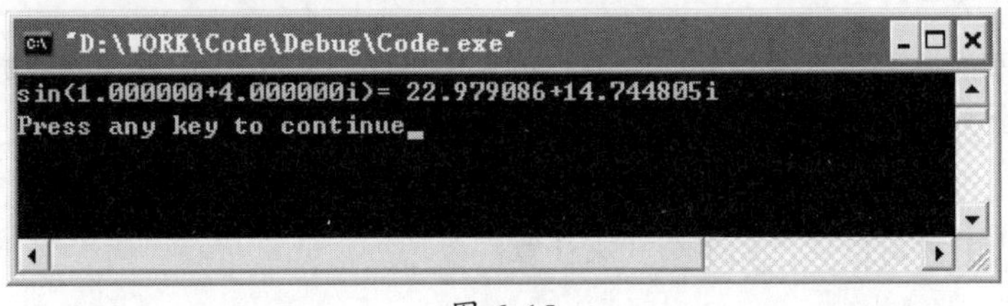

图 6-15

6.4.11　复余弦运算

复余弦运算与复正弦运算类似，就是计算复变量的余弦值。也就是对于 cos(*a*+*b*i) 形式的复数，如何将其表示成常见的形式，示例如下：

$$e+\mathrm{i}f=\cos(a+b\mathrm{i})$$

在数学上，上式可以通过如下公式来计算：

$$e+\mathrm{i}f=\cos(a+b\mathrm{i})=\cos a\cos(\mathrm{i}b)-\sin a\sin(\mathrm{i}b)=\cos a*\frac{e^b+e^{-b}}{2}+\mathrm{i}\sin a*\frac{e^b-e^{-b}}{2}$$

这样便找到了对应的结果，如下所示：

$$e=\cos a*\frac{e^b+e^{-b}}{2},\quad f=-\sin a*\frac{e^b-e^{-b}}{2}$$

参照上面的推算，便可以得到复余弦运算的算法，示例代码如下：

```
void CCos(double a,double b,double *e,double *f)
{
    double p,q;
    p=exp(b);
    q=1/p;
    *e=cos(a)*(p+q)/2.0;                                    //实部
    *f=-1.0*sin(a)*(p-q)/2.0;                               //虚部
}
```

在该函数中，输入参数 *a* 和 *b* 分别为输入复数的实部和虚部；输入参数 *e* 和 *f* 为复余弦运算的实部结果和虚部结果。

6.4.12　示例：给定复数的复余弦运算

下面结合一个例子来看一个复余弦运算的使用。

程序示例代码如下：

```
#include <stdio.h>
#include <math.h>

void CCos(double a,double b,double *e,double *f)          //复余弦
{
    double p,q;
    p=exp(b);
    q=1/p;
    *e=cos(a)*(p+q)/2.0;                                   //实部
    *f=-1.0*sin(a)*(p-q)/2.0;                              //虚部
}

void main()
{
    double a,b;
    double e,f;
    a=1.0;b=4.0;                                           //初始化

    CCos(a,b,&e,&f);                                       //复余弦运算
    printf("Cos(%f+%fi)= %f+%fi\n",a,b,e,f);
}
```

在程序中，main() 主函数首先初始化了复指数的实部和虚部；然后调用复余弦算法函数来进行计算。该程序的执行结果如图 6-16 所示。

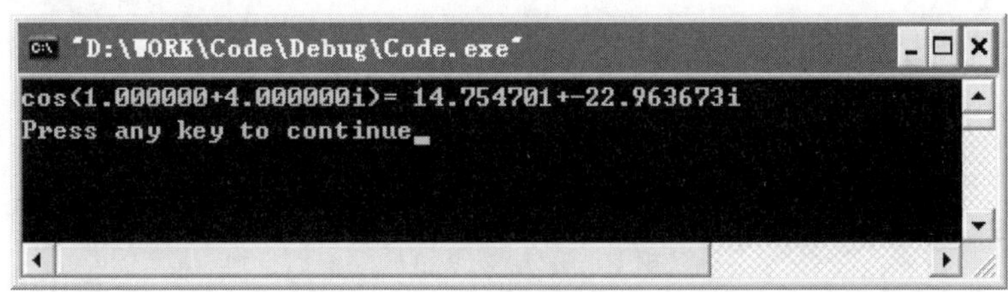

图 6-16

6.5　阶乘

阶乘（Factorial）是排列、组合、概率以及微积分级数分析中的一个重要概念，很多表达式中都可以找到它的身影。对于一个正整数 n，n 的阶乘就是指所有小于或等于 n 的正整数的乘积，一般记为 $n!$。阶乘的公式如下所示：

$$n! = n*(n-1)*(n-2)*\cdots*2 * 1$$

从不同的角度来分析阶乘，可以采用不同的算法来计算阶乘。

6.5.1　使用循环计算阶乘

从 $n!$ 的表达式可以看出，阶乘是非常有规律地从 1 开始逐个递增相乘，这样的结构很容易使用循环来实现。下面便给出采用 for 循环的阶乘算法，示例代码如下：

```
long fact(int n)                                           //求阶乘函数
```

```
{
    int i;
    long result=1;

    for(i=1;i<=n;i++)                                   //循环计算
    {
        result*=i;
    }
    return result;
}
```

其中，输入参数 *n* 为需要计算的阶乘。在该函数中，使用 for 循环来逐个计算从 1 ～ *n* 的乘积。函数的返回值便是 *n*!。

说明：在 C 语言中，除了 for 循环外，还可以采用 while 循环、do...while 循环来实现。读者可以根据上述思路来编写相应的算法。

6.5.2 循环计算阶乘示例：求输入整数的阶乘运算结果

下面结合一个例子来看一下阶乘运算的使用。

程序示例代码如下：

```
#include <stdio.h>                                      //头文件

long fact(int n);                                       //函数声明

void main()
{
    int i;                                              //声明变量

    printf("请输入要求阶乘的一个整数：");
    scanf("%d",&i);                                     //输入数据
    printf("%d 的阶乘结果为：%ld\n",i,fact(i));           //调用函数
}

long fact(int n)                                        //求阶乘函数
{
    int i;
    long result=1;

    for(i=1;i<=n;i++)                                   //循环计算
    {
        result*=i;
    }
    return result;
}
```

该程序中，首先由用户输入一个要求阶乘的整数，然后调用 fact() 函数来计算阶乘。该程序的执行结果如图 6-17 所示。

图 6-17

除了使用循环来计算阶乘外，还可以使用递归来计算，关于递归计算阶乘的算法公式和示例在前面 3.4.2 小节已详细讲过，在此不再赘述。

从计算阶乘的例子可以看出，同一个问题，从不同的角度来分析，即可得到不同的计算算法。因此，当读者遇到一个问题时，需要从多个角度来分析，考虑有哪些途径可以用来进行计算算法。不同算法的执行效率是不尽相同的。

6.6　计算 π 的近似值

圆周率 π 是一个非常重要的常数，无论是在数学还是在物理学上都有很广泛的用途。圆周率 π 的值直接关系到计算圆周长、圆面积、球体积等。圆周率 π 一般定义为圆周长与圆直径之比。在数学分析学中，圆周率 π 被严格定义为满足如下等式的最小正实数。

```
sin(x)=0
```

圆周率 π=3.141592653589793……，是一个无限不循环实数，即无理数。

精确计算圆周率 π 的，从古至今都是非常重要的，随着技术的发展也出现了很多种计算方法。下面将分析割圆术、蒙特卡罗算法和级数公式等典型的圆周率 π 的计算算法。

注：蒙特卡罗算法计算圆周率 π 在前面 3.6.2 小节已经有过详细介绍和案例，本小节中将不再赘述。

6.6.1　割圆术

割圆术（Cyclotomic Method）可以说是最为古老的计算圆周率 π 的方法。割圆术最早是由我国魏晋时期的著名数学家刘徽提出的，当时大约是公元 3 世纪中期。割圆术的基本思想就是不断倍增圆内接正多边形的边数，使其逐渐接近圆，从而计算圆的周长，且可以推算出圆周率 π 的近似值。

我国古代经典的数学著作《九章算术》在第一章“方田”章中提到“半周半径相乘得积步”。其中，半周就是周长的一半，半径就是圆的半径，积步就是圆面积。这在现在看来是非常显而易见的，但在那个年代却是很难得的。刘徽为了证明这个公式，在其著作《九章算术注》一书中，在公式“半周半径相乘得积步”后面写了一个长篇的注记，这篇注记便建立了割圆术的完整体系。

刘徽当时得到的圆周率 π 近似值为 3.1416。公元 5 世纪，祖冲之与其子以正 24576 边形来内接圆，计算得到误差小于八亿分之一的圆周率 π。这个纪录在一千多年后才被西方数学家打破。

在国外，阿基米德使用正 96 边形得到小数点后 3 位的圆周率 π 精度，鲁道夫使用正 262 边形得到了小数点后 35 位的圆周率 π 精度。

1. 割圆术的算法思想

下面简单介绍一下割圆术计算圆周率 π 的思路。假设有一个圆，如图 6-18 所示。其半径为 1，在其内部内接一个正六边形。正六边形的边长为 y_1。根据几何知识可知 y_1=1，圆的周长近似为 $L_1=6*y_1=6$。圆周率 π 为圆周长与圆直径之比，也就是 $L_1/(2*1)=6/2=3$，这就是按照内接正六边形得到的圆周率 π 的近似值。这就是中国古代《周髀算经》中的“周三径一”。

刘徽已经指出了其不准确性，需要进一步增加内接多边形的边数来逼近准确值。

在内接正六边形的基础上再细分，即内接一个正十二边形，如图 6-19 所示。

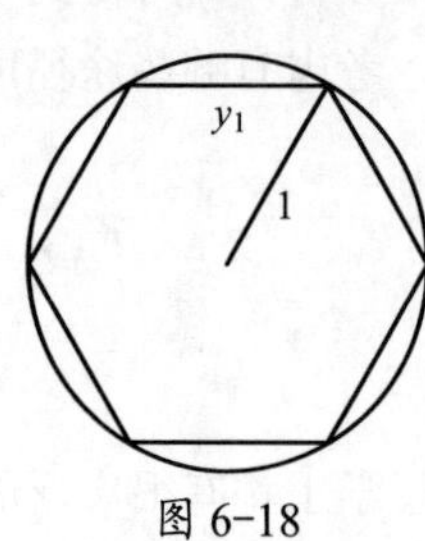

图 6-18

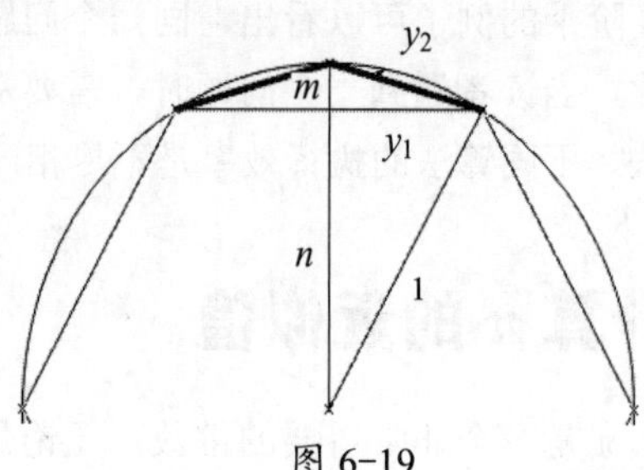

图 6-19

$$y_2^2 = m^2 + \left(\frac{y_1}{2}\right)^2$$

显然，正十二边形要更加接近圆。正十二边形的边长为 y_2，我们通过计算可以得到此时的圆周率 π。首先，图中 $m+n=1$。边长 m、$y_1/2$、y_2 构成一个直角三角形，根据勾股定理可得：

另外，边长 n、$y_1/2$ 和半径 1 构成一个直角三角形，根据勾股定理可得：

$$1^2 = n^2 + \left(\frac{y_1}{2}\right)^2$$

m 和 n 构成圆的半径，也就是：

$$m+n=1$$

综合上面的三个式子，便可以得到：

$$y_2^2 = 2 - \sqrt{2^2 - y_1^2}$$

而圆周率 π 的近似值为：

$$\pi \approx \frac{12 * y_2}{2} = 6 * y_2$$

再进一步，如果内接二十四边形，其边长为 y_3。则有下式：

$$y_3^2 = 2 - \sqrt{2^2 - y_2^2}$$

而圆周率 π 的近似值为：

$$\pi \approx \frac{24 * y_3}{2} = 12 * y_2$$

可以看到，这是一个递推的公式，示例如下：

$$y_n^2 = 2 - \sqrt{2^2 - y_{n-1}^2}$$

$$\pi \approx \frac{6 * 2^n * y_n}{2} = 3 * 2^n * y_2$$

只要 n 趋向于无穷大，便可以得到足够接近圆的多边形，计算的圆周率 π 也就越精确。

2．割圆术的算法实现

可以通过 C 语言来实现上述割圆术的算法。割圆术计算圆周率 π 算法的示例代码如下：

```
void cyclotomic(int n)
{
```

```
    int i,s;
    double k,len;
    i=0;
    k=3.0;                                              // 初值
    len=1.0;                                            // 边长初值
    s=6;                                                // 初始内接正 6 边形
    while(i<=n)
    {
        printf("第 %2d 次切割，为正 %5d 边形，PI=%.24f\n",i,s,k*sqrt(len));
        s*=2;                                           // 边数加倍
        len=2-sqrt(4-len);                              // 内接多边形的边长
        i++;
        k*=2.0;
    }
}
```

其中，输入参数 *n* 为需要在初始内接正六边形的基础上继续切割的次数。该函数完全遵照了前面的算法，将每次切割的结果打印输出。

6.6.2　割圆术算法示例：计算圆周率 π（根据输入的切割次数）

下面结合一个例子来看一个割圆术算法在计算圆周率 π 时的使用。

程序示例代码如下：

```
#include <stdio.h>
#include <math.h>

void cyclotomic(int n)                                  // 割圆术算法
{
    int i,s;
    double k,len;
    i=0;
    k=3.0;                                              // 初值
    len=1.0;                                            // 边长初值
    s=6;                                                // 初始内接正 6 边形

    while(i<=n)
    {
        printf("第 %2d 次切割，为正 %5d 边形，PI=%.24f\n",i,s,k*sqrt(len));
        s*=2;                                           // 边数加倍
        len=2-sqrt(4-len);                              // 内接多边形的边长
        i++;
        k*=2.0;
    }
}

void main ()
{
    int n;
    printf("输入切割次数：");
    scanf("%d",&n);                                     // 输入切割次数
    cyclotomic(n);                                      // 计算每次切割的圆周率
}
```

该程序中，首先由用户输入一个切割次数，然后调用 cyclotomic() 函数来计算每次切割的圆周率 π 的近似值。该程序的执行结果如图 6-20 所示。

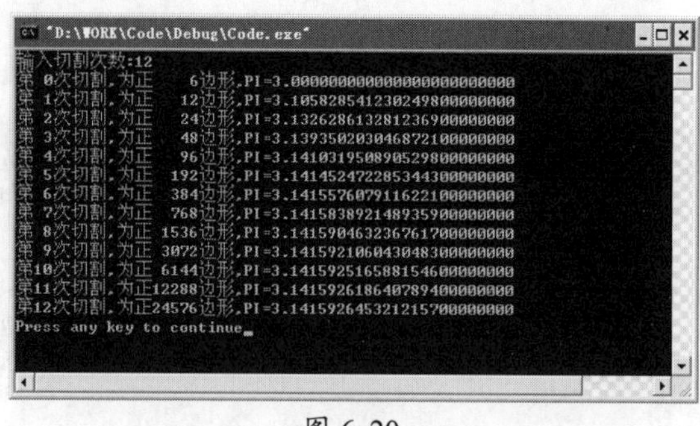

图 6-20

由这个例子可知，切割的次数越多，内接多边形的边数也就越多，内接多边形也就越接近圆，计算所得的圆周率 π 也就越精确。

6.6.3 级数公式

其实前面的蒙特卡罗算法并不能作为一个计算圆周率 π 的公式，刘徽创立的割圆术可以说是最早的公式。其中用到了递推和极限的思想，在当时都是非常先进的。但割圆术需要的计算量比较大，随着技术的发展，目前产生了多种效率更高的计算圆周率 π 的公式。

1．常用的圆周率 π 计算公式简介

圆周率 π 计算公式往往凝聚了众多数学家的智慧，作为扩展知识面，这里列举了一些比较著名的圆周率 π 计算公式。

（1）马青公式

马青公式是英国天文学家约翰 · 马青于 1706 年提出的，马青公式的表达式如下：

$$\pi = 16 * \arctan\frac{1}{5} - 4 * \arctan\frac{1}{239}$$

依照这个公式，可以计算到小数点后 100 位的圆周率 π。

（2）拉马努金公式

拉马努金公式是印度数学家拉马努金于 1914 年提出的，当时共提出了 14 条类似的计算公式。后人使用该公式计算得到小数点后 17 500 000 位的圆周率 π。

（3）丘德诺夫斯基公式

丘德诺夫斯基公式是对拉马努金公式的改进，由丘德诺夫斯基于 1989 年提出。丘德诺夫斯基兄弟使用该公式计算得到小数点后 4 044 000 000 位的圆周率 π。

（4）高斯 · 勒让德公式

高斯 · 勒让德公式效率非常高，迭代 20 次便可以计算到小数点后 100 万位的圆周率 π。日本数学家使用该公式计算到了圆周率的 206 158 430 000 位，创出了当时的世界纪录。

（5）BBP 公式

BBP 公式又称 Bailey-Borwein-Plouffe 算法，这是一个全新的算法，可以计算到圆周率 π 的任意一位，而不用计算该位之前的各位。圆周率 π 的分布式计算就是基于这种算法的。

2．级数公式的算法思想

在微积分中，对一个表达式进行级数展开并取极限便可以得到一系列的迭代计算公式。对于圆周率 π 也可以采用相同的方法来得到级数公式。这样的级数公式很多，依赖于不同的级数展开表达式，下面就是一个很典型的例子。

$$\frac{\pi}{2}=1+\frac{1}{3}+\frac{1}{3}\times\frac{2}{5}+\frac{1}{3}\times\frac{2}{5}\times\frac{3}{7}+\frac{1}{3}\times\frac{2}{5}\times\frac{3}{7}\times\frac{4}{9}+\cdots$$

级数展开并不是本书的重点内容，读者可以参阅相关的微积分书籍，这里仅是引用相应的公式来实现相应的程序算法。对上式左右两边同时乘以 2，得到如下结果：

$$\pi=2*\left(\frac{1}{1}+\frac{1}{3}+\frac{1}{3}\times\frac{2}{5}+\frac{1}{3}\times\frac{2}{5}\times\frac{3}{7}+\frac{1}{3}\times\frac{2}{5}\times\frac{3}{7}\times\frac{4}{9}+\cdots\right)$$

这便可以作为圆周率 π 的计算公式，其中各项非常有规律。从第二项开始，每一项都是在前一项的基础上多乘了一个分数，该分数的分母增加 2，而分子增加 1。这样便可以采用递推的算法来实现。

3．级数公式的算法实现

依照上面的级数公式的算法思想，可以编写相应的计算圆周率 π 的程序，示例代码如下：

```
double JishuPI()
{
    double PI,temp;
    int n,m;
    n=1;                                        //分子
    m=3;                                        //分母
    temp=2;                                     //精度
    PI=2;                                       //初始化 PI

    while(temp>1e-15)                           //数列大于指定的精度
    {
        temp=temp*n/m;                          //计算一个项的值
        PI+=temp;                               //添加到 PI 中
        n++;                                    //分子增加 1
        m+=2;                                   //分母增加 2
    }
    return PI;                                  //返回 PI
}
```

其中，严格遵循了前面的级数公式的算法。函数中设置了一个精度 1e-15，当计算的每一项大于该精度时才计算，否则将退出并返回圆周率 π。

6.6.4　级数公式算法示例：计算圆周率 π

下面结合一个例子来看一下级数公式的算法在计算圆周率 π 时的使用。

程序示例代码如下：

```
#include <stdio.h>
#include <stdlib.h>

double JishuPI()                                //级数算法
{
    double PI,temp;
    int n,m;
    n=1;                                        //分子
    m=3;                                        //分母
    temp=2;                                     //精度
    PI=2;                                       //初始化 PI

    while(temp>1e-15)                           //数列大于指定的精度
    {
        temp=temp*n/m;                          //计算一个项的值
```

```
        PI+=temp;                                    //添加到 PI 中
        n++;                                         //分子增加 1
        m+=2;                                        //分母增加 2
    }
    return PI;                                       //返回 PI
}

void main()
{
    double PI;

    PI=JishuPI();                                    //计算
    printf("PI=%f\n",PI);                            //输出结果

}
```

在程序中，main() 主函数直接调用 JishuPI() 算法函数来计算圆周率 π 的近似值。该程序的执行结果如图 6-21 所示。

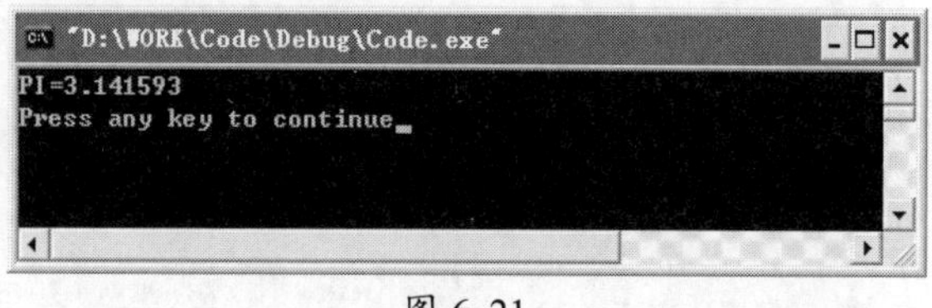

图 6-21

6.7 矩阵运算

矩阵是非常重要的数据表示形式，其在线性代数、数值计算和方程求解等领域都有着广泛的应用。在 C 语言中，矩阵可以使用二维数组的形式来表示。矩阵的基本运算包括加法、减法、乘法和求逆等，此外还包括一些更为复杂的运算，例如转置、稀疏矩阵运算、求秩等。这里先介绍使用较多也是最基本的加法、减法和乘法运算。

6.7.1 矩阵加法

矩阵加法比较简单，只需将对应项相加即可。矩阵加法的前提条件是两个参与运算矩阵的行数和列数必须对应相等。示例如下：

$$\begin{bmatrix} 2 & 8 & 3 \\ 11 & -1 & 5 \\ 13 & 2 & 7 \end{bmatrix} + \begin{bmatrix} 1 & 18 & 7 \\ 2 & 11 & 15 \\ 10 & 3 & 4 \end{bmatrix} = \begin{bmatrix} 3 & 26 & 10 \\ 13 & 10 & 20 \\ 23 & 5 & 11 \end{bmatrix}$$

矩阵加法的算法函数示例代码如下：

```
void MatrixPlus(double A[],double B[],int m,int n,double C[])
{
    int i,j;
    for(i=0;i<m*n;i++)
    {
        C[i]=A[i]+B[i];                              //对应项相加
    }
}
```

其中，输入参数 A[] 和 B[] 为参与运算的矩阵，输入参数 m 和 n 分别为行数和列数，参

数 C[] 为相加结果矩阵。

需要注意的是，这里传入函数参与运算的是一维数组，而不直接传入二维数组。这是因为二维数组作为参数需要指定明确的行数和列数，而为了通用性，行数和列数设置为未知数。在 C 语言中是不允许使用变量作为数组的大小。

6.7.2 矩阵加法示例：计算两个矩阵相加的结果

下面结合一个示例来看矩阵加法算法的应用。

程序示例代码如下：

```
#include <stdio.h>
#include <stdlib.h>

void MatrixPlus(double A[],double B[],int m,int n,double C[])
{
    int i,j;
    for(i=0;i<m*n;i++)
    {
            C[i]=A[i]+B[i];                          //对应项相加
    }
}

void main()
{
    double A[3][3]={{1.0,2.0,3.0},                   //矩阵 A
                    {4.0,5.0,6.0},
                    {7.0,8.0,9.0}};
    double B[3][3]={{2.0,-2.0,1.0},                  //矩阵 B
                    {1.0,3.0,9.0},
                    {17.0,-3.0,7.0}};
    double C[3][3];                                  //结果矩阵 C
    int m,n,i,j;
    m=3;                                             //行数
    n=3;                                             //列数

    printf("矩阵 A 和 B 相加的结果为：\n");
    MatrixPlus(A,B,m,n,C);                           //运算
    for(i=0;i<m;i++)
    {
        for(j=0;j<n;j++)
        {
            printf("%10.6f ",C[i][j]);               //输出结果
        }
        printf("\n");
    }
}
```

在该程序中，首先初始化参与运算的矩阵 A 和 B，这两个矩阵的行数为 3，列数为 3，分别采用二维数组来表示。然后调用 MatrixPlus() 函数进行矩阵相加，最后输出相加的结果矩阵 C。该程序的执行结果如图 6-22 所示。

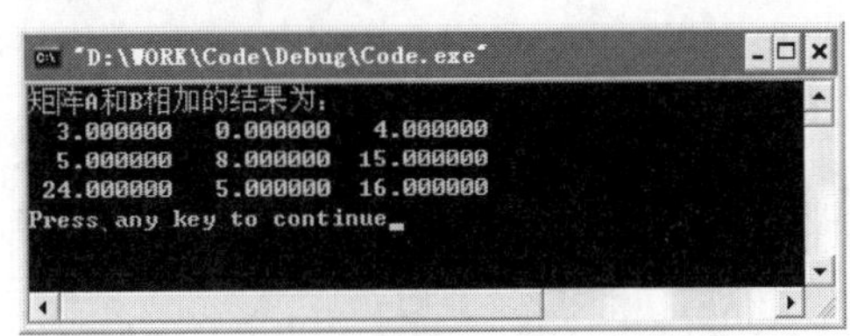

图 6-22

6.7.3 矩阵减法

矩阵减法也比较简单，只需对应项相减即可。矩阵减法的前提条件是两个参与运算矩阵的行数和列数必须对应相等。示例如下：

$$\begin{bmatrix} 2 & 8 & 3 \\ 11 & -1 & 5 \\ 13 & 2 & 7 \end{bmatrix} - \begin{bmatrix} 1 & 18 & 7 \\ 2 & 11 & 15 \\ 10 & 3 & 4 \end{bmatrix} = \begin{bmatrix} 1 & -10 & -4 \\ 9 & -12 & -10 \\ 3 & -1 & 3 \end{bmatrix}$$

矩阵减法的算法函数示例代码如下：

```
void MatrixMinus(double A[],double B[],int m,int n,double C[])
{
    int i,j;
    for(i=0;i<m*n;i++)
    {
        C[i]=A[i]-B[i];                                          //对应项相减
    }
}
```

其中，输入参数 A[] 和 B[] 为参与运算的矩阵；输入参数 *m* 和 *n* 分别为行数和列数；参数 C[] 为相减结果矩阵。

同样需要注意，这里传入函数参与运算的是一维数组，而不直接传入二维数组，原因同上。

6.7.4 矩阵减法示例：计算两个矩阵相减的结果

下面结合一个例子来看一下矩阵减法算法的具体应用。

程序示例代码如下：

```
#include <stdio.h>
#include <stdlib.h>

void MatrixMinus(double A[],double B[],int m,int n,double C[])
{
    int i,j;
    for(i=0;i<m*n;i++)
    {
            C[i]=A[i]-B[i];                                      //对应项相减
    }
}

void main()
{
    double A[3][3]={{1.0,2.0,3.0},                               //矩阵A
            {4.0,5.0,6.0},
            {7.0,8.0,9.0}};
    double B[3][3]={{2.0,-2.0,1.0},                              //矩阵B
            {1.0,3.0,9.0},
            {17.0,-3.0,7.0}};
    double C[3][3];                                              //结果矩阵C
    int m,n,i,j;
    m=3;                                                         //行数
    n=3;                                                         //列数

    printf("矩阵A和B相减的结果为：\n");
    MatrixMinus(A,B,m,n,C);                                      //运算
    for(i=0;i<m;i++)
    {
        for(j=0;j<n;j++)
```

```
            {
                printf("%10.6f ",C[i][j]);                              //输出结果
            }
            printf("\n");
        }
    }
```

在该程序中，首先初始化参与运算的矩阵 A 和 B，这两个矩阵的行数为 3，列数为 3，分别采用二维数组来表示。然后调用 MatrixMinus() 函数进行矩阵相减，最后输出相减的结果矩阵 C。该程序的执行结果如图 6-23 所示。

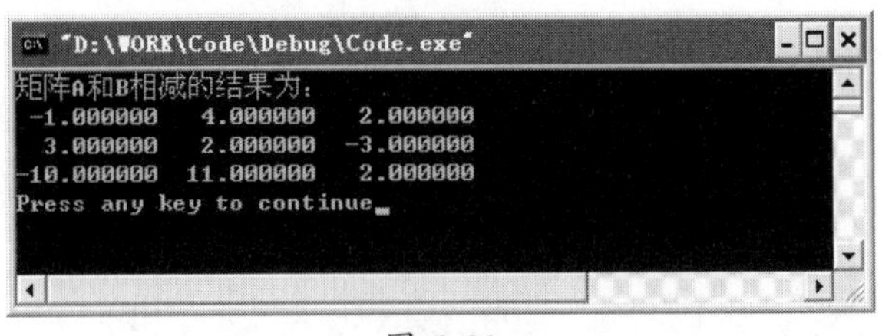

图 6-23

6.7.5　矩阵乘法

矩阵的乘法相对复杂一些。对于给定的 $m \times n$ 矩阵 A 和 $n \times k$ 矩阵 B，其乘积矩阵如下：

$$C=AB$$

其中，乘积矩阵 C 为 $m \times k$ 阶的。两个矩阵参与相乘的前提条件是，矩阵 A 的列数必须等于矩阵 B 的行数。这时，还需要指出的是矩阵的乘法是不具备交换性的，也就是：

$$AB \neq BA$$

在数学上，乘积矩阵 C 中各个元素的值为

$$c_{ij} = \sum_{t=0}^{n-1} a_{it} b_{tj}$$

其中，i=0，1，…，m−1；j=0，1，…，k−1。

形象地说，在运算时，第 1 个矩阵 A 的第 i 行的所有元素与第 2 个矩阵 B 第 j 列的元素对应相乘，并把相乘的结果相加，最终得到的值就是矩阵 C 的第 i 行第 j 列的值。例如，如下显示了两个矩阵相乘的过程。

$$\begin{bmatrix} 5 & 8 & 3 \\ 11 & 0 & 5 \end{bmatrix} \times \begin{bmatrix} 0 & 18 \\ 2 & 11 \\ 10 & 3 \end{bmatrix} = \begin{bmatrix} 5\times0+8\times2+3\times10 & 5\times18+8\times11+3\times3 \\ 11\times0+0\times2+5\times10 & 11\times18+0\times11+5\times3 \end{bmatrix} = \begin{bmatrix} 46 & 187 \\ 50 & 213 \end{bmatrix}$$

可以根据上述矩阵乘法的规则来编写矩阵乘法的算法，示例代码如下：

```
void MatrixMul(double A[],double B[],int m,int n,int k,double C[])
{
    int i,j,l,u;
    for (i=0; i<m; i++)
    {
        for (j=0; j<k; j++)
        {
            u=i*k+j;
            C[u]=0.0;                                   //初值
            for(l=0; l<n; l++)
```

```
                {
                    C[u]+=A[i*n+l]*B[l*k+j];                    //相乘累加
                }
            }
        }
}
```

其中，输入参数 A[] 和 B[] 为参与运算的矩阵；输入参数 *m* 为矩阵 A 的行数；输入参数 *n* 为矩阵 A 的列数；输入参数 *k* 为矩阵 B 的列数；参数 C[] 为相乘结果矩阵。

同样需要注意，这里传入函数参与运算的是一维数组，而不直接传入二维数组。

6.7.6 矩阵乘法示例：计算两个矩阵相乘的结果

下面结合一个例子来看一下如何进行矩阵相乘。

程序示例代码如下：

```
#include <stdio.h>
#include <stdlib.h>

void MatrixMul(double A[],double B[],int m,int n,int k,double C[])
{
    int i,j,l,u;
    for (i=0; i<m; i++)
    {
        for (j=0; j<k; j++)
        {
            u=i*k+j;
            C[u]=0.0;                                      //初值
            for(l=0; l<n; l++)
            {
                C[u]+=A[i*n+l]*B[l*k+j];                   //相乘累加
            }
        }
    }
}

void main()
{
    double A[3][3]={{1.0,2.0,3.0},                         //矩阵 A
                {4.0,5.0,6.0},
                {7.0,8.0,9.0}};
    double B[3][3]={{2.0,-2.0,1.0},                        //矩阵 B
                {1.0,3.0,9.0},
                {17.0,-3.0,7.0}};
    double C[3][3];                                        //结果矩阵 C
    int m,n,k,i,j;
    m=3;                                                   //行数
    n=3;                                                   //列数
    k=3;                                                   //新列数

    printf("矩阵 A 和 B 相乘的结果为：\n");
    MatrixMul(A,B,m,n,k,C);                                //运算
    for(i=0;i<m;i++)
    {
        for(j=0;j<n;j++)
        {
            printf("%10.6f ",C[i][j]);                     //输出结果
        }
        printf("\n");
    }
}
```

在该程序中，首先初始化参与运算的矩阵 A 和 B，这两个矩阵的行数为 3，列数为 3，分别采用二维数组来表示。调用 MatrixMul() 函数进行矩阵相乘，最后输出相乘的结果矩阵 C。该程序执行结果，如图 6-24 所示。

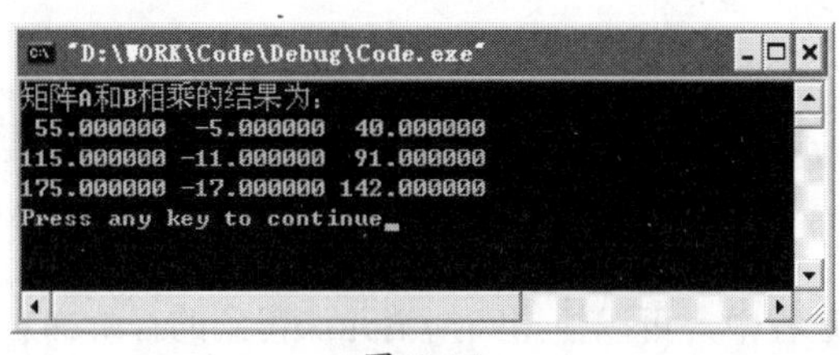

图 6-24

6.8　方程求解

在实际应用中，很多问题都可以简化为方程或者方程组的形式。这样，问题的求解也就转化为方程的求解。一般来说，方程可以划分为线性方程和非线性方程两类。

线性方程：方程中任何一个变量的幂次都是 1 次。例如：$y=4x-3$。这类方程在做图时会呈现为一种直线，因此被称为线性方程。对于线性方程，对于自变量 x 的一个值，对应的因变量 y 是一个确定的值。线性方程求解比较简单。

非线性方程：方程中包含一个变量的幂次不是 1 次。例如：$y=4x^2-3$、$y=\sin(x)-3x+1$ 等。这类方程在做图时会呈现为各式各样的曲线，因此被称为非线性方程。对于大部分非线性方程，很难求解，数学上往往只计算其近似解。

本节将首先介绍简单的线性方程的求解，然后介绍两种非线性方程近似解的计算。

6.8.1　线性方程求解——高斯消元法

高斯（Gauss）消元法是线性方程组最经典的求解算法，一般也称为简单消元法或者高斯消元法。高斯消元法虽然以数学家高斯命名，但该方法的思想最早出现于中国古代的数学专著《九章算术》，大约在公元前 150 年。

1．高斯消元法的算法思想

下面来看高斯消元法的基本原理。一个线性方程组如下：

$$\mathrm{A}x=\mathrm{B}$$

其中，A 为系数矩阵，x 为变量列矩阵，B 为常数列矩阵。假设该方程组有 equnum 个方程，每个方程有 varnum 个变量。可以将系数矩阵 A 和常数列矩阵 B 组合成一个增广矩阵 A′，然后对该矩阵中的每一个元素进行如下消元操作。

$$a_{ij}=a_{ij}-\frac{a_{ik}}{a_{kk}}a_{kj}$$

其中，$i=k+1$，…，n；

$j=k+1$，…，$n+1$；

$k=1$，…，$n-1$。

也就是说，循环处理矩阵的 0 ～ equnum−1 行（用 k 表示当前处理的行），并设当前处理的列为 col（设初值为 0），每次找第 k 行以下（包括第 k 行）col 列中元素绝对值最大的列与第 k 行交换。如果 col 列中的元素全为 0，则处理 col+1 列，k 不变。

经过消元后，再按以下公式执行回代过程，得到方程组各变量的解如下：

$$x_n = a_{nn+1} / a_{nn}$$

$$x_n = \left(a_{kn+1} - \sum_{j=k+1}^{n} a_{kj} x_j \right) / a_{kk}$$

其中，k=n-1，…，1。

在整个算法处理的过程中，可以根据高斯消元法得到的行阶梯矩阵的值来判断该方程组解的形式。主要有如下三种情况；

• 无解：当最后的行阶梯矩阵中出现（0, 0, …, 0, a）的形式，其中 a 为不等于 0 的数，这显然是不可能的，因此说明该方程无解；

• 唯一解：若最后的行阶梯矩阵形成了严格的上三角阵，判断条件是 k=equ，即行阶梯矩阵形成了严格的上三角阵。这种情况具有唯一解，可利用回代法逐一求出方程组的解；

• 无穷多解：若最后的行阶梯矩阵不能形成严格的上三角形，条件是 k<equ。此时，自由变量的个数即为 equ–k，这种情况下有无穷多解。

2．高斯消元法的算法实现

可以根据前面所述的算法思想来编写相应的 C 语言实现，详细的示例代码如下：

```
#define MaxNum 10                                            //变量数量的最大值
int array[MaxNum][MaxNum];                                   //输入的增广矩阵
int unuse_result[MaxNum];                                    //判断是否是不确定的变量

int GaussFun(int equ,int var,int result[])                   //高斯消元法算法
{
    int i,j,k,col,num1,num2;
    int max_r,ta,tb,gcdtemp,lcmtemp;
    int temp,unuse_x_num,unuse_index;
    col=0;                                                   //第 1 列开始处理
    for(k=0;k<equ && col<var;k++,col++)                      //循环处理增广矩阵中的各行
    {
        max_r=k;                                             //保存绝对值最大的行号
        for(i=k+1;i<equ;i++)
        {
            if(abs(array[i][col])>abs(array[max_r][col]))
            {
                max_r=i;                             //保存绝对值最大的行号
            }
        }
        if(max_r!=k)                                 //最大行不是当前行，则与第 k 行交换
        {
            for(j=k;j<var+1;j++)                     //交换矩阵右上角数据
            {
                temp=array[k][j];
                array[k][j]=array[max_r][j];
                array[max_r][j]=temp;
            }
        }
        if(array[k][col]= =0)      //说明 col 列第 k 行以下全是 0，则处理当前行的下一列
        {
            k--;
            continue;
        }
```

```
        for(i=k+1;i<equ;i++)                            // 查找要删除的行
        {
            if(array[i][col]!=0)                        // 如果左列不为 0，进行消元运算
            {
                num1=abs(array[i][col]);
                num2=abs(array[k][col]);
                while(num2!= 0)
                {
                    temp=num2;
                    num2=num1%num2;
                    num1=temp;
                }
                gcdtemp=num1;                           // 最大公约数
                lcmtemp=(abs(array[i][col]) * abs(array[k][col]))/gcdtemp;
                                                        // 求最小公倍数

                ta=lcmtemp/abs(array[i][col]);
                tb=lcmtemp/abs(array[k][col]);
                if(array[i][col]*array[k][col]<0)       // 如果两数符号不同
                {
                    tb=-tb;                             // 异号的情况是两个数相加
                }
                for(j=col;j<var+1;j++)
                {
                    array[i][j]=array[i][j]*ta-array[k][j]*tb;
                }
            }
        }
    }
    for(i=k;i<equ;i++)                  // 判断最后一行最后一列
    {
        if(array[i][col]!=0)            // 若不为 0，表示无解
        {
            return -1;                  // 返回 -1，表示无解
        }
    }
    if(k<var)                           // 自由变量有 var-k 个，即不确定的变量至少有 var-k 个
    {
        for(i=k-1;i>=0;i--)
        {
            unuse_x_num=0;              // 判断该行中不确定变量数量
            for(j=0;j<var;j++)
            {
                if(array[i][j]!=0 && unuse_result[j])
                {
                    unuse_x_num++;
                    unuse_index=j;
                }
            }
            if(unuse_x_num>1)
            {
                continue;                               // 若超过 1 个，则无法求解
            }
            temp=array[i][var];
            for(j=0;j<var;j++)
            {
                if(array[i][j]!=0 && j!=unuse_index)
                {
                    temp-=array[i][j]*result[j];
                }
            }
            result[unuse_index]=temp/array[i][unuse_index];     // 求出该变量
            unuse_result[unuse_index]=0;            // 该变量是确定的
```

```
        }
        return var-k;                                   //自由变量有 var-k 个
    }
    for(i=var-1;i>=0;i--)                               //求解
    {
        temp=array[i][var];
        for(j=i+1;j<var;j++)
        {
            if(array[i][j]!=0)
            {
                temp-=array[i][j]*result[j];
            }
        }
        if(temp % array[i][i]!=0)                       //若不能整除
        {
            return -2;                                  //返回有浮点数解，但无整数解
        }
        result[i]=temp/array[i][i];
    }
    return 0;
}
```

在程序中，array 为输入的增广矩阵，MaxNum 定义了变量的最大数目。GaussFun 是高斯消元法算法的函数主体。其中，输入参数 equ 为方程的数量，var 为变量的个数，数组 result 用于保存方程组的解。整个代码处理过程严格遵循了前面所述的算法，读者可以对照两者来加深理解。

6.8.2 高斯消元法示例：对含有 3 个变量和 3 个方程的方程组求解

有了高斯消元法，可以轻松地计算线性方程组的求解。这里举例来说明高斯消元算法的应用。例如，对于如下的线性方程组。

$$\begin{cases} 3x_1 + 5x_2 - 4x_3 = 0 \\ 7x_1 + 2x_2 + 6x_3 = -4 \\ 4x_1 - x_2 + 5x_3 = -5 \end{cases}$$

首先需要得到增广矩阵，示例如下：

$$A=\begin{bmatrix} 3 & 5 & -4 & 0 \\ 7 & 2 & 6 & -4 \\ 4 & -1 & 5 & -5 \end{bmatrix}$$

有了这些之后，便可以调用前面的高斯消元算法来求解方程组。

程序示例代码如下：

```
#include <stdio.h>
#include <math.h>

#define MaxNum 10                                                   //变量数量的最大值
int array[MaxNum][MaxNum]={{3,5,-4,0},
                                        {7,2,6,-4},
                                        {4,-1,5,-5}};//输入的增广矩阵

int unuse_result[MaxNum];                                           //判断是否是不确定的变量

void main()
{
    int i, type;
```

```
    int equnum, varnum;
    int result[MaxNum];                                    //保存方程的解
    equnum=3;
    varnum=3;

    type=GaussFun(equnum,varnum,result);                   //调用高斯函数
    if(type= =-1)                                          //无解
    {
        printf("该方程无解！\n");
    }
    else if(type==-2)                                      //只有浮点数解
    {
        printf("该方程有浮点数解，无整数解！\n");
    }
    else if(type>0)                                        //无穷多个解
    {
        printf("该方程有无穷多解！ 自由变量数量为%d\n",type);
        for(i=0;i<varnum;i++)
        {
            if(unuse_result[i])
            {
                printf("x%d 是不确定的\n",i+1);
            }
            else
            {
                printf("x%d: %d\n",i+1,result[i]);
            }
        }
    }
    else
    {
        printf("该方程的解为:\n");
        for(i=0;i<varnum;i++)                              //输出解
        {
            printf("x%d=%d\n",i+1,result[i]);
        }
    }
}
```

在该程序中，首先初始化增广矩阵 array，方程个数 equnum 为 3，变量个数 varnum 为 3。方程的解保存在数组 result 中。初始化这些参数后，调用 GaussFun() 函数来进行高斯消元算法的计算，最后根据解的情况来输出结果。该程序的执行结果如图 6-25 所示。

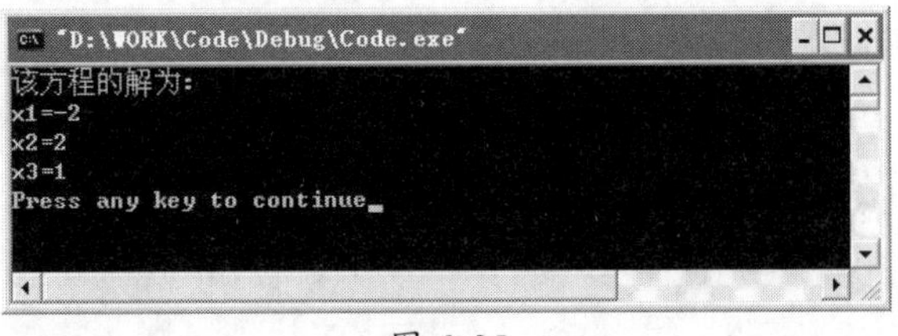

图 6-25

6.8.3　非线性方程求解——二分法

非线性方程的求解一般都比较困难，其中二分法是最典型、最简单的一种求解算法。二分法也称为对分法。

1. 二分法的算法思想

对于函数 $f(x)$，如果当 $x=c$ 时，$f(c)=0$，那么把 $x=c$ 称为函数 $f(x)$ 的零点。求解方程就

是计算该方程所有的零点。对于二分法，假定非线性方程 $f(x)$ 在区间 (x,y) 上连续。如果存在两个实数 a 和 b 属于区间 (x,y)，使得满足下式：

$$f(a)*f(b)<0$$

也就是说 $f(a)$ 和 $f(b)$ 异号，说明在区间 (a,b) 内一定有零点，也就是至少包含该方程的一个解。

然后计算 $f[(a+b)/2]$。此时，如果假设如下条件：

$$f(a)<0，f(b)>0，a<b$$

可以根据 $f[(a+b)/2]$ 的值来判断方程解的位置：

（1）如果 $f[(a+b)/2]=0$，该点就是零点；

（2）如果 $f[(a+b)/2]<0$，则表示在区间 $((a+b)/2,b)$ 内有零点，$(a+b)/2 \geqslant a$，重复前面的步骤来进行判断；

（3）如果 $f[(a+b)/2]>0$，则表示在区间 $(a,(a+b)/2)$ 内有零点，$(a+b)/2 \leqslant b$，重复前面的步骤来进行判断。

通过上述判断即可不断接近零点。由于非线性方程在很多时候都没有精确解，因此可以设置一个精度，当 $f(x)$ 小于该精度时就认为找到了零点，也就是找到了方程的解。

这种通过每次把 $f(x)$ 的零点所在小区间收缩一半的方法，使区间的两个端点逐步接近函数的零点，以求得零点的近似值的方法，也就是二分法。二分法是比较简单的非线性方程求解方法，但二分法不能计算复根和重根，这是它的不足之处。

2. 二分法的算法实现

可以根据前面所述的算法思想来编写相应的 C 语言实现，示例代码如下：

```
double erfen(double a,double b,double err)
{
    double c;
    c=(a+b)/2.0;                                        //中间值

    while(fabs(func(c))>err && func(a-b)>err)
    {
        if(func(c)*func(b)<0)                           //确定新的区间
        {
            a=c;
        }
        if(func(a)*func(c)<0)
        {
            b=c;
        }
        c=(a+b)/2;                                      //二分法确定新的区间
    }

    return c;
}
```

其中，func() 为待求解的非线性方程。函数 erfen() 便是二分法求解的算法主体，其中输入参数 a 和 b 分别为待求解的区间，输入参数 err 为误差精度。该函数的返回值便是通过二分法求得的解。整个代码处理过程严格遵循了前面所述的算法，读者可以对照两者来加深理解。

6.8.4 二分法算法示例：求解给定方程

下面通过一个具体的例子来看一下二分法求解非线性方程的应用。例如，对于如下非线性方程：

$$2x^3-5x-1=0$$

假设令 $f(x)=2x^3-5x-1$，那么当 x=1.0 和 x=2.0 时，该函数的值分别如下：

$$f(1)=2\times1^3-5\times1-1=-4$$

$$f(2)=2\times2^3-5\times2-1=25$$

很显然 $f(1)*f(2)<0$，也就是在区间 (1.0，2.0) 应该有一个方程的解。根据二分法来求解该方程的解。

程序示例代码如下：

```
#include <stdio.h>
#include <math.h>

double func(double x)                                          // 函数
{
    return  2*x*x*x-5*x-1;
}
double erfen(double a,double b,double err)                     // 二分算法
{
    double c;
    c=(a+b)/2.0;                                               // 中间值

    while(fabs(func(c))>err && func(a-b)>err)
    {
        if(func(c)*func(b)<0)                                  // 确定新的区间
        {
            a=c;
        }
        if(func(a)*func(c)<0)
        {
            b=c;
        }
        c=(a+b)/2;                                             // 二分法确定新的区间
    }

    return c;
}
void main()
{
    double a=1.0,b=2.0;                                        // 初始区间
    double err=1e-5;                                           // 绝对误差
    double result;

    result=erfen(a,b,err);
    printf("二分法解方程:2*x*x*x-5*x-1\n");
    printf("结果 x=%0.5f\n",result);                           // 输出解
}
```

在该程序中，首先定义 func() 函数作为待求解的方程。main() 主函数中首先初始化求解区间以及绝对误差。然后，调用函数求解方程。该程序的执行结果如图 6-26 所示。

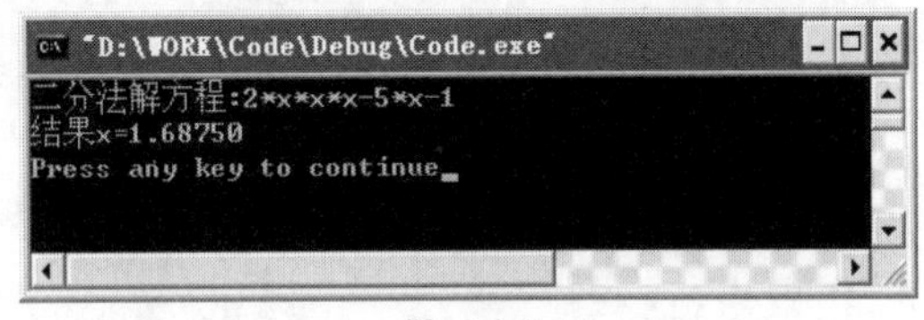

图 6-26

6.8.5 非线性方程求解——牛顿迭代法

二分法的一个缺点是不能计算复根和重根，而且收敛的速度比较慢。在二分法之后，数学家又提出了其他许多求解算法，牛顿迭代法就是其中很经典的一个。牛顿迭代法（Newton's method）是根据函数 $f(x)$ 的泰勒级数的前几项来寻找方程的根。牛顿迭代法具有平方收敛的速度，而且还可以用来计算方程的复根和重根。

1. 牛顿迭代法的算法思想

首先，假设方程 $f(x)=0$ 在 x_0 处有解。可以将 $f(x)$ 在某一点 x_0 处进行泰勒级数展开，示例如下：

$$f(x)=f(x_0)+f'(x_0)(x-x_0)+\frac{f''(x_0)}{2!}(x-x_0)^2+\cdots$$

下面取其线性部分，作为非线性方程 $f(x)=0$ 的一个近似方程，也就是上述泰勒级数展开的前面两项，示例如下：

$$f(x_0)+f'(x_0)(x-x_0)=f(x)=0$$

如果 $f(x_0)\neq 0$，那么上述方程的解为：

$$x_1=x_0-\frac{f(x_0)}{f'(x_0)}$$

这样，通过 x_0 得到了 x_1，然后再按照 x_1 进行下一次相似的计算。这样便得到牛顿法的一个迭代序列公式：

$$x_{n+1}=x_n-\frac{f(x_n)}{f'(x_n)}$$

反复这个过程使得到的根逐渐接近于真实根，直到满足精度为止。

2. 牛顿迭代法的算法实现

可以根据前面所述的算法思想来编写相应的 C 语言实现，示例代码如下：

```
int NewtonMethod(double *x,int maxcyc,double precision)
{
    double x0,x1;
    int i;

    x0=*x;
    i=0;
    while(i<maxcyc)
    {
        if(dfunc(x0)==0.0)                                  //若通过初值，函数返回值为 0
        {
            printf("迭代过程中导数为 0!\n");
            return 0;
        }
        x1=x0-func(x0)/dfunc(x0);                           //牛顿迭代计算
       if(fabs(x1-x0)<precision || fabs(func(x1))<precision) //达到预设的结束条件
        {
            *x=x1;                                          //返回结果
            return 1;
        }
        else                                                //未达到结束条件
        {
            x0=x1;                                          //准备下一次迭代
        }
        i++;                                                //迭代次数累加
```

```
        }
        printf("迭代次数超过预设值！仍没有达到精度！ \n");
        return 0;
    }
```

其中，输入参数 x 为初始近似值，由于每次迭代之后都要对其进行修改。因此，这里才有了指针变量的形式。输入参数 maxcyc 为预设的最大迭代次数，输入参数 precision 为预设的精度，当小于该精度时便停止迭代。该函数的返回值如果为 1，则表示找到了结果；如果为 0，则表示没有找到结果。整个代码处理过程严格遵循了前面所述的算法，读者可以对照两者来加深理解。

另外，需要注意的一点是，这里的 func() 函数为待求解的方程，而 dfunc() 函数为待求解方程的导数方程。这两个方程都需要用户首先给出。

6.8.6 牛顿迭代法示例：求解给定非线性方程

下面通过一个具体的例子来看一下牛顿迭代法求解非线性方程的应用。例如，对于如下非线性方程：

$$x^4 - 3x^3 + 1.5x^2 - 4$$

计算在 x_0=2.0 附近的方程的解。因此，首次迭代 x 的初始值为 2.0。根据牛顿迭代法来求解该方程的解，程序示例代码如下：

```
#include <stdio.h>
#include <math.h>

double func(double x)                                        //待求解方程
{
    return x*x*x*x-3*x*x*x+1.5*x*x-4.0;
}
double dfunc(double x)                                       //导数方程
{
    return 4*x*x*x-9*x*x+3*x;
}
int NewtonMethod(double *x,int maxcyc,double precision)
{
    double x0,x1;
    int i;

    x0=*x;
    i=0;
    while(i<maxcyc)
    {
        if(dfunc(x0)==0.0)                                   //若通过初值，函数返回值为 0
        {
            printf("迭代过程中导数为 0!\n");
            return 0;
        }
        x1=x0-func(x0)/dfunc(x0);                            //牛顿迭代计算
       if(fabs(x1-x0)<precision || fabs(func(x1))<precision) //达到预设的结束条件
        {
            *x=x1;                                           //返回结果
            return 1;
        }
        else                                                 //未达到结束条件
        {
            x0=x1;                                           //准备下一次迭代
        }
```

```
        i++;                                                    //迭代次数累加
    }
    printf("迭代次数超过预设值！仍没有达到精度！ \n");
    return 0;
}

void main()
{
    double x,precision;
    int maxcyc,result;

    x=2.0;                                                      //初始值
    maxcyc=1000;                                                //迭代次数
    precision=0.00001;                                          //精度
    result=NewtonMethod(&x,maxcyc,precision);
    if(result= =1)                                              //得到结果
    {
        printf("方程 x*x*x*x-3*x*x*x+1.5*x*x-4.0=0\n 在 2.0 附近的根为 :%lf\n",x);
    }
    else                                                        //未得到结果
    {
        printf("迭代失败 !\n");
    }
}
```

在该程序中，首先定义 func() 函数作为待求解的方程，dfunc() 函数作为 func() 函数的导数函数。main() 主函数中首先初始化待求解的近似值、迭代次数及精度。然后，调用 NewtonMethod() 函数求解方程。求解的结果保存在变量 x 中。该程序的执行结果如图 6-27 所示。

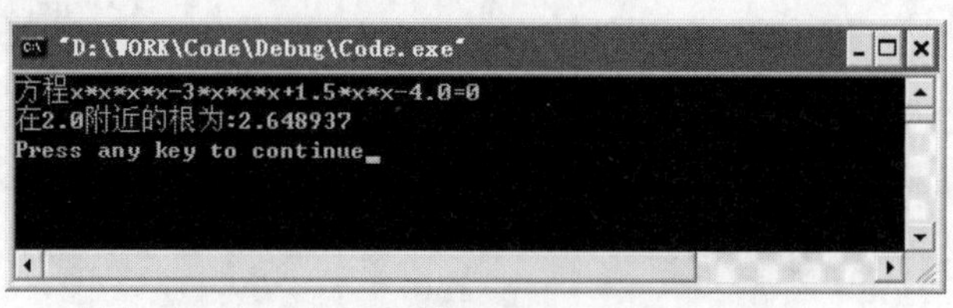

图 6-27

6.9 开平方

开平方运算的结果往往是一个无理数，如 $\sqrt{7}$、$\sqrt{2}$ 等。这些数虽然已经是一个确定值，但是具体是多少却没有一个明确的概念。因此，在实际应用中往往需要计算这些开平方的近似数值。其实，我们可以巧妙地用一些数学方法来实现，算法还比较简单。

6.9.1 开平方算法

由于很多数的开平方都是无理数，因此需要借助数值计算的方法来求解近似值。在数学中，可以使用迭代公式来求解 $x=\sqrt{a}$ 的近似值，如下：

$$x_{n+1}=\frac{1}{2}\left(x_n+\frac{a}{x_n}\right)$$

迭代法求解开平方算法的操作步骤如下：

（1）选定一个迭代初值 x_0，将其代入前述的迭代公式求解出 x_1；

（2）计算 $x_1- x_0$ 的绝对值，如果其小于指定的精度，则退出；否则，继续迭代；

（3）将 x_k 代入前述的迭代公式，求解出 x_{k+1}。继续判断 $x_{k+1}-x_k$ 的绝对值，如果其小于指定的精度，则退出；否则，继续迭代。

可以按照思路编写相应的开平方的数值算法。这里给出开平方求解算法的示例代码。

```
double SQRT(double x,double eps)                     //算法
{
    double result,t;

    t=0.0;                                           //初始值
    result=x;
    while(fabs(result - t)>eps)                      //迭代计算
    {
        t = result;
        result = 0.5*(t + x / t) ;
    }

    return result;                                   //返回结果
}
```

其中，输入参数 x 为需要开平方的数字，输入参数 eps 为指定的计算精度。该程序完全遵循了前述的算法，读者可以对照两者来加深理解。

6.9.2　开平方示例：求解 $\sqrt{7}$ 和 $\sqrt{2}$ 开方的数值计算结果

有了前述迭代法求解开平方算法，便可以求解开平方的数值结果。例如，求解如下两个数字开平方的数值计算结果。

$\sqrt{7}=?$

$\sqrt{2}=?$

程序示例代码如下：

```
#include <stdlib.h>                                  //头文件
#include <stdio.h>
#include <math.h>

double SQRT(double x,double eps)                     //算法
{
    double result,t;

    t=0.0;                                           //初始值
    result=x;
    while(fabs(result - t)>eps)                      //迭代计算
    {
        t = result;
        result = 0.5*(t + x / t) ;
    }

    return result;                                   //返回结果
}

void  main()                                         //主函数
{
    char again;
    double x,eps,t;

    printf("求解开平方算法演示！\n");
```

```
S1:
    printf("请输入一个数字：");
    fflush(stdin);
    scanf("%lf",&x);                                          //数字
    printf("请输入精度：");
    fflush(stdin);
    scanf("%lf",&eps);                                        //精度
    t=SQRT(x,eps);
    printf("计算结果=%e\n",t);
S2:
    printf("\n继续执行(y/n)？ ");
    fflush(stdin);
    scanf("%c", &again);                                      //用户输入
    if(again=='y' || again=='Y')
    {
        goto S1;                                              //继续演示
    }
    else if(again=='n' || again=='N')
    {
        goto S3;                                              //退出演示
    }
    else
    {
        printf("输入错误，请重新输入！ \n");
        goto S2;                                              //输入错误，重新输入
    }
S3:
    printf("演示结束！ \n");
}
```

在程序中，main() 主函数首先由用户输入一个需要开平方的数字，然后由用户输入计算精度，接着调用迭代法求解开平方算法求解近似值。

该程序的执行结果如图 6-28 所示。从这里可知，数值计算的结果如下：

$\sqrt{7}=2.645\ 751$

$\sqrt{2}=1.414\ 214$

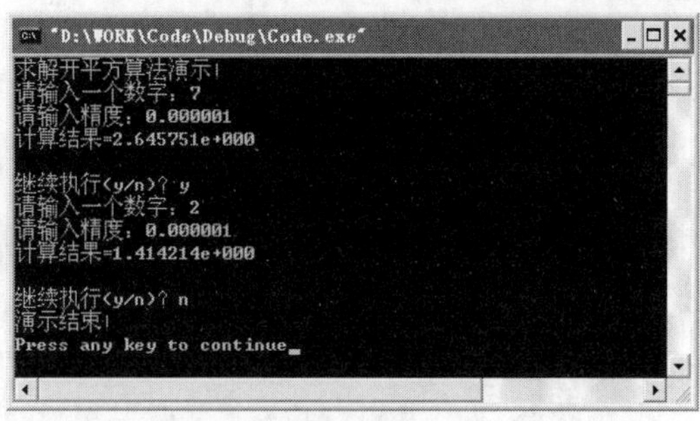

图 6-28

6.10 小结：算法归根结底都是数学问题

实际应用中的很多问题都可以归结为数学问题，因此算法的一个重要应用领域便是求解数学问题。本章对一些最常用的数学算法进行了详细分析，包括多项式的算法、随机数生成算法、复数运算的算法、阶乘算法、计算 π 近似值的算法、矩阵运算算法和方程求解的基本算法等。这些都是算法在数学中的基本应用，读者应该熟练掌握。

第 7 章

游戏中的经典计算

在现代程序设计中，算法的一个重要应用领域便是游戏。很多游戏都是人机对战，计算机应该计算出相对应的策略。好的游戏算法将大大提高游戏的运行速度，使游戏更加耐玩。上一章中的一些数值计算在游戏中经常用到，除此之外，本章将通过一些典型的算法来介绍算法在游戏中的应用。

7.1 扑克游戏问题——10 点半

10 点半是一个典型的扑克牌游戏。10 点半的游戏规则如下：

一副扑克牌，大于或等于 10 的记为 0.5，其他的按照其点数记。经过洗牌后，各玩家依次取一张牌。然后，各玩家根据自己牌点数的大小决定是否继续要牌，最后由玩家牌的点数大小来决定胜负，点数大的为赢。如果某个玩家点数总和超过 10.5，则称为炸掉，炸掉后成绩记为 0。

7.1.1 算法解析

首先来分析一下 10 点半游戏。游戏者不仅要保证自己的点数最大，还要防止炸掉，这就是 10 点半的好玩之处。由于在 10 点半游戏中，扑克牌中大于或等于 10 的记为 0.5。因此，为了能够统计玩家的点数，首先定义了如下数据结构：

```
typedef struct card
{
    int Suit;                                              //花色
    char Number;                                           //牌数
    float Num;                                             //游戏中的点数
}Card;
Card OneCard[52];                                          //保存每张扑克的花色、数字、点数
```

其中，使用 Suit 代表花色，使用 Number 代表牌数，使用 Num 代表游戏中的点数。结构数组 OneCard 保存每张扑克的花色、数字和点数，用于在游戏中发牌。

1. 改进的洗牌算法

在每次开始游戏之前都需要洗牌。可以借鉴前面洗牌的算法。但是由于扑克牌中大于或等于 10 的记为 0.5，在游戏中使用前面结构中 Num 来保存每一张牌的实际点数。这样便可以对前述的洗牌算法进行改进，洗牌的程序示例代码如下：

```
void Shuffle()                                             //洗牌算法
```

```
{
     int i,j,temp;
     int suit;
    Card tempcard;

     suit=-1;
    for (i = 0; i < 52; i++)                            // 生成 52 张牌
    {
       if (i % 13 == 0)
       {
          suit++;                                       // 改变花色
       }
       OneCard[i].Suit = suit;                          // 保存花色
       temp = i % 13;
       switch(temp)                                     // 特殊值处理
       {
       case 0:
           OneCard[i].Number = 'A';
           break;
       case 9:
           OneCard[i].Number = '0';
           break;
       case 10:
           OneCard[i].Number = 'J';
           break;
       case 11:
           OneCard[i].Number = 'Q';
           break;
       case 12:
           OneCard[i].Number = 'K';
           break;
       default:
           OneCard[i].Number = temp + '1';
       }
      if (temp >= 10)                                   // 记为 0.5
      {
          OneCard[i].Num = 0.5;
      }
       else
       {
          OneCard[i].Num = (float)(temp + 1);
       }
    }

    printf(" 一副新牌的初始排列如下 :\n");
    ShowCard();

      srand(time(NULL));                                // 随机种子
    for (i = 0; i < 52; i++)
    {
       j = rand() % 52;                                 // 随机换牌
       tempcard = OneCard[j];
       OneCard[j] = OneCard[i];
       OneCard[i] = tempcard;
    }
}
```

程序中，首先按照顺序生成牌和花色，然后显示生成的扑克牌；接着初始化随机种子，并随机换牌，将牌的顺序打乱，达到洗牌的效果。在程序中还增加了对结构中 Num 的赋值，用于保存游戏中的点数。

2. 10 点半算法原理

在 10 点半游戏的算法中，需要完成发牌、累积用户和计算机的点数、判断各自的点数是否炸了、显示点数和牌以及最终的游戏结果等。算法不是很复杂，但需要认真处理每一种情况。10 点半算法的程序代码示例如下：

```
void tenhalf()                                              //10 点半算法
{
   int i, count = 0;                                        //count 为牌的计数器
   int iUser = 0, iComputer = 0;  //iUser 为游戏者牌的数量，iComputer 为计算机牌的数量
   int flag = 1, flagc = 1;
   char jixu;
   Card User[20], Computer[20];                             // 保存游戏者和计算机手中的牌
   float TotalU = 0, TotalC = 0;                            // 统计游戏者和计算机的总点数

   while (flag == 1 && count < 52)                                 // 还有牌，继续发牌
   {
      // 游戏者取牌
      User[iUser++] = OneCard[count++];                     // 发牌给游戏者
      TotalU += User[iUser - 1].Num;                        // 累加游戏者总点数
      // 接下为由计算机取牌
      if (count >= 52)                                      // 牌已取完
      {
         flag = 0;
      }
      else if (TotalU > 10.5)                               // 游戏者炸了
      {
         flagc = 0;                                         // 计算机不再要牌
      }
      else
      {
         if ((TotalC < 10.5 && TotalC < TotalU) || TotalC < 7)
         {
            Computer[iComputer++] = OneCard[count++];      // 计算机取一张牌
            TotalC += Computer[iComputer - 1].Num;         // 累计计算机总点数
         }
      }
      printf("\n 用户的总点数为 :%.1f\t", TotalU);
      printf(" 用户的牌为 :");
      for (i = 0; i < iUser; i++)                                  // 显示用户的牌
      {
         printf("  %c%c", User[i].Suit+3, User[i].Number);
      }
      printf("\n");
      printf(" 计算机的总点数为 :%.1f\t", TotalC);
      printf(" 计算机的牌为 :");
      for (i = 0; i < iComputer; i++)                              // 显示计算机的牌
      {
         printf("  %c%c", Computer[i].Suit+3, Computer[i].Number);
      }
      printf("\n");
      if (TotalU < 10.5)                         // 如果游戏者点数小于 10.5，可继续要牌
      {
         do
         {
            printf(" 还要牌吗 (y/n)?");
            fflush(stdin);
            scanf("%c", &jixu);
         }while (jixu != 'y' && jixu != 'Y' && jixu != 'n' && jixu != 'N');
         if (jixu = = 'y' || jixu = = 'Y')          // 继续要牌
         {
            flag = 1;
```

```
            }
            else
            {
                flag = 0;
            }
            if (count == 52)
            {
                printf("牌已经发完了! \n");
                getch();
                break;
            }
        }
        else
            break;
    }
    while (flagc==1 && count < 52)                    //游戏者不要牌
    {
        if (TotalU > 10.5)                            //游戏者炸了
        {
            break;
        }
        else
        {
            if (TotalC < 10.5 && TotalC < TotalU)
            {
                Computer[iComputer++] = OneCard[count++];    //计算机取一张牌
                TotalC += Computer[iComputer - 1].Num;       //累计计算机取得牌的总点数
            }
            else
            {
                 break;
            }
        }
    }
    printf("\n用户的总点数 :%.1f\t", TotalU);
    printf("用户的牌为 :");
    for (i = 0; i < iUser; i++)                              //显示用户的牌
    {
        printf("  %c%c", User[i].Suit+3, User[i].Number);
    }
        printf("\n");
    printf("\n计算机的总点数为 :%.1f\t", TotalC);
    printf("计算机的牌为 :");
    for (i = 0; i < iComputer; i++)                          //显示计算机的牌
    {
        printf("  %c%c", Computer[i].Suit+3, Computer[i].Number);
    }
    printf("\n");

    if(TotalC == TotalU)                                     //输出游戏结果
    {
         printf("\n用户和计算机打成了平手 !\n");
    }
    else
    {
         if(TotalU > 10.5 && TotalC > 10.5)
         {
             printf("\n用户和计算机打成了平手 !\n");
         }
         else if(TotalU > 10.5)
         {
             printf("\n你输了 ! 继续努力吧 !\n");
         }
```

```
        else if(TotalC > 10.5)
        {
            printf("\n 恭喜，用户赢了 !\n");
        }
        else if(TotalC > TotalU)
        {
            printf("\n 你输了 ! 继续努力吧 !\n");
        }
        else
        {
            printf("\n 恭喜，用户赢了 !\n");
        }
    }
}
```

在该程序中，用户和计算机来对战。程序根据用户的选择进行发牌。对于计算机，程序将根据用户的点数决定是否继续要牌。最后根据双方牌的点数大小判断谁赢得了胜利。为了让读者明白整个游戏流程，这里对每一步都显示了双方的总点数和拥有牌的信息。

7.1.2　求解示例

分析过上述的 10 点半游戏算法之后，相信大家对该问题已经有所了解，限于篇幅，下面仅给出示例中的关键代码程序。

程序示例代码如下：

```
#include <stdio.h>                                         //头文件
……
{
   int i, j;
   int sign;

   for (i = 0, j = 0; i < 52; i++, j++)
   {
      if (!(j % 13))
      {
         printf("\n");
      }
      switch(OneCard[i].Suit)                              //显示花色符号
      {
      case 0:
          sign=3;
          break;
……
      }
      printf("  %c%c", sign, OneCard[i].Number); //输出显示
   }
   printf("\n");
}

void Shuffle()                                             //洗牌算法
{
    int i,j,temp;
    int suit;
   Card tempcard;

    suit=-1;
   for (i = 0; i < 52; i++)                                //生成 52 张牌
   {
      if (i % 13 == 0)
      {
```

```
            suit++;                                                         //改变花色
        }
        OneCard[i].Suit = suit;                                             //保存花色
        temp = i % 13;
        switch(temp)                                                        //特殊值处理
        {
        case 0:
            OneCard[i].Number = 'A';
            break;
        case 9:
            OneCard[i].Number = '0';
            break;
        case 10:
            OneCard[i].Number = 'J';
            break;
        case 11:
            OneCard[i].Number = 'Q';
            break;
        case 12:
            OneCard[i].Number = 'K';
            break;
        default:
            OneCard[i].Number = temp + '1';
        }
        if (temp >= 10)                                                     //记为 0.5
        {
            OneCard[i].Num = 0.5;
        }
        else
        {
            OneCard[i].Num = (float)(temp + 1);
        }
    }

    printf("一副新牌的初始排列如下:\n");
    ShowCard();

        srand(time(NULL));                                                  //随机种子
    for (i = 0; i < 52; i++)
    {
        j = rand() % 52;                                                    //随机换牌
        tempcard = OneCard[j];
        OneCard[j] = OneCard[i];
        OneCard[i] = tempcard;
    }
}

void tenhalf()                                                              //10点半算法
{
……

void main()                                                                 //主函数
{
    char again;

        printf("10点半游戏! \n");
S1:    Shuffle();                                                           //洗牌
        tenhalf();                                                          //开始游戏
S2:    printf("\n继续玩(y/n)? ");
        fflush(stdin);
        scanf("%c", &again);                                                //用户输入
        if(again= ='y' || again= ='Y')
        {
```

```
            goto S1;                                        //继续游戏
        }
        else if(again= ='n' || again= ='N')
        {
            goto S3;                                        //退出游戏
        }
        else
        {
            printf("输入错误，请重新输入！\n");
            goto S2;                                        //输入错误，重新输入
        }
S3:
        printf("游戏结束！\n");
}
```

在该程序中，main() 主函数比较简单，首先调用 Shuffle() 函数洗牌，然后调用函数 tenhalf() 开始游戏。一局游戏结束时，根据用户的输入来决定是否继续游戏。

执行该程序，与计算机玩一局 10 点半游戏，执行结果如图 7-1 所示。

图 7-1

7.2　生命游戏

生命游戏是由英国数学家 J. H. Conway 首次提出的。1970 年，J. H. Conway 小组正在研究一种细胞自动装置，从中获得启发，提出了一种生命游戏，然后将其发表在《科学美国人》的“数学游戏”专栏。

生命游戏是一个典型的零玩家游戏，只需要用户输入初始的细胞分布，然后细胞便按照规则进行繁殖演化。生命游戏反映了生命演化和秩序的关系，具有很深刻的含义，在地理学、经济学、计算机科学等领域得到了非常广泛的应用。

7.2.1　生命游戏的原理

生命游戏的规则比较简单，其假定细胞的生活环境是二维的。在一个有限的二维空间中，每一个方格居住着一个细胞，细胞的状态为生或死。在演化过程中，每个细胞在下一个时刻的生死状态，取决于相邻八个方格中活着的或死了的细胞的数量。共有如下两种情况：

• 如果相邻方格活着的细胞数量过多，会造成资源匮乏，这个细胞将在下一个时刻死去；

• 如果相邻方格活着的细胞数量过少，这个细胞会因太孤单而死去。

在这个游戏中，用户可以扮演上帝的角色，设定周围活细胞的数目是多少时才适宜该细胞的生存。这个数目直接导致了整个世界生命的状态，有如下两种状态：

• 如果这个数目设置过高，那么细胞将感觉到周围的邻居太少，更多的细胞将孤独而死，最后经过演化整个世界都没有生命；

• 如果这个数目设置过低，经过演化整个世界中将充满生命。

如果这个数目设置得合适，整个生命世界才不至太过荒凉或者过于拥挤，经过演化，整个世界将达到一种动态平衡。一般来说，这个数目一般选取 2 或者 3。

通过计算机编程，可以清楚地观察到生命游戏中细胞的演化规则。这里，假定二维平面有 10×10 的方格作为细胞活动的空间，每个方格中放置一个生命细胞。对其中一个细胞来说，其存活取决于上、下、左、右、左上、左下、右上和右下共 8 个相邻网格中的活细胞数量。按照如下规则来进行游戏：

• 死亡：如果细胞的 8 个相邻网格中没有细胞存在，则该细胞在下一次状态中将孤单死亡；如果细胞的相邻网格中细胞数量大于或等于 4 个，则该细胞在下一次状态中将因为拥挤而死亡；

• 复活：如果当前位置细胞为死的状态，且其 8 个相邻网格中的细胞数量为 3 个，则将当前位置的细胞由死变生，也就是起死回生；

• 不变：如果细胞的 8 个相邻网格中细胞数量为 2 个，则将当前位置的细胞保持原来的生存状态。也就是说，原来是死的仍然为死，原来为生的仍然为生。

按照上述生命游戏的规则，生命游戏中的演化状态如图 7-2 所示。最理想的情况下，希望得到一个动态平衡的状态。

○	○	○	○	○	○	○	○	○	○
○	○	○	○	○	○	○	○	○	○
○	○	●	●	○	●	○	○	○	○
○	○	○	●	●	○	○	○	○	○
○	○	○	○	●	○	○	○	○	○
○	○	○	○	○	●	○	○	○	○
○	○	○	○	○	○	○	○	○	○
○	○	○	○	○	○	○	○	○	○
○	○	○	○	○	○	○	○	○	○
○	○	○	○	○	○	○	○	○	○

○	○	○	○	○	○	○	○	○	○
○	○	○	○	○	○	○	○	○	○
○	○	●	●	●	○	○	○	○	○
○	●	○	●	●	●	○	○	○	○
○	●	●	○	○	○	●	○	○	○
○	○	●	●	●	○	●	○	○	○
○	○	○	●	●	●	○	○	○	○
○	○	○	○	●	○	○	○	○	○
○	○	○	○	○	○	○	○	○	○
○	○	○	○	○	○	○	○	○	○

图 7-2

其实，上述生命游戏规则是最简单的情况。可以对其加以推广，还可以考虑如下一些情况：

• 三维空间中的生命游戏；

• 定义更为复杂的规则，例如考虑父辈细胞和子辈细胞的关系；

• 在游戏中途，单独设定某个细胞死活来观察演化过程，看一下是否存在领袖级细胞。所谓领袖级细胞就是该细胞死后，将导致整个生命演化过程从动态平衡进入一种单独状态。

7.2.2 算法解析

其实实现生命游戏并不复杂，主要在程序中逐个统计每个细胞四周的活细胞数量，根据这个数量按照前面的规则来决定当前细胞的生存状态。生命游戏算法的流程图，如图 7-3 所示。

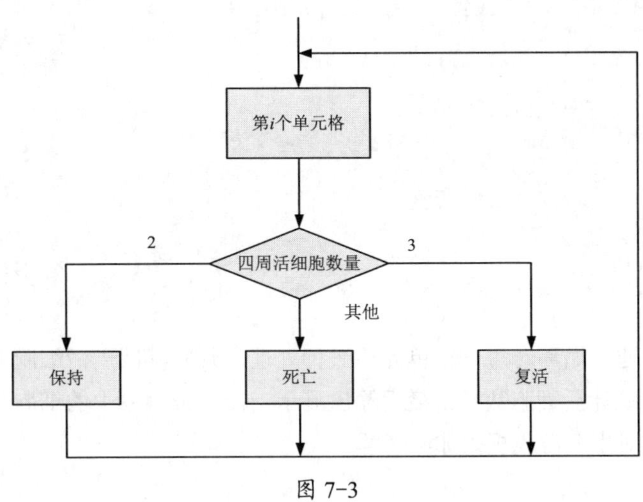

图 7-3

生命游戏算法的执行过程如下：

（1）对于第 i 个单元格，取出其中细胞的生存状态；

（2）如果其四周活细胞的数量为 2，则其保持原状态，继续执行步骤（5）；

（3）如果其四周活细胞的数量为 3，则复活该细胞，继续执行步骤（5）；

（4）如果四周活细胞的数量为其他值，则该细胞死亡，继续执行步骤（5）；

（5）判断是否所有的单元格执行完毕，如果没有，则继续从步骤（1）开始。

可以按照这个思路来编写相应的生命游戏算法，程序示例代码如下：

```
void cellfun()                                          //生命游戏算法
{
   int row, col,sum;
   int count=0;

    for (row = 0; row < ROWLEN; row++)
      {
         for (col = 0; col < COLLEN; col++)
         {
            switch (LinSum(row, col))                   //四周活细胞数量
            {
            case 2:
               celltemp[row][col] = cell[row][col];     //保持细胞原样
               break;
            case 3:
               celltemp[row][col] = ALIVE;              //复活
               break;
            default:
               celltemp[row][col] = DEAD;               //死去
            }
         }
      }
      for (row = 0; row < ROWLEN; row++)
      {
```

```
            for (col = 0; col < COLLEN; col++)
            {
                cell[row][col] = celltemp[row][col];
            }
        }
        for (row = 0; row < ROWLEN; row++)
        {
            for (col = 0; col < COLLEN; col++)
            {
                if(cell[row][col] == ALIVE)                   //若是活细胞
                {
                    count++;                                  //累加活细胞数量
                }
            }
        }
        sum=count;

        OutCell();                                            //输出显示当前细胞状态
        printf("当前状态下，共有%d个活细胞。\n",sum);
}
```

在该程序中，通过循环对每一个单元格进行处理，判断其四周活细胞数量来决定该细胞的生死状态；然后统计活细胞数量。最后输出显示当前二维世界中的细胞分布状态。读者可以参阅前面的算法对生命游戏规则加深理解。

7.2.3 求解示例

有了上述的生命游戏算法之后，这里给出完整的生命游戏程序代码。

程序示例代码如下：

```
#include <stdio.h>                                     //头文件
#include <stdlib.h>
#include <time.h>
#include <conio.h>

#define ROWLEN 10                                      //二维空间行数
#define COLLEN 10                                      //二维空间列数
#define DEAD 0                                         //死细胞
#define ALIVE 1                                        //活细胞
int cell[ROWLEN][COLLEN];                              //当前生命细胞的状态
int celltemp[ROWLEN][COLLEN];                          //用于判断当前细胞的下一个状态

void initcell()                                        //初始化细胞分布
{
    int row, col;

    for (row = 0; row < ROWLEN; row++)                 //先全部初始化为死状态
    {
        for (col = 0; col < COLLEN; col++)
        {
            cell[row][col] = DEAD;
        }
    }
    printf("请先输入一组活细胞的坐标位置，输入(-1 -1)结束:\n");
    while (1)
    {
        printf("请输入一个活细胞的坐标位置：");
        scanf("%d %d", &row, &col);                    //输入活细胞坐标
        if (0 <= row && row < ROWLEN && 0 <= col && col < COLLEN)
        {
            cell[row][col] = ALIVE;                    //保存活细胞
```

```
        }
        else if (row == -1 || col == -1)
        {
            break;
        }
        else
        {
            printf("输入坐标超过范围。\n");
        }
    }
}
int LinSum(int row, int col)                         //统计四周细胞数量
{
    int count = 0, c, r;

    for (r = row - 1; r <= row + 1; r++)
    {
        for (c = col - 1; c <= col + 1; c++)
        {
            if (r < 0 || r >= ROWLEN || c < 0 || c >= COLLEN)
            {
                continue;                            //处理下一个单元格
            }
            if (cell[r][c] == ALIVE)                 //如果为活细胞
            {
                count++;                             //增加活细胞的数量
            }
        }

    }
    if (cell[row][col] == ALIVE)                     //当前单元格为活细胞
    {
        count--;
    }
    return count;                                    //返回四周活细胞总数
}
void OutCell()                                       //输出显示细胞状态
{
    int row, col;

    printf("\n 细胞状态 \n");
    printf(" ┌");
    for (col = 0; col < COLLEN -1; col++)            //输出一行
    {
        printf("─┬");
    }
    printf("─┐ \n");
    for (row = 0; row < ROWLEN; row++)
    {
        printf(" │ ");
        for (col = 0; col < COLLEN; col++)           //输出各单元格中细胞的生存状态
        {
            switch(cell[row][col])
            {
            case ALIVE:
                printf("●│ ");                       //●代表活细胞
                break;
            case DEAD:
                printf("○│ ");                       //○代表死细胞
                break;
            default:
                ;
            }
```

```
        }
        printf("\n");

        if (row < ROWLEN - 1)
        {
            printf(" ├");
            for (col = 0; col < COLLEN - 1; col++)          //输出一行
            {
                printf("─┼");
            }
            printf("─┤ \n");
        }
    }
    printf(" └");
    for (col = 0; col < COLLEN - 1; col++)                  //最后一行的横线
    {
        printf("─┴");
    }
    printf("─┘ \n");
}

void cellfun()                                              //生命游戏算法
{
    int row, col,sum;
    int count=0;

     for (row = 0; row < ROWLEN; row++)
        {
            for (col = 0; col < COLLEN; col++)
            {
                switch (LinSum(row, col))                   //四周活细胞数量
                {
                case 2:
                    celltemp[row][col] = cell[row][col];    //保持细胞原样
                    break;
                case 3:
                    celltemp[row][col] = ALIVE;             //复活
                    break;
                default:
                    celltemp[row][col] = DEAD;              //死去
                }
            }
        }
        for (row = 0; row < ROWLEN; row++)
        {
             for (col = 0; col < COLLEN; col++)
             {
                 cell[row][col] = celltemp[row][col];
             }
        }
        for (row = 0; row < ROWLEN; row++)
        {
             for (col = 0; col < COLLEN; col++)
             {
                 if(cell[row][col] == ALIVE)                //若是活细胞
                 {
                     count++;                               //累加活细胞数量
                 }
             }
        }
        sum=count;

        OutCell();                                          //输出显示当前细胞状态
```

```
        printf(" 当前状态下，共有 %d 个活细胞。\n",sum);
    }

    int main()                                                //主函数
    {
       char again;

       printf(" 生命游戏！ \n");
       initcell();                                            //初始化
       OutCell();                                             //输出初始细胞状态
       printf(" 按任意键开始游戏，进行细胞转换。\n");
       getch();
    S1:   cellfun();                                          //开始游戏
    S2:   printf("\n 继续生成下一次细胞的状态 (y/n) ？ ");
          fflush(stdin);
          scanf("%c", &again);                                //用户输入
          if(again=='y' || again=='Y')
          {
              goto S1;                                        //继续游戏
          }
          else if(again=='n' || again=='N')
          {
              goto S3;                                        //退出游戏
          }
          else
          {
              printf(" 输入错误，请重新输入！ \n");
              goto S2;                                        //输入错误，重新输入
          }
    S3:
          printf(" 游戏结束！ \n");
    }
```

在该程序中，ROWLEN 和 COLLEN 定义了二维世界的大小，数组 cell 保存了当前生命细胞的状态，数组 celltemp 用于判断当前细胞的下一个状态。程序中用到表 7-1 所示的几个函数。

表 7-1　生命游戏算法示例中用到的函数及说明

函　　数	说　　明
initcell	用于初始化二维世界中细胞的初始分布状态，由用户在开始时输入
LinSum	用于统计一个单元格周围的活细胞总量
OutCell	用于输出显示当前演化的二维世界中细胞的分布状态
cellfun	生命游戏中的演化算法

在 main() 主函数中，首先由用户初始化二维世界中细胞的分布状态并显示当前分布。然后开始游戏，用户输入 *y* 则进行一次演化。用户可以通过不断的输入来观察二维世界中细胞的演化过程。

执行该程序，这里输入初始的二维世界活细胞的分布为（3，3）、（3，4）、（3，5）、（3，6）、（4，4）、（4，5）、（4，7）、（5，5）和（5，6），此时得到的细胞分布状态如图 7-4 所示。

按照提示进行生命演化，图 7-5 显示了生命演化过程中一个阶段的细胞状态。逐次进行演化，读者将会看到许多有趣的图形。

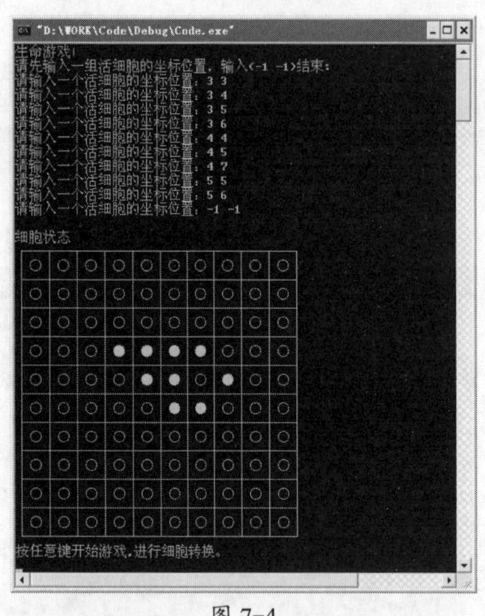

图 7-4

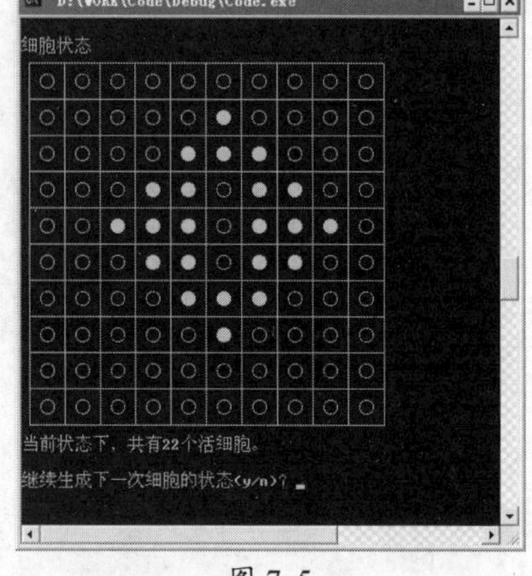

图 7-5

经过多次演化之后，这个二维生命世界将达到一个固定的平衡状态，如图 7-6 所示。此时，活细胞的分布将不再发生变化。如果读者输入的初始状态合适，可以达到更为理想的动态平衡。

读者可以多次执行该程序，以验证不同的初始输入状态。生命游戏含义非常深刻，揭示了生命世界的演化规则。

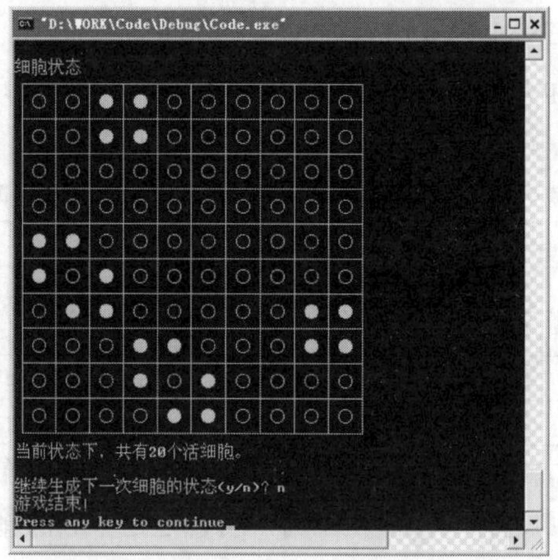

图 7-6

7.3 小结：好算法好游戏

游戏是算法的一个重要应用场合。本章介绍了算法在一些经典游戏中的应用，例如扑克牌以及含义深刻的生命游戏等。对于读者来说，通过本章的算法分析和示例，可以掌握算法的实际应用，体会到算法在解决实际问题中的作用。通过学习这些游戏算法，读者也可以提高研究算法的兴趣。读者应熟练掌握本章的内容。

第 8 章

经典数据结构问题

数据结构是算法的核心，高效率的算法往往依赖于合理的数据结构。我们已经在前面章节中详细介绍了常用数据结构及其基本操作，本章将主要介绍一些经典的数据结构问题。通过分析和解决这些问题，读者可以领略到合理选用数据结构所带来的方便。

8.1 动态数组排序

在 C 语言中是不支持动态数组的。也就是说，用户在声明数组时，一定要明确指定数组的大小，不能将数组大小设置为未知数。但很多时候数据量的大小未知，或者数据量的大小会随着问题而发生变化。这时就需要一个长度大小能够变化的数组，即动态数组。下面就看一下如何在程序中进行有效处理。

8.1.1 动态数组的存储和排序算法

对于动态数组问题，首先能够想到的一个最简单的方法，便是申请一个非常大的数组，使其能够满足所有应用的需要。如果输入的数据量少，则只使用有效的部分。这种方法显然是非常呆板的，而且浪费了大量的内存空间。

其实，一个更好的解决方法便是使用链表结构。也就是说，采用链式存储结构来保存数组。这样，程序在运行过程中，可以动态申请内存并增加链表的长度。这就相当于增加了数组的长度，实现了动态数组。此后，便可以对该动态数组进行各种操作。

而对动态数组的排序，可以参照前面章节介绍的各种排序算法。只不过需要注意的是，这里排序的对象是链表，需要对排序算法进行适当的修改。

根据上面的分析，便能够完成动态数组的排序算法，示例代码如下：

```
typedef struct node                                         //链表结构
{
    char data;                                              //数据域
    struct node *next;                                      //指针域
}LNode,*LinkList;

void DynamicSort(LinkList q)                                //动态数组排序
{
    LNode *p=q;
    int i,j,k=0;
    char t;                                                 //字符类型数据
```

```
    while(p)
    {
        k++;
        p=p->next;
    }
    p=q;
    for(i=0;i<k-1;i++)
    {
        for(j=0;j<k-i-1;j++)
        {
            if(p->data>p->next->data)
            {
                t=p->data;                                  // 交换数据
                p->data=p->next->data;
                p->next->data=t;
            }
            p=p->next;
        }
    p=q;
    }
}
```

首先定义一个链表结构的结点，包括一个数据域（保存字符信息）和一个指针域（指向下一个数据结点）。该函数的输入参数 q 即为此类型的变量。程序中采用了冒泡排序的思想，只不过针对链表结构进行了优化。函数 DynamicSort() 能够完成任意长度字符数组的排序。

8.1.2 动态数组排序示例：对以 0 结束的动态字符数组进行排序

有了前面专门为链表结构优化的排序算法之后，便可以完成动态数组排序问题。由于需要使用到链表，读者可以参阅前面章节中的介绍。这里给出一个完整的例子，演示动态字符数组排序的过程。

程序示例代码如下：

```
#include <string.h>                                         // 头文件
#include <stdio.h>
#include <malloc.h>

typedef struct node                                         // 链表结构
{
    char data;                                              // 数据域
    struct node *next;                                      // 指针域
}LNode,*LinkList;

LinkList CreatLinkList()                                    // 创建链表
{
    char ch;
    LinkList list=NULL;

    scanf("%c",&ch);                                        // 输入链表的第一个数据
    list=(LinkList)malloc(sizeof(LNode));
    list->data=ch;
    list->next=NULL;

    return list;
}

void insertList(LinkList *list,LinkList q,char e)           // 插入结点
{
```

```
    LinkList p;
    p=( LinkList)malloc(sizeof(LNode));
    p->data=e;
    if(!*list)
    {
        *list=p;
        p->next=NULL;
    }
    else
    {
        p->next=q->next;
        q->next=p;
    }
}

void DynamicSort(LinkList q)                                    //动态数组排序
{
    LNode *p=q;
    int i,j,k=0;
    char t;

    while(p)
    {
        k++;
        p=p->next;
    }
    p=q;
    for(i=0;i<k-1;i++)
    {
        for(j=0;j<k-i-1;j++)
        {
            if(p->data>p->next->data)
            {
                t=p->data;                                      //交换数据
                p->data=p->next->data;
                p->next->data=t;
            }
            p=p->next;
        }
    p=q;
    }
}

void main()                                                     //主函数
{
    char ch;
    LinkList  list,q;                                           //声明链表

    printf("动态数组排序！ \n");
    printf("请输入一组字符，以 0 结束！ \n");
    q=list=CreatLinkList();                                     //创建一个链表结点

    scanf("%c",&ch);
    while(ch!='0')                                              //动态输入数据
    {
      insertList(&list,q,ch) ;
        q=q->next;
      scanf("%c",&ch);
    }

    DynamicSort(list);                                          //动态数组排序
    printf("\n");
    printf("对该数组排序之后，得到如下结果：\n");
```

```
    while(list)
    {
        printf("%c ",list->data);                        //输出排序后的数组内容
        list=list->next;
    }
    printf("\n");
}
```

在该程序中，定义了链表结构的基本操作函数。由于这里只需要创建链表、插入结点等几个基本操作。因此，这里声明了几个程序中用到的最基本的函数。函数 CreatLinkList() 用于创建一个链表，并保存一个字符数据；函数 insertList() 用于向链表尾部添加一个结点；函数 DynamicSort() 就是基于冒泡思想的动态字符数组排序算法。

在 main() 主函数中，首先创建一个链表结点，然后由用户动态输入数据，接着对其进行排序，最后输出排序后的数组内容。执行该程序，输入一组字符以 0 结束，得到如图 8-1 所示的执行结果。

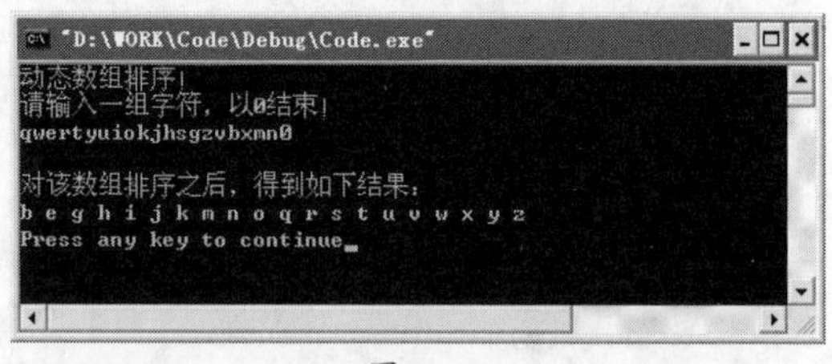

图 8-1

8.2 约瑟夫环

约瑟夫环问题起源于一个犹太故事。约瑟夫环问题的大意描述如下：

罗马人攻占了乔塔帕特，41 个人藏在一个山洞中躲过了这场浩劫。这 41 个人中，包括历史学家 Josephus（约瑟夫）和他的一个朋友。剩余的 39 个人为了表示不想屈服罗马人，决定集体自杀。大家决定了一个自杀方案，这 41 个人围成一个圆圈，由第 1 个人开始顺时针报数，每报数为 3 的人就立刻自杀，然后再由下一个人重新开始报数，仍然是每报数为 3 的人就立刻自杀，……，直到所有人都自杀身亡为止。

约瑟夫和他的朋友并不想自杀，于是约瑟夫想到了一个计策，他们两个同样参与到自杀方案中，但是最后却躲过了自杀。请问，他们是怎么做到的？

8.2.1 约瑟夫环算法解析

首先分析一下约瑟夫环问题。约瑟夫和他的朋友要想躲过自杀，那么自杀到最后一轮应该剩下 3 个人，且约瑟夫和他的朋友应该位于 1 和 2 的位置。这样，第 3 个人自杀后，便只剩下约瑟夫和他的朋友两人。此时，已经没有其他人了，他们两个可以不遵守自杀规则而幸存下来。

一个明显的求解方法便是将 41 个人排成一个环，内圈为按照顺时针的最初编号，外圈为每个人数到数字 3 的顺序，如图 8-2 所示。可以使用数组来保存约瑟夫环中该自杀者的编号数据，而数组的下标作为参与人员的

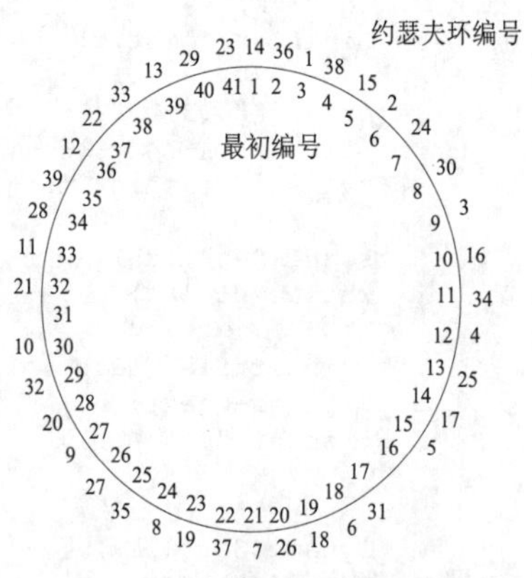

图 8-2

编号，并将数组看作环形来处理。

根据上面的思路，可以编写相应的约瑟夫环处理算法，示例代码如下：

```
#define Num 41                                          //总人数
#define KillMan 3                                       //自杀者报数

void Josephus(int alive)                                //约瑟夫环算法
{
    int man[Num]={0};
    int count=1;
    int i=0,pos=-1;

    while(count<=Num)
    {
        do{
            pos=(pos+1) % Num;                          //环处理
            if(man[pos]==0)
                i++;
            if(i==KillMan)                              //该人自杀
            {
                i=0;
                break;
            }
        }while(1);
        man[pos]=count;
        printf("第%2d个人自杀！约瑟夫环编号为%2d",pos+1,man[pos]);
        if(count%2)
        {
            printf(" -> ");
        }
        else
        {
            printf(" ->\n");                            //输出换行
        }
        count++;
    }

    printf("\n");
    printf("这%d需要存活的人初始位置应排在以下序号:\n",alive);
    alive=Num-alive;
    for(i=0;i<Num;i++)
    {
        if(man[i]>alive)
        {
            printf("初始编号:%d,约瑟夫环编号:%d\n",i+1,man[i]);
        }
    }
    printf("\n");
}
```

其中，Num 为总人数，KillMan 为自杀者应该报的数字。首先进行环处理，对于报数字 KillMan 的人则按照顺序自杀并显示。其次，根据要求存活的人数来输出其初始编号。

8.2.2　约瑟夫环应用：总数为 41 人，报数 3 者自杀，求解约瑟夫环

有了前面简单约瑟夫环求解算法之后，便可以求解得到约瑟夫和他的朋友应该排在什么位置才能躲过自杀。这里给出一个完整的例子，显示整个求解过程。

程序示例代码如下：

```
#include <string.h>                                     //头文件
```

```
#include <stdio.h>
#include <malloc.h>

#define Num 41                                    // 总人数
#define KillMan 3                                 // 自杀者报数

void Josephus(int alive)                          // 约瑟夫环算法
{
    int man[Num]={0};
    int count=1;
    int i=0,pos=-1;

    while(count<=Num)
    {
        do{
            pos=(pos+1) % Num;                    // 环处理
            if(man[pos]==0)
                i++;
            if(i==KillMan)                        // 该人自杀
            {
                i=0;
                break;
            }
        }while(1);
        man[pos]=count;
        printf("第 %2d 个人自杀！约瑟夫环编号为 %2d",pos+1,man[pos]);
        if(count%2)
        {
            printf(" -> ");
        }
        else
        {
            printf(" ->\n");                      // 输出换行
        }
        count++;
    }

    printf("\n");
    printf("这 %d 需要存活的人初始位置应排在以下序号 :\n",alive);
    alive=Num-alive;
    for(i=0;i<Num;i++)
    {
        if(man[i]>alive)
        {
            printf("初始编号 :%d, 约瑟夫环编号 :%d\n",i+1,man[i]);
        }
    }
    printf("\n");
}

void main()                                       // 主函数
{
    int alive;

    printf("约瑟夫环问题求解 !\n");
    printf("输入需要留存的人的数量 :");
    scanf("%d",&alive);                           // 输入留存的人的数量
    Josephus(alive);
}
```

在该程序中，main() 主函数首先由用户输入需要留存的人的数量，然后调用 Josephus() 函数来求解。在求解的过程中，按照顺序显示了自杀的顺序，以及最后留存的人应该排的编号。

该程序的执行结果如图 8-3 所示。从以下结果可以看出，约瑟夫和他的朋友应该排在 16 号和 31 号才能够躲过自杀而存活下来。

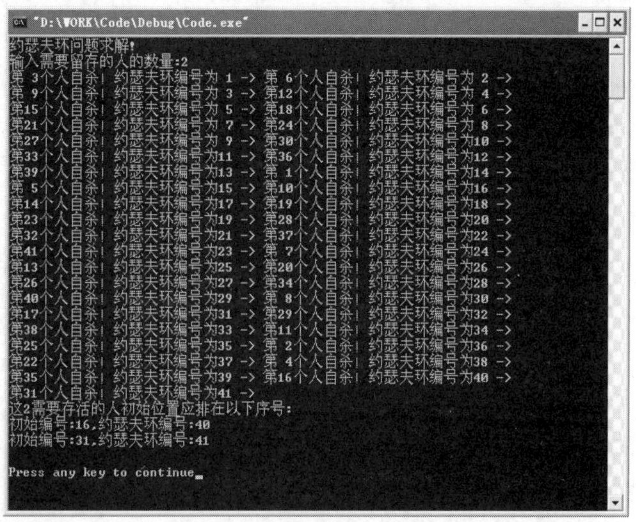

图 8-3

这里演示了 41 个人，报数为 3 的自杀的情况，读者也可以将上述算法推广，计算 *n* 个人，报数为 *m* 的自杀的情况，看看存活的人应该排在什么位置。

8.2.3 约瑟夫环推广应用算法

在历史上，约瑟夫环被广泛研究。一个推广的约瑟夫环问题描述如下所示：

有 *n* 个人环坐一圈，按照顺时针方向依次编号为 1，2，3，…，*n*。有一个黑盒子中放置着许多纸条，其上随机写有数字。每个人随机取一个纸条，纸条上的数字为出列数字。游戏开始时，任选一个处理数字 *m*。从第一个人开始，按编号顺序自 1 开始顺序报数，报到 *m* 的人出列，同时将其手中的数字作为新的出列数字。然后，从下一个人开始重新从 1 报数，如此循环报数下去。问最后剩下哪一个人？

首先来分析一下这个问题，同前面的约瑟夫环相比这个问题明显复杂得多，主要体现在如下几点：

• 参与人的个数 *n* 是一个可变量，因此，不能使用数组来表示，应该使用链表结构来表示。另外，这 *n* 个人首尾相接构成一个环，因此应该使用循环链表来处理这个问题；

• 约瑟夫环的出列数字不是固定值，而是每个人具有不同的值。这需要在程序中分别处理。

其他部分和前述的约瑟夫环处理是类似的。可以参照这里的分析和前述的算法来编写这个复杂约瑟夫环的求解算法。算法的示例代码如下：

```
typedef struct node                                    //结点定义
{
    int number;                                        //游戏者编号
    int psw;                                           //出列数字
    struct node *next;                                 //指针域
} LNode,*LinkList;

void CircleFun(LinkList *list, int m)                  //算法
```

```
{
    LinkList p ,q;
    int i;
    q = p = *list ;
    while(q->next != p)
    {
        q=q->next;
    }
    printf("游戏者按照如下的顺序出列。\n") ;
    while(p->next != p)
    {
        for(i=0;i<m-1;i++)
        {
            q = p;
            p = p->next;
        }
        q->next = p->next;                              //删除p指向的结点
        printf("第%d个人出列，其手中的出列数字为%d。\n",p->number,p->psw );
        m = p->psw;                                     //重置出列数字
        free(p);
        p = q->next;
    }
    printf("\n最后一个人是%d，其手中的出列数字为%d。",p->number,p->psw);
}
```

其中，定义了链表结构来保存数据。链表中每个结点包括如下 3 个域：

（1）域 number：用于保存游戏者编号；

（2）域 psw：用于保存游戏者的出列数字；

（3）域 next：指针域，用于保存下一个结点的指针。

程序中，按照约瑟夫环的规则来处理，依次输出出列的人及出列数字，直到最后一个。最后便得到剩余的是哪一个人。

8.2.4 约瑟夫环推广应用

有了前面复杂约瑟夫环求解算法之后，便可以求解前述约瑟夫环问题，得到最后剩余的那个人。这里给出一个完整的例子，显示整个求解过程。示例内容如下：

n 个人环坐（顺时针编号 1，2，3，…，*n*），每人随机取一张写有数字的纸条，报数 *m* 者出列，同时其手中数字为新的出列数字，求解约瑟夫环。

程序示例代码如下：

```
#include <string.h>                                     //头文件
#include <stdio.h>
#include <malloc.h>

typedef struct node                                     //结点定义
{
    int number;                                         //游戏者编号
    int psw;                                            //出列数字
    struct node *next;                                  //指针域
} LNode,*LinkList;

void insertList(LinkList *list,LinkList q,int number,int psw)   //添加新结点
{
    LinkList p;

    p=( LinkList)malloc(sizeof(LNode));                 //申请空间
    p->number = number;                                 //游戏者编号
```

```
    p->psw = psw;                                           // 出列数字
    if(!*list)                                              // 创建头结点
    {
        *list=p;
        p->next=NULL;
    }
    else                                                    // 插入结点
    {
        p->next=q->next;
        q->next=p;
    }
}

void CircleFun(LinkList *list, int m)                       // 算法
{
    LinkList p ,q;
    int i;
    q = p = *list ;
    while(q->next != p)
    {
        q=q->next;
    }
    printf("游戏者按照如下的顺序出列。\n") ;
    while(p->next != p)
    {
        for(i=0;i<m-1;i++)
        {
            q = p;
            p = p->next;
        }
        q->next = p->next;                                  // 删除 p 指向的结点
        printf("第 %d 个人出列，其手中的出列数字为 %d。\n",p->number,p->psw );
        m = p->psw;                                         // 重置出列数字
        free(p);
        p = q->next;
    }
    printf("\n 最后一个人是 %d，其手中的出列数字为 %d。",p->number,p->psw);
}

void main()                                                 // 主函数
{
     LinkList list1=NULL,q=NULL,list;
     int num, baoshu;
    int i,e;

     printf("约瑟夫环问题求解！ \n");
     printf("请输入约瑟夫环中的人数：\n");
     scanf("%d",&num) ;                                     // 输入约瑟夫环的人数

     printf("按照顺序输入每个人手中的出列数字：\n");
    for(i=0;i<num;i++)
    {
        scanf("%d",&e);
        insertList(&list1,q,i+1,e);                         // 插入结点
        if(i == 0)
        {
            q = list1;
        }
        else
        {
            q = q->next;                                    //q 指向下一结点
        }
    }
```

```
    q->next = list1;                                            //循环链表
    list=list1;

     printf("请输入第一次出列的数字：\n");
     scanf("%d",&baoshu) ;
     CircleFun(&list,baoshu) ;                                  //求解约瑟夫环
     printf("\n");
}
```

在该程序中，main() 主函数首先由用户输入约瑟夫环中的人数，然后依次输入每个人手中的出列数字，从而创建循环链表。接着由用户输入初始的出列数字。然后调用 CircleFun() 函数进行求解。求解的过程中，按照顺序显示了出列者的顺序，以及最后剩余的人。

该程序的执行结果如图 8-4 所示。这里输入约瑟夫环中的人数为 8，每个人手中的出列数字为 3、5、6、2、1、5、7、2，初始的出列数字为 4。那么，游戏者将按照如下顺序出列。

（1）第 4 个人首先出列，其手中的出列数字为 2。

（2）第 6 个人接着出列，其手中的出列数字为 5。

（3）第 3 个人接着出列，其手中的出列数字为 6。

（4）第 5 个人接着出列，其手中的出列数字为 1。

（5）第 7 个人接着出列，其手中的出列数字为 7。

（6）第 8 个人接着出列，其手中的出列数字为 2。

（7）第 2 个人接着出列，其手中的出列数字为 5。

（8）最后，只剩下一个人，其编号为 5，手中的出列数字为 3。

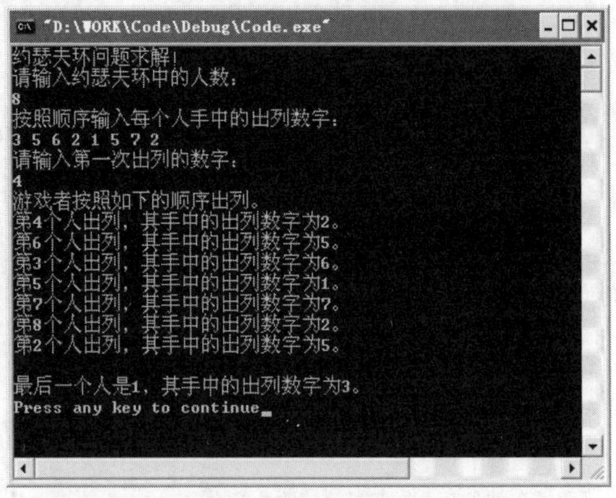

图 8-4

这样便找到了剩余的人。读者可以输入不同的数据来执行该程序，这是一个非常有意思的游戏，适合多人一块玩。

8.3 城市之间的最短总距离和最短距离

城市之间的最短总距离和最短路径包括两类问题：

（1）求解城市之间的最短总距离。求解城市之间的最短总距离是一个非常实际的问题，

其具体描述如下：

某个地区有 n 个城市，如何选择一条路线使各个城市之间的总距离最短？

（2）求解城市之间的最短距离。求解城市之间的最短距离的大意描述如下。

某个地区有 n 个城市，如何选择一条路线使某个城市到某个指定城市之间的距离最短？

注意：最短路径指的是两个城市之间的最短距离，不是所有城市之间的最短总距离。

8.3.1　最短总距离算法

先来分析一下这个问题。某个地区的 n 个城市构成一个交通图，可以使用图结构来描述这个问题，其对应关系如下：

（1）每个城市代表一个图中的一个顶点；

（2）两个顶点之间的边就是两个城市之间的路径，边的权值代表了城市间的距离。

这样，求解各个城市之间的最短总距离问题就归结为该图的最小生成树问题。

首先介绍一下生成树和最小生成树的概念。对于一个连通图的一个子图，如果满足如下条件则称为原图的一个生成树。

（1）子图的顶点和原图完全相同。

（2）子图的边是原图的子集，这一部分的边刚好将图中所有顶点连通。

（3）子图中的边不构成回路。

满足上述条件的子图往往不只一个，这就导致生成树也就不只一个。如图 8-5 所示。

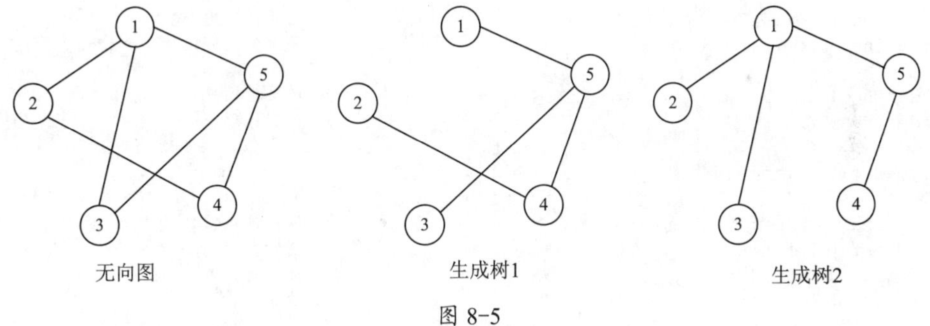

图 8-5

理论上可以证明，对于有 n 个顶点的连通图，其生成树有且仅有 n–1 条边。如果边数少于此数，就不可能将各顶点连通，如果边接边的数量多于 n–1，则会产生回路。

在实际应用中的问题往往归结为带权无向图，例如前述的交通图。对于一个带权连通图，生成树不同，树中各边上的权值总和也不同，权值最小的生成树称为图的最小生成树。例如，图 8-6 所示的带权无向图，其有如下两个生成树方案：

方案一：权值总和为 3+2+4+5=14；

方案二：权值总和为 3+2+2+5=12。

这里，方案二的权值和小于方案一的权值和，因此，方案二为最小生成树。

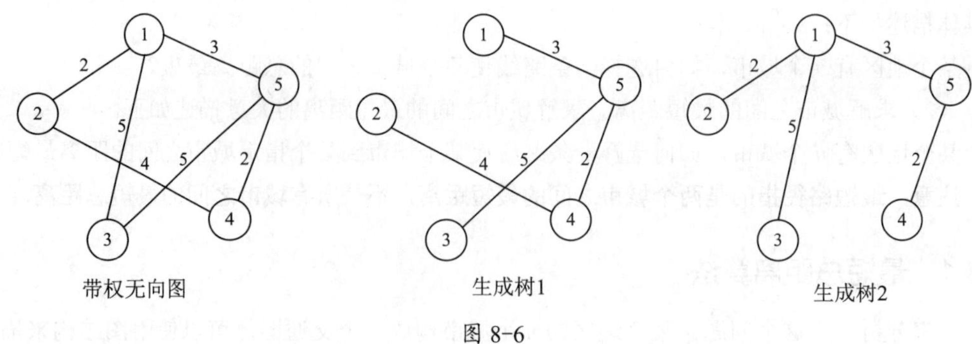

图 8-6

在图论中求解最小生成树，可以采用如下算法：

（1）将图中所有顶点的集合记为 V，最小生成树中的顶点集合记为 U。初始时，V 中包含所有顶点，而 U 为空集；

（2）首先从 V 集合中取出一个顶点（设为 V_0），将其加入集合 U 中；

（3）从 V_0 的邻接点中选择点 V_n，使（V_0，V_n）边的权值最小，得到最小生成树中的一条边。将 V_n 点加入集合 U；

（4）接着从 V-U 集合中再选出一个与 V_0、V_n 邻接的顶点，找出权值最小的一条边，得到最小生成树的另一条边。将该顶点加入集合 U；

（5）按上述步骤不断重复，最后便可以得到该图的最小生成树。

按照这个思路便可以编写相应的算法来求解最小生成树；示例代码如下：

```
#define MaxNum 20                                   //图的最大顶点数
#define MaxValue 65535                              //最大值（可设为一个最大整数）

#define USED 0                                      //已选用顶点
#define NoL -1                                      //非邻接顶点

typedef struct
{
    char Vertex[MaxNum];                            //保存顶点信息（序号或字母）
    int GType;                                      //图的类型（0：无向图，1：有向图）
    int VertexNum;                                  //顶点的数量
    int EdgeNum;                                    //边的数量
    int EdgeWeight[MaxNum][MaxNum];                 //保存边的权
    int isTrav[MaxNum];                             //遍历标志
}GraphMatrix;                                       //定义邻接矩阵图结构

void PrimGraph(GraphMatrix GM)                      //最小生成树算法
{
    int i,j,k,min,sum;
    int weight[MaxNum];                             //权值
    char vtempx[MaxNum];                            //临时顶点信息

    sum=0;
    for(i=1;i<GM.VertexNum;i++)                     //保存邻接矩阵中的一行数据
    {
        weight[i]=GM.EdgeWeight[0][i];
        if(weight[i]==MaxValue)
        {
            vtempx[i]=NoL;
        }
        else
        {
```

```
            vtempx[i]=GM.Vertex[0];                         //邻接顶点
        }
    }
    vtempx[0]=USED;                                         //选用
    weight[0]=MaxValue;
    for(i=1;i<GM.VertexNum;i++)
    {
        min=weight[0];                                      //最小权值
        k=i;
        for(j=1;j<GM.VertexNum;j++)
        {
            if(weight[j]<min && vtempx[j]>0)                //找到具有更小权值的未使用边
            {
                min=weight[j];                              //保存权值
                k=j;                                        //保存邻接点序号
            }
        }
        sum+=min;                                           //权值累加
        printf("(%c,%c),",vtempx[k],GM.Vertex[k]);          //输出生成树一条边
        vtempx[k]=USED;                                     //选用
        weight[k]=MaxValue;
        for(j=0;j<GM.VertexNum;j++)                         //重新选择最小边
        {
            if(GM.EdgeWeight[k][j]<weight[j] && vtempx[j]!=0)
            {
                weight[j]=GM.EdgeWeight[k][j];              //权值
                vtempx[j]=GM.Vertex[k];
            }
        }
    }
    printf("\n最小生成树的总权值为:%d\n",sum);
}
```

上述代码中，定义了图的最大顶点数 MaxNum 和用于保存特殊符号 Z 的最大值 MaxValue。USED 表示已选用的顶点，NoL 表示非邻接顶点。

邻接矩阵图结构为 GraphMatrix，其中包括保存顶点信息的数组 Vertex、图的类型 GType、顶点的数量 VertexNum、边的数量 EdgeNum、保存边的权的二维数组 EdgeWeight 以及遍历标志数组 isTrav。

函数 PrimGraph() 便是最小生成树算法，其输入参数 GM 为 GraphMatrix 结构的图数据。程序中严格遵循了前述求解最小生成树的算法，读者可以对照加深理解。

8.3.2 最短路径算法

先来分析一下这个问题。某个地区的 n 个城市构成一个交通图，参照前面一节，这里仍然可以使用图结构来描述这个问题，其对应关系如下：

（1）每个城市代表一个图中的一个顶点；

（2）两个顶点之间的边就是两个城市之间的路径，边的权值代表了城市之间的距离。

这样，求解两个城市之间的最短距离问题就归结为该图的最小路径问题。

对于一个带权图，一条路径的起始顶点往往被称为源点，最后一个顶点为终点。对于图 8-7 所示的带权无

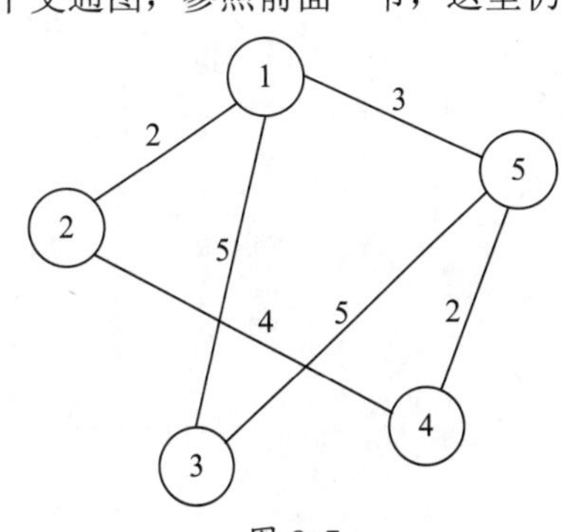

图 8-7

向图，来看一下每个顶点到顶点 V_1 的最短路径。

（1）对于 V_2 到 V_1，两者之间的最短路径就是两者之间的边，路径权值为 2。

（2）对于 V_3 到 V_1，路径权值为 5。

（3）对于 V_4 到 V_1，两者之间没有边，可以经过 V_2 然后到达 V_1，此时路径权值为 2+4=6。也可以经过 V_5 然后到达 V_1，此时路径权值为 2+3=5。因此，最短路径为经过 V_5 然后到达 V_1，路径权值为 5。

（4）对于 V_5 到 V_1，路径权值为 3。

在图论中求解最短路径，可以采用如下算法：

（1）将图中所有顶点的集合记为 V，最小生成树中的顶点集合为 U。初始时，V 中包含所有顶点，而 U 中只有一个顶点 V_0。

（2）然后，计算下一个顶点到顶点 V_0 的最短路径，并将该顶点加入集合 U 中。

（3）按上述步骤不断重复，直到全部顶点都加入集合 U，这样便得到每个顶点到达顶点 V_0 的最短路径。

按照这个思路便可以编写相应的算法来求解最短路径，示例代码如下：

```
typedef struct
{
    char Vertex[MaxNum];                          //保存顶点信息（序号或字母）
    int GType;                                    //图的类型（0：无向图，1：有向图）
    int VertexNum;                                //顶点的数量
    int EdgeNum;                                  //边的数量
    int EdgeWeight[MaxNum][MaxNum];               //保存边的权
    int isTrav[MaxNum];                           //遍历标志
}GraphMatrix;                                     //定义邻接矩阵图结构

int path[MaxNum];                                 //两点经过的顶点集合的数组
int tmpvertex[MaxNum];                            //最短路径的起始点集合

void DistMin(GraphMatrix GM,int vend)             //最短路径算法
{
    int weight[MaxNum];                           //某终止点到各顶点的最短路径长度
    int i,j,k,min;

    vend--;

    for(i=0;i<GM.VertexNum;i++)                   //初始 weight 数组
    {
        weight[i]=GM.EdgeWeight[vend][i];         //保存最小权值
    }
    for(i=0;i<GM.VertexNum;i++)                   //初始 path 数组
    {
        if(weight[i]<MaxValue && weight[i]>0)     //有效权值
        {
            path[i]=vend;                         //保存边
        }
    }
    for(i=0;i<GM.VertexNum;i++)                   //初始 tmpvertex 数组
    {
        tmpvertex[i]=0;                           //初始化顶点集合为空
    }

    tmpvertex[vend]=1;                            //选入顶点 vend
    weight[vend]=0;
    for(i=0;i<GM.VertexNum;i++)
    {
```

```
            min=MaxValue;
            k=vend;
            for(j=0;j<GM.VertexNum;j++)                   // 查找未用顶点的最小权值
            {
                if(tmpvertex[j]==0 && weight[j]<min)
                {
                    min=weight[j];
                    k=j;
                }
            }
            tmpvertex[k]=1;                               // 将顶点 k 选入
            for(j=0;j<GM.VertexNum;j++)                   // 以顶点 k 为中间点，重新计算权值
            {
                if(tmpvertex[j]==0 && weight[k]+GM.EdgeWeight[k][j]<weight[j])
                {
                    weight[j]=weight[k]+GM.EdgeWeight[k][j];
                    path[j]=k;
                }
            }
        }
    }
```

上述代码中，定义了图的最大顶点数 MaxNum 和用于保存特殊符号 Z 的最大值 MaxValue。数组 path 用于保存两点经过的顶点集合的数组，数组 tmpvertex 用于保存最短路径的起始点集合。

邻接矩阵图结构为 GraphMatrix，其中包括保存顶点信息的数组 Vertex、图的类型 GType、顶点的数量 VertexNum、边的数量 EdgeNum、保存边的权的二维数组 EdgeWeight 以及遍历标志数组 isTrav。

函数 DistMin() 是最短路径算法，其输入参数 GM 为 GraphMatrix 结构的图数据，输入参数 vend 为指定的终止点编号。

8.3.3 最短总距离求解示例：计算某地区 5 个城市间的最短总距离

有了前述图的最小生成树算法后，便可以求解城市之间最短总距离问题。例如，假设一个地区共有 5 个城市，如图 8-8 所示。各个城市之间道路的距离如下：

（1）城市 1 和城市 2 之间：2 km；

（2）城市 1 和城市 3 之间：5 km；

（3）城市 1 和城市 5 之间：3 km；

（4）城市 2 和城市 4 之间：4 km；

（5）城市 3 和城市 5 之间：5 km；

（6）城市 4 和城市 5 之间：2 km。

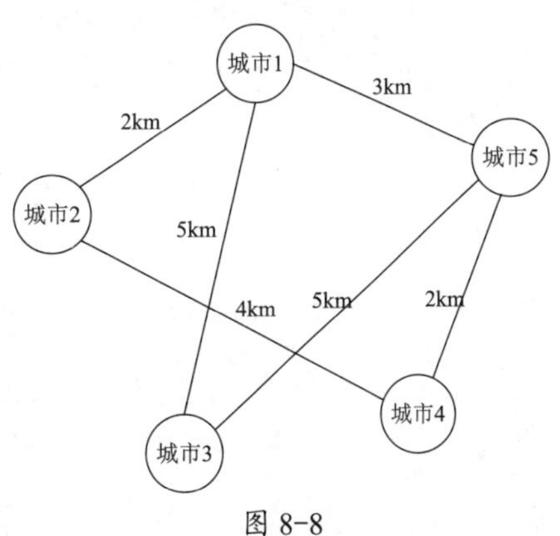

图 8-8

下面通过前述的求解最小生成树的算法来求解城市间的最短总距离。

程序示例代码如下：

```
#include <stdio.h>                                        // 头文件

#define MaxNum 20                                         // 图的最大顶点数
#define MaxValue 65535                                    // 最大值（可设为一个最大整数）
```

```
#define USED 0                                          // 已选用顶点
#define NoL -1                                          // 非邻接顶点

typedef struct
{
    char Vertex[MaxNum];                                // 保存顶点信息（序号或字母）
    int GType;                                          // 图的类型（0: 无向图，1: 有向图）
    int VertexNum;                                      // 顶点的数量
    int EdgeNum;                                        // 边的数量
    int EdgeWeight[MaxNum][MaxNum];                     // 保存边的权
    int isTrav[MaxNum];                                 // 遍历标志
}GraphMatrix;                                           // 定义邻接矩阵图结构

void CreateGraph(GraphMatrix *GM)                       // 创建邻接矩阵图
{
    int i,j,k;
    int weight;                                         // 权
    char EstartV,EendV;                                 // 边的起始顶点

    printf("输入图中各顶点信息\n");
    for(i=0;i<GM->VertexNum;i++)                        // 输入顶点
    {
        getchar();
        printf("第%d个顶点:",i+1);
        scanf("%c",&(GM->Vertex[i]));                   // 保存到各顶点数组元素中
    }
    printf("输入构成各边的顶点及权值:\n");
    for(k=0;k<GM->EdgeNum;k++)                          // 输入边的信息
    {
        getchar();
        printf("第%d条边:",k+1);
        scanf("%c %c %d",&EstartV,&EendV,&weight);
        for(i=0;EstartV!=GM->Vertex[i];i++);            // 在已有顶点中查找始点
        for(j=0;EendV!=GM->Vertex[j];j++);              // 在已有顶点中查找结终点
        GM->EdgeWeight[i][j]=weight;                    // 对应位置保存权值，表示有一条边
        if(GM->GType==0)                                // 若是无向图
        {
            GM->EdgeWeight[j][i]=weight;                // 在对角位置保存权值
        }
    }
}

void ClearGraph(GraphMatrix *GM)
{
    int i,j;

    for(i=0;i<GM->VertexNum;i++)                        // 清空矩阵
    {
        for(j=0;j<GM->VertexNum;j++)
        {
            GM->EdgeWeight[i][j]=MaxValue;              // 设置矩阵中各元素的值为 MaxValue
        }
    }
}

void OutGraph(GraphMatrix *GM)                          // 输出邻接矩阵
{
    int i,j;
    for(j=0;j<GM->VertexNum;j++)
    {
        printf("\t%c",GM->Vertex[j]);                   // 在第 1 行输出顶点信息
    }
```

```
    printf("\n");
    for(i=0;i<GM->VertexNum;i++)
    {
        printf("%c",GM->Vertex[i]);
        for(j=0;j<GM->VertexNum;j++)
        {
            if(GM->EdgeWeight[i][j]==MaxValue)          //若权值为最大值
            {
                printf("\tZ");                          //以 Z 表示无穷大
            }
            else
            {
                printf("\t%d",GM->EdgeWeight[i][j]);    //输出边的权值
            }
        }
        printf("\n");
    }
}

void PrimGraph(GraphMatrix GM)                          //最小生成树算法
{
    int i,j,k,min,sum;
    int weight[MaxNum];                                 //权值
    char vtempx[MaxNum];                                //临时顶点信息

    sum=0;
    for(i=1;i<GM.VertexNum;i++)                         //保存邻接矩阵中的一行数据
    {
        weight[i]=GM.EdgeWeight[0][i];
        if(weight[i]= =MaxValue)
        {
            vtempx[i]=NoL;
        }
        else
        {
            vtempx[i]=GM.Vertex[0];                     //邻接顶点
        }
    }
    vtempx[0]=USED;                                     //选用
    weight[0]=MaxValue;
    for(i=1;i<GM.VertexNum;i++)
    {
        min=weight[0];                                  //最小权值
        k=i;
        for(j=1;j<GM.VertexNum;j++)
        {
            if(weight[j]<min && vtempx[j]>0)            //找到具有更小权值的未使用边
            {
                min=weight[j];                          //保存权值
                k=j;                                    //保存邻接点序号
            }
        }
        sum+=min;                                       //权值累加
        printf("(%c,%c),",vtempx[k],GM.Vertex[k]);      //输出生成树一条边
        vtempx[k]=USED;                                 //选用
        weight[k]=MaxValue;
        for(j=0;j<GM.VertexNum;j++)                     //重新选择最小边
        {
            if(GM.EdgeWeight[k][j]<weight[j] && vtempx[j]!=0)
            {
                weight[j]=GM.EdgeWeight[k][j];          //权值
                vtempx[j]=GM.Vertex[k];
            }
```

```
        }
    }
    printf("\n最小生成树的总权值为 :%d\n",sum);
}

void main()
{
    GraphMatrix GM;                                         //定义保存邻接表结构的图
    char again;

    printf("寻找最小生成树! \n");

S1:        printf("请先输入输入生成图的类型 :");
        scanf("%d",&GM.GType);                              //图的种类
        printf("输入图的顶点数量 :");
        scanf("%d",&GM.VertexNum);                          //输入图顶点数
        printf("输入图的边数量 :");
        scanf("%d",&GM.EdgeNum);                            //输入图边数
        ClearGraph(&GM);                                    //清空图
        CreateGraph(&GM);                                   //生成邻接表结构的图
        printf("该图的邻接矩阵数据如下 :\n");
        OutGraph(&GM);                                      //输出邻接矩阵

        printf("最小生成树的边为 :");
        PrimGraph(GM);

S2:        printf("\n继续玩 (y/n) ? ");
        fflush(stdin);
        scanf("%c", &again);                                //用户输入
        if(again=='y' || again=='Y')
        {
            goto S1;                                        //继续游戏
        }
        else if(again=='n' || again=='N')
        {
            goto S3;                                        //退出游戏
        }
        else
        {
            printf("输入错误，请重新输入! \n");
            goto S2;                                        //输入错误，重新输入
        }
S3:
        printf("游戏结束! \n");
}
```

上述代码中，在 main() 主函数中首先由用户输入图的种类，0 表示无向图，1 表示有向图；然后由用户输入顶点数和边数。接着清空图；并按照用户输入的数据生成邻接表结构的图。最后调用 PrimGraph() 函数来求解最小生成树。

程序执行的结果如图 8-9 所示。这里按照题目的要求输入，这是一个无向图，包含 5 个顶点和 6 条边，将各个城市之间道路的距离作为权值输入。

最终计算得到的最小生成树为 (1,2)、(1,5)、(1,3) 和 (5,4)，总权值为 12。也就是说，这 5 个城市之间的最短总距离为 12 km，最短路径为图 8-10 中的实线部分。

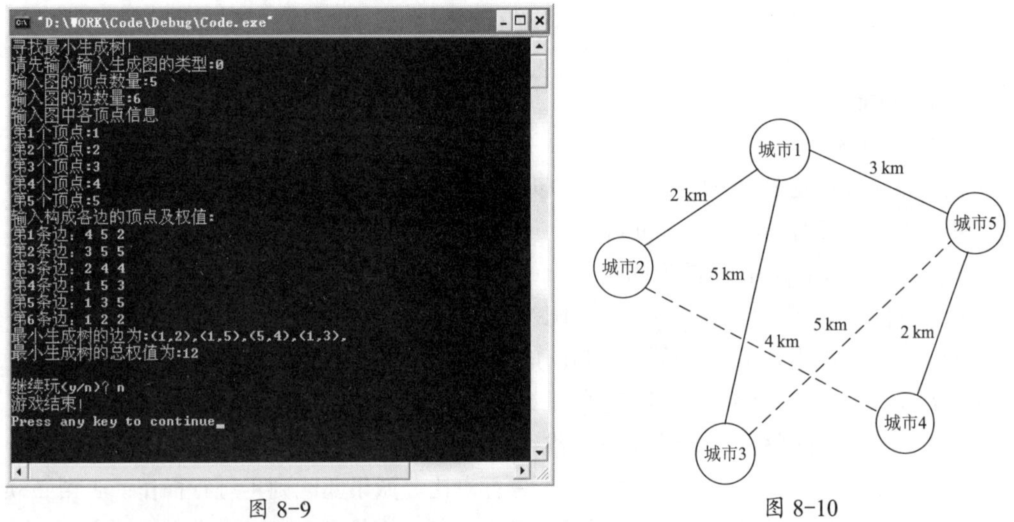

图 8-9　　图 8-10

注意：最短距离算法已讲清楚，在此不再给出示例。

8.4　解决括号匹配问题

括号匹配是程序设计中一个最基本的问题。例如，在 C 语言中，for 循环语言中的循环体需要用一对“{}”括起来，示例代码如下：

```
for(i=0;i<num;i++)
{
                                                      //循环体语句
}
```

类似的还有 if 语句、switch 语句等复合语句以及自定义函数。

在 C 语言的编译环境中输入代码时，要求括号成对出现；否则，编译时将提示出错信息，代码如下所示：

```
for(i=0;i<num;i++)
{
                                                      //循环体语句
    if(j>k)
    {                                                 //这个括号缺少匹配
                                                      //语句；
    else
    {
                                                      //语句；
    }
}
```

这里，if 语句的第一个“{}”缺少匹配，因此将无法通过编译。

编译系统具有括号匹配的检测功能。下面就来介绍如何实现括号匹配的功能。

8.4.1　括号匹配算法

首先来分析一下括号匹配问题。括号匹配的一个基本规则便是括号应该成对出现，并且可以进行嵌套。可以使用的括号包括如下几种：

（1）花括号“{}”

（2）方括号“[]”

（3）圆括号“()”

（4）尖括号“<>”

这些括号往往是成对出现的，因此可以具体分为左括号和右括号。

根据前述的括号匹配原则，可知：

- []、{[]}、{[[()]<>]} 是匹配的；
- []{>{}、(){}}><>}、}[><() 是不匹配的。

判断括号匹配需要用到栈结构，其操作步骤如下：

（1）首先输入一个字符，当该字符是括号字符时，程序进入循环处理；

（2）如果是左括号，则将其入栈，继续执行步骤（1）；

（3）如果是右括号，则取出栈顶数据进行对比，如果匹配则不进行操作；否则必须先将刚才取出的栈顶数据重新入栈，再将刚才输入的括号字符也入栈；

（4）然后再输入下一个字符，重复执行，直到所有的字符都得到操作。

按照这个思路便可以编写相应的算法来判断括号是否匹配；示例代码如下：

```
typedef struct
{
    char *base;
    char *top;
    int stacksize;
}StackType;                                              //栈结构

void pipei()                                             //匹配算法
{
    StackType stack;
    char ch,temp;
    int match;

    initStack( &stack ) ;                                //初始化一个栈结构
    fflush(stdin);
    scanf("%c",&ch);                                     //输入第一个字符
    while(ch!='0')                                       //循环处理
    {
        if(!StackLen(stack))
        {
            PushStack(&stack,ch);
        }
        else
        {
             PopStack(&stack,&temp);                     //取出栈顶元素

             match=0;

            if(temp=='(' && ch==')')                     //判断是否匹配
            {
                match=1;
            }
            if(temp=='[' && ch==']')
            {
                match=1;
            }
            if(temp=='<' && ch=='>')
            {
```

```
                match=1;
            }
            if(temp=='{' && ch=='}')
            {
                match=1;
            }

             if(match==0)                                        // 如果不匹配
             {
                PushStack(&stack,temp);                          // 原栈顶元素重新入栈
                PushStack(&stack,ch);                            // 将输入的括号字符入栈
             }
        }
        scanf("%c",&ch);
    }
    if(!StackLen(stack))
    {
        printf("输入的括号完全匹配!\n");                          // 完全匹配
    }
    else
    {
        printf("输入的括号不匹配，请检查!\n");                    // 不完全匹配
    }
}
```

由于这里需要用到栈结构，因此首先定义了栈结构类型为 StackType。数据项 base 为栈底指针，数据项 top 为栈顶指针，stacksize 为栈大小。

函数 pipei() 便是判断括号是否匹配的算法。在程序中，循环对比每个输入的字符来判断是否匹配，然后进行相应的处理。最后如果栈为空，表示所有的括号都匹配，否则表示有不匹配的括号，输出显示结果。

8.4.2　括号匹配求解示例：对以 0 结束的一组括号进行匹配

有了前面括号匹配算法之后，可以完成括号匹配的判断问题。由于需要使用到栈结构，读者可以参阅前面章节中的介绍。这里给出一个完整的例子，演示括号匹配判断的过程。

程序示例代码如下：

```
#include <stdio.h>                                               // 头文件
#include <stdlib.h>
#include <conio.h>
#include <malloc.h>

#define LEN 20
#define INCREMENT 10

typedef struct
{
    char *base;
    char *top;
    int stacksize;
}StackType;                                                      // 栈结构

void initStack(StackType *stack)                                 // 初始化栈
{
    stack->base = (char *)malloc(LEN * sizeof(char));
    if(!stack->base)
    {
        exit(0);
    }
```

```
    stack->top = stack->base;                            //空栈，栈顶就是栈底
    stack->stacksize = LEN;                              //最大容量为 LEN
}

void PushStack(StackType *stack, char ch)                //入栈
{
    int st;

    st=stack->top - stack->base;
    if( st>= stack->stacksize)                           //申请空间
    {
        stack->base = (char *)realloc(stack->base, (stack->stacksize + INCREMENT)
        *sizeof(char));
        if(!stack->base)
        {
            exit(0);
        }
        stack->top = stack->base + stack->stacksize;
        stack->stacksize = stack->stacksize + INCREMENT;
    }
    *(stack->top) = ch;                                  //入栈
    stack->top++;
}

void PopStack(StackType *stack , char *ch)               //出栈
{
    if(stack->top == stack->base)
    {
    }
    *ch = *--(stack->top);
}

int StackLen(StackType stack)                            //栈的长度
{
    int SL;
    SL=stack.top - stack.base;
    return SL;
}

void pipei()                                             //匹配算法
{
    StackType stack;
    char ch,temp;
    int match;

    initStack( &stack ) ;                                //初始化一个栈结构
    fflush(stdin);
    scanf("%c",&ch);                                     //输入第一个字符
    while(ch!='0')                                       //循环处理
    {
        if(!StackLen(stack))
        {
            PushStack(&stack,ch);
        }
        else
        {
             PopStack(&stack,&temp);                     //取出栈顶元素

             match=0;

            if(temp=='(' && ch==')')                     //判断是否匹配
            {
                match=1;
```

```
            }
            if(temp=='[' && ch= =']')
            {
                match=1;
            }
            if(temp=='<' && ch=='>')
            {
                match=1;
            }
            if(temp=='{' && ch=='}')
            {
                match=1;
            }

             if(match==0)                                    //如果不匹配
             {
                PushStack(&stack,temp);                      //原栈顶元素重新入栈
                PushStack(&stack,ch);                        //将输入的括号字符入栈
             }
        }
        scanf("%c",&ch);
    }
    if(!StackLen(stack))
    {
        printf("输入的括号完全匹配!\n");                      //完全匹配
    }
    else
    {
        printf("输入的括号不匹配，请检查!\n");                //不完全匹配
    }
}

void main()
{
    char again;

    printf("括号匹配问题! \n");

S1:        printf("请先输入一组括号组合，以0表示结束。支持的括号包括：{},(),[],<>。\n");
        pipei();                                             //匹配算法

S2:        printf("\n继续玩(y/n)? ");
        fflush(stdin);
        scanf("%c", &again);                                 //用户输入
        if(again=='y' || again=='Y')
        {
            goto S1;                                         //继续游戏
        }
        else if(again=='n' || again=='N')
        {
            goto S3;                                         //退出游戏
        }
        else
        {
            printf("输入错误，请重新输入! \n");
            goto S2;                                         //输入错误，重新输入
        }
S3:
        printf("游戏结束! \n");

}
```

上述示例代码中用到的栈结构的操作包括初始化栈、入栈和出栈等，读者可以参阅前面

章节的介绍来理解。程序中，main() 主函数中首先调用 pipei() 函数，由用户输入一组括号组合，以 0 表示结束，支持的括号包括 {}、[]、() 和 <>。函数 pipei() 进行判断并输出结果。

该程序可以执行多次。执行该程序，输入相应的括号组合，得到图 8-11 所示的执行结果。

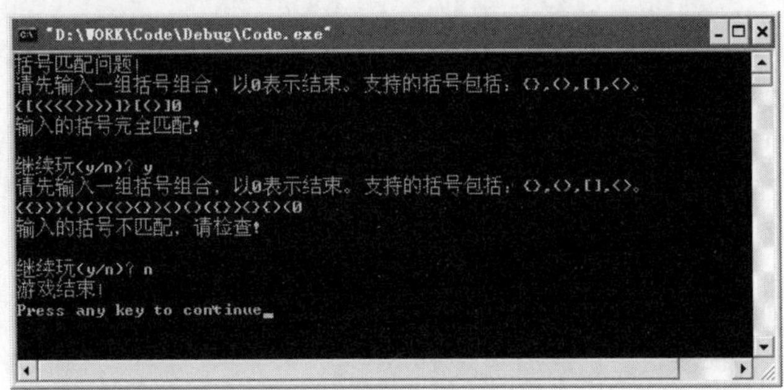

图 8-11

8.5 小结：合理的数据结构 = 高效率的算法

选择合理的数据结构可对问题的求解产生事半功倍的效果。在前面章节介绍的几种基本数据结构的基础上，本章讲解了不同数据结构的几个典型的应用示例。通过这几个例子，读者可以领会到数据结构在求解实际问题中的应用特点。学会算法和数据结构，必须熟练掌握本章内容。

第 9 章

数论问题

简单地说，数论是研究数字的一门学科它是一门古老的学科，是数学中最早研究的方向之一。数论虽然久远，但其充满了无穷的魅力，至今仍吸引着许多著名的数学家在其中耕耘。数论的问题简单而又充满了智慧，数论是算法最好的练兵场。通过简单而有趣的数论问题，不仅可以演练算法的应用，更可以激发读者研究数学的乐趣。本章将对最基本的数论问题进行探讨，并给出相应的算法。

9.1 数论概述及分类

数论是一门研究整数性质的数学学科。在中国古代和西方都有对数论相关问题的探讨，很多基本问题在中国古代研究得更早。不过由于西方研究得更为系统，因此数论中的很多概念采用的是西方数学家的定义。

9.1.1 数论概述

数论的起源可以追溯到公元前 300 年，当时古希腊著名数学家欧几里得发现了数论的本质是素数。这主要记载在欧几里得伟大的著作《几何原本》中，距今已有 2000 多年的历史。在该书中，欧几里得证明了素数具有无穷多个。随后，大概在公元前 250 年，古希腊数学家埃拉托塞发现了素数的一种筛选法。借此，数学家可以对所有整数中的素数进行筛选。

在西方国家，古希腊是数论的发源地。当时的数学家主要对整除性这个基本的数论问题进行了系统的研究。在中国古代，也有很多数学家讨论了数论的内容，例如最大公因数、不定方程的整数解等。

在随后的年代，由于西方国家采用了更为方便的阿拉伯数字来进行计数，数论问题更多地被西方数学家研究。但是，每个数学家都只研究数论的一个或某些方面，并没有归为一个系统的学科。

18 世纪末，被誉为“数学王子”的德国数学家高斯完成了经典著作《算术研究》。在《算术研究》中，高斯把历代的数论问题进行统一的符号处理，将已有的成果进行系统化，并提出了很多新的概念和研究方法，才真正使数论走向成熟，成为一门独立的学科。

随着数学研究的深入，出现了更多的数论研究工具和成果，使得数论不断繁荣。

在国外，欧几里得、费马、欧拉、高斯、拉马努金等赫赫有名的数学家都曾经在数论领域耕耘。在国内华罗庚、陈景润、王元也是世界著名的数论研究学者。中国古代的《周髀算经》

《孙子算经》和《九章算术》等都记载了数论的相关研究成果。例如，著名的中国剩余定理也称为孙子定理，比西方国家要早 500 多年。

9.1.2 数论的分类

按照研究方法的复杂程度，数论可以简单地分为初等数论和高等数论。其中初等数论也称为古典数论，而高等数论也称为近代数论。高等数论按照研究方法的不同，还可以细分为代数数论、解析数论等。下面就简单介绍一下不同数论的研究方法和内容。

1．初等数论

初等数论是数论中最为古老的一个分支，其以初等、算术、朴素的方法来研究数论问题。初等数论起源于古希腊，当时毕达哥拉斯及其学派研究了诸如亲和数、完全数、多边形数等基本问题。到了公元前 4 世纪，欧几里得在其著作《几何原本》中建立了完整的体系，并初步建立了整数的整除理论。

初等数论中非常经典的成就包括算术基本定理、中国剩余定理、欧拉定理、高斯的二次互逆律、勾股方程的商高定理、欧几里得的质数无限证明等。

数论的起源可谓古老，但至今仍然有着无穷的魅力，数论中的每个命题几乎都是世界级的难题。例如费马大定理、孪生素数问题、歌德巴赫猜想、圆内整点问题、完全数问题等。这些难题吸引着无数的数学家为之奋斗，从而也推动了数论乃至整个数学领域的发展。

本章中主要介绍的便是初等数论中的一些基本问题及其算法实现，这些基本问题是数论的基础。首先看一下初等数论的主要研究内容。

（1）整除理论：主要包括欧几里得的辗转相除法、算术基本定理等。其中，也引入了整除、倍数、因数、素数等基本概念。

（2）同余理论：主要包括二次互反律、欧拉定理、中国剩余定理等。其中，引入了同余、原根、指数、平方剩余、同余方程等概念。同余理论最早源自高斯的《算术研究》。

（3）连分数理论：主要研究整数平方根的连分数展开。其中，引入了连分数及相应算法的概念。例如，循环连分数展开、佩尔方程求解等。

（4）不定方程：主要研究低次代数曲线对应的不定方程，例如勾股方程的商高定理、佩尔方程的连分数求解等。

（5）数论函数：主要研究欧拉函数、莫比乌斯变换等。

2．解析数论

解析数论的创始人是德国数学家黎曼。解析数论使用现代微积分以及复变函数分析等方法来研究整数问题。通过黎曼 zeta() 函数与素数之间的奇妙联系，可以获得素数的很多性质。著名的黎曼假设也是现代数学中一个著名的难题。

3．代数数论

代数数论在代数数域来研究整数，将整数环的数论性质研究扩展到更为一般的整环中。在代数数论中，一个重要的目标就是解决不定方程的求解问题。

4．几何数论

几何数论通过几何的方法来研究整数的分布情况，从中获取整数的一些性质。

5．计算数论

计算数论是伴随着计算机的产生而产生的。借助于高性能计算机的计算能力来解决数论问题。例如，典型的素数测试和质因数分解等，信息安全领域的公钥密码的基础便是基于质因数分解的。

6．超越数论

超越数论主要研究数的超越性，同时也研究数的丢番图逼近理论和欧拉常数。

7．组合数论

组合数论由艾狄胥首先创立，利用排列组合和概率的技巧来解决一些初等数论无法解决的复杂问题。

8．算术代数几何

算术代数几何是最新的研究方向，从代数几何的角度出发，通过深刻的数学工具来研究数论问题和整数的性质。近期这方面一个最伟大的成就便是费马大定理的证明，由普林斯顿大学的英国数学家怀尔斯完成，几乎用到了当时最主要的理论工具。

9.1.3　基本概念

下面要讨论的算法都是与初等数论问题息息相关的。在介绍这些基本数论问题和算法之前，首先介绍一下将会用到的一些基本数学及数论概念（表 9-1），以便于读者的理解。

表 9-1　数学及数论概念

概念	解释
自然数	一般将大于或等于 0 的正整数称为自然数
因数	一个数的因数就是所有可以整除这个数的数
倍数	如果一个整数能够被另一个整数整除，这个整数就是另一个整数的倍数
因子	一个数的因子就是所有可以整除这个数的数，而不包括该数本身。因子也称为真因数
奇数	整数中，不能够被 2 整除的数
偶数	整数中，能够被 2 整除的数
素数	又称为质数，指在一个大于 1 的自然数中，除了 1 和此整数自身外，不能被其他自然数整除的数
调和数	如果一个正整数的所有因子的调和平均是整数，那么这个正整数便是调和数。调和数又称为欧尔数或者欧尔调和数
完全数	完全数等于其所有真因子的和。完全数又称完美数或完备数
亏数	亏数大于其所有真因子的和
盈数	盈数小于其所有真因子的和
亲密数	如果整数 a 的因子和等于整数 b，整数 b 的因子和等于整数 a，因子包括 1 但不包括本身，且 a 不等于 b，则称 a、b 为亲密数对
水仙花数	指一个 n 位数（$n \geqslant 3$），它的每个位上的数字的 n 次幂之和等于它本身
阿姆斯特朗数	其值等于各位数字的 n 次幂之和的 n 位数，又称为 n 位 n 次幂回归数
自守数	指一个数的平方的尾数等于该数自身的自然数
最大公约数	指某几个整数共有因子中最大的一个
最小公倍数	指某几个整数共有倍数中最小的一个

9.2 完全数

完全数（Perfect Number）是一些特殊的自然整数。完全数等于其所有因子的和。所谓因子就是所有可以整除这个数的数，而不包括该数本身。本节将详细介绍完全数的基本规则和性质，以及判断完全数的算法。

9.2.1 完全数概述

与完全数相关的两个概念便是亏数和盈数。一般来说，判断一个自然数是亏数、盈数还是完全数，可以通过其所有真因子的和来判断，如下：

- 当一个自然数的所有真因子的和小于该自然数，那么该自然数便是亏数；
- 当一个自然数的所有真因子的和大于该自然数，那么该自然数便是盈数；
- 当一个自然数的所有真因子的和等于该自然数，那么该自然数便是完全数。

例如，4 的所有真因子包括 1 和 2，而 4>1+2，所以 4 是一个亏数；6 的所有真因子包括 1、2、3，而 6=1+2+3，因此 6 是一个完全数；12 的所有真因子包括 1、2、3、4、6，而 12<1+2+3+4+6，所以 12 是一个盈数。下面举几个典型的完全数的例子。

6=1+2+3

28=1+2+4+7+14

496=1+2+4+8+16+31+62+124+248

8 128=1+2+4+8+16+32+64+127+254+508+1016+2 032+4 064

对完全数的研究，可以追溯到公元前 6 世纪。当时，毕达哥拉斯已经发现 6 和 28 是完全数。到目前为止，共找到 47 个完全数。寻找完全数比较困难，完全数的值越来越大，有时需要借助高速的计算机来寻找。在所有的自然数中总共有多少个完全数，这仍然是一个谜，许多数学家仍在为之奋斗。另外最奇特的是，目前所有发现的完全数都是偶数，到底是否存在奇数的完全数仍然是一个谜。人们不断研究完全数是因为其有如下一些奇特的性质。

（1）每一个完全数都可以表示成连续自然数之和

每一个完全数都可以表示成连续自然数的和，这些自然数并不一定是完全数的因数。例如：

6=1+2+3

28=1+2+3+4+5+6+7

496=1+2+3+4+…+29+30+31

（2）每一个完全数都是调和数

我们知道，如果一个正整数的所有因子的调和平均是整数，那么这个正整数便是调和数。而每一个完全数都是调和数，例如：

对于完全数 6 来说，1/1+1/2+1/3+1/6=2

对于完全数 28 来说，1/1+1/2+1/4+1/7+1/14+1/28=2

（3）每一个完全数都可以表示为 2 的一些连续正整数次幂之和

每一个完全数都可以表示为 2 的一些连续正整数次幂之和，例如：

$6=2^1+2^2$

$28=2^2+2^3+2^4$

$8128=2^6+2^7+2^8+2^9+2^{10}+2^{11}+2^{12}$

（4）已知的完全数都是以 6 或者 8 结尾

已知的完全数都是以 6 或者 8 结尾，例如 6、28、496、8128、33550336 等。从这里也可以看出，已知的每一个完全数都是偶数，但还没有严格证明没有奇数的完全数。

（5）除 6 之外的完全数都可以表示成连续奇立方之和

除 6 之外的完全数都可以表示成连续奇立方之和，例如：

$28=1^3+3^3$

$496=1^3+3^3+5^3+7^3$

$8128=1^3+3^3+5^3+\cdots+15^3$

9.2.2　生成完全数算法

完全数至今仍是数学家研究的重点，这里可以通过完全数的定义来编写计算机查找完全数的算法；示例代码如下：

```
void Perfectnum(long fanwei)
{
    long p[300];                                    //保存分解的因子
    long i,j,k,sum,num,count;

    for(i=1;i<fanwei;i++)                           //循环处理每一个数
    {
        count=0;
        num=i;
        sum=num;
        for(j=1;j<num;j++)                          //循环处理每一个数
        {
            if(num % j==0)
            {
                p[count++]=j;                       //保存因子，计数器 count 增加 1
                sum=sum-j;                          //减去一个因子
            }
        }
        if(sum==0)
        {
            printf("%4ld 是一个完全数，因子是 ",num);
            printf("%ld=%ld",num,p[0]);             //输出完全数
            for(k=1;k<count;k++)                    //输出因子
            {
                printf("+%ld",p[k]);
            }
            printf("\n");
        }
    }
}
```

其中，输入参数 fanwei 为待查找完全数的范围。在该函数中通过双重循环来对每一个数进行判断，当查找到一个完全数之后，便输出该完全数的所有真因子。算法的执行过程完全遵照了完全数的定义，读者可以对照着加深理解。

9.2.3 查找完全数算法示例：查找 10000 以内的所有完全数

下面通过一个完整的例子来看看查找完全数算法的应用，这里通过程序来列举 10000 以内的所有完全数。

程序示例代码如下：

```
#include <stdio.h>

void Perfectnum(long fanwei)                                //计算完全数算法
{
    long p[300];                                            //保存分解的因子
    long i,j,k,sum,num,count;

    for(i=1;i<fanwei;i++)                                   //循环处理每一个数
    {
        count=0;
        num=i;
        sum=num;
        for(j=1;j<num;j++)                                  //循环处理每一个数
        {
            if(num % j==0)
            {
                p[count++]=j;                               //保存因子，计数器 count 增加 1
                sum=sum-j;                                  //减去一个因子
            }
        }
        if(sum==0)
        {
            printf("%4ld 是一个完全数，因子是 ",num);
            printf("%ld=%ld",num,p[0]);                     //输出完全数
            for(k=1;k<count;k++)                            //输出因子
            {
                printf("+%ld",p[k]);
            }
            printf("\n");
        }
    }
}

void main()                                                 //主函数
{
    long fanwei;

    fanwei=10000;                                           //初始化范围
    printf("查找 %ld之内的完全数：\n",fanwei);
    Perfectnum(fanwei);                                     //查找完全数
}
```

在该程序中，主函数首先初始化待查找的范围，也就是 10000，然后调用 Perfectnum() 函数来逐个查找完全数并列举出来。该程序的执行结果如图 9-1 所示。

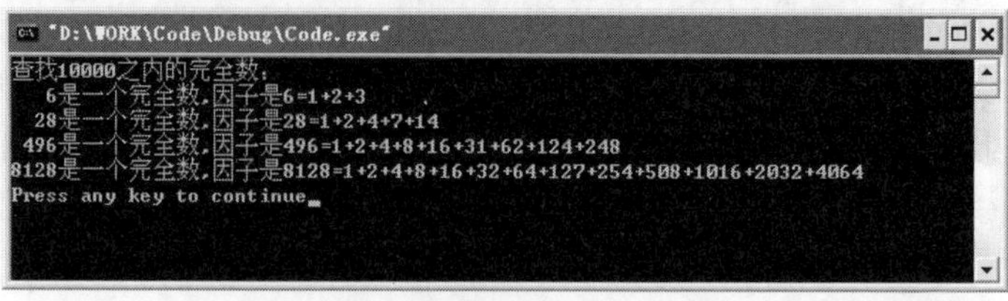

图 9-1

9.3　亲密数（对）

亲密数是具有特殊性质的整数。亲密数对展示了两个整数之间通过因子的密切联系。

9.3.1　亲密数（对）概述

如果整数 a 的因子和等于整数 b，整数 b 的因子和等于整数 a，因子包括 1 但不包括本身，且 a 不等于 b，则称 a、b 为亲密数对。

例如，220 和 204 便是一对亲密数，因为其满足如下规则：

- 220 的各个因子之和为：1+2+4+5+10+11+20+22+44+55+110=204；
- 204 的各个因子之和为：1+2+4+71+142=220。

另外，1184 和 1210 也是一对亲密数，因为其满足如下规则：

- 1184 的各个因子之和为：1+2+4+8+16+32+37+74+148+296+592=1210；
- 1210 的各个因子之和为：1+2+5+10+11+22+55+110+121+242+605=1184。

像这样的亲密数对，还可以找到很多，这里不再赘述。

9.3.2　查找亲密数对算法

可以通过亲密数的定义来编写计算机查找亲密数对的算法；示例代码如下：

```
int friendnum(int a)
{
        int i,b1,b2,count;
        for(i=0;i<100;i++)                                    //清空数组
        {
            ga[i]=gb[i]=0;
        }
        count=0;                                              //数组下标
        b1=0;                                                 //累加和
        for(i=1;i<a/2+1;i++)                                  //求数 a 的因子
        {
            if(a%i==0)                                        //a 能被 i 整除
            {
                ga[count++]=i;                                //保存因子到数组，方便输出
                b1+=i;                                        //累加因子之和
            }
        }
        count=0;
        b2=0;
        for(i=1;i<b1/2+1;i++)                         //将数 a 因子之和再进行因子分解
        {
            if(b1%i==0)                               //b1 能被 i 整除
            {
                gb[count++]=i;                        //保存因子到数组
                b2=b2+i;                              //累加因子之和
            }
        }
        if(b2==a && a<b1)                             //判断 a，b 的输出条件
        {
            return b1;
        }
        else
        {
            return 0;
```

```
        }
}
```

其中，输入参数 a 为一个正整数，该函数通过算法来寻找 a 的亲密数，如果找到，则返回该亲密数；否则，返回 0。程序中，对于输入的参数 a，首先将其因子分解出来，并保存在一个数组 ga 中，而各个因子之和保存在变量 b_1 中。然后将 b_1 再次进行因子分解，并将因子保存在数组 gb 中，而各个因子之和保存在变量 b_2 中。最后判断 b_2 和 a，如果 b_2 等于 a，且 b_1 不等于 b_2，则找到一对亲密数为 a 和 b_1。读者可以对照算法来加深对亲密数的理解。

9.3.3 查找亲密数对算法示例：查找 5000 以内的所有亲密数对

下面通过一个完整的例子来看查找亲密数对算法的应用，这里通过程序来列举 5000 以内的所有亲密数对。

程序示例代码如下：

```
#include <stdio.h>

int ga[100],gb[100];                                    //保存因子的数组

int friendnum(int a)                                    //亲密数对算法
{
        int i,b1,b2,count;
        for(i=0;i<100;i++)                              //清空数组
        {
            ga[i]=gb[i]=0;
        }
        count=0;                                        //数组下标
        b1=0;                                           //累加和
        for(i=1;i<a/2+1;i++)                            //求数 a 的因子
        {
            if(a%i==0)                                  //a 能被 i 整除
            {
                ga[count++]=i;                          //保存因子到数组，方便输出
                b1+=i;                                  //累加因子之和
            }
        }
        count=0;
        b2=0;
        for(i=1;i<b1/2+1;i++)                           //将数 a 因子之和再进行因子分解
        {
            if(b1%i==0)                                 //b1 能被 i 整除
            {
                gb[count++]=i;                          //保存因子到数组
                b2=b2+i;                                //累加因子之和
            }
        }
        if(b2==a && a<b1)                               //判断 a，b 的输出条件
        {
            return b1;
        }
        else
        {
            return 0;
        }
}

void main()
```

```
{
    int i,b,fanwei,count;

    fanwei=5000;                                        //初始化
    printf("列举 1~%d 之间的所有亲密数对！\n",fanwei);
    for(i=1;i<fanwei;i++)
    {
        b=friendnum(i);
        if(b!=0)
        {
            printf("\n%d--%d 是亲密数，示例如下：",i,b);    //输出亲密数
            printf("\n%d 的各个因子之和为 :1",i);
            count=1;
            while(ga[count]>0)                          //输出一个数的因子
            {
                printf("+%d",ga[count]);
                count++;
            }
            printf("=%d\n",b);
            printf("%d 的各个因子之和为 :1",b);
            count=1;
            while(gb[count]>0)                          //输出另一个数的因子
            {
                printf("+%d",gb[count]);
                count++;
            }
            printf("=%d\n",i);
        }
    }
}
```

在该程序中，保存因子的数组 ga 和 gb 作为全局变量，这样便于后面输出各个因子。在 main() 主函数中，首先确定查找的范围，然后通过 for 循环来对每一个整数进行处理。当查找到亲密数对后，将结果输出。该程序的执行结果如图 9-2 所示。

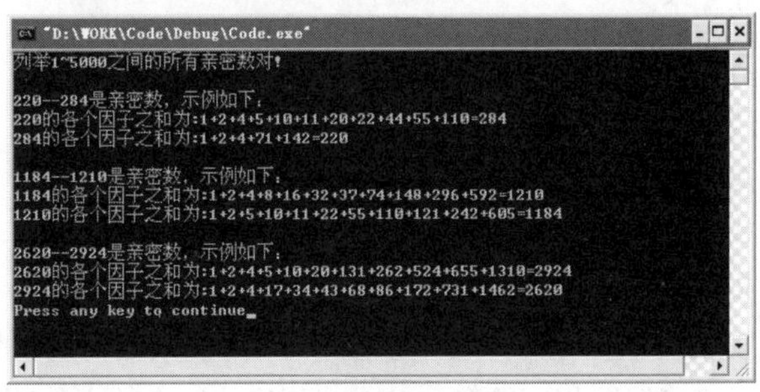

图 9-2

9.4　水仙花数

水仙花数是指一个 n 位正整数（$n \geqslant 3$），它的每个位上的数字的 n 次幂之和等于它本身。水仙花数也是一种具有奇特性质的数。

9.4.1　水仙花数概述

水仙花数最先是由英国数学家哈代发现的，他发现一些含有以下奇特的现象的三位数：

$$153=1^3+5^3+3^3$$

$$370=3^3+7^3+0^3$$

$$371=3^3+7^3+1^3$$

$$407=4^3+0^3+7^3$$

简单地说，这些三位正整数在数值上等于其各位数字的立方之和（也就是 3 次幂之和）。哈代称为“水仙花数”。

除此之外，进一步研究发现还存在更高位数的水仙花数。以上所述均为三位的水仙花数，四位的水仙花数有如下 3 个：

$$1634=1^4+6^4+3^4+4^4$$

$$8208=8^4+2^4+0^4+8^4$$

$$9474=9^4+4^4+7^4+4^4$$

五位的水仙花数共有 3 个，如下所示：

$$54748=5^5+4^5+7^5+4^5+8^5$$

$$92727=9^5+2^5+7^5+2^5+7^5$$

$$93084=9^5+3^5+0^5+8^5+4^5$$

而六位的水仙花数则只有 1 个，如下所示：

$$548834=5^6+4^6+8^6+8^6+3^6+4^6$$

数学家在理论上证明，最大的水仙花数不超过 34 位。因此，水仙花数是有限的。不同位数的水仙花数的个数如下：

三位水仙花数：共 4 个；

四位水仙花数：共 3 个；

五位水仙花数：共 3 个；

六位水仙花数：共 1 个；

七位水仙花数：共 4 个；

八位水仙花数：共 3 个；

九位水仙花数：共 4 个；

十位水仙花数：共 1 个。

当然还有很多更多位的水仙花数，这里仅列举了 10 位数之内的水仙花数的个数。读者可以根据水仙花数的定义来编写相应的算法，寻找相应位数上的水仙花数。这是一个很有意思的尝试。

9.4.2 查找水仙花数算法

由于水仙花数按照不同的位数来分，这里给出 *n* 位水仙花数的计算算法；示例代码如下：

```
void NarcissusNum(int n)
{
    long i,start,end,temp,num,sum;
    int j;

    start=(long)pow(10,n-1);                                    //起始数据
    end=(long)pow(10,n)-1;                                      //终止数据
    for(i=start;i<=end;i++)                                     //逐个判断
```

```
        {
            temp=0;
            num=i;
            sum=0;
            for(j=0;j<n;j++)                                    //分解各位
            {
                temp=num%10;
                sum=sum+(long)pow(temp,n);                      //n 次幂累加
                num=(num-temp)/10;
            }
            if(sum==i)
            {
                printf("%ld\n",i);                              //输出水仙花数
            }
        }
    }
```

上述代码中，输入参数 *n* 表示需要查找的水仙花数的位数。在该算法中，首先计算起始数据和终止数据，然后对所有数据逐个判断。在进行判断时，基本是根据水仙花数的定义来判断，即将数据的各个位分离出来，并逐位进行 *n* 次幂的累加，最后判断累加的结果是否与原数据相等，如果相等，则表示该数据是水仙花数。最后输出所有的水仙花数。

这里需要注意的是，算法的关键是如何分离数据的 *n* 位。采用如下算法来实现：

（1）计算数据 num 的个位数，并将其赋值给 temp；

（2）计算个位数的 *n* 次幂，并累加到 sum 中；

（3）移位操作，将 num 减去个位数 temp 后，再除 10，便相当于数据的右移操作。此时位数减少一位，并将结果重新赋值给 num；

（4）重复步骤（1）的操作，直到所有的位数都得到处理为止。

这样便分离出了 *n* 位的数字并得到了其 *n* 次幂的累加和。

9.4.3　查找水仙花数算法示例：查找 3 位数和 4 位数的水仙花数

下面通过一个完整的例子来看查找水仙花数算法的应用，编写程序算法查找 3 位数和 4 位数的水仙花数。

程序示例代码如下：

```
#include <stdio.h>
#include <math.h>

void NarcissusNum(int n)                                    //判断水仙花数算法
{
    long i,start,end,temp,num,sum;
    int j;

    start=(long)pow(10,n-1);                                //起始数据
    end=(long)pow(10,n)-1;                                  //终止数据
    for(i=start;i<=end;i++)                                 //逐个判断
    {
        temp=0;
        num=i;
        sum=0;
        for(j=0;j<n;j++)                                    //分解各位
        {
            temp=num%10;
            sum=sum+(long)pow(temp,n);                      //n 次幂累加
```

```
            num=(num-temp)/10;
        }
        if(sum==i)
        {
            printf("%ld\n",i);                          //输出水仙花数
        }
    }
}

void main()                                             //主函数
{
    int n;

    n=3;                                                //初始化位数
    printf("列举%d位的水仙花数：\n",n);
    NarcissusNum(n);                                    //列举所有水仙花数
    printf("\n");
    n=4;                                                //初始化位数
    printf("列举%d位的水仙花数：\n",n);
    NarcissusNum(n);                                    //列举所有水仙花数
    printf("\n");
}
```

在该程序中，首先初始化位数 *n*=3，然后调用 NarcissusNum() 函数来列举所有三位水仙花数。接着初始化位数 *n*=4，然后调用 NarcissusNum() 函数来列举所有四位水仙花数。该程序的执行结果如图 9-3 所示。

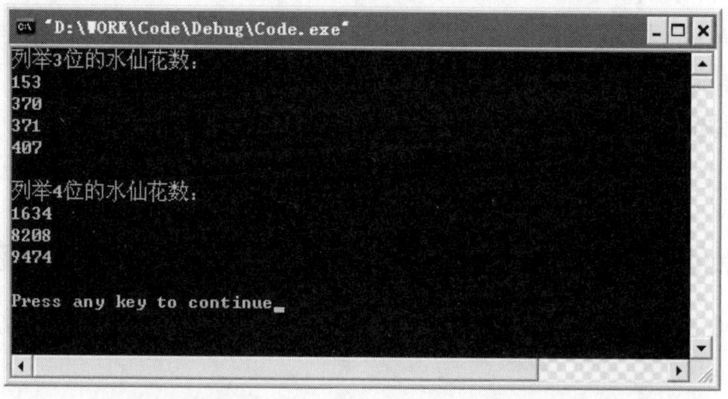

图 9-3

读者也可以修改主函数来列举所有其他位数的水仙花数，但理论上证明最大的水仙花数不超过 34 位，因此 *n* 的值不应超过 34 位。另外，随着位数的增加，算法需要处理的数据也在增多，算法计算的过程会比较慢，对计算机的软硬件配置要求也比较高。

9.5 自守数

如果一个正整数的平方的末尾一位或几位数等于这个数本身，那么这个数便被称为自守数。自守数具有很多奇特的性质。

9.5.1 自守数概述

依照自守数的定义，很容易找到一些简单的自守数，例如：

5 是 1 位数的自守数，因为 5^2=25，末尾仍然为 5。

6 是 1 位数的自守数，因为 6^2=36，末尾仍然为 6。

25 是两位数的自守数，因为 25^2=625，末尾两位仍然为 25。

76 是两位数的自守数，因为 76^2=5776，末尾两位仍然为 76。

625 是三位数的自守数，因为 625^2=390625，末尾两位仍然为 625。

376 是三位数的自守数，因为 376^2=141376，末尾两位仍然为 376。

不过，细心的读者可能会说，0 和 1 也是自守数，因为 0^2=0，1^2=1，满足自守数的定义。不过，由于 0 和 1 这两个数过于简单，没有什么奇特的性质，因此没有太多的研究价值。在数学上一般不将其归入自守数中。

自守数还有如下一些奇特的性质。

（1）以自守数为后几位的两数相乘，结果的后几位仍是这个自守数

自守数的一个最基本特点是，以自守数为后几位的两数相乘，结果的后几位仍是这个自守数。例如，76 是一个两位的自守数，以 76 为后两位的两个数相乘，那么乘积的结果的后两位仍然是 76，如下所示：

$$176 \times 576=101376$$

$$276 \times 376=103776$$

（2）n+1 位的自守数出自 n 位的自守数

在所有的自守数中，n+1 位的自守数出自 n 位的自守数。例如：

625 是一个三位自守数，其末尾两位为 25，仍然是一个自守数；而 25 是一个两位自守数，其末尾一位为 5，而 5 也是一个一位自守数。

376 是一个三位自守数，其末尾两位为 76，仍然是一个自守数；而 76 是一个两位自守数，其末尾一位为 6，而 6 也是一个一位自守数。

这样，如果知道了 n 位的自守数，那么 n+1 位的自守数也就是其前面增加一位数即可，在有些场合可以减少计算量。

（3）两个 n 位自守数的和等于 10^n+1

符合以上条件的自守数如下所示：

$5+6=11=10^1+1$

$25+76=101=10^2+1$

$625+376=1001=10^3+1$

……

9.5.2　查找自守数算法

我们根据自守数的定义给出查找自守数的第一种算法，算法示例代码如下：

```
int zishounum1(long n)                         //判断自守数算法 1
{
    long temp,m,k;
    int count;

    k=1;
```

```
    count=0;
    while(k>0)                                          //判断位数
    {
        k=n-(long)pow(10,count);
        count++;
    }
    m=count-1;                                          //位数
    temp=(n*n)%((long)(pow(10,m)));
    if(temp==n)                                         //判断是否为自守数
    {
        return 1;
    }
    else
    {
        return 0;
    }
}
```

上述代码中，输入参数 *n* 为待判断的整数，如果 *n* 为自守数，则该函数返回 1；否则，返回 0。程序中，首先判断输入整数 *n* 的位数，然后按照自守数的定义，计算 *n* 的平方，并对末几位进行判断，看其是否满足自守数的定义。

这个算法比较简单，但是存在一定的问题。当输入参数 *n* 比较大时，*n* 和 *n* 乘积的结果将非常大，这样一方面影响计算速度；另一方面容易造成数据范围溢出。因此就需要寻找更为合理的算法。

首先来简单分析一下整数平方的计算过程，从中寻找算法的灵感。这里以计算 625 的平方为例进行介绍，如图 9-4 所示。

```
      625
  ×   625
  ---------
     3125  ←—— 个位5×625
    1250   ←—— 十位5×625
   3750    ←—— 百位5×625
  ---------
   390625
```

图 9-4

由于对于判断自守数来说，只需知道平方的后面 3 位数即可，而不必计算整个平方的结果。从这里的计算过程可知，在每一次的部分乘积中，并不是它的每一位都会对积的后 3 位产生影响；因此我们可以找到如下规律：

（1）对于个位数与被乘数相乘的积中，用被乘数的后 3 位（625）与乘数的个位（5）相乘；

（2）对于十位数与被乘数相乘的积中，用被乘数的后 2 位（25）与乘数的十位（20）相乘；

（3）对于百位数与被乘数相乘的积中，用被乘数的后 1 位（5）与乘数的百位（600）相乘。

将以上各位相乘的积累加，再取最后 3 位即可。将以上规律推广，即可用来对多位数进行处理。

按照这个思路，可以编写第二种自守数查找算法，示例代码如下：

```
int zishounum2(long num)
{
    long faciend,mod,n_mod,p_mod;
    //mod 被乘数的系数，n_mod 乘数的系数，p_mod 部分乘积的系数
    long t,n;                                           //临时变量

    faciend=num;                                        //被乘数
    mod=1;
    do
    {
        mod*=10;                                        //被乘数的系数
        faciend/=10;
    }while(faciend>0);                                  //循环求出被乘数的系数
    p_mod=mod;                                          //p_mod 为截取部分积时的系数
```

```
    faciend=0;                                    //积的最后 n 位
    n_mod=10;                                     //截取乘数相应位时的系数
    while(mod>0)
    {
       t=num % (mod*10);                          //获取被乘数
       n=num%n_mod-num%(n_mod/10);                //分解出每一位乘数作为乘数
       t=t*n;                                     //相乘的结果
       faciend=(faciend+t)%p_mod;                 //截取乘积的后面几位
       mod/=10;                                   //调整被乘数的系数
       n_mod*=10;                                 //调整乘数的系数
    }
    if(num==faciend)                              //判断自守数，并返回
    {
        return 1;
    }
    else
    {
        return 0;
    }
}
```

第二种算法中，输入参数 *n* 为待判断的整数，如果 *n* 为自守数，则该函数返回 1；否则，返回 0。

9.5.3 查找自守数算法示例：用两种算法查找 1000 以内和 200000 以内的自守数

下面通过一个完整的例子来看查找自守数算法的应用，用上面讲的第一种算法查找 1000 以内的自守数；用第二种算法 2 查找 200000 以内的自守数。

程序示例代码如下：

```
#include <stdio.h>
#include <math.h>

int zishounum1(long n)                            //判断自守数算法 1
{
    long temp,m,k;
    int count;

    k=1;
    count=0;
    while(k>0)                                    //判断位数
    {
        k=n-(long)pow(10,count);
        count++;
    }
    m=count-1;                                    //位数
    temp=(n*n)%((long)(pow(10,m)));
    if(temp==n)                                   //判断是否为自守数
    {
        return 1;
    }
    else
    {
        return 0;
    }
}

int zishounum2(long num)                          //判断自守数算法 2
{
```

```
    long faciend,mod,n_mod,p_mod;
    //mod 被乘数的系数，n_mod 乘数的系数，p_mod 部分乘积的系数
    long t,n;                                              // 临时变量

    faciend=num;                                           // 被乘数
    mod=1;
    do
    {
        mod*=10;                                           // 被乘数的系数
        faciend/=10;
    }while(faciend>0);                                     // 循环求出被乘数的系数
    p_mod=mod;                                             // p_mod 为截取部分积时的系数
    faciend=0;                                             // 积的最后 n 位
    n_mod=10;                                              // 截取乘数相应位时的系数
    while(mod>0)
    {
        t=num % (mod*10);                                  // 获取被乘数
        n=num%n_mod-num%(n_mod/10);                        // 分解出每一位乘数作为乘数
        t=t*n;                                             // 相乘的结果
        faciend=(faciend+t)%p_mod;                         // 截取乘积的后面几位
        mod/=10;                                           // 调整被乘数的系数
        n_mod*=10;                                         // 调整乘数的系数
    }
    if(num==faciend)                                       // 判断自守数，并返回
    {
        return 1;
    }
    else
    {
        return 0;
    }
}

void main()                                                // 主函数
{
    long i;

    printf("第一种算法计算自守数：\n");
    for(i=2;i<1000;i++)
    {
        if(zishounum1(i)==1)                               // 调用第一种算法
        {
            printf("%ld ",i);
        }
    }
    printf("\n");

    printf("第二种算法计算自守数：\n");
    for(i=2;i<200000;i++)
    {
        if(zishounum2(i)==1)                               // 调用第二种算法
        {
            printf("%ld ",i);
        }
    }
    printf("\n");
}
```

在该程序中，main() 主函数分别调用了两种计算自守数的算法来列举 1000 以内和 200000 以内的自守数。该程序的执行结果如图 9-5 所示。

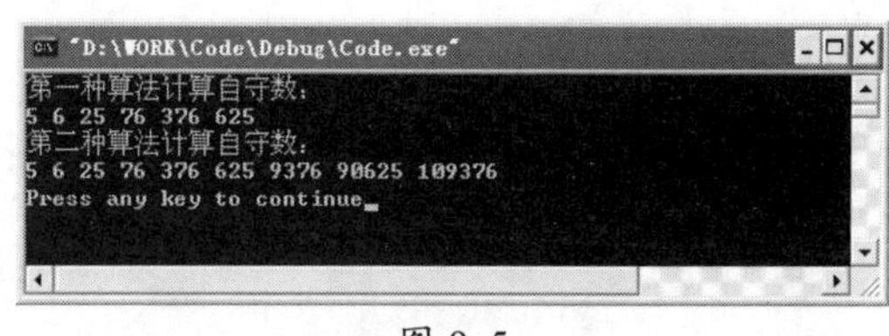

图 9-5

9.6　最大公约数和最小公倍数

最大公约数和最小公倍数我们接触得非常多。如果有一个自然数 *a* 能被自然数 *b* 整除，则称 *a* 为 *b* 的倍数，*b* 为 *a* 的约数。几个自然数公有的约数，称为这几个自然数的公约数。公约数中最大的一个，一般就称为这几个自然数的最大公约数（Greatest Common Divisor，GCD）。

例如，在自然数 4、8、12 中，1、2 和 4 是这几个自然数的公约数，而 4 则是最大公约数。

关于最大公约数的讨论最早见于欧几里得的《几何原本》。欧几里得在该书中提出了一个非常经典的计算最大公约数的方法——辗转相除法，后人也称为欧几里得算法。现在计算最大公约数还有 Stein 算法等其他一些算法。

最大公约数和最小公倍数相互关联。如果有一个自然数 *a* 能被自然数 *b* 整除，则称 *a* 为 *b* 的倍数，*b* 为 *a* 的约数。对于几个整数来说，其共有的倍数成为公倍数。公倍数中最小的一个，也就是最小公倍数（Least Common Multiple，L.C.M.）。

最小公倍数的计算算法在最大公约数算法的基础上稍加修改即可。

9.6.1　计算最大公约数算法——辗转相除法

欧几里得的辗转相除算法是计算两个自然数最大公约数的传统算法，对于多个自然数可以执行多次辗转相除法得到最大公约数。辗转相除法的执行过程如下：

（1）对于已知的两个自然数 m、n，假设 $m>n$；

（2）计算 m 除以 n，将得到的余数记为 r；

（3）如果 $r=0$，则 n 为求得的最大公约数，否则执行下面一步；

（4）将 n 的值保存到 m 中，将 r 的值保存到 n 中，重复执行步骤（2）和（3），直到 $r=0$，便得到最大公约数。

按照这个思路可以编写相应的算法，示例代码如下：

```
int gcd(int a, int b)                                    //最大公约数
{
    int m,n,r;
    if(a>b)                                              //m保存较大数，n保存较小数
    {
        m=a;
        n=b;
    }
    else
    {
        m=b;
        n=a;
```

```
    }
    r=m%n;                                              //求余数
    while(r!=0)                                         //辗转相除
    {
        m=n;
        n=r;
        r=m%n;
    }
    return n;                                           //返回最大公约数
}
```

上述代码中，输入参数为两个自然数 a 和 b，a 和 b 的大小没有要求。程序开始时首先判断 a 和 b 的大小，从而为 m 和 n 赋值。m 保存较大数，n 保存较小数。按照辗转相除法的思路来计算最大公约数。读者可以对照代码和算法思路来加深理解。

9.6.2 计算最大公约数算法：Stein 算法

欧几里得的辗转相除法简单且具有非常高的执行效率。但是如果参与运算的数据非常大，辗转相除法就暴露了其缺点。例如，计算机中的整数最多是 64 位，如果参与运算的整数低于 64 位，那么取模的算法比较简单，直接采用运算符 % 即可。对于计算两个超过 64 位的整数的模，用户往往需要采用类似于多位数除法手算过程中的试商法。这个试商法过程不但复杂，而且要消耗大量时间，致使辗转相除法效率变低。

Stein 算法解决了这个问题。Stein 算法不采用除法和取模运算，而是采用整数的移位和最普通的加减法。这样在计算超过 64 位的整数时，算法执行效率非常高。

下面来看一下 Stein 算法的执行过程。假设，计算 a 和 b 两个数的最大公约数。

（1）首先判断 a 或 b 的值，如果 a=0，b 就是最大公约数；如果 b=0，a 就是最大公约数，从而可以直接完成计算操作。如果 a 和 b 均不为 0，则执行下一步。

（2）完成 $a_1=a$、$b_1=b$、$c_1=1$ 的赋值。

（3）判断 a_n 和 b_n 是否为偶数，若都是偶数，则使 $a_{n+1}=a_n/2$，$b_{n+1}=b_n/2$，$c_{n+1}=c_n*2$。如果判断 a_n 和 b_n 中至少包含一个奇数，则执行判断如下：

- 若 a_n 是偶数，b_n 是奇数，则完成 $a_{n+1}=a_n/2$，$b_{n+1}=b_n$，$c_{n+1}=c_n$ 的赋值。
- 若 b_n 是偶数，a_n 是奇数，则完成 $b_{n+1}=b_n/2$，$a_{n+1}=a_n$，$c_{n+1}=c_n$ 的赋值。
- 若 a_n 和 b_n 都是奇数，则完成 $a_{n+1}=|a_n-b_n|$，$b_{n+1}=\min(a_n,b_n)$，$c_{n+1}=c_n$ 的赋值。

（4）n 累加 1，跳转到第（3）步进行下一轮运算。

以上算法的执行过程中，反复用到除 2 和乘 2 的操作。其实乘 2 只需要将二进制整数左移一位，而除 2 只需要将二进制整数右移一位即可，这样程序的执行效率更高。

按照这个思路可以编写相应的算法，示例代码如下：

```
int gcd(int a, int b)                                   //最大公约数
{
    int m,n,r;

    if(a>b)                                             //m保存较大数，n保存较小数
    {
        m=a;
        n=b;
    }
    else
```

```
        {
            m=b;
            n=a;
        }
    if(n==0)                                        //若较小数为 0
    {
        return m;                                   //返回另一数为最大公约数
    }
    if(m%2==0 && n%2 ==0)                           //m 和 n 都是偶数
    {
        return 2*gcd(m/2,n/2);                      //递归调用 gcd 函数，将 m、n 都除以 2
    }
    if ( m%2 == 0)                                  //m 为偶数
    {
        return gcd(m/2,n);                          //递归调用 gcd 函数，将 m 除以 2
    }
    if ( n%2==0 )                                   //n 为偶数
    {
        return gcd(m,n/2);                          //递归调用 gcd 函数，将 n 除以 2
    }
    return gcd((m+n)/2,(m-n)/2);                    //m、n 都是奇数，递归调用 gcd
}
```

上述代码中，输入参数为两个自然数 *a* 和 *b*，*a* 和 *b* 的大小没有要求。程序开始时首先判断 *a* 和 *b* 的大小，从而为 *m* 和 *n* 赋值。*m* 保存较大数，*n* 保存较小数。接着按照 Stein 算法的思路来计算最大公约数。读者可以对照代码和算法思路来加深理解。

9.6.3　计算最小公倍数算法：lcm 算法

计算最小公倍数的算法比较简单，若已有了两数的最大公约数，则将两数相乘的积除以最大公约数便可得到两数的最小公倍数；对于多个自然数可以执行多次算法得到。

按照这个思路可以编写相应的算法，示例代码如下：

```
int lcm(int a,int b)                                //最小公倍数
{
    int c,d;
    c= gcd(a,b);                                    //获取最大公约数
    d=(a*b)/c;
    return d;                                       //返回最小公倍数
}
```

9.6.4　计算最大公约数示例：用辗转相除法计算 12 和 34 的最大公约数

下面通过一个完整的例子来看一下计算最大公约数算法的应用。

程序示例代码如下：

```
#include <stdio.h>

int gcd(int a, int b)                               //最大公约数
{
    int m,n,r;
    if(a>b)                                         //m 保存较大数，n 保存较小数
    {
        m=a;
        n=b;
    }
    else
    {
        m=b;
```

```
        n=a;
    }
    r=m%n;                                                    //求余数
    while(r!=0)                                               //辗转相除
    {
        m=n;
        n=r;
        r=m%n;
    }
    return n;                                                 //返回最大公约数
}

void main(void)
{
int a,b,c;

    printf("输入两个正整数:");
    scanf("%d%d",&a,&b);                                      //输入数据
    c=gcd(a,b);
    printf("%d和%d的最大公约数:%d\n",a,b,gcd(a,b));
}
```

在该程序中，首先由用户输入两个数据（12 和 34），然后调用 gcd() 函数来求解最大公约数。这里采用的是欧几里得的辗转相除法，读者也可以采用 Stein 算法来求解最大公约数。该程序的执行结果如图 9-6 所示。

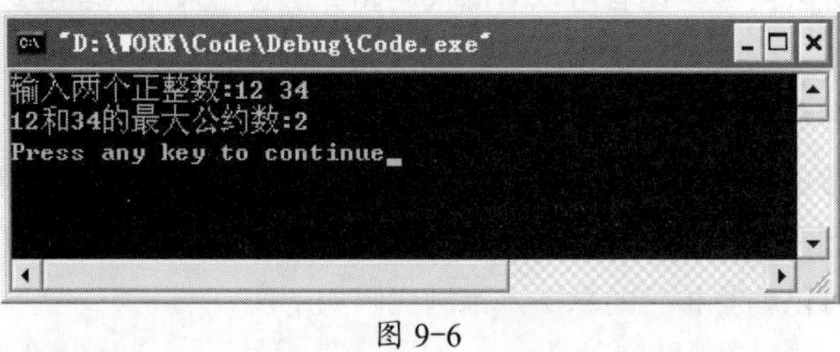

图 9-6

9.6.5 计算最小公倍数示例：求 12 和 34 的最小公倍数

下面通过一个完整的例子来看一下计算最小公倍数算法的应用。

程序示例代码如下：

```
#include <stdio.h>

int gcd(int a, int b)                                  //最大公约数
{
    int m,n;

    if(a>b)                                            //m保存较大数，n保存较小数
    {
        m=a;
        n=b;
    }
    else
    {
        m=b;
        n=a;
    }
   if(n==0)                                            //若较小数为0
   {
       return m;                                       //返回另一数为最大公约数
```

```
    }
    if(m%2==0 && n%2 ==0)                    //m 和 n 都是偶数
    {
        return 2*gcd(m/2,n/2);               // 递归调用 gcd 函数，将 m、n 都除以 2
    }
    if ( m%2 == 0)                           //m 为偶数
    {
        return gcd(m/2,n);                   // 递归调用 gcd 函数，将 m 除以 2
    }
    if ( n%2==0 )                            //n 为偶数
    {
        return gcd(m,n/2);                   // 递归调用 gcd 函数，将 n 除以 2
    }
    return gcd((m+n)/2,(m-n)/2);             //m、n 都是奇数，递归调用 gcd
}

int lcm(int a,int b)                         // 最小公倍数
{
    int c,d;

    c= gcd(a,b);                             // 获取最大公约数
    d=(a*b)/c;
    return d;                                // 返回最小公倍数
}

void main(void)
{
    int a,b,c,d;
    printf(" 输入两个正整数 :");
    scanf("%d%d",&a,&b);                     // 输入整数
    c=gcd(a,b);                              // 最大公约数
    printf("%d 和 %d 的最大公约数 :%d\n",a,b,c);
    d=lcm(a,b);                              // 最小公倍数
    printf("%d 和 %d 的最小公倍数 :%d\n",a,b,d);
}
```

在该程序中，首先由用户输入两个数据（12 和 34），然后调用 gcd() 函数来求最大公约数，调用 lcm() 函数来求最小公倍数。在计算最大公约数时，采用的是 Stein() 函数，当然读者也可以采用辗转相除法来求解最大公约数，而最小公倍数的算法都是一样的。该程序的执行结果如图 9-7 所示。

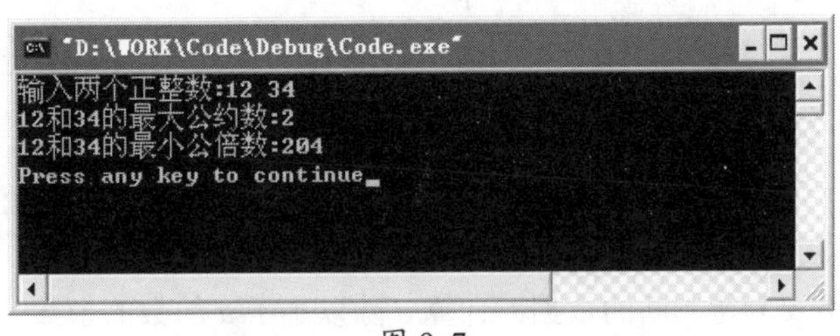

图 9-7

9.7　素数

素数是初等数论中的重点研究对象，早在公元前 300 年，古希腊著名数学家欧几里得发现了数论的本质是素数。《几何原本》中证明了素数具有无穷多个。

9.7.1 素数概述

素数又称为质数，指在一个大于 1 的自然数中，除了 1 和其自身外，不能被其他自然数整除的数。比 1 大，但不是素数则称为合数。对于 0 和 1 来说，它们既不是素数也不是合数。

素数的分布没有明显的规律，这引发了很多伟大的数学家对其研究。例如，最早的欧几里德、17 世纪法国的费尔马、梅森等。

谈到素数，不得不提到著名的算术基本定理：任何一个大于 1 的正整数 n，可以且唯一表示成有限个素数的乘积。

围绕着素数，数学家提出了如下各种猜想，这些猜想都是数学皇冠上的明珠。

（1）黎曼猜想：黎曼研究发现，素数分布的绝大部分猜想都取决于黎曼 zeta() 函数的零点位置。黎曼在此基础上，猜想那些非平凡零点都落在复平面中实部为 1/2 的直线上。

（2）孪生素数猜想：对于素数 n，如果 $n+2$ 同样为素数，则称 n 和 $n+2$ 为孪生素数。到底有没有无穷多个孪生素数呢？这是一个至今无法解开的谜题。

（3）哥德巴赫猜想：哥德巴赫通过大量的数据猜测，所有不小于 6 的偶数，都可以表示为两个奇素数之和。后人将其称为“1+1”。并且，对于每个不小于 9 的奇数，都可以表示为 3 个奇素数之和。

近年来，素数在密码学上又发现了新的应用。基于大的素数质因数分解的复杂性，从而构造出广泛应用的公钥密码。这是现代密码学的基础，是密码学领域最大的进步之一。

9.7.2 查找判断素数算法

由于素数的分布没有明显的规律，这里没有很好的办法来判断素数，一般根据素数的定义来分析数值不大的数是否为素数。

按照这个思路可以编写相应的算法，示例代码如下：

```
int isPrime(int a)
{                                      //判断 a 是否是素数，是素数则返回 1，不是素数则返回 0
    int i;
    for(i=2;i<a;i++)
    {
        if(a % i == 0)
        {
            return 0;                  //不是素数
        }
    }
    return 1;                          //是素数
}
```

其中，输入参数 a 为待判断的数据。计算 a 除以小于 a 的数的余数，如果余数为 0 表示不是素数，函数返回 0。如果无法整除，则返回 1，表示该数据是素数。

9.7.3 查找判断素数算法示例：查找 1 ~ 1000 的所有素数

下面通过一个完整的例子来看一下计算素数算法的应用。

程序示例代码如下：

```
#include <stdio.h>
```

```
int isPrime(int a)                              // 素数算法
{
    int i;
    for(i=2;i<a;i++)
    {
        if(a % i == 0)
        {
            return 0;                           // 不是素数
        }
    }
    return 1;                                   // 是素数
}

void main()                                     // 主函数
{
    int i,n,count;

    n=1000;                                     // 范围
    count=0;
    printf(" 列举 1~1000 之间所有的素数: \n");
    for(i=1;i<1000;i++)
    {
        if(isPrime(i)==1)                       // 如果是素数
        {
            printf("%7d",i);
            count++;
            if(count%10==0)                     //10 个一行
            {
                printf("\n");
            }
        }
    }
    printf("\n");
}
```

在该程序中，首先初始化计算的范围为 1000，也就是列举 1000 以内的所有素数。程序中调用 isPrime() 函数来判断，最后输出时按照 10 个一行来显示素数。该程序的执行结果如图 9-8 所示。

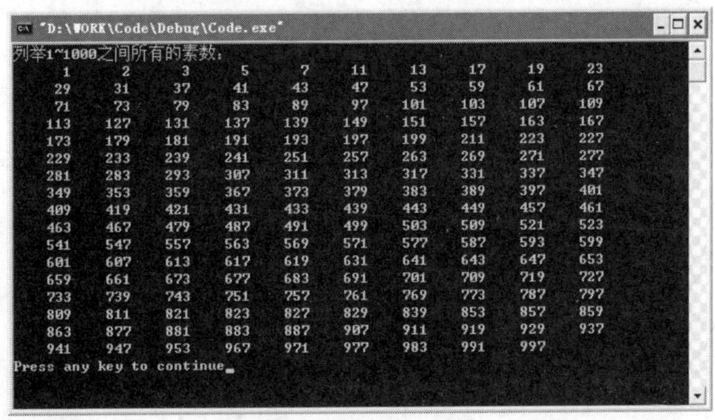

图 9-8

9.8　回文素数

回文素数是一种具有特殊性质的素数，既是素数又是回文数。所谓回文数，就是从左向右读与从右向左读是完全一样的自然数，例如 11、22、101、222、818、12321 等。

回文素数往往与记数系统的进位值有关。目前，数学家仍无法证明在十进制中是否包含无限多个回文素数。

在其他进制中也有回文素数的概念，例如在二进制中，回文素数包括梅森素数和费马素数。

9.8.1 查找判断回文素数算法

在判断回文素数时，仍然从它的定义出发。按照这个思路可以编写相应的算法，示例代码如下：

```
int huiwen(int n)
{
    int temp,m,k,t,num,sum;
    int count,i;

    k=1;
    count=0;
    while(k>0)                                        //判断位数
    {
        k=n-(int)pow(10,count);
        count++;
    }
    m=count-1;                                        //位数

    sum=0;
    num=n;
    for(i=0;i<m;i++)                                  //按位处理，交换高低位
    {
        temp=num%10;
        sum=sum+temp*((int)pow(10,m-1-i));
        num=(num-temp)/10;
    }
    t=sum;
    if(t==n)
    {
        if(isPrime(n))
        {
            return 1;
        }
        else
        {
            return 0;
        }
    }
    else
    {
        return 0;
    }
}
```

算法代码中，输入参数 n 为待判断的数据。程序中首先判断其是否为回文数，然后进一步判断其是否为素数。如果既是回文数又是素数，则返回 1，表示该数据是回文素数；否则，将返回 0，表示该数据不是回文素数。在判断回文数时，首先判断位数，然后交换高低位得到另一个数据，如果这两个数据相等，则表示该数据为回文数。

9.8.2 查找判断回文素数算法示例：查找判断 0 ~ 50000 的回文素数

下面通过一个完整的例子来看一下查找判断回文素数算法的应用。

程序示例代码如下：

```
#include <stdio.h>
#include <math.h>

int isPrime(int a)                                        //素数算法
{
    int i;
    for(i=2;i<a;i++)
    {
        if(a % i == 0)
        {
            return 0;                                     //不是素数
        }
    }
    return 1;                                             //是素数
}

int huiwen(int n)                                         //回文素数算法
{
    int temp,m,k,t,num,sum;
    int count,i;

    k=1;
    count=0;
    while(k>0)                                            //判断位数
    {
        k=n-(int)pow(10,count);
        count++;
    }
    m=count-1;                                            //位数

    sum=0;
    num=n;
    for(i=0;i<m;i++)                                      //按位处理，交换高低位
    {
        temp=num%10;
        sum=sum+temp*((int)pow(10,m-1-i));
        num=(num-temp)/10;
    }
    t=sum;
    if(t==n)
    {
        if(isPrime(n))
        {
            return 1;                                     //是回文素数
        }
        else
        {
            return 0;
        }
    }
    else
    {
        return 0;
    }
}

void main()                                               //主函数
```

```
{
    int i,count;

    count=0;
    printf("列举0~50000之间的回文素数\n");
    for(i=10;i<50000;i++)                                    //列举回文素数
    {
        if(huiwen(i)==1)
        {
            printf("%7d",i);
            count++;
            if(count%10==0)                                  //10个为一行
            {
                printf("\n");
            }
        }
    }
    printf("\n");
}
```

该程序列举50000以内的所有回文素数。程序中调用huiwen()函数来判断，最后输出时按照10个一行来显示回文素数。该程序的执行结果如图9-9所示。

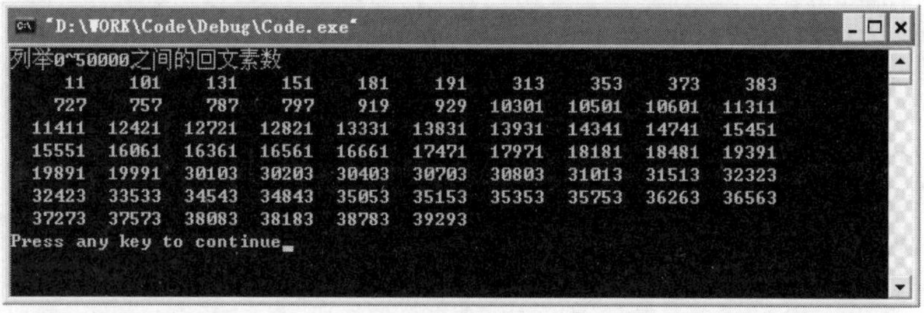

```
"D:\WORK\Code\Debug\Code.exe"
列举0~50000之间的回文素数
     11    101    131    151    181    191    313    353    373    383
    727    757    787    797    919    929  10301  10501  10601  11311
  11411  12421  12721  12821  13331  13831  13931  14341  14741  15451
  15551  16061  16361  16561  16661  17471  17971  18181  18481  19391
  19891  19991  30103  30203  30403  30703  30803  31013  31513  32323
  32423  33533  34543  34843  35053  35153  35353  35753  36263  36563
  37273  37573  38083  38183  38783  39293
Press any key to continue
```

图 9-9

9.9 平方回文数

平方回文数是一种有着特殊性质的回文数，在数学中研究得也是比较多的。

平方回文数不但是一个回文数，还可以表示成某个自然数平方的形式。也就是说，一个自然数 n 的平方，得到一个回文数。

典型的平方回文数示例如下：

$$121=11\times 11$$

$$484=22\times 22$$

$$676=26\times 26$$

……

像这样的平方回文数还有很多，本节就来看一下如何计算平方回文数。

9.9.1 查找判断平方回文数算法

计算平方回文数的基本思路仍是从定义出发。按照这个思路可以编写出相应的算法，示例代码如下：

```
int pingfanghuiwen(int a)
{
    int temp,m,k,t,num,sum;
    int count,i,n;

    n=a*a;
    k=1;
    count=0;
    while(k>0)                                          // 判断位数
    {
        k=n-(int)pow(10,count);
        count++;
    }
    m=count-1;                                          // 位数

    sum=0;
    num=n;
    for(i=0;i<m;i++)                                    // 按位处理，交换高低位
    {
        temp=num%10;
        sum=sum+temp*((int)pow(10,m-1-i));
        num=(num-temp)/10;
    }
    t=sum;
    if(t==n)
    {
        return 1;                                       // 寻找到
    }
    else
    {
        return 0;
    }
}
```

算法代码中，输入参数 *a* 为一个自然数。程序中首先计算 *a* 的平方，然后判断 *a* 的平方是否为回文数。如果是回文数，则返回 1；否则，返回 0。在判断回文数时，采取了和回文素数算法类似的方法。

9.9.2　查找判断平方回文数算法示例：判断查找 1 ~ 1000 哪些整数的平方可以得到回文数

下面通过一个完整的例子来看查找判断平方回文数算法的应用。

程序示例代码如下：

```
#include <stdio.h>
#include <math.h>

int pingfanghuiwen(int a)                               // 算法
{
    int temp,m,k,t,num,sum;
    int count,i,n;

    n=a*a;
    k=1;
    count=0;
    while(k>0)                                          // 判断位数
    {
        k=n-(int)pow(10,count);
        count++;
    }
```

```
    m=count-1;                                              // 位数

    sum=0;
    num=n;
    for(i=0;i<m;i++)                                        // 按位处理，交换高低位
    {
        temp=num%10;
        sum=sum+temp*((int)pow(10,m-1-i));
        num=(num-temp)/10;
    }
    t=sum;
    if(t==n)
    {
        return 1;
    }
    else
    {
        return 0;
    }
}

void main()                                                 // 主函数
{
    int i;

    printf("列举平方回文素数\n");
    for(i=10;i<1000;i++)
    {
        if(pingfanghuiwen(i)==1)                            // 列举平方回文数
        {
            printf("%d*%d=%d\n",i,i,i*i);
        }
    }
}
```

该程序判断 1000 以内的整数的平方是否为回文素数。程序中调用 pingfanghuiwen() 函数来判断，最后输出时，同时显示了平方回文素数及其平方表示。该程序的执行结果如图 9-10 所示。

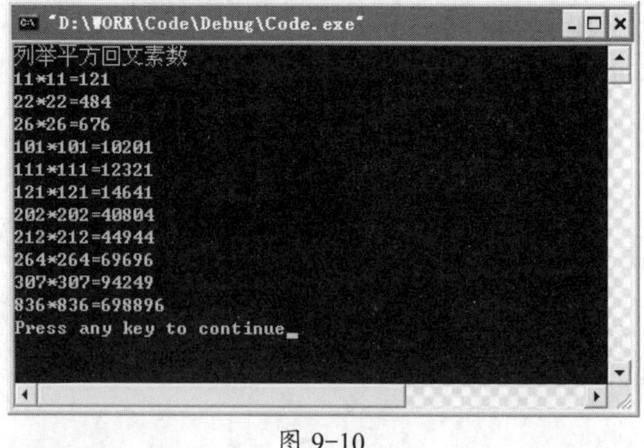

图 9-10

9.10 分解质因数

在初等数论中，任何一个合数都可以写成几个质数相乘的形式，这几个质数都称为这个

合数的质因数。例如 24=2×2×2×3。分解质因数就是把一个合数写成几个质数相乘的形式。对于一个质数，它的质因数可定义为它本身。

9.10.1　质因数分解算法

可以按照如下算法对一个数 n 分解质因数。

（1）在 2~n–1 之间找出 n 的两个因数（不一定是质因数）i 和 j，即 i×j=n。

（2）如果 i 是质数，则 i 一定是 n 的一个质因数，否则继续对 i 进行质因数分解。

（3）如果 j 是质数，则 j 一定是 n 的一个质因数，否则继续对 j 进行质因数分解。

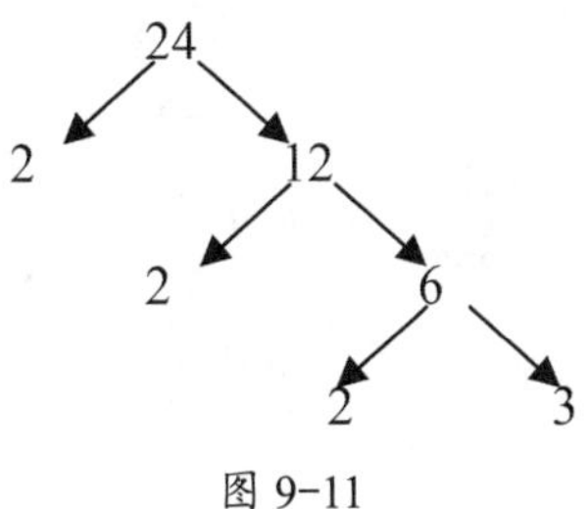

图 9-11

例如，按照这种方法对 24 进行质因数分解，分解的示意过程如图 9-11 所示。

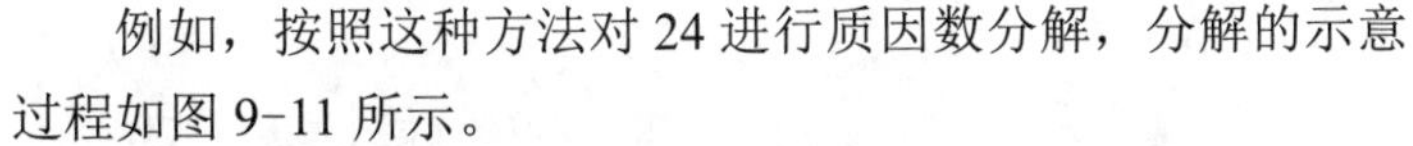

对上述过程进一步分析，很显然这是一种递归的方法。在这个递归的过程中，如果对 k 进行质因数分解，只有当 k 的质因数 s、t 全部找到后，这一层的调用才会结束，并返回上一层的调用中；否则，会将 s 或 t 中非质数的那个因数作为参数，继续调用这个递归过程进行分解。因此，一旦执行完这个递归的调用，就能求出 n 的全部质因数。

按照这个思路可以编写相应的算法，示例代码如下：

```
void PrimeFactor(int n)
{                                                    //对参数 n 分解质因数
    int i;
    if(isPrime(n))
    {
        printf("%d*",n);
    }
    else
    {
        for(i=2;i<n;i++)
        {
            if(n % i == 0)
            {
                printf("%d*",i);                     //第一个因数一定是质因数
                if(isPrime(n/i))
                {                                    //判断第二个因数是否是质数
                    printf("%d",n/i);
                    break;                           //找到全部质因子
                }
                else
                {
                    PrimeFactor(n/i);         //递归地调用 PrimeFactor 分解 n/i
                }
            break;
            }
        }
    }
}
```

上述代码中，输入参数 n 为待进行质因数分解的数据。这里严格遵照了前面的算法过程。读者可以对照算法和程序来加深理解。

9.10.2 质因数分解算法示例：对合数 1155 分解质因数

下面通过一个完整的例子来看一下质因数分解算法的应用。

程序示例代码如下：

```
#include <stdio.h>

int isPrime(int a)                                    //判断素数算法
{
    int i;
    for(i=2;i<a;i++)
    {
        if(a % i == 0)
        {
            return 0;                                 //不是质数
        }
    }
    return 1;                                         //是质数
}

void PrimeFactor(int n)                               //分解质因数算法
{
    int i;
    if(isPrime(n))
    {
        printf("%d*",n);
    }
    else
    {
        for(i=2;i<n;i++)
        {
            if(n % i == 0)
            {
                 printf("%d*",i);                     //第一个因数一定是质因数
                 if(isPrime(n/i))
                 {                                    //判断第二个因数是否是质数
                     printf("%d",n/i);
                     break;                           //找到全部质因子
                 }
                else
                {
                    PrimeFactor(n/i);                 //递归地调用 PrimeFactor
                                                        分解 n/i
                }
            break;
            }
        }
    }
}

void main()                                           //主函数
{
    int n;
    printf("请首先输入一个数 n: \n")   ;
    scanf("%d",&n);
    printf("n=%d=",n);
    PrimeFactor(n);                                   //对 n 分解质因数
}
```

在该程序中，首先由用户输入一个数 n，然后调用 PrimeFactor() 函数对 n 进行分解质因数。该程序的执行结果如图 9-12 所示。

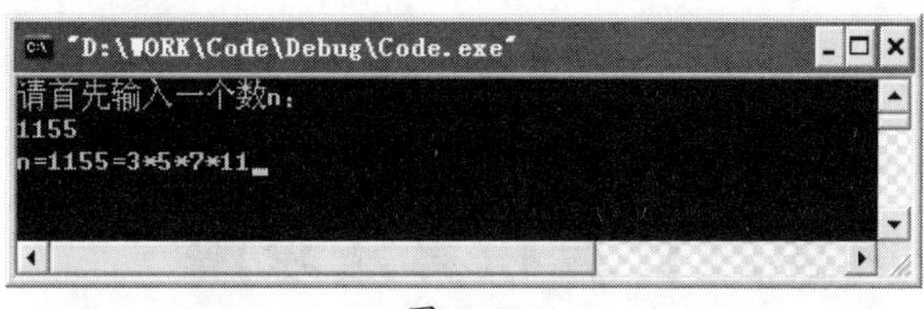

图 9-12

9.11　小结：数论是算法最好的练兵场

本章首先介绍了一些基本的数论知识，然后对初等数论中十分基础且被广泛研究的完全数、亲密数、水仙花数、自守数、最大公约数、最小公倍数、素数、回文素数、平方回文数和分解质因数分别进行了详细的介绍。在介绍这些内容时，不仅给出了相应的算法，还对相应的数学知识进行了讲解，从而使读者更加明白算法的意义，提升了读者学习的兴趣。

第 10 章

经典趣题计算机算法求解

在人类历史上，留下了很多经典的数理逻辑类题目，这些问题很多都是家喻户晓的，也是很有趣的。这些题目，其实很多都蕴含了各种算法原理，解答这些问题本身就积累了很多非常经典的算法，而今天可以用计算机程序来解决。这些经典的算法问题是后人难得的知识财富，学习这些经典趣题的算法，不仅可以锻炼程序设计能力，也可以拓展思路，提升学习算法的兴趣。

10.1 不定方程问题：百钱买百鸡

百钱买百鸡是一个非常经典的不定方程问题，最早源自我国古代的《算经》，这是我国古代著名数学家张丘建首次提出的。百钱买百鸡问题的原文记载如下：

鸡翁一，值钱五，鸡母一，值钱三，鸡雏三，值钱一，百钱买百鸡，问翁、母、雏各几何？

这个问题的大致意思是这样的，公鸡 5 文钱 1 只，母鸡 3 文钱 1 只，小鸡 1 文钱 3 只，如果用 100 文钱买 100 只鸡，那么公鸡、母鸡和小鸡各应该买多少只呢？

1. 算法解析

百钱买百鸡问题中，有 3 个变量即公鸡数量、母鸡数量和小鸡数量，分别将其设为 x、y 和 z。这三者间应该满足如下关系：

$$x+y+z=100$$

$$5x+3y+z/3=100$$

这里有 3 个变量却只有 2 个方程，因此这是一个不定方程问题，这将导致求解的结果不止一个。可以根据上述两个方程来穷尽所有可能的结果。

为了通用性的方便，可以编写一个算法，用于计算 m 钱买 n 鸡问题。当 m=100，n=100 时，这个算法正好可求解百钱买百鸡问题。算法的示例代码如下：

```
void BQBJ(int m,int n)                                  //百钱买百鸡算法
{
    int x,y,z;
    for(x=0;x<=n;x++)                                   //公鸡数量
    {
        for(y=0;y<=n;y++)                               //母鸡数量
        {
            z=n-x-y;                                    //小鸡数量
            if (z>0 && z%3==0 && x*5+y*3+z/3==m)
            {
                printf("公鸡：%d只，母鸡：%d只，小鸡：%d只\n",x,y,z);
            }
```

```
            else                                                  // 无法求解
            {
            }
        }
    }
}
```

其中，输入参数 *m* 为钱数，输入参数 *n* 为购买的鸡数。程序中，通过两层循环来穷尽公鸡数量和母鸡数量，然后在 if 语句中判断是否满足方程的条件。如果满足条件，则表示是一种解，并将其输出。

2. 求解示例

有了上述通用的百钱买百鸡算法后，可以求解任意的此类问题。这里给出完整的百钱买百鸡问题求解程序代码。

程序示例代码如下：

```
#include <stdio.h>

void BQBJ(int m,int n)                                    // 百钱买百鸡算法
{
    int x,y,z;
    for(x=0;x<=n;x++)                                     // 公鸡数量
    {
        for(y=0;y<=n;y++)                                 // 母鸡数量
        {
            z=n-x-y;                                      // 小鸡数量
            if (z>0 && z%3==0 && x*5+y*3+z/3==m)
            {
                printf(" 公鸡：%d 只 , 母鸡：%d 只 , 小鸡：%d 只 \n",x,y,z);
            }
            else                                          // 无法求解
            {
            }
        }
    }
}

void main()                                               // 主函数
{
    int m,n;

    m=100;                                                // 百钱
    n=100;                                                // 百鸡
    printf("%d 钱买 %d 鸡问题的求解结果为：\n",m,n);
    BQBJ(m,n);
}
```

在主程序中，首先初始化 *m*=100，表示 100 钱；*n*=100，表示 100 只鸡。然后调用 BQBJ() 函数来求解百钱买百鸡问题，输出所有可能的结果。该程序的执行结果如图 10-1 所示。

从结果可以看出，共有如下 4 种可能的购买方案：

- 公鸡购买 0 只，母鸡购买 25 只，小鸡购买 75 只；
- 公鸡购买 4 只，母鸡购买 18 只，小鸡购买 78 只；
- 公鸡购买 8 只，母鸡购买 11 只，小鸡购买 81 只；
- 公鸡购买 12 只，母鸡购买 4 只，小鸡购买 84 只。

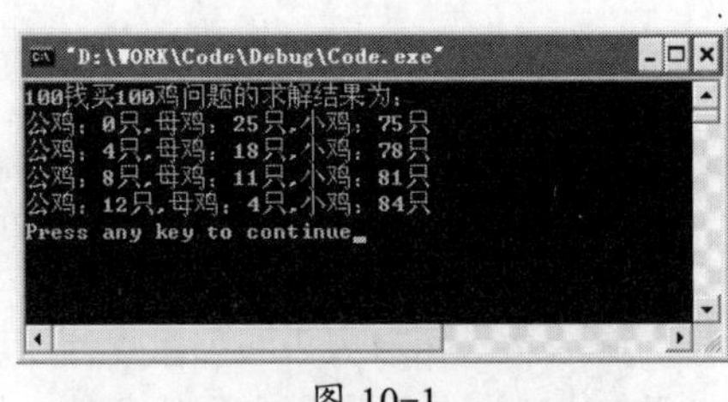

图 10-1

10.2 不定方程问题：五家共井

五家共井记载于我国古代的数学专著《九章算术》。五家共井问题的原文记载如下：

今有五家共井，甲二绠不足如乙一绠，乙三绠不足如丙一绠，丙四绠不足如丁一绠，丁五绠不足如戊一绠，戊六绠不足如甲一绠。如各得所不足一绠，皆逮。问井深、绠长各几何？

这里的“绠”就是汲水桶上的绳索，“逮”就是到达井底水面的意思。这个问题的大致意思是这样的，现在有五家共用一口井，甲、乙、丙、丁、戊五家各有一条绳子汲水，其中：

甲绳 ×2+ 乙绳 = 井深，乙绳 ×3+ 丙绳 = 井深，丙绳 ×4+ 丁绳 = 井深，丁绳 ×5+ 戊绳 = 井深，戊绳 ×6+ 甲绳 = 井深，求甲、乙、丙、丁、戊各家绳子的长度和井深。

1. 算法解析

首先分析一下问题，假设甲、乙、丙、丁、戊各家绳子的长度分别为 len1、len2、len3、len4、len5，井深为 len，则前述问题五家共井的条件可表示为下面的方程：

$$len1 \times 2+len2=len$$
$$len2 \times 3+len3=len$$
$$len3 \times 4+len4=len$$
$$len4 \times 5+len5=len$$
$$len5 \times 6+len1=len$$

由于这里有 6 个未知数，却只有 5 个方程。因此，这也是一个不定方程问题，可能存在多个求解结果。可以进一步限定绳长和井深都是整数，求解一个最小的整数结果。对上面几个式子进行变形后，得到如下结果：

$len1 \times 2+len2=len2 \times 3+len3=len3 \times 4+len4=len4 \times 5+len5=len5 \times 6+len1$

$len1=len2+len3/2$

$len2=len3+len4/3$

$len3=len4+len5/4$

$len4=len5+len1/5$

由此，可以看出如下几点：

- len3 能被 2 整除，len3 必为 2 的倍数；
- len4 能被 3 整除，len4 必为 3 的倍数；
- len5 能被 4 整除，len5 必为 4 的倍数；
- len1 能被 5 整除，len1 必为 5 的倍数。

按照这个倍数规则来求解。相应的五家共井算法的示例代码如下：

```
void WJGJ(int *len1,int *len2,int *len3,int *len4,int *len5,int *len)
                                                       //五家共井算法
{
    int flag;

    flag=1;                                            //循环标志变量
    while(flag)
    {
        *len5+=4;                                      //len5 为 4 的倍数
        while(flag)
        {
            *len1+=5;                                  //len1 为 5 的倍数
            *len4=*len5+*len1/5;                       //计算丁家井绳长度
            *len3=*len4+*len5/4;                       //计算丙家井绳长度
            if((*len3)%2)                        //如果不能被 2 整除，进行下一次循环
            {
                continue;
            }
            if((*len4)%3)                        //如果不能被 3 整除，进行下一次循环
            {
                continue;
            }
            *len2=*len3+*len4/3;
            if((*len2+*len3/2)<*len1)                  //不符合
            {
                break;
            }
            if((*len2+*len3/2)==*len1)                 //符合
            {
                flag=0;
            }
        }
    }
    *len=2*(*len1)+(*len2);                            //计算井深
}
```

其中，输入参数 len1、len2、len3、len4、len5 分别为指向甲、乙、丙、丁、戊各家绳子的长度的指针，输入参数 len 为指向井深的指针。程序中根据前面总结的倍数关系来逐个验算满足条件的数据。这里采用指针的好处是便于返回各个数据的值。

2. 求解示例

理解了上述五家共井求解算法之后，下面给出完整的五家共井问题求解程序代码。

程序示例代码如下：

```
#include <stdio.h>

void WJGJ(int *len1,int *len2,int *len3,int *len4,int *len5,int *len)
                                                       //五家共井算法
{
    int flag;

    flag=1;                                            //循环标志变量
    while(flag)
    {
        *len5+=4;                                      //len5 为 4 的倍数
        while(flag)
        {
            *len1+=5;                                  //len1 为 5 的倍数
            *len4=*len5+*len1/5;                       //计算丁家井绳长度
            *len3=*len4+*len5/4;                       //计算丙家井绳长度
            if((*len3)%2)                              //如果不能被 2 整除，进行
                                                         下一次循环
```

```
            {
                continue;
            }
            if((*len4)%3)                              // 如果不能被 3 整除，进行下一次循环
            {
                continue;
            }
            *len2=*len3+*len4/3;
            if((*len2+*len3/2)<*len1)                  // 不符合
            {
                break;
            }
            if((*len2+*len3/2)==*len1)                 // 符合
            {
                flag=0;
            }
        }
    }
    *len=2*(*len1)+(*len2);                            // 计算井深
}

void main()                                            // 主函数
{
    int len1,len2,len3,len4,len5,len;

    len1=0;                                            // 初始化甲家绳长
    len2=0;                                            // 初始化乙家绳长
    len3=0;                                            // 初始化丙家绳长
    len4=0;                                            // 初始化丁家绳长
    len5=0;                                            // 初始化戊家绳长
    len=0;                                             // 初始化井深

    WJGJ(&len1,&len2,&len3,&len4,&len5,&len);          // 求解算法
    printf("五家共井问题求解结果如下 :\n");               // 输出结果
    printf("甲家井绳长度为 :%d\n",len1);
    printf("乙家井绳长度为 :%d\n",len2);
    printf("丙家井绳长度为 :%d\n",len3);
    printf("丁家井绳长度为 :%d\n",len4);
    printf("戊家井绳长度为 :%d\n",len5);
    printf("井深 :%d\n",len);
}
```

在主程序中，首先初始化甲、乙、丙、丁、戊各家绳子的长度为 0，井深为 0；然后调用 WJGJ() 函数来求解五家共井问题。把各个变量的地址传入函数中。这样，求解的结果将保存在各个变量中。最后输出求解的结果。

执行这个程序，执行结果如图 10-2 所示。

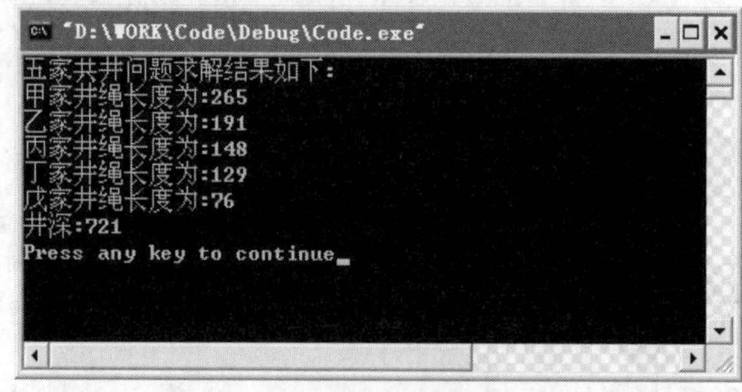

图 10-2

从结果中可以看出，甲家井绳长度为 265，乙家井绳长度为 191，丙家井绳长度为 148，丁家井绳长度为 129，戊家井绳长度为 76，井深为 721。

当然，由于这是一个不定方程，满足相应的倍数关系的值仍然是该方程的解。

10.3　递归算法问题：猴子吃桃

猴子吃桃问题是一个典型的递归算法的问题。猴子吃桃问题的大意描述如下：

某天，一只猴子摘了一堆桃子，具体多少它没有数。猴子每天吃了其中的一半然后再多吃了一个，第二天则吃剩余的一半然后再多吃一个，直到第 10 天，猴子发现只有 1 个桃子了。问这只猴子在第一天摘了多少个桃子？

1. 算法解析

先来分析一下猴子吃桃问题。这只猴子共用了 10 天吃桃子，只知道最后一天剩余 1 个桃子，要想求出第 1 天剩余的桃子数，就要先求出第 2 天剩余的桃子数，依此类推。假设 a_n 表示第 n（取值范围 1 ～ 10）天剩余的桃子数量，则有如下的关系：

$$a_1=(a_2+1)\times 2$$
$$a_2=(a_3+1)\times 2$$
$$\vdots$$
$$a_9=(a_{10}+1)\times 2$$
$$a_{10}=1$$

从上述的式子可知，只能通过倒推来求得第一天的桃子数，这在程序上需要借助递归算法。

为了通用性的方便，可以编写一个算法，用于计算猴子吃桃问题。示例代码如下：

```
long peach(int n)                                          //猴子吃桃算法
{
    int pe;
    if(n==1)
    {
        return 1;                                          //第 10 天就只剩 1 个了
    }
    else
    {
        pe=(peach(n-1)+1)*2;                               //递归调用
    }
    return pe;
}
```

其中，输入参数 n 为猴子吃桃的天数。程序中通过递归调用 peach() 函数来计算第一天的桃子数量，其中关键的关系是前一天总比后一天多一半加 1。当 n=10 时，正好求出猴子吃桃问题。

2. 求解示例

有了上述通用的猴子吃桃算法之后，可以求解任意的此类问题。这里给出完整的猴子吃桃问题求解程序代码。

程序示例代码如下：

```
#include <stdio.h>
```

```
long peach(int n)                                  //猴子吃桃算法
{
    int pe;
    if(n==1)
    {
        return 1;                                  //第 10 天就只剩 1 个了
    }
    else
    {
        pe=(peach(n-1)+1)*2;                       //前一天总比后 1 天多一半加 1
    }
    return pe;
}

void main()                                        //主函数
{
    int n;                                         //天数
    long peachnum;                                 //最初桃子数

    printf("猴子吃桃问题求解! \n");
    printf("输入天数 :");
    scanf("%d",&n);
    peachnum=peach(n);                             //求解
    printf("最初的桃子数为 :%ld 个。\n",peachnum);
}
```

在该程序中，main() 主函数首次由用户输入猴子吃桃的天数，然后调用 peach() 函数求解猴子吃桃问题，最后输出结果。

该程序执行结果如图 10-3 所示。由此可知猴子在第一天摘了 1 534 个桃子。

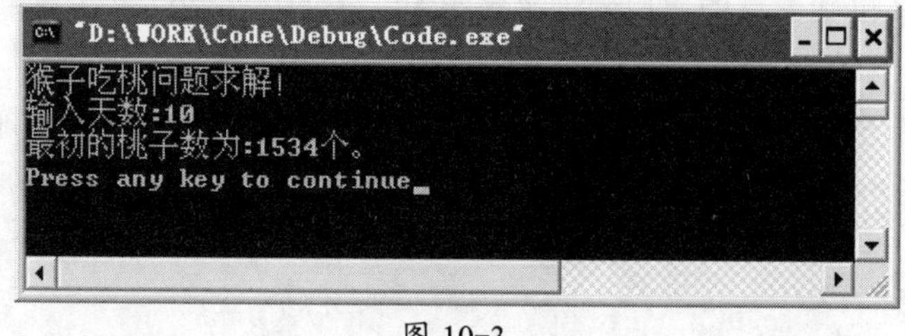

图 10-3

10.4 级数求和问题：舍罕王赏麦

舍罕王赏麦问题是古印度非常著名的一个级数求和问题。舍罕王赏麦问题的大意描述如下：

传说国际象棋的发明者是古印度的西萨・班・达依尔，当时的国王是舍罕，世人称为舍罕王。当时舍罕王比较贪玩，位居宰相的西萨・班・达依尔便发明了国际象棋献给舍罕王。舍罕王非常喜欢，为了奖励西萨・班・达依尔，便许诺可以满足他提出的任何要求。

西萨・班・达依尔灵机一动，指着棋盘说："陛下，请您按棋盘的格子赏赐我一点麦子吧，第 1 个小格赏我一粒麦子，第 2 个小格赏我两粒，第 3 个小格赏四粒，以后每一小格都比前一个小格赏的麦粒数增加一倍，只要把棋盘上全部 64 个小格按这样的方法得到的麦粒都赏赐给我，我就心满意足了。"

舍罕王觉得这是一个很小的要求，便满口答应了，命人按要求给西萨・班・达依尔准备麦子。但是，不久大臣计算的结果令舍罕王大惊失色。舍罕王需要赏赐出多少粒麦子呢？

1. 算法解析

先来分析一下舍罕王赏麦问题。国际象棋棋盘总共有 8×8=64 格。按照西萨・班・达依尔的要求，每一格中放置的麦粒数量如下所示：

第 1 格：1 粒；

第 2 格：1×2=2 粒；

第 3 格：1×2×2=4 粒；

第 4 格：1×2×2×2=8 粒；

…

再将每一格的麦子粒数加起来。

sum=1+2+4+8+…

一直重复到 64，将棋盘 8×8=64 格都计算完毕便可以计算出赏赐给西萨・班・达依尔总的麦粒数。如果使用数学的语言来描述，上述式子可以表述为如下形式：

$$\text{sum}=1+2^1+2^2+\cdots+2^{63}=\sum_{i=0}^{63}2^i$$

为了通用性的方便，可以编写一个算法，用于计算舍罕王赏麦问题；示例代码如下：

```
double mai(int n)                                      //舍罕王赏麦算法
{
    int i;
    double temp,sum;

    temp=1;
    sum=0;                                             //总和

    for(i=1;i<=n;i++)                                  //计算等比级数的和
    {
        sum=sum+temp;
        temp=temp*2;
    }
    return sum;
}
```

其中，输入参数 n 为棋盘总的格子数。程序中通过 for 循环来计算赏赐的总的麦粒数。程序中定义 sum 为 double 类型，这是因为运算结果是一个 20 位十进制的大数，在 C 语言的基本数据类型中，只有 double 类型和 long double 类型的数据可以容纳十进制的大数。由此可以看出麦粒数量的庞大。

2. 求解示例

有了上述通用的舍罕王赏麦算法之后，可以求解任意的此类问题。这里给出完整的舍罕王赏麦问题求解程序代码。

程序示例代码如下：

```
#include <stdio.h>

double mai(int n)                                      //舍罕王赏麦算法
{
    int i;
    double temp,sum;
```

```
    temp=1;
    sum=0;                                          //总和

    for(i=1;i<=n;i++)                               //计算等比级数的和
    {
        sum=sum+temp;
        temp=temp*2;
    }
    return sum;
}

void main()                                         //主函数
{
    int n;
    double sum;

    printf("舍罕王赏麦问题求解! \n");
    printf("输入棋盘格总数:");
    scanf("%d",&n);
    sum=mai(n);                                     //求解
    printf("舍罕王赏总麦粒数为:%f粒。\n",sum);
    printf("共:%.2f吨。\n",sum/25000/1000);
}
```

在程序中，首先由用户在 main() 主函数中输入棋盘格总数，然后调用 main() 函数来求解舍罕王赏麦问题，最后输出结果。由于这里得到的是赏赐的麦子的粒数，为了更为明白，下面假定 25000 粒麦子为 1 千克，那么 25000000 粒麦子为 1 吨，将前述结果转化为吨数输出。

该程序的执行结果如图 10-4 所示。从这里可以看出，舍罕王需要赏赐的麦子总数是非常庞大的，怪不得舍罕王大惊失色呢！

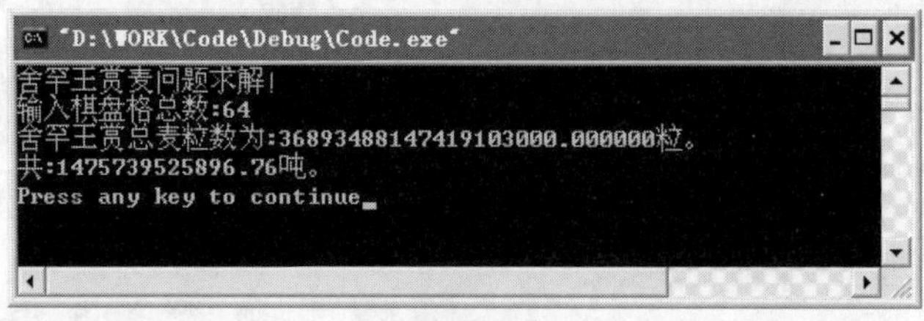

图 10-4

10.5 递归算法问题：汉诺塔

汉诺（Hanoi）塔源自古印度，又称为河内塔。汉诺塔是非常著名的智力趣题，在很多算法书籍和智力竞赛中都有涉及。汉诺塔问题的大意描述如下：

勃拉玛是古印度一个开天辟地的神，其在一个庙宇中留下了 3 根金刚石棒，第 1 根上面套着 64 个大小不一的黄金圆盘。其中，最大的圆盘在最底下，其余的依次叠上去，且一个比一个小，如图 10-5 所示。勃拉玛要求众僧将该金刚石棒中的圆盘逐个地移到另一根棒上，规定一次只能移动一个圆盘，且圆盘在放到棒上时，大的只能放在小的下面，但是可以利用中间的一根棒作为辅助移动使用。

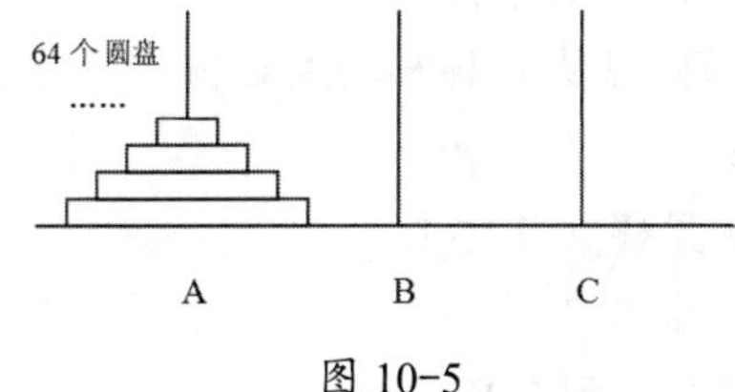

图 10-5

1. 算法解析

先来分析一下汉诺塔问题。汉诺塔问题是一个非常典型的递归算法问题，为了简单起见，先来考虑 3 个圆盘的情况。假设有 A、B、C 三根棒，初始状态时，A 棒上放着 3 个圆盘，将其移动到 C 棒上，可以使用 B 棒暂时放置圆盘，如图 10-6 所示。并且规定一次只能移动 1 个圆盘，且圆盘在放到棒上时，大的只能放在小的下面。

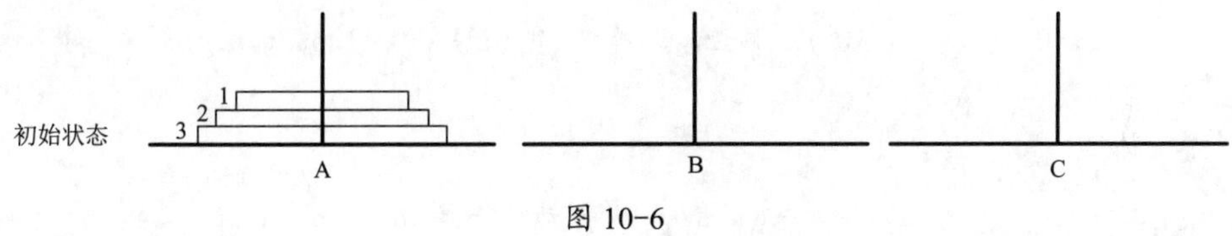

图 10-6

使用递归的思想，可以采用如下步骤来完成圆盘的移动。

（1）将 A 棒上的两个圆盘（圆盘 1 和圆盘 2）移到 B 棒上，如图 10-7 所示。

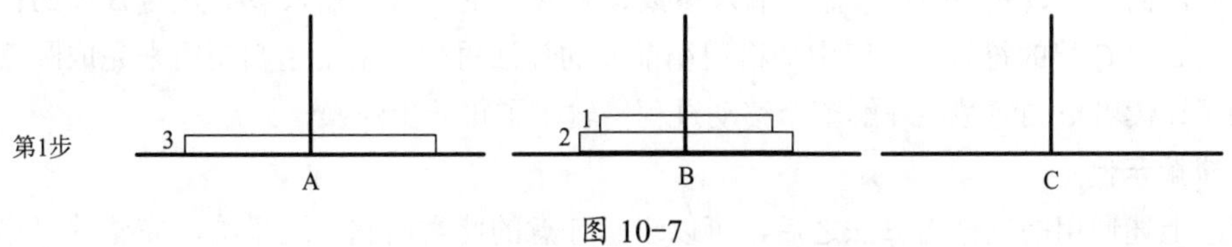

图 10-7

（2）将 A 棒上的一个圆盘（圆盘 3）移到 C 棒上，如图 10-8 所示。

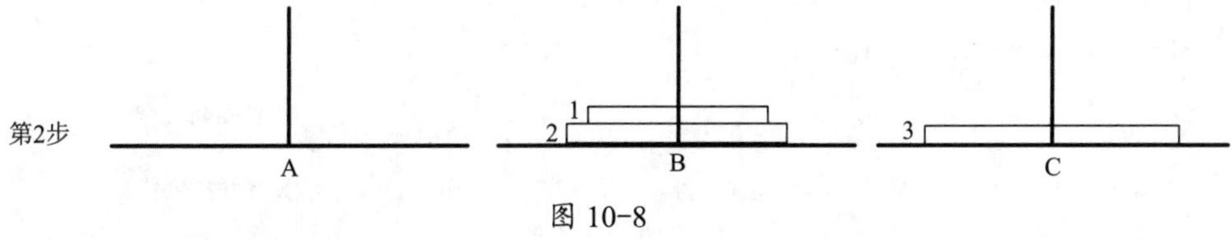

图 10-8

（3）将 B 棒上的 2 个圆盘移到 C 棒上，如图 10-9 所示。

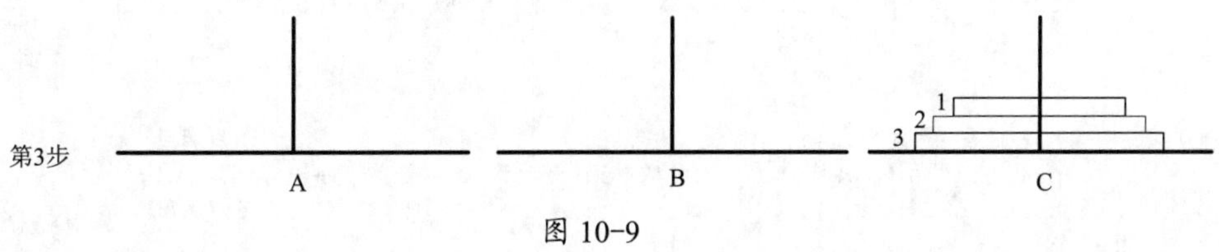

图 10-9

当然，这里的第（1）步和第（3）步是移动多个圆盘的操作，可以采用递归的思想，仍然使用上述步骤来完成。这样便完成了 3 个圆盘的汉诺塔问题。将上述解决问题的步骤加以推广，便可以得到如下递归求解汉诺塔算法。

如果只有一个圆盘，则把该圆盘从 A 棒移动到 C 棒，完成移动。如果圆盘数量 n>1，移动圆盘的过程可分为以下三步：

（1）将 A 棒上的 n–1 个圆盘移到 B 棒上；

（2）将 A 棒上的 1 个圆盘移到 C 棒上；

（3）将 B 棒上的 n–1 个圆盘移到 C 棒上。

其中，移动 n–1 个圆盘的工作，仍然可以归结为上述算法，也就是递归运算。

为了通用性的方便，可以编写一个递归算法，用于计算 n 个圆盘的汉诺塔问题。算法的示例代码如下：

```
void hanoi(int n,char a,char b,char c)                          //汉诺塔算法
{
    if(n==1)
    {
       printf("第%d次移动:\t圆盘从%c棒移动到%c棒\n",++count,a,c);
    }
    else
    {
        hanoi(n-1,a,c,b);                                       //递归调用
        printf("第%d次移动:\t圆盘从%c棒移动到%c棒\n",++count,a,c);
        hanoi(n-1,b,a,c);                                       //递归调用
    }
}
```

其中，输入参数 n 为圆盘数量，输入参数 a 为 A 棒的符号，输入参数 b 为 B 棒的符号，输入参数 c 为 C 棒的符号。程序中严格遵循前面的算法思想，采用递归调用来完成圆盘的移动。为了让读者更加清楚地理解整个移动过程，输出了每一步的操作。

2. 求解示例

有了上述通用的汉诺塔算法之后，可以求解任意的此类问题。这里给出完整的汉诺塔问题求解程序代码。

程序示例代码如下：

```
#include <stdio.h>

long count;                                                     //移动的次数

void hanoi(int n,char a,char b,char c)                          //汉诺塔算法
{
    if(n==1)
    {
       printf("第%d次移动:\t圆盘从%c棒移动到%c棒\n",++count,a,c);
    }
    else
    {
        hanoi(n-1,a,c,b);                                       //递归调用
        printf("第%d次移动:\t圆盘从%c棒移动到%c棒\n",++count,a,c);
        hanoi(n-1,b,a,c);                                       //递归调用
    }
}

void main()                                                     //主函数
{
    int n;                                                      //圆盘数量
```

```
    count=0;
    printf("汉诺塔问题求解！\n");
    printf("请输入汉诺塔圆盘的数量：");
    scanf("%d",&n);
    hanoi(n,'A','B','C');                                    //求解
    printf("求解完毕！总共需要%ld步移动！\n",count);
}
```

在程序中，首先初始化移动次数 count 为 0，然后由用户输出汉诺塔圆盘的数量，接着调用 hanoi() 函数来求解汉诺塔问题。

执行该程序，输入圆盘数量为 3，得到图 10-10 所示的结果。从结果可知，当圆盘数量为 3 时，需要移动 7 次。

执行该程序，输入圆盘数量为 4，得到图 10-11 所示的结果。从结果可知，当圆盘数量为 4 时，需要移动 15 次。

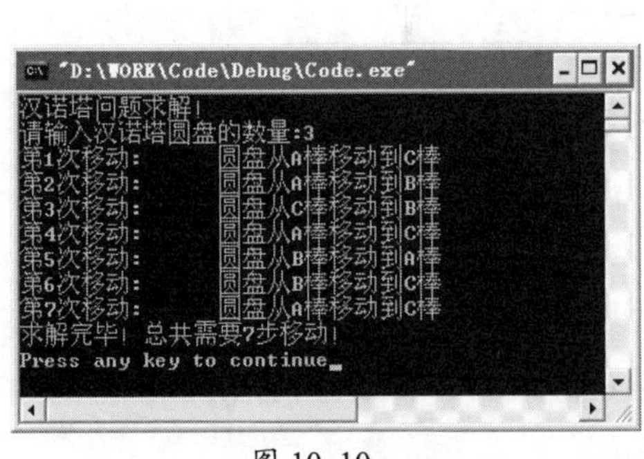

图 10-10

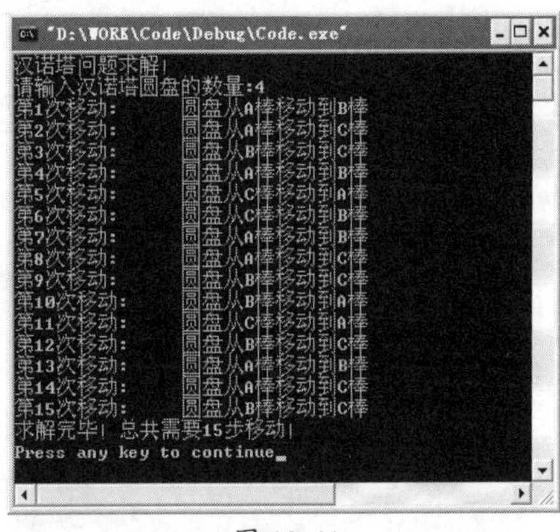

图 10-11

汉诺塔问题是一个非常复杂的问题，当圆盘数量很大时，需要移动圆盘的次数是一个天文数字，对计算机的要求比较高。因此，一般来说，在短时间内只能求解圆盘数目比较小的汉诺塔问题。读者可自行反复执行该程序来体验汉诺塔问题的求解。

10.6　关于最优化的问题：窃贼问题

窃贼问题是一个典型的最优化的问题，窃贼问题的大意描述如下。

有一个窃贼带着一个背包去偷东西，房屋中共有 5 件物品，其重量和价值如下：

物品 1：6 千克，48 元；

物品 2：5 千克，40 元；

物品 3：2 千克，12 元；

物品 4：1 千克，8 元；

物品 5：1 千克，7 元。

窃贼希望能够拿最大价值的东西，而窃贼的背包最多可装重量 8 千克的物品。那么窃贼应该装哪些物品才能达到要求呢？

1. 算法解析

首先来分析一下窃贼问题。窃贼问题是关于最优化的问题，可使用动态规划的思想来求解最优化问题。窃贼问题求解的操作过程如下：

（1）首先创建一个空集合；

（2）然后向空集合中增加元素，每增加一个元素就先求出该阶段最优解；

（3）继续添加元素，直到所有元素都添加到集合中，最后得到的就是最优解。

采用上述思路，窃贼问题的求解算法如图 10-12 所示。

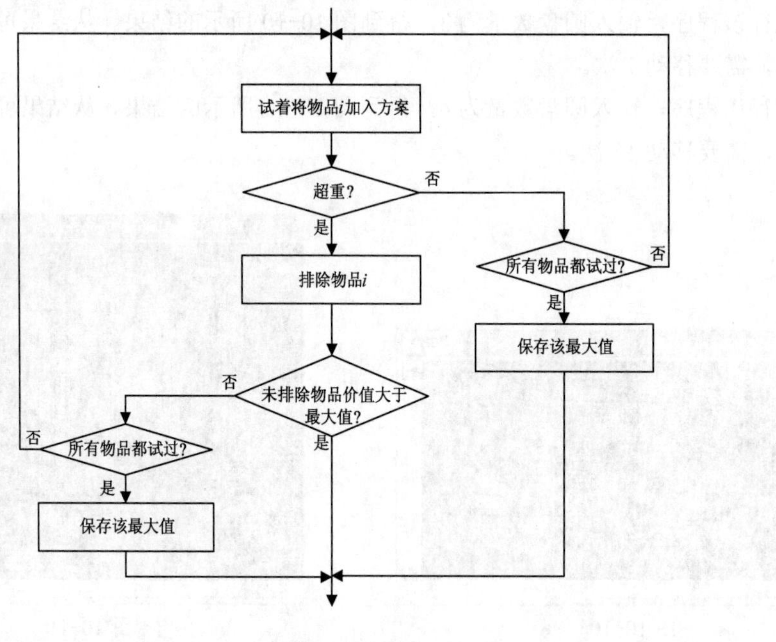

图 10-12

算法的具体步骤如下：

（1）首先，窃贼将物品 i 试着添加到方案中。

（2）然后判断是否超重，若未超重，则继续添加下一个物品，重复第（1）步。

（3）若超重，则将该物品排除在方案之外，并判断此时所有未排除物品的价值是否小于已有最大值。如果满足，则不必再尝试后续物品。

可以按照这个思路来编写相应的窃贼问题的求解算法，示例代码如下：

```
typedef struct goods                                            //结构
{
    double *value;                                              //价值
    double *weight;                                             //重量
    char *isSelect;                                             //是否选中方案
}GType;

double maxvalue;                                                //方案最大价值
double totalvalue;                                              //物品总价值
double maxwt;                                                   //窃贼能拿的最大数量
int num;                                                        //物品数量
char *seltemp;                                                  //临时数组

void backpack(GType *goods, int i, double wt, double vt) //算法
```

```
{
    int k;
    if (wt + goods->weight[i] <= maxwt)    //将物品 i 包含在当前方案中判断重量小于等于限制重量
    {
        seltemp[i] = 1;                                         //选中第 i 个物品
        if (i < num - 1)                                        //如果物品 i 不是最后一个物品
        {
            backpack(goods, i + 1, wt + goods->weight[i], vt);//递归调用，继续添加物品
        }
        else
        {
            for (k = 0; k < num; ++k)
            {
                goods->isSelect[k] = seltemp[k];
            }
            maxvalue = vt;                                      //保存当前方案的最大价值
        }
    }
    seltemp[i] = 0;                                             //取消物品 i 的选择状态
    if (vt - goods->value[i] > maxvalue)                        //还可以继续添加物品
    {
        if (i < num - 1)
        {
            backpack(goods, i + 1, wt, vt - goods->value[i]);       //递归调用
        }
        else
        {
            for (k = 0; k < num; ++k)
            {
                goods->isSelect[k] = seltemp[k];
            }
            maxvalue = vt - goods->value[i];
        }
    }
}
```

其中，首先声明了一个 GType 类型的数据结构，用来保存物品的相关信息，包括物品的重量、价值、是否被选入方案等。该函数的输入参数 goods 为 GType 类型，输入参数 i 代表要尝试加入的物品 i，输入参数 wt 为当前选择已经达到的重量和，输入参数 vt 为当前选择已经达到的价值和。

2. 求解示例

有了上述通用的窃贼问题算法后，可以求解任意的此类问题。这里给出完整的窃贼问题求解程序代码。

程序示例代码如下：

```
#include <stdio.h>
#include <stdlib.h>

typedef struct goods                                            //结构
{
    double *value;                                              //价值
    double *weight;                                             //重量
    char *isSelect;                                             //是否选中方案
}GType;

double maxvalue;                                                //方案最大价值
double totalvalue;                                              //物品总价值
```

```
double maxwt;                                                    // 窃贼能拿的最大数量
int num;                                                         // 物品数量
char *seltemp;                                                   // 临时数组

void backpack(GType *goods, int i, double wt, double vt) // 算法
{
   int k;
   if (wt + goods->weight[i] <= maxwt)        // 将物品 i 包含在当前方案，判断重量小于等于限制重量
   {
      seltemp[i] = 1;                                            // 选中第 i 个物品
      if (i < num - 1)                                           // 如果物品 i 不是最后一个物品
      {
         backpack(goods, i + 1, wt + goods->weight[i], vt); // 递归调用，继续添加物品
      }
      else
      {
         for (k = 0; k < num; ++k)
         {
            goods->isSelect[k] = seltemp[k];
         }
         maxvalue = vt;                                          // 保存当前方案的最大价值
      }
   }
   seltemp[i] = 0;                                               // 取消物品 i 的选择状态
   if (vt - goods->value[i] > maxvalue)                          // 还可以继续添加物品
   {
      if (i < num - 1)
      {
         backpack(goods, i + 1, wt, vt - goods->value[i]); // 递归调用
      }
      else
      {
         for (k = 0; k < num; ++k)
         {
            goods->isSelect[k] = seltemp[k];
         }
         maxvalue = vt - goods->value[i];
      }
   }
}

void main()                                                      // 主函数
{
   double sumweight;
   GType goods;
   int i;
   int lend,lenc;

   printf("窃贼问题求解! \n");
   printf("窃贼背包能容纳的最大重量:");
   scanf("%lf",&maxwt);                                          // 窃贼背包能容纳的最大重量
   printf("可选物品数量:");
   scanf("%d",&num);                                             // 可选物品数量

   lend=sizeof(double)*num;
   lenc=sizeof(char)*num;
   if(!(goods.value = (double *)malloc(lend)))                   // 分配内存
   {
      printf("内存分配失败\n");
```

```
            exit(0);
        }
        if(!(goods.weight = (double *)malloc(lend)))             //分配内存
        {
            printf("内存分配失败\n");
            exit(0);
        }
        if(!(goods.isSelect = (char *)malloc(lenc)))             //分配内存
        {
            printf("内存分配失败\n");
            exit(0);
        }
        if(!(seltemp = (char *)malloc(lenc)))                    //分配内存
        {
            printf("内存分配失败\n");
            exit(0);
        }

        totalvalue=0;                                            //初始化总价值
        for (i = 0; i < num; i++)
        {
           printf("输入第%d号物品的重量和价值:",i + 1);
           scanf("%lf%lf",&goods.weight[i],&goods.value[i]);
           totalvalue+=goods.value[i];                           //统计所有物品的总价值
        }
        printf("\n背包最大能装的重量为:%.2f\n\n",maxwt);
        for (i = 0; i < num; i++)
        {
           printf("第%d号物品重:%.2f,价值:%.2f\n", i + 1, goods.weight[i], goods.value[i]);
    }
        for (i = 0; i < num; i++)
        {
            seltemp[i]=0;
        }
        maxvalue=0;
        backpack(&goods,0,0.0,totalvalue);                       //求解
        sumweight=0;
        printf("\n可将以下物品装入背包,使背包装的物品价值最大:\n");
        for (i = 0; i < num; ++i)
        {
           if (goods.isSelect[i])
           {
                printf("第%d号物品,重量:%.2f,价值:%.2f\n", i + 1, goods.weight[i],
goods.value[i]);
              sumweight+=goods.weight[i];
           }
        }
        printf("\n总重量为: %.2f,总价值为:%.2f\n", sumweight, maxvalue );
    }
```

程序中，首先由用户在main()主函数中输入窃贼背包能容纳的最大重量和可选物品数量，然后通过malloc分配内存；接着由用户输入物品的重量和价值信息；然后开始通过递归来求解窃贼问题；最后输出最优化的解决方案。

该程序的执行结果如图10-13所示。从这里可以看出，窃贼只需拿物品1、物品4和物品5即可，此时总重量为8，总价值为63。

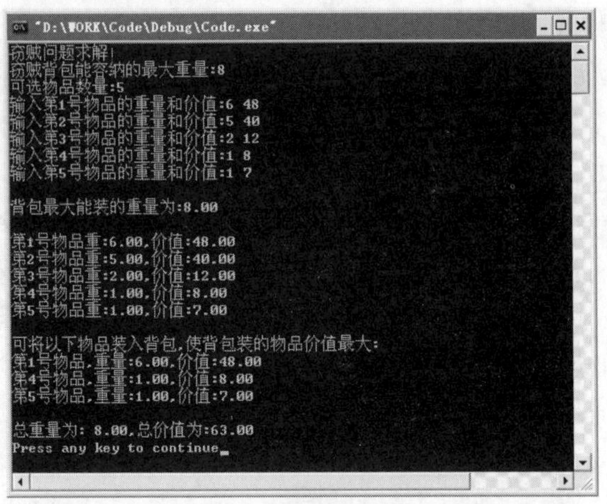

图 10-13

10.7 递归算法问题：马踏棋盘

马踏棋盘问题是一个非常有趣的智力问题。马踏棋盘问题的大意描述如下：

国际象棋的棋盘有 8 行 8 列共 64 个单元格，无论将马放于棋盘的哪个单元格，都可让马踏遍棋盘的每个单元格。问马应该怎么走才能以最少的步数踏遍棋盘的每个单元格？

1. 算法解析

先来分析一下马踏棋盘问题。在国际象棋中，马只能走“日”字形，但是马位于不同的位置可以走的方向却有所区别：

- 当马位于棋盘中间位置时，马可以向 8 个方向跳动；
- 当马位于棋盘的边或角时，马可以跳动的方向将少于 8 个。

为了求解步数最少的走法，当马所跳向的 8 个方向中的某一个或几个方向已被马走过，那么马也将跳至下一步要走的位置。

可以使用递归的思想来解决马踏棋盘问题，其操作步骤如下：

（1）从起始点开始向下一个可走的位置走一步；

（2）接着以该位置为起始，再向下一个可走的位置走一步；

（3）这样不断递归调用，直到走完 64 格单元格，就会找到一个行走方案。

这里需要注意的是，如果在行走过程中，某个位置向 8 个方向都没有可走的点，则需要退回上一步，从上一个位置的另外一个可走位置继续递归调用，直至找到一个行走方案。

可以按照这个思路来编写相应的马踏棋盘问题的求解算法，示例代码如下：

```
typedef struct
{
   int x;
   int y;
}Coordinate;                                              //棋盘上的坐标

int chessboard[8][8];
int curstep;                                              //马跳的步骤序号

Coordinate fangxiang[8] = { {-2, 1}, {-1, 2}, {1, 2}, {2, 1},
```

```
        {2, -1}, {1, -2}, {-1, -2}, {-2, -1}};          //马可走的8个方向

void Move(Coordinate curpos)                            //马踏棋盘算法
{
   Coordinate next;
   int i,j;
   if (curpos.x < 0 || curpos.x > 7 || curpos.y < 0 || curpos.y > 7)    //越界
   {
      return;
   }
   if (chessboard[curpos.x][curpos.y])                  //已走过
   {
      return;
   }
   chessboard[curpos.x][curpos.y] = curstep;            //保存步数
   curstep++;
   if (curstep > 64)                                    //棋盘位置都走完了
   {
       for (i = 0; i < 8; i++)                          //输出走法
       {
           for (j = 0; j < 8; j++)
           {
                printf("%5d", chessboard[i][j]);
           }
           printf("\n");
       }
       exit(0);
   }
   else
   {
      for (i = 0; i < 8; i++)                           // 8个可能的方向
      {
         next.x = curpos.x + fangxiang[i].x;
         next.y = curpos.y + fangxiang[i].y;
         if (next.x < 0 || next.x > 7 || next.y < 0 || next.y > 7)
         {
         }
         else
         {
            Move(next);
         }
      }
   }
   chessboard[curpos.x][curpos.y] = 0;                  //清除步数序号
   curstep--;                                           //减少步数
}
```

其中，输入参数 curpos 是 Coordinate 类型。函数 Move() 为马向前走一步的算法，程序中通过递归来实现遍历棋盘所有位置。读者可以参阅前面的算法来加深理解。当找到一个遍历方案后，便输出马的走法信息。

2. 求解示例

有了上述通用的马踏棋盘问题算法之后，可以求解任意的此类问题。这里给出完整的马踏棋盘问题求解程序代码。

程序示例代码如下：

```
#include <stdio.h>                                      //头文件
#include <stdlib.h>

typedef struct
```

```
{
    int x;
    int y;
}Coordinate;                                                    //棋盘上的坐标

int chessboard[8][8];
int curstep;                                                    //马跳的步骤序号

Coordinate fangxiang[8] = { {-2, 1}, {-1, 2}, {1, 2}, {2, 1},
          {2, -1}, {1, -2}, {-1, -2}, {-2, -1}};                //马可走的 8 个方向

void Move(Coordinate curpos)                                    //马踏棋盘算法
{
    Coordinate next;
    int i,j;
    if (curpos.x < 0 || curpos.x > 7 || curpos.y < 0 || curpos.y > 7)   //越界
    {
        return;
    }
    if (chessboard[curpos.x][curpos.y])                         //已走过
    {
        return;
    }
    chessboard[curpos.x][curpos.y] = curstep;                   //保存步数
    curstep++;
    if (curstep > 64)                                           //棋盘位置都走完了
    {
        for (i = 0; i < 8; i++)                                 //输出走法
        {
            for (j = 0; j < 8; j++)
            {
                printf("%5d", chessboard[i][j]);
            }
            printf("\n");
        }
        exit(0);
    }
    else
    {
        for (i = 0; i < 8; i++)                                 //8 个可能的方向
        {
            next.x = curpos.x + fangxiang[i].x;
            next.y = curpos.y + fangxiang[i].y;
            if (next.x < 0 || next.x > 7 || next.y < 0 || next.y > 7)
            {
            }
            else
            {
                Move(next);
            }
        }
    }
    chessboard[curpos.x][curpos.y] = 0;                         //清除步数序号
    curstep--;                                                  //减少步数
}

void main()                                                     //主函数
{
    int i, j;
    Coordinate start;

    printf("马踏棋盘问题求解! \n");
    printf("请先输入马的一个起始位置(x,y):");
```

```
    scanf("%d%d", &start.x, &start.y);                        //起始位置
    if (start.x < 1 || start.y < 1 || start.x > 8 || start.y > 8)
    {                                                         //越界
       printf("起始位置输入错误，请重新输入！ \n");
       exit(0);
    }

    for(i=0;i<8;i++)                                          //初始化棋盘各单元格状态
    {
        for(j=0;j<8;j++)
        {
            chessboard[i][j]=0;
        }
    }

    start.x--;
    start.y--;
    curstep = 1;                                              //第 1 步
    Move(start);                                              //求解
}
```

在该程序中，main() 主函数首先由用户输入马的一个起始位置，然后初始化棋盘各单元格状态，接着调用 Move() 函数来递归求解一个走法。最后输出马的走法信息。

执行该程序，输入马的一个起始位置（1,1），得到图 10-14 所示的结果。如果输入马的另外一个起始位置（8,8），得到图 10-15 所示的结果。

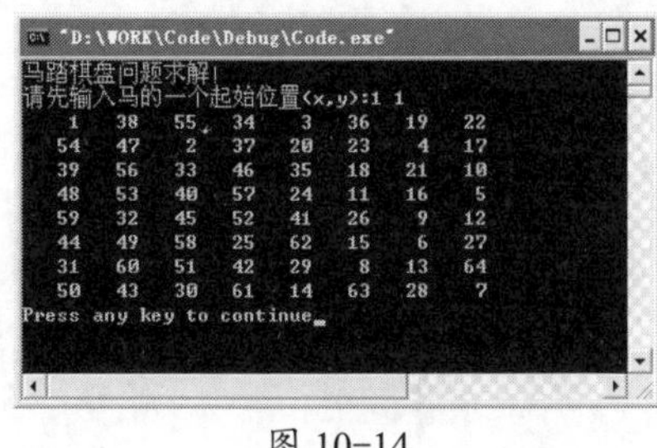

图 10-14

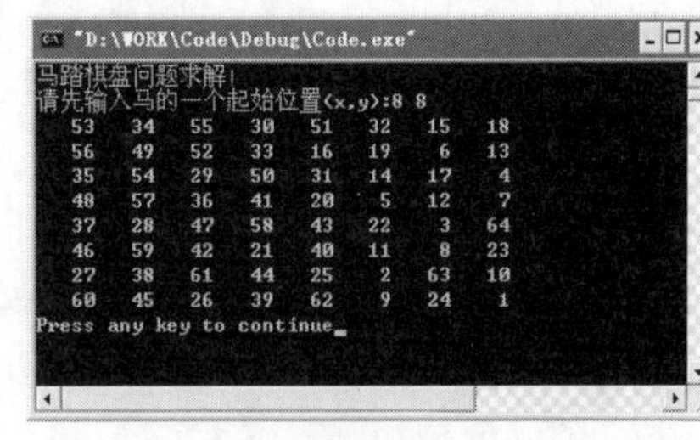

图 10-15

10.8　回溯算法问题：八皇后问题

八皇后问题是高斯于 1850 年提出的，这是一个典型的回溯算法问题。八皇后问题的大意描述如下：

国际象棋的棋盘有 8 行 8 列共 64 个单元格，在棋盘上摆放八个皇后，使其不能互相攻击，也就是说任意两个皇后都不能处于同一行、同一列或同一斜线上。问总共有多少种摆放方法，每一种摆放方式是怎样的。

目前，数学上可以证明八皇后问题的解法总共有 92 种。

1. 算法解析

首先来分析八皇后问题。这个问题的关键是，八个皇后中任意两个皇后都不能处于同一行、同一列或同一斜线上。可以采用递归的思想来求解八皇后问题，算法的思路如下：

（1）在棋盘的某个位置放置一个皇后；

（2）放置下一个皇后；

（3）此时判断该皇后是否与前面已有皇后形成互相攻击，若不形成互相攻击，则重复第（2）个步骤，继续放置下一列的皇后；

（4）当放置完 8 个不形成互相攻击的皇后，就找到一个解，将其输出。

这里可以使用递归调用函数的方法来实现。可以按照这个思路来编写相应的八皇后问题的求解算法；示例代码如下：

```
int iCount = 0;                                               //全局变量
int WeiZhi[8];                                                //全局数组

void EightQueen(int n)                                        //算法
{
   int i,j;
   int ct;                                                    //用于判断是否冲突
   if (n == 8)                                                //若 8 个皇后已放置完成
   {
      Output();                                               //输出求解的结果
      return;
   }
   for (i = 1; i <= 8; i++)                                   //试探
   {
      WeiZhi[n] = i;                                          //在该列的第 i 行上放置
      //断第 n 个皇后是否与前面皇后形成攻击
      ct=1;
      for (j = 0; j < n; j++)
      {
      if (WeiZhi[j] == WeiZhi[n])                             //形成攻击
      {
         ct=0;
      }
      else if (abs(WeiZhi[j] - WeiZhi[n]) == (n - j))         //形成攻击
      {
         ct=0;
      }
      else
      {
      }
      }

      if (ct= =1)                                       //没有冲突，就开始下一列的试探
         EightQueen(n + 1);                             //递归调用
   }
}
```

其中，输入参数 *n* 表示在第 *n* 列放置皇后。全局数组 WeiZhi 记录皇后在各列上的放置位置，全局变量 iCount 记录解的序号。

该函数在第 *n* 列的各个行上依次试探，并判断是否形成相互攻击，如果没有冲突，则递归调用该函数来摆放下一个皇后。当所有的皇后都放置后，便输出结果。

2. 求解示例

有了上述通用的八皇后问题算法之后，可以求解任意的此类问题。这里给出完整的八皇后问题求解程序代码。

程序示例代码如下：

```
#include <stdio.h >                                           //头文件
#include <stdlib.h>
#include <math.h>
#include <conio.h>
```

```
int iCount = 0;                                          //全局变量
int WeiZhi[8];                                           //全局数组

void Output()                                            //输出解
{
   int i,j,flag=1;
   printf("第%2d种方案(★表示皇后):\n", ++iCount);        //输出序号
   printf("  ");
   for(i=1;i<=8;i++)
   {
       printf("_");
   }
   printf("\n");
   for (i = 0; i < 8; i++)
   {
       printf(" |");
       for (j = 0; j < 8; j++)
       {
           if(WeiZhi[i]-1 == j)
           {
               printf("★");                              //皇后的位置
           }
           else
           {
               if (flag<0)
               {
                   printf("  ");                         //棋格
               }
               else
               {
                   printf("■");                          //棋格
               }
           }
           flag=-1*flag;
       }
       printf("| \n");
       flag=-1*flag;
   }
   printf("  ");
   for(i=1;i<=8;i++)
   {
       printf("¯");
   }
   printf("\n");
   getch();                                              //暂停输入
}

void EightQueen(int n)                                   //算法
{
   int i,j;
   int ct;                                               //用于判断是否冲突
   if (n == 8)                                           //若8个皇后已放置完成
   {
      Output();                                          //输出求解的结果
      return;
   }
   for (i = 1; i <= 8; i++)                              //试探
   {
      WeiZhi[n] = i;                                     //在该列的第i行上放置
      //判断第n个皇后是否与前面皇后形成攻击
      ct=1;
    for (j = 0; j < n; j++)
    {
```

```
        if (WeiZhi[j] == WeiZhi[n])                              //形成攻击
        {
           ct=0;
        }
        else if (abs(WeiZhi[j] - WeiZhi[n]) == (n - j))          //形成攻击
        {
           ct=0;
        }
        else
        {
        }
      }

        if (ct= =1)                                         //没有冲突，就开始下一列的试探
           EightQueen(n + 1);                                    //递归调用
    }
}

void main()                                                      //主函数
{
    printf("八皇后问题求解! \n");
    printf("八皇后排列方案：\n");
    EightQueen(0);                                               //求解
}
```

在该程序中，调用 EightQueen() 函数来递归求解八皇后问题，求得的结果将通过 Output() 函数输出显示。执行该程序，得到图 10-16 所示的结果。读者多次按任意键，便可以显示所有的求解方案。

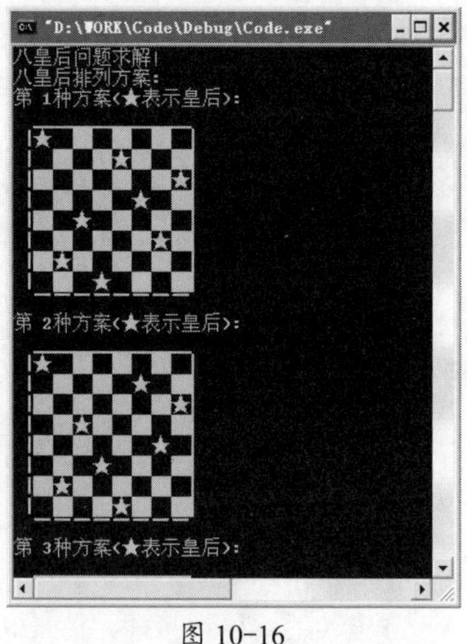

图 10-16

10.9 递归算法问题：青蛙过河

青蛙过河是一个非常有趣的智力游戏，其大意描述如下：

一条河之间有若干个石块间隔，有两队青蛙在过河，每队有 3 只青蛙，如图 10-17 所示。这些青蛙只能向前移动，不能向后移动，且一次只能有一只青蛙向前移动。在移动过程中，青蛙可以向前面的空位中移动，不可一次跳过两个位置，但是可以跳过对方一只青蛙进入前

面的一个空位。问两队青蛙该如何移动才能够用最少的步数分别走向对岸？

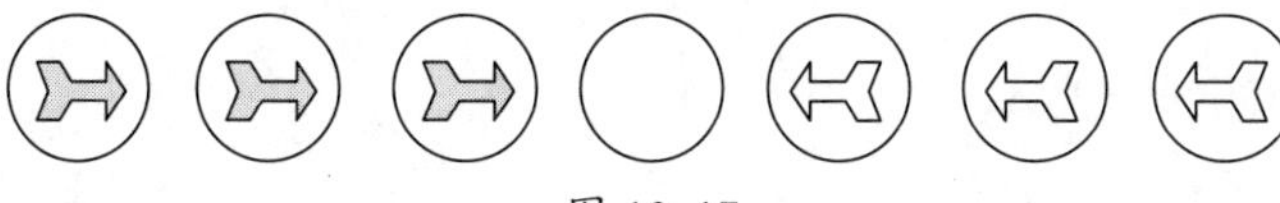

图 10-17

1. 算法解析

先来分析一下青蛙过河问题。可以采用如下方案来移动青蛙，具体操作步骤如下：

（1）左侧的青蛙向右跳过右侧的一只青蛙，落入空位，执行第（5）步；

（2）右侧的青蛙向左跳过左侧的一只青蛙，落入空位，执行第（5）步；

（3）左侧的青蛙向右移动一格，落入空位，执行第（5）步；

（4）右侧的青蛙向左移动一格，落入空位，执行第（5）步；

（5）判断是否已将两队青蛙移动对岸；如果没有，则继续执行第（1）~（4）步；否则，结束程序。

可以按照这个思路来编写青蛙过河问题的求解算法，示例代码如下：

```
void frogmove(int frog[])                                           //青蛙过河算法
{
    int i,moveflag;

    while (frog[0] + frog[1] + frog[2] != -3 || frog[4] + frog[5] + frog[6] != 3)
    //判断是否结束
   {
      moveflag = 1;
      for (i = 0; moveflag && i < 6; i++)                    //循环检查排列
      {
         if (frog[i] == 1 && frog[i + 1] == -1 && frog[i + 2] == 0)
                                                    //如果左侧的青蛙可以向右跳过
         {
            swap(&frog[i], &frog[i + 2]);           //向右跳动
            moveflag = 0;
         }
      }
      for (i = 0; moveflag && i < 6; i++)
      {
         if (frog[i] == 0 && frog[i + 1] == 1 && frog[i + 2] == -1)
                                                    //如果右侧的青蛙可以向左跳
         {
            swap(&frog[i], &frog[i + 2]);           //向左跳动
            moveflag = 0;
         }
      }
      for (i = 0; moveflag && i < 6; i++)
      {
        if (frog[i] == 1 && frog[i + 1] == 0 && (i == 0 || frog[i - 1] != frog
          [i + 2]))                                 //如果不产生阻塞
         {
            swap(&frog[i], &frog[i + 1]);           //向右跳动
            moveflag = 0;
         }
      }
      for (i = 0; moveflag && i < 6; i++)                      //循环检查现有排列
      {
        if (frog[i] == 0 && frog[i + 1] == -1 && (i == 5 || frog[i - 1] != frog
          [i + 2]))                                 //如果不产生阻塞
         {
            swap(&frog[i], &frog[i + 1]);           //向左跳动
```

```
            moveflag = 0;
        }
    }
    if(moveflag= =0)
    {
        output(frog);                                       //输出移动后各青蛙的位置
    }
  }
}
```

其中，输入参数 frog 为青蛙的位置数组，我们可以用 1 表示向右的青蛙，−1 表示向左的青蛙，0 为空位。程序中，严格遵循了上述移动算法，读者可以对照着加深理解。为了让读者更清楚移动的过程，这里每移动一只青蛙都显示了移动后的各只青蛙位置。

2. 求解示例

有了上述通用的青蛙过河问题算法后，我们可以求解任意的此类问题。这里给出完整的青蛙过河问题求解程序示例代码。

程序示例代码如下：

```
#include <stdio.h>

int count;                                                  //记录青蛙移动的步数

void output(int frog[])                                     //输出队列
{
   int i;
   printf("第%2d步移动:", count);                            //输出移动步数
   for (i = 0; i <= 6; i++)
   {
      if(frog[i]==0)                                        //空位
      {
         printf("□");
      }
      else if(frog[i]==1)                                   //向右移动的青蛙
      {
         printf("→");
      }
      else                                                  //向左移动的青蛙
      {
         printf("←");
      }
   }
   printf("\n");
   count++;
}

void swap(int *a, int *b)                                   //交换两只青蛙的位置
{
   int t;                                                   //临时变量

   t = *a;
   *a = *b;
   *b = t;
}

void frogmove(int frog[])                                   //青蛙过河算法
{
    int i,moveflag;

    while (frog[0] + frog[1] + frog[2] != -3 || frog[4] + frog[5] + frog[6] != 3)
                                                            //判断是否结束
```

```
    {
        moveflag = 1;
        for (i = 0; moveflag && i < 6; i++)                                //循环检查排列
        {
            if (frog[i] == 1 && frog[i + 1] == -1 && frog[i + 2] == 0)
            //如果向左的青蛙可以向右跳过
            {
                swap(&frog[i], &frog[i + 2]);                   //向右跳动
                moveflag = 0;
            }
        }
        for (i = 0; moveflag && i < 6; i++)
        {
            if (frog[i] == 0 && frog[i + 1] == 1 && frog[i + 2] == -1)
            //如果向右的青蛙可以向左跳
            {
                swap(&frog[i], &frog[i + 2]);                   //向左跳动
                moveflag = 0;
            }
        }
        for (i = 0; moveflag && i < 6; i++)
        {
           if (frog[i] == 1 && frog[i + 1] == 0 && (i == 0 || frog[i - 1] != frog
            [i + 2]))                                           //如果不产生阻塞
            {
                swap(&frog[i], &frog[i + 1]);                   //向右跳动
                moveflag = 0;
            }
        }
        for (i = 0; moveflag && i < 6; i++)                     //循环检查现有排列
        {
          if (frog[i] == 0 && frog[i + 1] == -1 && (i == 5 || frog[i - 1] != frog
            [i + 2]))                                           //如果不产生阻塞
            {
                swap(&frog[i], &frog[i + 1]);                   //向左跳动
                moveflag = 0;
            }
        }
        if(moveflag==0)
        {
            output(frog);                                       //输出移动后各青蛙的位置
        }
    }
}

void main()                                                     //主函数
{
    int frog[7] = { 1, 1, 1, 0, -1, -1, -1 };                   //初始化数组
    int i;
    printf("青蛙过河问题求解！\n");
    printf("青蛙的初始位置如下：\n");
    printf("            ");
    for (i = 0; i <= 6; i++)                                    //输出青蛙的初始位置
    {
        if(frog[i]= =0)                                         //如果为空格
        {
            printf("□");
        }
        else if(frog[i]==1)                                     //向右移动的青蛙
        {
            printf("→");
        }
        else                                                    //向左移动的青蛙
```

```
        {
            printf("←");
        }
    }
    printf("\n");

    count=1;
    frogmove(frog);                                         //求解
}
```

在程序中，main() 主函数首先初始化青蛙的位置，1 表示向右的青蛙，−1 表示向左的青蛙，0 为空位；然后输出显示青蛙的初始位置。接着调用 frogmove() 函数求解青蛙过河问题。

在显示青蛙位置时，使用符号“→”表示向右移动的青蛙，使用符号“←”表示向左移动的青蛙，使用符号“□”表示空位。

该程序的执行结果如图 10-18 所示。从其中可知，通过 15 步移动便可以让所有的青蛙完成过河。

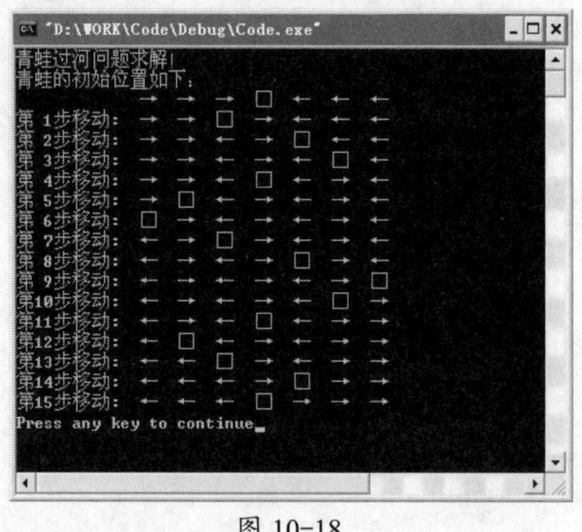

图 10-18

10.10 最优化算法：三色彩带

三色彩带问题是关最优化算法的经典趣题，其大意描述如下：

有一条绳子上面挂有白、红、蓝 3 种颜色的多条彩带，这些彩带的排列是无序的。现在要将绳子上的彩带按蓝、白、红 3 种颜色进行归类排列，但是只能在绳子上进行彩带的移动，并且每次只能调换两条彩带。问如何采用最少的步骤来完成三色彩带的排列。

1. 算法解析

先来分析一下三色彩带问题。假设绳子上共有 10 条彩带，蓝色彩带用符号 B 表示，白色彩带用符号 W 表示，红色彩带用符号 R 表示，如图 10-19 所示。

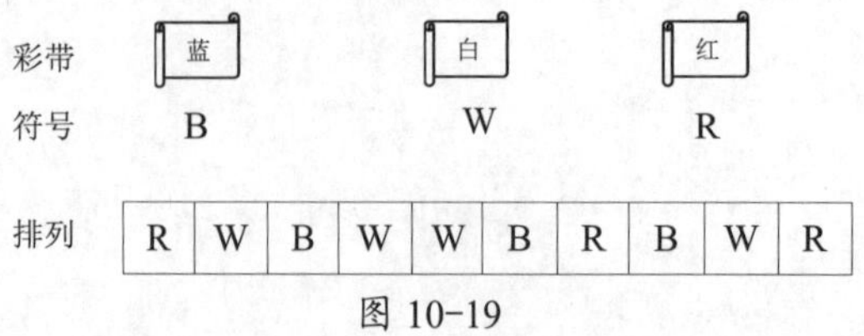

图 10-19

程序中可以使用 3 个变量（blue、white、red）来表示 3 种颜色的彩带：在 0 ~（blue−1）放蓝色彩带，blue ~（white−1）放白色彩带，（red+1）~ 9 放红色彩带，而 white ~ red 是未被处理的元素。每一次都处理变量 white 指向位置的元素，可分如下 3 种情况处理：

（1）如果 white 所在位置的元素是白彩带，表示该位置的元素应该在此，将 white++，接着处理下一条彩带；

（2）如果 white 所在位置的元素是蓝彩带，表示需将蓝彩带与 blue 变量所在位置的元素对调，然后使 blue++、white++，处理下一条彩带；

（3）如果 white 所在位置的元素是红彩带，表示需将红彩带与 red 变量所在位置的元素对调，然后将 red--，继续处理下一条彩带。

可以按照这个思路来编写相应的三色彩带问题的求解算法，代码示例如下：

```
char color[] = "rwbwwbrbwr";                                // 三色彩带排列的数组
int Blue, white, Red;

void threecoloured ribbons()                                // 三色彩带算法
{
   while (color[white] = = 'b')                             // 白彩带
   {
      Blue++;                                               // 向后移动蓝彩带
      white++;                                              // 向后移动白彩带
   }
   while (color[Red] = = 'r')                               // 红彩带
   {
      Red--;                                                // 向前移动红彩带
    }
   while (white <= Red)
   {
      if (color[white] = = 'r')                             // 红彩带
      {
         swap(&color[white], &color[Red]);                  // 对调红彩带和白彩带
         Red--;
         while (color[Red] = = 'r')                         // 若是红彩带
         {
            Red--;                                          // 向前移动红彩带
         }
      }
      while (color[white] = = 'w')                          // 白彩带
      {
         white++;
      }
      if (color[white] = = 'b')                             // 蓝彩带
      {
         swap(&color[white], &color[Blue]);                 // 对调
         Blue++;
         white++;
      }
   }
}
```

其中，数组 color 为三色彩带初始排列的数组，变量 blue、white 和 red 的含义如前所述。程序中通过循环来处理每一条彩带，严格遵循了前面的算法思想，读者可以对照两者来加深理解。

2. 求解示例

有了上述通用的三色彩带问题算法之后，可以求解任意的此类问题。这里给出完整的三

色彩带问题求解程序代码。

程序示例代码如下：

```
#include <stdio.h>                                              //头文件
#include <string.h>

int count;                                                      //对调次数
char color[] = "rwbwwbrbwr";                                    //三色彩带排列的数组
int Blue, white, Red;

void swap(char *x, char *y)                                     //对调及显示
{
    int i;
   char temp;

   temp= *x;                                                    //对调操作
   *x = *y;
   *y = temp;
   count++;                                                     //累加对调次数

   printf("第%d次对调后：",count);
   for (i = 0; i < (int)strlen(color); i++)                     //输出移动后的效果
   {
      printf(" %c", color[i]);
   }
   printf("\n");
}

void threecolored ribbons()                                     //三色彩带算法
{
   while (color[white] == 'b')                                  //白彩带
   {
      Blue++;                                                   //向后移动蓝彩带
      white++;                                                  //向后移动白彩带
   }
   while (color[Red] == 'r')                                    //红彩带
   {
      Red--;                                                    //向前移动红彩带
   }
   while (white <= Red)
   {
      if (color[white] == 'r')                                  //红彩带
      {
         swap(&color[white], &color[Red]);                      //对调红彩带和白彩带
         Red--;
         while (color[Red] == 'r')                              //若是红彩带
         {
            Red--;                                              //向前移动红彩带
         }
      }
      while (color[white] == 'w')                               //白彩带
      {
         white++;
      }
      if (color[white] == 'b')                                  //蓝彩带
      {
         swap(&color[white], &color[Blue]);                     //对调
         Blue++;
         white++;
      }
   }
}
```

```
void main()                                              // 主函数
{
    int i;

    Blue=0;                                              // 初始化
    white=0;
    Red=strlen(color) - 1;
    count=0;

    printf("三色彩带问题求解!\n");
    printf("三色彩带最初排列效果:\n");
    printf("            ");
    for (i = 0; i <= Red; i++)                           // 输出最初的彩带排列
    {
        printf(" %c", color[i]);
    }
    printf("\n");
    threeflags();                                        // 求解
    printf("通过%d次完成对调,最终结果如下:\n", count);
    for (i = 0; i < (int)strlen(color); i++)             // 输出移动后的效果
    {
        printf(" %c", color[i]);
    }
    printf("\n");
}
```

在该程序中，main() 主函数首先初始化变量 blue、white 和 red，然后输出最初的彩带排列，接着调用 threeflags() 函数来求解三色彩带问题，最后输出移动后的效果。

该程序的执行结果如图 10-20 所示。从中可以看出，总共需要 5 步完成三色彩带的归类排列。

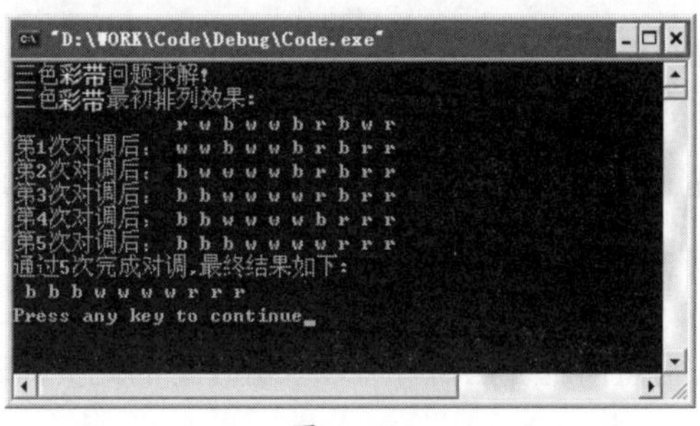

图 10-20

10.11　递推算法问题：渔夫捕鱼

渔夫捕鱼问题是一个典型的递推问题，渔夫捕鱼问题的大意描述如下：

某天晚上，A、B、C、D、E 五个渔夫合伙捕鱼，捕到一定数量之后便停止捕鱼，各自到岸边休息。第二天早晨，渔夫 A 第一个醒来，他将鱼分作五份，把多余的一条扔回河中，拿其中自己的一份回家去了。渔夫 B 第二个醒来，也将鱼分作五份，扔掉多余的一条，拿走自己的一份。渔夫 C 第三个醒来，也将鱼分作五份，扔掉多余的一条，拿走自己的一份。渔夫 D 第四个醒来，也将鱼分作五份，扔掉多余的一条，拿走自己的一份。渔夫 E 第五个醒来，也将鱼分作五份，扔掉多余的一条，拿走自己的一份。问五位渔夫至少捕到多少条鱼呢？

1. 算法解析

先来分析一下渔夫捕鱼问题。这里，每个渔夫醒来时，鱼的数量都应该是 5 的倍数再加 1。为了保证所有的渔夫都可以按照上述的方法来分鱼，那么最后一个渔夫 E 醒来之后，鱼的数量至少应该为 6。在他扔掉一条鱼之后，仍然可以平均分为以下 5 份：

- 渔夫 D 醒来时，鱼的数量应该为 6×5+1=31；
- 渔夫 C 醒来时，鱼的数量应该为 31×5+1=156；
- 渔夫 B 醒来时，鱼的数量应该为 156×5+1=781；
- 渔夫 A 醒来时，鱼的数量应该为 781×5+1=3 906。

那么，渔夫至少合伙捕到 3 906 条鱼。这是一个明显的递推的式子，递推公式如下：

$$S_{n-1}=5S_n+1$$

为了通用性的方便，可以编写一个算法，用于计算渔夫捕鱼问题。按照这个思路来编写相应的渔夫捕鱼问题的求解算法，示例代码如下：

```
int fish(int yufu)                                          //渔夫捕鱼算法
{
    int init;
    int n;
    int s;

    init=yufu+1;
    n=yufu-1;
   s = init;
   while(n)
   {
       s=5*s+1;                                             //递推
       n--;
   }
   return s;
}
```

其中，输入参数 yufu 为合伙渔夫的数量，程序中使用 while 循环和递推公式来求解最初的鱼的数量。程序中严格遵循了前面的算法思想，读者可以对照两者来加深理解。

2. 求解示例

有了上述通用的渔夫捕鱼问题算法后，可以求解任意的此类问题。这里给出完整的渔夫捕鱼问题求解程序代码。

程序示例代码如下：

```
#include <stdio.h>                                                 //头文件

int fish(int yufu)                                                 //渔夫捕鱼算法
{
    int init;
    int n;
    int s;

    init=yufu+1;
    n=yufu-1;
   s = init;
   while(n)
   {
       s=5*s+1;                                                    //递推
       n--;
   }
```

```
    return s;
}

void main()                                         //主函数
{
    int num;
    int yufu;

    printf("渔夫捕鱼问题求解! \n");
    printf("请先输入渔夫的个数: ");
    scanf("%d",&yufu);                              //渔夫个数
    num=fish(yufu);                                     //求解
    printf("渔夫至少合伙捕了%d条鱼! \n",num);
}
```

在该程序中，main()主函数首先由用户输入合伙渔夫的个数，然后调用 fish()函数来递推求解最初捕到的鱼的数量，最后输出渔夫至少捕到鱼的数量。

执行该程序，输入渔夫的个数为 5，得到图 10-21 所示的结果。从这里可以看出，渔夫至少合伙捕到 3906 条鱼，这和前面分析的结果一致。

图 10-21

10.12　数论问题：爱因斯坦的阶梯

爱因斯坦的阶梯问题是一个有趣的数论问题，其大意描述如下：

有一天爱因斯坦给他的朋友出了一个题目，有一个楼，其两层之间有一个很长的阶梯，则有：

- 如果一个人每步上 2 阶，最后剩 1 阶；
- 如果一个人每步上 3 阶，最后剩 2 阶；
- 如果一个人每步上 5 阶，最后剩 4 阶；
- 如果一个人每步上 6 阶，最后剩 5 阶；
- 如果一个人每步上 7 阶，最后刚好一阶也不剩。

问这个阶梯至少有多少阶？

1. 算法解析

假设阶梯的个数为 count，按照前述的条件，count 应该满足如下条件：

- count 除以 2 的余数为 1；
- count 除以 3 的余数为 2；
- count 除以 5 的余数为 4；
- count 除以 6 的余数为 5；
- count 除以 7 的余数为 0。

在程序中可以通过取模运算来对整数逐个判断，以寻找一个最小值。可以按照这个思路来编写相应的爱因斯坦的阶梯问题的求解算法，示例代码如下：

```
int jieti()                                                    //算法
{
    int i,res;
    int count;

    count=7;
    for(i=1;i<=100;i++)                                        //循环
    {
        if((count%2= =1)&&(count%3= =2)&&(count%5= =4)&&(count%6= =5) )
                                                               //判断是否满足
        {
            res=count;
            break;                                             //找到，跳出循环
        }
        count=7*(i+1);                                         //下一个
    }
    return count;                                              //返回
}
```

其中，count 应该为 7 的倍数。程序中，从 7 开始，对每个 7 的倍数进行判断，直到寻找到一个最小的满足条件的数据为止。该函数的返回值便是求得的阶梯数。

2. 求解示例

有了上述通用的爱因斯坦的阶梯问题算法后，可以求解任意的此类问题。这里给出完整的爱因斯坦的阶梯问题求解程序代码。

程序示例代码如下：

```
#include <string.h>                                            //头文件
#include <stdio.h>

int jieti()                                                    //算法
{
    int i,res;
    int count;

    count=7;
    for(i=1;i<=100;i++)                                        //循环
    {
        if((count%2==1)&&(count%3==2)&&(count%5==4)&&(count%6==5) )
                                                    //判断是否满足
        {
            res=count;
            break;                                             //找到，跳出循环
        }
        count=7*(i+1);                                         //下一个
    }
    return count;                                              //返回
}

void main()                                                    //主函数
{
    int num;

    printf("爱因斯坦阶梯问题求解！ \n");
    num=jieti();                                               //求解
    printf("这个阶梯总共有 %d 个台阶！ \n",num);
}
```

在该程序中，主函数 main() 直接调用 jieti() 函数进行爱因斯坦的阶梯问题求解，然后输出结果。该程序的执行结果如图 10-22 所示，可以看到共有 119 个台阶。

图 10-22

10.13　让算法决定输赢：常胜将军

常胜将军是一个非常有意思的智力游戏趣题，其大意描述如下：

甲和乙两人玩抽取火柴的游戏，共有 21 根火柴。每个人每次最多取 4 根火柴，最少取 1 根火柴。如果某个人取到最后一根火柴则输了。甲让乙先抽取，结果每次都是甲赢。这是为什么呢？

1. 算法解析

先来分析一下常胜将军问题。甲要每次都赢，说明甲最后给乙只剩下 1 根火柴，这样才能保证甲常胜。由于乙先抽取，因此只要保证甲抽取的数量和乙抽取的数量之和为 5 即可。

可以按照这个思路来编写相应的常胜将军问题的求解算法，示例代码如下：

```
int computer,user,last;

void jiangjun()                                        //常胜将军算法
{
   while(1)
   {
        printf(" ----------  目前还有火柴 %d 根 ----------\n",last);
        printf("用户取火柴数量:") ;
        scanf("%d",&user);                              //用户取火柴数量
        if(user<1 || user>4 || user>last)
        {
            printf("你违规了，你取的火柴数有问题!\n\n");
            continue;
        }
        last = last - user;                             //剩余火柴数量
        if(last == 0)
        {
            printf("\n用户取了最后一根火柴，因此计算机赢了!\n");
        break;
        }
        else
        {
            computer =5 - user;                         //计算机取火柴数量
            last = last - computer;
            printf("计算机取火柴数量:%d  \n",computer);
            if(last == 0)
            {
                printf("\n计算机取了最后一根火柴，因此用户赢了!\n");
                break;
            }
        }
   }
}
```

其中，每次抽取都判断一下是否违规，并且计算剩余的火柴数量 last。第一次由用户输入，

然后计算机根据前面的算法思路来抽取，这样可以保证每次计算机都赢。

2. 求解示例

有了上述通用的常胜将军问题算法后，可以求解任意的此类问题。这里给出完整的常胜将军问题求解程序代码。

程序示例代码如下：

```
#include <stdio.h>                                          //头文件

int computer,user,last;

void jiangjun()                                             //常胜将军算法
{
   while(1)
   {
        printf(" ----------  目前还有火柴 %d 根 ----------\n",last);
        printf("用户取火柴数量:") ;
        scanf("%d",&user);                                  //用户取火柴数量
        if(user<1 || user>4 || user>last)
        {
            printf("你违规了，你取的火柴数有问题!\n\n");
            continue;
        }
        last = last - user;                                 //剩余火柴数量
        if(last == 0)
        {
            printf("\n用户取了最后一根火柴,因此计算机赢了!\n");
            break;
        }
        else
        {
            computer =5 - user;                             //计算机取火柴数量
            last = last - computer;
            printf("计算机取火柴数量:%d  \n",computer);
            if(last == 0)
            {
                printf("\n计算机取了最后一根火柴,因此用户赢了!\n");
                break;
            }
        }
   }
}

void main()                                                 //主函数
{
    int num;

    printf("常胜将军问题求解! \n");
    printf("请先输入火柴的总量为:");
    scanf("%d",&num);                                       //火柴的总量
    printf("火柴的总量为%d: ",num);
    last=num;
    jiangjun(num);                                          //求解
}
```

在该程序中，首先由用户输入火柴的总量，然后调用 jiangjun() 函数来开始游戏。游戏中，用户先抽取火柴，最后计算机每次都能赢。

执行该程序，输入火柴的总量 21，得到图 10-23 所示的结果。

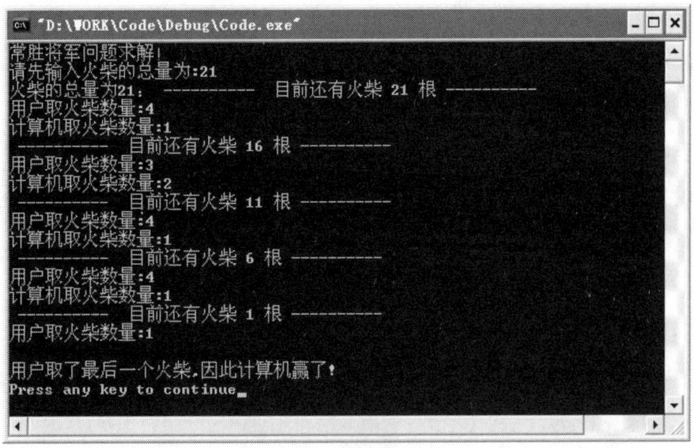

```
"D:\WORK\Code\Debug\Code.exe"
常胜将军问题求解!
请先输入火柴的总量为:21
火柴的总量为21:  ----------  目前还有火柴 21 根 ----------
用户取火柴数量:4
计算机取火柴数量:1
 ----------  目前还有火柴 16 根 ----------
用户取火柴数量:3
计算机取火柴数量:2
 ----------  目前还有火柴 11 根 ----------
用户取火柴数量:4
计算机取火柴数量:1
 ----------  目前还有火柴 6 根 ----------
用户取火柴数量:4
计算机取火柴数量:1
 ----------  目前还有火柴 1 根 ----------
用户取火柴数量:1

用户取了最后一个火柴.因此计算机赢了!
Press any key to continue
```

图 10-23

10.14　排列组合问题：三色球

三色球是一种排列组合问题，其大意描述如下：

一个黑盒中放着 3 个红球、3 个黄球和 6 个绿球，如果从其中取出 8 个球，那么取出的球中有多少种颜色搭配。

1. 算法解析

先来分析一下三色球问题。这是一个经典的排列组合问题，每种球的可能性如下：

- 取红球可以有 4 种可能：0 个、1 个、2 个、3 个；
- 取黄球可以有 4 种可能：0 个、1 个、2 个、3 个；
- 取绿球可以有 7 种可能：0 个、1 个、2 个、3 个、4 个、5 个、6 个。

只要在程序中穷举每一种可能性，然后判断是否满足共 8 个球的要求即可。

为了通用性的方便，可以编写一个算法，用于计算三色球问题；算法的示例代码如下：

```
void threeball(int red,int yellow,int green,int n)        //算法
{
    int i,j,k;

    printf("总共有如下几种可能!\n");
    printf("\t红球\t黄球\t绿球\n");
    for(i=0;i<=3;i++)                                      //红色球
    {
        for(j=0;j<=3;j++)                                  //黄色球
        {
            for(k=0;k<=6;k++)                              //绿色球
            {
                if(i+j+k= = n)                             //判断是否符合
                {
                    printf("\t%d\t%d\t%d\n",i,j,k);
                }
            }
        }
    }
}
```

其中，输入参数 red 为红球的总数量，输入参数 yellow 为黄球的总数量，输入参数

green 为绿球的总数量，输入参数 *n* 为需要取出的球的数量。程序中使用三重 for 循环语句来穷尽每一种情况，并判断是否满足条件。程序将满足条件的组合输出显示。

2. 求解示例

通过上面对三色球排列组合问题的算法解析，我们清楚地了解到：对于此类问题首先要穷举出其所有的可能性，然后根据要求进行判断即可。接下来的程序示例是对三色球问题的完整演示。三色球问题较为经典，是程序算法中非常关键的一类基础思想，希望读者细细研读。

程序示例代码如下：

```
#include <stdio.h>

void threeball(int red,int yellow,int green,int n)       //算法
{
    int i,j,k;

    printf("总共有如下几种可能！\n");
    printf("\t红球\t黄球\t绿球\n");
    for(i=0;i<=4;i++)                                      //红色球
    {
        for(j=0;j<=4;j++)                                  //黄色球
        {
            for(k=0;k<=7;k++)                              //绿色球
            {
                if(i+j+k== n)                              //判断是否符合
                {
                    printf("\t%d\t%d\t%d\n",i,j,k);
                }
            }
        }
    }
}

void main()                                                //主函数
{
    int red,yellow,green;
    int n;

    printf("三色球问题求解！ \n");
    printf("请先输入红球的数量为：");
    scanf("%d",&red);                                      //红球的数量
    printf("请先输入黄球的数量为：");
    scanf("%d",&yellow);                                   //黄球的数量
    printf("请先输入绿球的数量为：");
    scanf("%d",&green);                                    //绿球的数量
    printf("请先输入取出球的数量为：");
    scanf("%d",&n);                                        //取出球的数量

    threeball(red,yellow,green,n);                         //求解
}
```

在该程序中，主函数 main() 首先由用户输入红球的数量、黄球的数量、绿球的数量和取出球的数量，然后调用 threeball() 函数来求解。

执行该程序，按照要求输入数据，得到图 10-24 所示的结果。

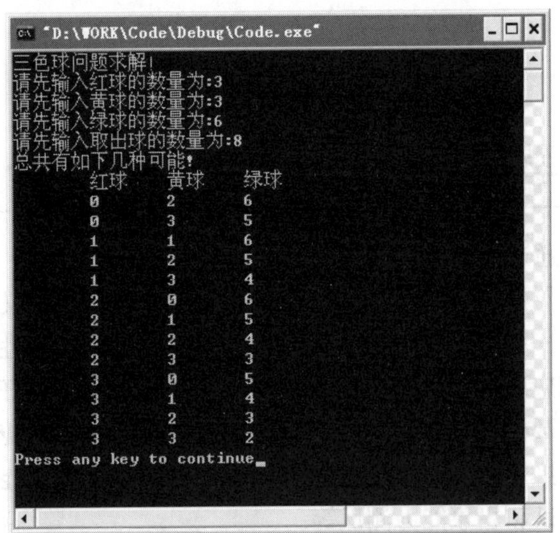

图 10-24

10.15　小结：算法融入有趣实践

本章详细讲解了多种非常经典、有趣的算法问题。通过这些问题，读者可以领略到算法在解决实际问题中的应用。本章在介绍各个问题时，给出了相应的算法和求解示例。读者通过本章的学习，可以锻炼程序设计能力，拓展算法思路，并提高学习算法的兴趣。

第 11 章

数学能力测试

通过前面章节的学习，大家可能也注意到了，算法和数学的相关性很大；所以，很多公司在测试面试者的时候，名义上是给算法题，实际上是一些数学题。由于数学本身具有高度的抽象性和严密的逻辑性，所以，应聘者数学思维能力的高低也是其数学素质好坏的集中体现。面试中的数学能力测试主要考察应聘者的灵活性、敏捷性、创新性这三种数学思维能力。具体的题型有几何能力测试、计算能力测试、数学分析能力测试和想象能力测试等。

11.1 最后有哪些灯是亮着的

有 100 盏灯，同时也有 100 个控制灯的开关。把灯按 1 ～ 100 的顺序编号，开始时所有的灯都是关着的，那么：

第一次，把所有编号是 1 的倍数的灯的开关状态改变一次；

第二次，把所有编号是 2 的倍数的灯的开关状态改变一次；

第三次，把所有编号是 3 的倍数的灯的开关状态改变一次；

依此类推，直到把所有编号是 100 的倍数的灯的开关状态改变一次。

问：此时所有开着的灯的编号是多少？

1. 涉及的知识点

（1）分析法

（2）递推法

2. 分析问题

由于最开始灯是关着的，只有经过奇数次改变开关状态的灯是亮的。根据题意可知一个数字有多少约数就要开关多少次，所以最后亮着的灯的数学解释是：灯的编号有奇数个不同的约数。

一个数的约数按出现的奇偶个数分为以下两种：

- 约数是成对出现的，比如 8 的约数对为（1，8）、（2，4）；
- 约数是单个出现的，比如 36 的约数对为（1，36）、（2，18）、（3，12）、（4，9）、（6）。

可以看出 6 单独是 36 的约数，而不是和别的数连在一起。所以只有平方数才会有奇数个整型约数，才能满足本题的要求。从 1 ～ 100 的平方数为：

1，4，9，16，25，36，49，64，81，100。

所以只有这些灯是亮的。

3．答案

编号为 1、4、9、16、25、36、49、64、81、100 的灯是亮的。

说明：本题是一道数学类型题目，但是绝对不能用简单的计算法来解决本题，那样的计算量太庞大，所以用分析法加计算法来分析才是正确解决本题的途径。

11.2　用一笔画出经过 9 个点的 4 条直线

用一笔画出 4 条直线经过图 11-1 所示的 9 个点。

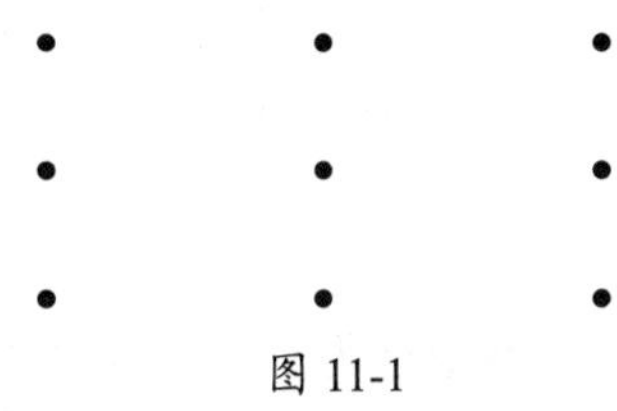

图 11-1

1．涉及的知识点和能力

（1）作图法

（2）几何能力

2．分析问题

这道题主要考查了面试者平面几何的想象能力，这 9 个点形成了一个正方形，有 8 个点在这个正方形的 4 条边上。或许正是这个正方形限制了面试者的思维，总是突破不了这四条边的限制。一旦突破这个思维定式，这道题就简单多了，答案如图 11-2 所示。

将正方形的两条边分别延长到 a 和 b。当然这只是一种画法，还可以有以下三种方法，如图 11-3 ～图 11-5 所示。

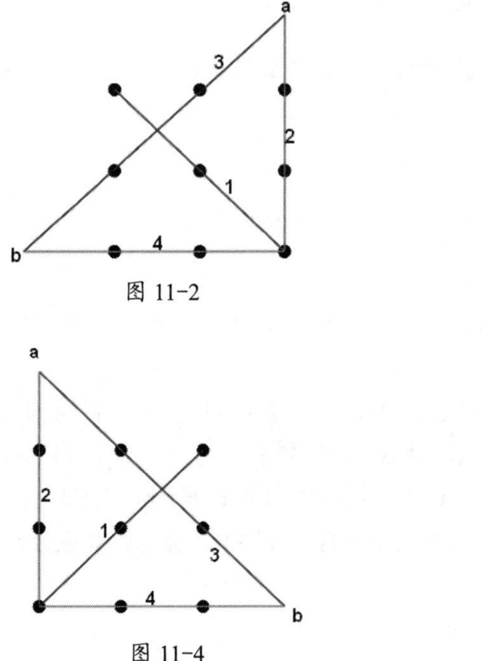

图 11-2

图 11-4

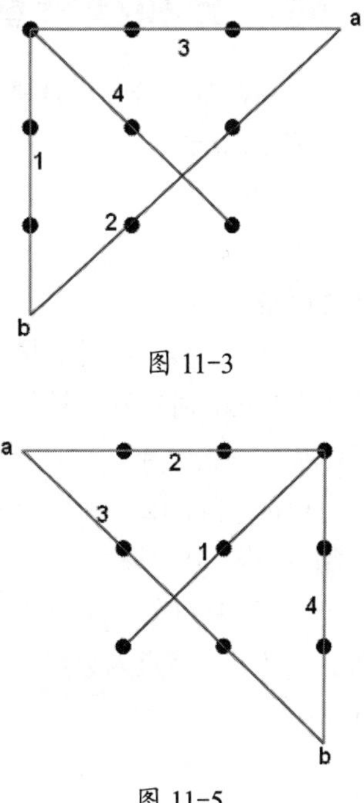

图 11-3

图 11-5

这三种画法和第一种是相同的，只是方向和顺序有些差别。

3．答案

图 11-2 所示的画法。

说明：在做智力题时很多时候就是要求面试者能够打破思维定式。

11.3 在 9 个点上画 10 条线

在 9 个点上画 10 条线，每条线过 3 点。

1．涉及的知识点和能力

（1）作图法

（2）几何能力

2．分析问题

这道题同样考查了面试者的空间想象能力，一般面试图形图像工作的这种题型比较多。一般来说，会有两种发散思维：一种是 8 个点在一个圆上，1 个点在中间，但这样只能画出 4 条线；另外一种是 9 个点摆成九宫格形状，但也只能画出 8 条线来。不过这个已经接近要求了，如果把九宫格的中间两点朝中间移动，让这两个点，也有一些中间线路穿过，答案就出来了。

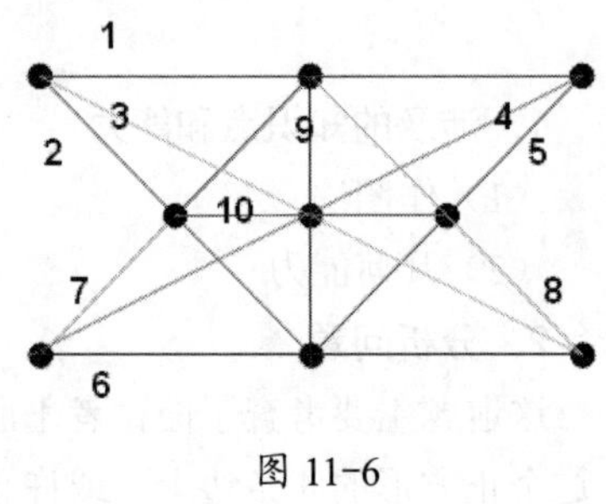

图 11-6

3．答案

图 11-6 所示的画法。

11.4 时、分和秒针重合问题

24 小时之中，时、分和秒针重合时候有几次？都分别是什么时间？

1．涉及的知识点

（1）分析法

（2）计算法

2．分析问题

我们来梳理一下解决问题的思路。

（1）1 小时内，时针和分针只会重合一次，因为分针会移动一周，而时针只会移动 5 格，期间两指针能且只能重合一次。

（2）因为时针每 12 分钟才移动一格，所以每次移动后，会有 11 分 59 秒的时间来等待分针来汇合；同样，分针每 60 秒移动一格，每次移动后，会有 59 秒的时间来等待秒针来汇合。

（3）一天有 24 小时，但每小时，时针超前分针的格数不同，1 点超前 5 格，2 点超前 10 格。问题出来了，以每个整点为起点，计算时针需要移动多少格（分钟）才能与时针重合？

列方程：

$$H=S+H/12$$

式中：

H——分针需要移动的格数（分钟）；

S——时针超前分针的格数；注意 *H*/12 一定是整除，不需要小数。

得到 $H=12\times S/11$，这里除法依旧是整除。

知道了需要多久分针能与时针汇合，剩下秒针就好办了；分针不动，静静地等待秒针 *H* 秒即可。

（4）解法：循环 24（0 ～ 23）小时，计算出每个整点，时针超前分针多少格数，然后计算与时针重合后需要的分钟数，再加上同样数目的秒数，即可计算出具体的时间。

编程输出三针重合的时间，代码如下：

```
public class StudioTest {

    public static void main(String[] args) {
        int i =0;
        for(int h=0;h<24;h+=1){
            for(int m=0;m<60;m+=1){
                if(m==(int)((float)m/12.0+(h%12*5))){
                    System.out.println(h+"点"+m+"分"+m+"秒 时分秒三针重合");
                    i+=1;
                }
            }
        }
    }
}
```

输出结果：

```
0点0分0秒 时分秒三针重合
1点5分5秒 时分秒三针重合
2点10分10秒 时分秒三针重合
3点16分16秒 时分秒三针重合
4点21分21秒 时分秒三针重合
5点27分27秒 时分秒三针重合
6点32分32秒 时分秒三针重合
7点38分38秒 时分秒三针重合
8点43分43秒 时分秒三针重合
9点49分49秒 时分秒三针重合
10点54分54秒 时分秒三针重合
11点59分59秒 时分秒三针重合
12点0分0秒 时分秒三针重合
13点5分5秒 时分秒三针重合
14点10分10秒 时分秒三针重合
15点16分16秒 时分秒三针重合
16点21分21秒 时分秒三针重合
17点27分27秒 时分秒三针重合
18点32分32秒 时分秒三针重合
19点38分38秒 时分秒三针重合
20点43分43秒 时分秒三针重合
21点49分49秒 时分秒三针重合
22点54分54秒 时分秒三针重合
23点59分59秒 时分秒三针重合
```

可以看出，总共有 24 次三针重合。当然，23 点 59 分 59 秒和 0 点 0 分 0 秒没有区别，两个算一次重合。还有 12 点也有类似情况，所以，实际只有 22 次三针重合。

当然这里只是粗略地计算，即秒针划过分针就算，精确度要低，误差在一秒之内，通过上面的结果也可以看出，分针的数值和秒针的数值都是一样的，而实际则不然，例如 01 : 05 : 05，秒针肯定准确地指向了 5，但是分值已经偏离了 5，只是秒针要在分针上划过，所以也可算作重合，如果精确地计算，即分针、秒针和时针都精确地指向了时钟表面的某一刻度时的答案如下：

• 当秒针 != 0 时，可以肯定的是分针不会指向钟面上任何一个刻度（也就是说，分针是指向刻度间的空白地方）；

• 当分针 !=0 时，可以肯定的是时针不会指向钟面上的任何一个刻度（也就是说，时针是指向刻度间的空白地方）。

所以至少有一个推断是正常的：除了 00:00:00 之外。三针重合的那个时刻肯定不是整数分，也就是说，在任何一分钟内，分针与秒针重合的那一瞬间肯定是指向刻度间的空白处。要满足这些条件，会解出一些不存在的时间 (无限位小数的集合)，所以，只有 00:00:00 三个指针会完全重合。

虽然两种答案迥然不同，但是这两者却同时体现出一种要求，就是面试者要有较强的分析和观察能力。可以把两种不同的结果归结于两个时钟的区别，而不是思想的区别，第一个时钟在 01:05:05 时如图 11-7 所示。而第二个时钟如图 11-8 所示。

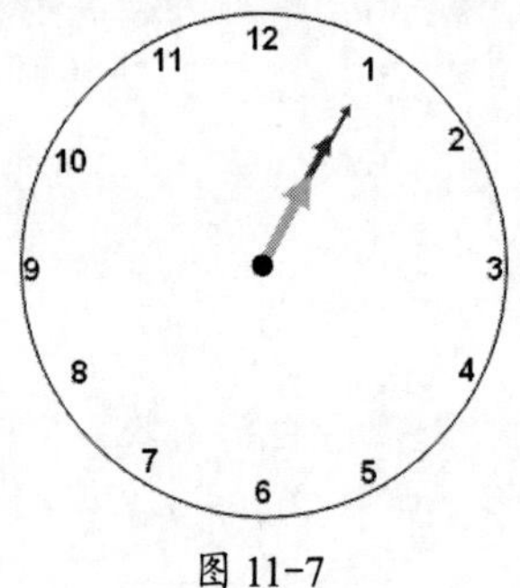

图 11-7

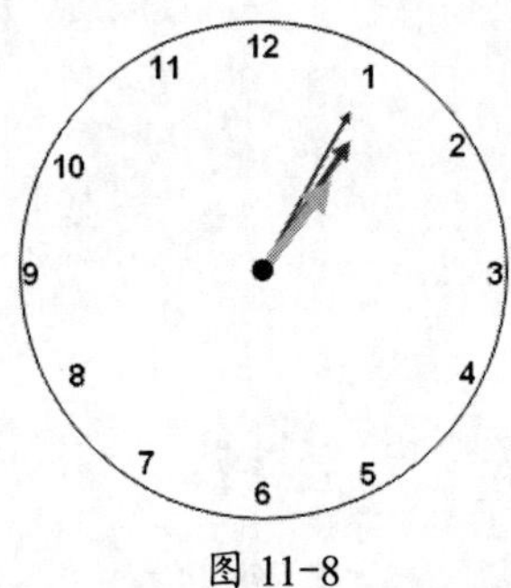

图 11-8

要理解其中一种解法，不要再去斤斤计较时钟是什么样子，因为现在的产品种类繁多，不要在计较这种东西上浪费时间，面试时只要给出正确答案和解析过程，而不用细究时钟的工作原理。

3．答案

（1）粗略计算时 24 次，时间为：

00:00:00

01:05:05

02:10:10

03:16:16

04:21:21

05:27:27

06:32:32

07:38:38

08:43:43

09:49:49

10:54:54

11:59:59

12:00:00
13:05:05
14:10:10
15:16:16
16:21:21
17:27:27
18:32:32
19:38:38
20:43:43
21:49:49
22:54:54
23:59:59

（2）精细计算只有两次，一次是 00:00:00，另一次是 12:00:00。

11.5　可以喝多少瓶汽水

1 元钱一瓶汽水，喝完后两个空瓶可以换一瓶汽水。

问：有 20 元钱，最多可以喝到几瓶汽水？

1．涉及的知识点

（1）分析法

（2）计算法

2．分析问题

下面是解题思路。

（1）20 元可以买到 20 瓶，喝空。

（2）用 20 个空瓶换 10 瓶，喝空。

（3）用 10 个空瓶换 5 瓶，喝空。

（4）用 4 个空瓶换 2 瓶，喝空，剩 3 个空瓶。

（5）用 2 个空瓶换 1 瓶，喝空，剩 2 个空瓶。

（6）用 2 个空瓶换 1 瓶，喝空，剩 1 个空瓶。

（7）最后还剩了一个空瓶，这时可以再向老板借一个空瓶。空瓶数量 2，欠老板 1 个。

（8）用两个空瓶换 1 瓶，喝空，把现在仅有的 1 个空瓶还给老板。

总共喝了 40 瓶。

注意：千万不要浪费了最后这个空瓶。

3．答案

最多可以喝 40 瓶。

说明：可能很多人的答案是 39 瓶，因为题中没有说可以向老板借一个空瓶。但要注意，题中也同样没有说不可以向老板借一个空瓶。并且老板也没有什么拒绝借瓶的理由。本题考查的不是面试者的计算能力，而是考查面试者的应变能力。

11.6　怎样拿到第 100 号球

假设排列着 100 个乒乓球，由两个人轮流拿球装入口袋，能拿到第 100 个乒乓球的人为胜利者。

条件：每次拿球者至少要拿 1 个，但最多不能超过 5 个。

问：如果你是最先拿球的人，你该拿几个？以后怎么拿能保证你能拿到第 100 个乒乓球？

1．涉及的知识点

（1）分析法

（2）倒推法

2．分析问题

怎么样才能保证自己能拿到最后一个呢，最简单的方法就是最后剩 6 个，该对方来拿，无论他拿几个，剩下的乒乓球都该自己拿，当然也包括第 100 个。

（1）控制每一轮拿出的个数

要控制每次两个人取出的个数，两个人最多拿 10 个，但是每次对方拿的个数是不受控制的，假设对方拿 n 个，自己可以拿 $6-n$ 个，这样两个人的每次拿的数量就是 6 个。为什么自己要拿 $6-n$ 呢？因为对手最多拿 5 个时，这时自己最少能拿一个，和就是 6 个，自己不能把数值控制得更低。而对手最少拿 1 个时，自己最多拿 5 个，和就是 6 个，自己不能把数值控制得更高。因此只有 6 才是一个自己可控制的数值。

（2）确定数据中自己拿的个数

自己第一次拿 x 个，以后每一次自己和对方拿出的个数都是 6，依次循环下去，最多拿到第 15 轮，就是自己和对手共拿出了 $15\times6+x$ 个。还剩 $10-x$ 个，此时该对方拿，应该保证剩下 6 个，自己才能拿到第 100 个，所以 x 应该为 4。

过程如图 11-9 所示。

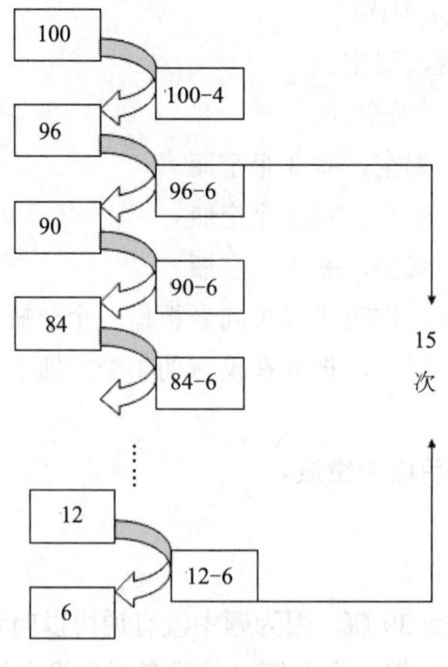

图 11-9

3．答案

第一次拿 4 个，以后每轮对方拿 n 个球后，自己拿 $6-n$ 个球。15 轮后剩下 6 个球，该对方先拿，对方拿后剩余的自己全拿，就可以拿到第 100 个球了。

说明：倒推法是本题的关键，根据最后结果得出解题方法。在很多时候，倒推法是解题的唯一思路，但是一定要确保能够知道最后结果，才可使用这种方法。

11.7　烧绳计时

烧一根不均匀的绳，从头烧到尾总共需要 1 小时。现在有若干条材质相同的绳子，问如何用烧绳的方法来计时 1 小时 15 分钟呢？

1．涉及的知识点

（1）计算法

（2）分析法

2．分析问题

根据题意可以获得以下信息：

（1）从头烧一根绳，燃尽需要 1 小时。

（2）绳不均匀，不能根据半根来计量半小时。

（3）根据（1）可知从两头烧绳，燃尽需要半小时。

（4）根据（3）可知一根绳 A 在一头烧，另一根绳 B 在两头烧，当 B 燃尽时，开始计时，A 另一头也点燃，到 A 燃尽可以计时 15 分钟。

3．答案

根据以上条件可知，准备三根绳。第一根点燃两端，第二根点燃一端，第三根不点。如图 11-10 所示。

第一根绳烧完（30 分钟）后，点燃第二根绳的另一端，如图 11-11 所示。第二根绳烧完（45 分钟）后，点燃第三根绳子两端，如图 11-12 所示。第三根绳烧完（1 小时 15 分）后，计时完成。

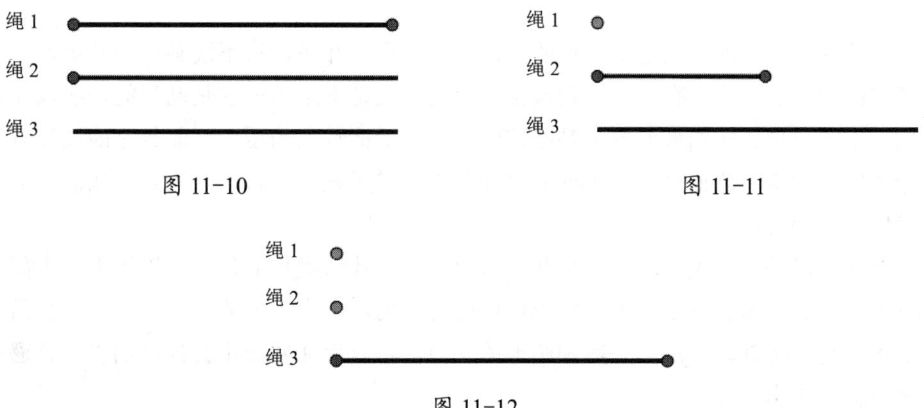

图 11-10

图 11-11

图 11-12

第12章 智商逻辑推理类面试题

在一些大型公司的面试题中，往往可以看到一些智商类的面试题，这些题目可以考查出求职者的逻辑思维能力、大脑反应速度等各种信息。本章中，我们来看一下 C/C++ 面试的常见面试题目，它们的答案可能不太统一，但是却有一定的思路，很多也是可以用算法来表示，并且用 C/C++ 代码求解出来的。

12.1 脑筋急转弯

脑筋急转弯是大家平时经常会用来考其他人的一种游戏，而它的答案往往不是平常思路所能回答的，需要求职者有足够的应变能力。

12.1.1 下水道的盖子为什么是圆形的

考题题干：

大家可能平时没有注意到，下水道的盖子大多数的时候都是圆形的，那这是为什么呢？而该题目真正的考查目的是不是真的就是求职者是否知道井盖为圆形的直接原因呢？

考题分析：

其实，即使是专家也不一定能完全回答出下水道井盖是圆形的所有原因，那么招聘公司真正想要了解的并不是求职者是否知道这些原因，而是一种创造性的思维以及思考的过程和方式。

首先，下水道的井盖不完全是圆形的，也会有方形的井盖，只不过圆形的井盖多一些。如果只考虑圆形井盖来说，有一个比较直接的原因，就是下水道往往是圆形的，所以井盖也是圆形的。下水道设计成圆形的原因是圆柱形可以承受比较大的压力，而且它能比较方便地留出一个人的位置来，让他可以自由地通过井壁上的梯子来上下移动。因此，按洞的形状来分析，盖应是圆形的。

如果要谈一谈圆形井盖相对于方形井盖来说，它有什么优势的话，可以思考一下如果使用方形的井盖会有什么弊端。例如，圆形可以受力均匀，不像方形的井盖有棱边，容易磨损而造成受力不均。另外，圆形的井盖和圆形的井口，可以保证井盖不会掉进洞里，就避免了一些人故意搞恶作剧。

美观在一定程度上也可以作为一条原因。一般来说，圆形的东西比方形的东西更具有亲和性，也看着更舒服。这主要还是需要求职者能够把它说明白，让它具有一定的说服力。

其实，除了以上提到的一些原因，还可以用很多种因素来解释为什么井盖是圆形的，并且每种说法都可以进行一种论述，这也就是面试官真正想听到的东西。求职者应该把一些原因列举出来，并对每一条进行分析，分析的过程中，只要求职者能够言之有理，都可以算作好答案。

参考答案：

本题目想考查的是求职者的应变能力和逻辑思考能力，要求求职者能够比较快速地想到原因，并能清楚明白地阐述每一条原因，让这些理由有说服力。面对该问题，可以从以下几种常见观点入手，进行相关分析。

（1）圆形的井盖受力均匀，不会有棱角被破坏的可能。

（2）圆形的井身对土的压力的承受分布均匀，圆形的井身配置圆形的井盖。

（3）修理工人上下方便。

（4）美观、习惯。

（5）其他。

12.1.2 你怎样改造和重新设计一个 ATM 银行自动取款机

考题题干：

如果让你重新设计一个 ATM 机，你会如何设计？

考题分析：

想象力，对于做技术工作的程序员来说，是一项需要具备的特性。因为，想象力可以让程序员充满创造力，工作的扩展性和效率都会因为想象力的丰富而提高。本题目考查的就是求职者到底具有多大的想象力。

ATM 银行取款机是银行的一项自助服务，它的实现是基于电子技术和机械技术的。在一般人的眼里，可以想象的它就是一台可以使用的机器，当用户插入卡、输入密码以后，即可进行查询、取钱等操作，没有什么好多思考的。其实，任何东西都会有改进和提升的余地。

人类总是在思考中不断进步的，ATM 自动取款机也是需要进步的，如何发挥想象力来扩展它的功能，如何改进它，如何设计它，使它能够做更多的事情呢？想象力是一个关键的因素。

很明显，该题目没有标准答案，招聘公司就是想看看求职者的想象力有多大，能创造多大的东西出来。但是，这里的想象力，绝对不是毫无根据地乱想，必须要让想法具有理论依据。因此，求职者在进行想象的时候，一定要进行适当的想象，并且可以用比较严密的逻辑思维来说明。

例如，可以想象未来的 ATM 银行取款机除了常规的查询、取款、存款业务以外，还可以缴纳水电费、为手机充值、办理各种银行业务（如：购买理财产品）等：也就是说，一切都可以依托 ATM 机器来取代现在银行柜台的工作。这种想法是具有可行性的，例如，水电公司与银行合作，开通一个公开的缴纳账户，ATM 机上通过类似于转账的方式缴纳水电费；通信运营商和银行合作，把银行的存款业务与通信运营商的充值系统连接起来，通过 ATM 机的转账即可立刻缴纳手机话费。

参考答案：

本题目想考查的是求职者的应变能力、逻辑思考能力和想象力，要求求职者具有充分的想象力，并且这些想象是都符合实际的想象，能够有充分的理论支持。在回答这类想象力的题目的时候，需要遵循以下原则：

（1）充分发挥自己的想象力，尽量不要受现实的约束；

（2）一旦有了一定的想法以后，就需要找理论对自己的想法进行支持；

（3）进行一些基本的论证；

（4）有逻辑性地、有条例地表达自己的想法。

12.2 逻辑推理

逻辑推理题，需要求职者具有很强的逻辑思维能力，这也是作为一名 IT 技术人员从业者应该具备的素质。面对这类题目时，应该用严密的逻辑思考方式，进行有因果关系的推理，最终得到结果，并对结果进行相应的论证。本节将集中讨论有关 IT 面试里常见的逻辑推理面试题。

12.2.1 谁先猜出自己帽子的颜色

考题题干：

该题目是这样的：一天中午，三个男青年正在公园的草地上聊天，忽然争论起来。争论的是三人中谁最聪明，但无人肯服输。这时来了一个老人，老人说："不要再争了，我这里有五顶帽子，三顶黑色的，两顶白色的，你们闭上眼睛，我给你们每人戴上一顶，如果谁能最先猜出自己帽子的颜色，谁就最聪明。"

三人经过商量后同意了，闭上了眼睛，老人便给三人都戴上了一顶黑帽子，并把白帽子放进了自己的口袋，此时便让三人把眼睛睁开，三人面面相觑，过后不久，一青年突然跳了起来，他向老人说出自己戴的是黑帽子，请问他是怎么知道的？（限制条件：三人相隔至少五米，无法看到对方眼中的反影；三人不能用任何事物触及自己的帽子；三人之间不能有任何语言或行动上的交流）。

考题分析：

在初等数学中，有一种常考的题目，就是在一个比较复杂的几何平面图形中，判断两个线段是否平行。这类题目往往有一个特点，就是无法直接证明到这些线段是否平行，却可以通过其他的线段或角度间接得到答案。本题目的思考方式就与平行题目类似，需要借助其他的力量来解决自己的问题。本小节将分析本题目的考查意图，帮助求职者打开思路，得出本题目的最佳答案。

乍一看，要想猜出自己帽子的颜色，是不太可能的。这是因为，不论别人帽子是什么颜色，自己的帽子是什么颜色的可能性都有。但是，本题目是可以通过严密的逻辑分析过程而得到答案。

参考答案：

本题目想考查的是求职者的逻辑推理能力以及一些对外界事物的观察力。假设这三个人为 A、B 和 C。当 A 看到其他两个人的帽子都是黑色的时候，他自己就会想到自己戴的帽子可能是黑色，也有可能是白色的。如果自己戴的帽子是白色的，其他两个人看到的就是一黑一白，因此他们其中之一，例如 B，就会思考，已经出现了一顶白色帽子，另外还有一顶如果已经出现在自己头上的话，那么 C 就会很快猜出自己戴的帽子的颜色是黑色的，而事实上却没有，所以 B 就肯定自己戴的是黑色帽子。但是，B 同样没有很快作出决定，所以 A 就有理由推翻自己帽子是白色的假设，所以 A 会肯定自己的帽子是黑色的。

12.2.2　海盗分金

考题题干：

5 个海盗，分 100 两金子，他们依次提出一个方案，如果有一半或一半以上人同意就算通过，通不过则把提出方案的海盗丢到海里，再继续分金子。海盗首先希望生存，然后希望利益最大，那么第一个海盗应该怎么提出分金子的方案？

考题分析：

本题目是一道非常著名的智力面试题，它非常考验求职者的逻辑思考能力，也是一种矛盾体的方式，求职者必须认真思考每一个海盗的想法以及他与其他海盗之间的利益关系，并做出严密的推断，才能得出最后的答案。

若从第一个海盗开始思考，如果第一个海盗提出自己拿全部，而其他人一点都没有的话，他肯定会被扔进海里，所以他必须分一些给其他海盗。但是如何用最少的金子，获得最大的得票率呢？很多求职者一想到这里的时候，就会被这些东西搞浑。其实，这需要考虑每一个海盗的想法，也就是他们获得多少两金子以后就会支持第一个海盗，因此，应该从最后那个海盗的想法开始分析。

假设这 5 个海盗为 A、B、C、D 和 E。作为最后一个海盗 E，他肯定是希望前面的所有海盗都死掉，他就可以拿全部的金子了，但这不可能，至少他前面的海盗 D 肯定可以在他之前拿走所有的金子。

若只剩下 D 和 E 海盗，D 肯定是把所有的金子都据为已有，因为即便他不分一两金子给 E，他的得票率也是 50%。所以，E 不会让 C 海盗死掉，因为 C 为了得到得票率，肯定会分一些金子给 E 的。

同样，如果只剩下 C、D 和 E，D 肯定不会同意 C 的提议，因为 D 是希望 C 死掉的。那么，C 就只需要给 E 一两金子，E 即可支持 C，从而达到超过 50% 的支持率。同时，D 就不会希望 C 的上一个 B 死掉，不然他一两金子就没有了。

若是 B、C、D 和 E 四个海盗分金子的话，C 肯定不会同意 B 的提议，因为 C 是希望 B 死掉的。那么，B 为了得到 50% 的支持率，他至少需要拉拢一个人，这个人就是 D，因为 D 不希望 B 死掉，所以 B 的方案是：99:0:1:0。但是，B 不能给 E，这是因为即使 B 死掉了，E 也可以得到一两金子，若要得到 E 的支持，就需要给 E 二两金子，B 的利益就少了。

此时，再来考虑 A、B、C、D 和 E 海盗都在的情况。A 海盗想要活下来，就必须至少得到另外两个海盗的支持。其中，B 是不用考虑的，因为 B 希望 A 死掉，他即可得到最多的金子。而 C 却比较好收买，因为上一轮分析中，C 没有得到金子，所以只需要给他一两金子。至于 D 和 E 来说，收买 E 会更容易一些，因为在上一轮的分析里，他没有得到金子，所以保全 A 是他最好的选择，至少能得到一两金子。因此，最后的结果就是：98:0:1:0:1。

参考答案：

本题目主要考查的是求职者的逻辑推理能力。该题目的关键是分析出每一个海盗的心理，以及心理变化过程。这类问题的回答，除了答案很重要以外，过程也是招聘单位想要知道的重点。以下为一个参考性的答案：

- 若只剩下 D 和 E 海盗，方案为：100:0；
- 若只剩下 C、D 和 E 海盗，方案为：99:0:1；
- 若只剩下 B、C、D 和 E 海盗，方案为：99:0:1:0；
- 若是 A 海盗提议，则是：98:0:1:0:1。

12.2.3 有多少人及格

考题题干：

100 个人回答五道试题，有 81 人答对第一题，91 人答对第二题，85 人答对第三题，79 人答对第四题，74 人答对第五题，答对三道题或三道题以上的人算及格，那么，在这 100 人中，至少有多少人及格。

考题分析：

首先求解原题。每道题的答错人数为（次序不重要）：26，21，19，15，9。

第 1 层：答错 1 道题的最多人数为 (26+21+19+15+9)/3=30。

第 2 层：答错 2 道题的最多人数为 (21+19+15+9)/2=32。

第 3 层：答错 3 道题的最多人数为 (19+15+9)/1=43。

Max_3=Min(30, 32, 43)=30。因此答案为：100–30=70。

其实，因为 26 ＜ 30，所以在求出第 1 层后，即可判断出答案为 70。

要让及格的人数最少，就要做到两点：

- 不及格的人答对的题目尽量多，这样就减少了及格的人需要答对的题目的数量，也就只需要更少的及格的人；
- 每个及格的人答对的题目数尽量多，这样也能减少及格的人数。

由第 1 层得出每个人都至少做对两道题目。

由第 2 层得出要把剩余的 210 道题目分给其中的 70 人：210÷3 =70，让这 70 人全部题目都做对，而其他 30 人只做对了两道题。

也很容易给出一个具体的实现方案：

让 70 人答对全部五道题，11 人仅答对第一、二道题，10 人仅答对第二、三道题，5 人仅答对第三、四道题，4 人仅答对第四、五道题。

显然稍有变动都会使及格的人数上升。所以最少及格人数就是 70 人！

参考答案：

最少及格人数为 70 人。

12.3　计算推理

计算推理题是指通过数学计算来推出逻辑结果的一种题目，从而解决一些比较极端的问题，这也是对求职者数学能力和逻辑能力的考查。本节将集中讨论有关 IT 面试里常见的计算推理面试题。

12.3.1　求最大的连续组合值（华为校园招聘笔试题）

考题题干

有 4 种面值的邮票很多枚，这 4 种邮票面值分别为 1 分、4 分、12 分和 21 分。现从多张邮票中最多任取 5 张进行组合，求取出这些邮票的最大连续组合值。

考题分析：

本题目的两个关键是“最多”和“连续”。意思是也可以只取一张，最多不超过 5 张。同时要计算的是数值组合的连续值，这个就有些为难。但计算机最大的特色是可以通过枚举，进行大量的运算来推理判断，无非是循环计算和判断而已。

参考答案的示例代码如下：

```
#include <iostream>
using namespace std;

const int num = 5;
const int  M = 5;
int k;
bool isFind;
int Logo[num];
int Stamp[] = {0, 1, 4, 12, 21};
// 在剩余张数 n 中组合出面值和 Value
bool Comable(int n, int Value) {
    if (n >= 0 && Value == 0) {
        isFind = true;
        int Sum = 0;
        for (int i = 0; i < num && Logo[i] != 0; i++) {
            Sum += Stamp[Logo[i]];
            cout << Stamp[Logo[i]] << " , " ;
        }
        cout << "总数为： "  << Sum << endl;
    } else
        for (int i = 1; i < M && !isFind && n > 0; i++)
            if (Value - Stamp[i] >= 0) {
                Logo[k++] = i;
                Comable(n - 1, Value - Stamp[i]);
                Logo[--k] = 0;
            }
    return isFind;
}

int main(int argc, char* argv[])
{
    for (int i = 1; Comable(num, i); i++, isFind = false)
        ;
}
```

程序的输出结果如图 12-1 所示。

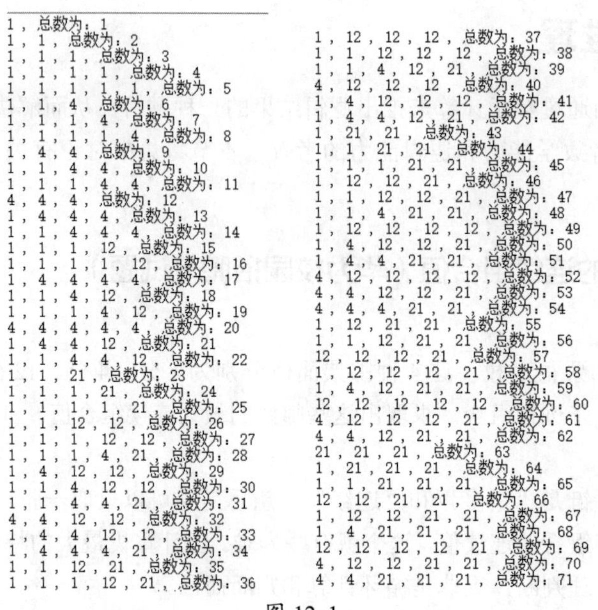

图 12-1

12.3.2 巧妙过桥

考题题干：

小明一家过一座桥，过桥的时候是黑夜，所以必须有灯。现在小明过桥要 1 分钟，小明的弟弟要 3 分钟，小明的爸爸要 6 分钟，小明的妈妈要 8 分钟，小明的爷爷要 12 分钟。每次此桥最多可以过两人，而过桥的速度根据过桥最慢者而定，而且灯在点燃后 30 分钟就会熄灭。问小明一家如何过桥时间最短？

考题分析：

这类智力题目，其实是考查应聘者在限制条件下解决问题的能力。具体到本题目来说，很多人往往认为应该由小明持灯来来去去，这样最节省时间，但最后却怎么也凑不出解决方案。但是换个思路，根据具体情况来决定谁持灯来去，只要稍稍做些变动即可：

第一步，小明与弟弟过桥，小明回来，耗时 4 分钟；

第二步，小明与爸爸过桥，弟弟回来，耗时 7 分钟；

第三步，妈妈与爷爷过桥，小明回来，耗时 15 分钟；

最后，小明与弟弟过桥，耗时 3 分钟，总共耗时 29 分钟，

多么惊险！在灯即将熄灭时完成了过桥。

参考答案的示例代码如下：

```
#include <iostream>
using namespace std;

static int index;                                    //过桥临时方案的数组下标
const int size = 64;
const int N = 5;
static int mintime = 30;                             //最小过桥时间总和，初始值 30
static int transit[size];                            //进行下标中转的数组
static int program[size];                            //最短时间内过桥的方案
```

```
int useTime[] = {1, 3, 6, 8, 12};                    //每个人过桥所需要的时间
/*
 * 将人员编号：小明 location[0]，弟弟 location[1]
 * 爸爸 location[2]，妈妈 location[3]，爷爷 location[4] 每个人的当前位置：0-- 在桥左边， 1--
                                                                                  在桥右边
 */
int location[N];

/*
 * 参数说明：notPass：未过桥人数；usedtime：当前已用时间；Direction：过桥方向，1-- 向右，0-- 向左
 */
void findFirst(int notPass, int usedtime, int Direction) {
    if (notPass == 0) {                              //所有人已经过桥，更新最少时间及方案
        mintime = usedtime;
        for (int i = 0; i < size && transit[i] >= 0; i++) {
            program[i] = transit[i];
        }
    } else if (Direction == 1) {             //过桥方向向右，从桥左侧选出两人过桥
        for (int i = 0; i < N; i++) {
            if (location[i] == 0 && (usedtime + useTime[i]) < mintime) {
                transit[index++] = i;
                location[i] = 1;
                for (int j = 0; j < N; j++) {
                    int TmpMax = (useTime[i] > useTime[j] ? useTime[i] :
                                                                  useTime[j]);
                    if (location[j] == 0 && (usedtime + TmpMax) < mintime) {
                        transit[index++] = j;
                        location[j] = 1;
                        findFirst((notPass - 2), (usedtime + TmpMax), 0);
                        location[j] = 0;
                        transit[--index] = -1;
                    }
                }
                location[i] = 0;
                transit[--index] = -1;
            }
        }
    } else {                                 //过桥方向向左，从桥右侧选出一个人回来送灯
        for (int j = 0; j < N; j++) {
            if (location[j] == 1 && usedtime + useTime[j] < mintime) {
                transit[index++] = j;
                location[j] = 0;
                findFirst(notPass + 1, usedtime + useTime[j], 1);
                location[j] = 1;
                transit[--index] = -1;
            }
        }
    }
}

int main(int argc, char* argv[])
{
    for (int i = 0; i < size; i++) {
        program[i] = -1;
        transit[i] = -1;                     //初始方案内容为负值，避免和人员标号冲突
    }
    findFirst(N, 0, 1);                                 //查找最佳方案
    cout << "最短过桥时间为：" << mintime << endl;       //输出最短过桥时间
    cout << "最佳过桥组合为：" << endl;                  //输出最佳过桥组合
    for (int i = 0; i < size && program[i] >= 0; i += 3) {
         cout << program[i] << "-" << program[i + 1] << " " << program[i + 2]
<< endl;
    }
}
```

程序的输出结果如图 12-2 所示。

```
最短过桥时间为: 29
最佳过桥组合为:
0-1 0
0-2 0
3-4 1
0-1 -1
```

图 12-2

解释说明:

接下来对最佳过桥组合进行文字说明如下:

(1) 0–1 0: 小明 (0) 与弟弟 (1) 过桥, 小明 (0) 回来, 耗时 4 分钟;

(2) 0–2 0: 小明 (0) 与爸爸 (2) 过河, 小明 (0) 回来, 耗时 7 分钟;

(3) 3–4 1: 妈妈 (3) 与爷爷 (4) 过河, 弟弟 (1) 回来, 耗时 15 分钟;

(4) 0–1 –1: 小明 (0) 与弟弟 (1) 过河, (–1) 表示没有人回来了。耗时 3 分钟, 总共耗时 29 分钟。

12.3.3 字符移动（金山笔试题）

考题题干:

编码完成下面的处理函数。函数将字符串中的字符"*"移到串的靠前部分, 前面的非"*"字符后移, 但不能改变非"*"字符的先后顺序和函数返回串中字符"*"的数量。如原始串为: ab**cd**e*12, 处理后为 *****abcde12, 且函数返回值为 5 (要求使用尽量少的时间和辅助空间)。

考题分析:

从性能上来说, 要求实现字符串移动的算法时间上最优, 即时间最短, 同时还要求存储空间上最优。这样一来, 那些通过增加其他几个字符串作为辅助空间的算法就不能用了, 因为要求使用尽量少的时间和辅助空间。可以考虑使用经典排序算法进行求解。

参考答案的示例代码如下:

```
#include <iostream>
#include <cstring>
using namespace std;

int beginMove(string str)
{
    int i, j = str.length() - 1;
    for (i = j; j >= 0; j--) {                //从后向前判断有没为字符 *
        if (str[i] != '*') {
            i--;
        } else if (str[j] != '*') {
          //如果下标为 i 的字符为 *, 那么在判断下标为 j 的字符是否为 *, 如果不为 *, 则交换 i
                                                                          和 j 的位置
            str[i] = str[j];
            str[j] = '*';
            i--;
        }
    }
    cout <<  "处理后的字符串为: ";
    for (int k = 0; k < str.length(); k++) {
```

```
        cout <<  str[k];
    }
    cout << endl;
    return i + 1;
}

int main(int argc, char* argv[])
{
    string str;
    cout <<  "请输入字符串：" << endl;

    getline(cin,str);

    cout <<  "处理前的字符串为：" << str << endl;
    int sum = beginMove(str);
    cout <<  "此字符中'*'的数量为："  << sum << endl;
}
```

程序的输出结果如图 12-3 所示。

```
请输入字符串：
**ffff**fgggfg**wesfgfF*g*aab
处理前的字符串为：**ffff**fgggfg**wesfgfF*g*aab
处理后的字符串为：********ffffgggfgwesfgfFgaab
此字符中'*'的数量为：8
```

图 12-3

第 13 章 数据结构常见面试题及解答

数据结构是算法的核心，高效率的算法往往依赖于合理的数据结构。熟练运用各种类型的数据结构对设计高效算法非常有益。因此，数据结构也是程序员面试环节中不可或缺的一部分，也是各大 IT 公司重点考查的内容。本章将选择一些与数据结构有关的常见面试题进行分析，帮助求职者适应并顺利通过面试。

13.1 基本数据结构面试题

各大 IT 公司在对面试者进行数据结构方面的考查时，首先会通过一些基本数据结构的题目来考查面试者对数据结构的理解，以及思考问题的能力。涉及的数据结构包括链表、队列、堆栈、树结构和图结构。下面介绍一些这方面的面试题。

13.1.1 如何实现数据缓存区

考题题干：

USB 接口具有非常高的传输速度，例如，USB 3.0 高速接口可以达到 5.0 Gb/s。但是计算机是多任务操作系统，USB 数据传输的任务会被别的任务打断。为了解决 USB 接口与计算机之间的速度不匹配的问题，一般会设置一个数据缓冲区。请问该缓冲区应该是一个什么数据结构？

考题分析：

为了缓解外部 USB 设备与计算机 CPU 之间数据传输速率不匹配的矛盾，一般在数据发送方和数据接收方设置数据缓冲区。这样，如果 USB 设备发送数据快，而计算机 CPU 读取数据慢，可以将未接收数据暂存起来，防止丢数。这个过程要求不能破坏数据的结构关系，也就是必须发送到数据缓冲区的数据将被首先读出。这就是典型的“先进先出”（First In First Out，FIFO）原则。

参考答案：

应该采用队列结构来实现数据缓冲区。

13.1.2 出栈队列

考题题干：

某堆栈初始为空，Push 和 Pop 分别表示对堆栈进行一次入栈操作和出栈操作。如果给定入栈队列为 a,b,c,d,e，经过操作 Push，Push，Pop，Push，Pop，Push，Push 以后，得到的出栈队列应该是什么？

考题分析：

本题是网易公司的一道面试题，主要考查面试者对堆栈的理解，以及入栈（Push）和出栈（Pop）操作。按照堆栈的操作原则，每执行一次 Push 操作，都是将入栈队列中的第一个元素压入堆栈中。每执行一次 Pop 操作，都是将堆栈中的栈顶元素取出放到出栈队列中。因此，需要划分出入栈队列、堆栈内容和出栈队列三个部分，按照操作顺序逐步执行，见表 13-1。

经过最后一个步骤的操作之后，入栈队列中的元素为空，堆栈中的元素为 a、d 和 e，出栈队列中的元素为 b 和 c。

表 13-1　考题操作顺序

操　作	入栈队列	堆栈内容	出栈队列
初始状态	a，b，c，d，e	—	—
Push	b，c，d，e	a	—
Push	c，d，e	a，b	—
Pop	c，d，e	a	b
Push	d，e	a，c	b
Pop	d，e	a	b，c
Push	e	a，d	b，c
Push	—	a，d，e	b，c

参考答案：

最后出栈队列中的元素为 b 和 c。

13.1.3　二叉树叶结点个数

考题题干：

假设一棵二叉树有 10 个度为 2 的结点，计算该二叉树的叶结点的个数为多少？

考题分析：

本题考查面试者对二叉树基础知识的掌握。在树结构中，结点的度被定义为该结点拥有子树的数目。一般来说有这样一个规律，一棵树的结点数为 n，总度数为 d，存在关系 $n-1=d$。以图 13-1 所示的 7 个结点的二叉树为例。

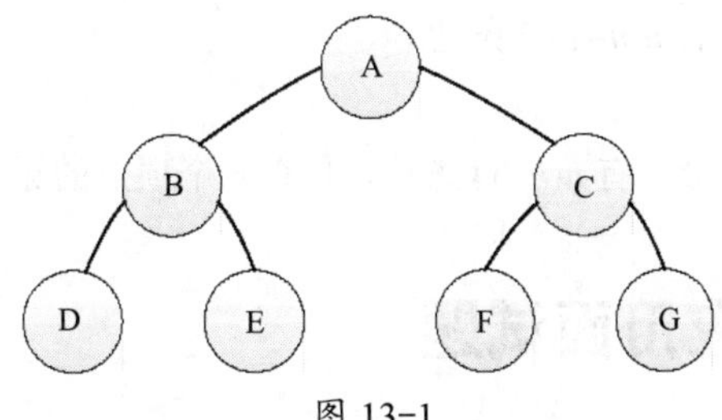

图 13-1

二叉树中度为 2 的结点数 n_2 为 3 个，分别为 A、B、C。

二叉树中度为 1 的结点数 n_1 为 0 个。

二叉树中叶结点数 n_0 为 4 个，分别为 D、E、F、G。

其中总度数为 2×3=6 个。按照前面的公式，总结点个数 $n=3+0+4=7$，总度数 $d=n-1=7-1=6$。与公式完全符合。

因此，对于这个题目来说，$n_2+n_1+n_0-1=2n_2+n_1$。其中，二叉树没有度为 1 的结点，即 $n_1=0$。

也就是 $10+0+n_0-1=2\times10+n_1$。

计算可得 $n_1=11$。

参考答案：

该二叉树的叶结点的个数为 11 个。

13.1.4 有向图和无向图

考题题干：

简述有向图和无向图的区别，并分析具有 n 个顶点的有向图和无向图分别最多有多少条边。

考题分析：

本题是百度公司的一道面试题，重点考查面试者对有向图和无向图的掌握程度。有向图是指图中的顶点之间的边存在方向性，而无向图与有向图的区别在于顶点之间的边是没有方向的。典型的有向图和无向图如图 13-2 所示。

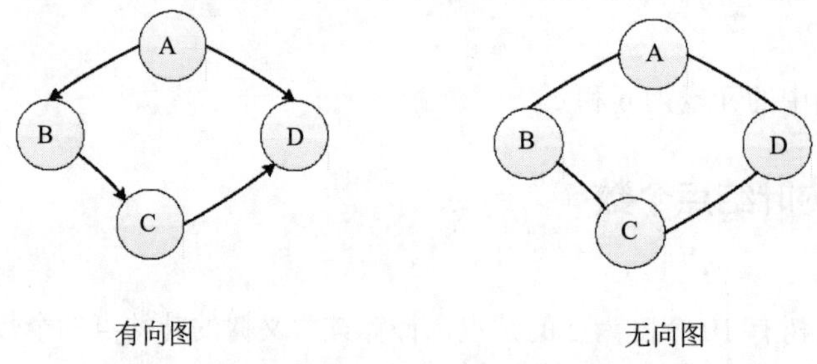

图 13-2

在无向图中，两顶点之间至多存在一条边。而在有向图中，两顶点之间可以存在两条方向不同的边。因此，在一个具有 n 个顶点的有向图中，如果从每个顶点都发射出 $n-1$ 条边，指向其他 $n-1$ 个顶点，那么这样的有向图边数是最多的。它的边数可达到 $n(n-1)$ 条。而一个具有 n 个顶点的无向图最多有 $n(n-1)/2$ 条边。

参考答案：

具有 n 个顶点的有向图最多有 $n(n-1)$ 条边，具有 n 个顶点的无向图最多有 $n(n-1)/2$ 条边。

13.2 数据结构应用面试题

数据结构的算法应用是比较难的一类面试题，其要求面试者能够在短时间内分析问题，并给出算法实现的思路。这类问题要求面试者思维清晰、严谨，能够正确地理解题目，并选择合适的数据结构来实现，最终将其抽象为算法的语言来描述。

13.2.1　设计包含 min() 函数的栈

考题题干：

请设计包含 min() 函数的栈，定义栈的数据结构，添加一个 min() 函数，能够得到栈的最小元素。要求函数 min()、push() 及 pop() 的时间复杂度都是 $O(1)$。

考题分析：

这是百度公司的一道面试算法应用题，微软公司也出过类似的面试题。栈结构的操作在前面章节中都介绍过，这个题目的难点是要求函数 min()、push() 及 pop() 的时间复杂度都是 $O(1)$。

可以定义一个类，在类中用一个自定义的成员变量结构体来维护栈的结构。在传统的方法中，可以使用一个成员变量来记录栈的最小值 min。在向栈中 push 一个元素时，把 push 进去的元素值和 min 值比较，如果小于 min，就把 min 值设置为当前 push 进去的元素值。在调用 pop 时，如果 pop 出去的值大于最小值，就不改变 min 值，如果 pop 出去的值如果等于 min 值，需要重新调整 min 值。如果遍历该栈重新找出最小值，那么时间复杂度为 $O(n)$，不满足题目要求。因此，可以使用链式栈，利用辅助栈提供 min 值查询，便可以实现时间复杂度为 $O(1)$。

参考答案：

程序示例代码如下：

首先需要定义栈元素及栈结构，采用链式栈类型，栈元素及栈结构的声明如下：

```
typedef struct _StackItem                                  //栈元素结构
{
    int data;                                              //栈数据
    struct _StackItem *nextItem;                           //下一个栈元素指针
} StackItem;

typedef struct _Stack                                      //栈
{
    StackItem *topItem;                                    //栈链指针
    StackItem *minItem;                                    //栈最小值链指针
} Stack;
```

接下来是创建栈，需要为栈申请一片指定大小的内存空间，用来保存栈中的数据。同时设置栈顶指针的值为 0，表示是一个空栈。创建栈及测试栈 stack 是否为空的代码如下：

```
int CreateStack(Stack **pStack)                            //创建栈
{
    int retVal = -1;

    if(pStack)                                             //pStack 为栈指针的地址
    {
        Stack *newStack = malloc(sizeof(Stack));
        if(newStack)                                       //如果是新栈，执行操作
        {
            newStack->topItem = NULL;
            newStack->minItem = NULL;
            *pStack = newStack;
            retVal = 0;                                    //成功
        }
    }
    return retVal;
}
```

```
    int StackIsEmpty(const Stack *stack)                     // 测试栈 stack 是否为空
    {
        return !stack || (stack && stack->topItem == NULL); // 若栈指针为 NULL 或栈为空返
回真；否则返回假
    }
```

入栈操作是将整型数据 data 压入栈 stack。程序代码中将元素插入栈顶的同时，还需要将 minItem 插入 stack → minItem 项，这中间需要有一个比较的过程。时间复杂度为 $O(1)$ 的入栈操作函数可以参考下面的代码。

```
    int PushStack(Stack *stack, int data)    // 把整型数据 data 压入栈 stack，时间复杂度为 O(1)
    {
        int retVal = -1;

        if(stack)                                                   //stack 为栈指针
        {
            StackItem *item = malloc(sizeof(StackItem));            // 新栈数据结点
            StackItem *minItem = malloc(sizeof(StackItem));         // 新栈最小值结点

            if(item && minItem)
            {
                item->data = data;
                minItem->data = data;

                if(stack->topItem && stack->minItem)
                {
                    if(data < stack->topItem->data)
                        minItem->data = data;
                    else
                        minItem->data = stack->minItem->data;
                }
                item->nextItem = stack->topItem;      // 插入 item 结点到 stack->topItem
                stack->topItem = item;
                minItem->nextItem = stack->minItem;  // 插入 minItem 结点到 stack->minItem
                stack->minItem = minItem;
                retVal = 0;                                          // 成功
            }
        }

        return retVal;
    }
```

出栈操作是将栈顶数据弹出。程序代码中除了在修改栈顶指针进行弹出操作之外，还需要对最小值进行判断处理，保证 stack → minItem 永远指向栈中的最小元素。时间复杂度为 $O(1)$ 的出栈操作函数可以参考下面的代码。

```
    int PopStack(Stack *stack, int *data)                    // 出栈操作，时间复杂度 O(1)
    {
        int retVal = -1;

        if(stack && data)                    // 从栈 stack 中弹出整型数据到 data 指向的位置
        {
            StackItem *freePtr = NULL;

            // 断言测试 topItem 和 minItem，要么全为 NULL，要么全不为 NULL
            assert((stack->topItem && stack->minItem) || (!stack->topItem && !stack-
>minItem));
            if(stack->topItem && stack->minItem)
            {
                *data = stack->topItem->data;                    // 写入栈顶数据
                freePtr = stack->topItem;                        // 栈顶指针 ->freePtr
```

```
                stack->topItem = stack->topItem->nextItem;  //修改栈顶指针，弹出栈顶
                free(freePtr);                              //free 栈顶指针
                freePtr = stack->minItem;                   //栈最小指针 ->freePtr
                stack->minItem = stack->minItem->nextItem;  //修改栈最小指针，弹出最小值
                free(freePtr);                              //free 栈最小指针
                retVal = 0;                                 //成功
            }
        }
        return retVal;
    }
```

由于前面在入栈操作和出栈操作中都已经实时更新了栈最小元素 stack → minItem。因此，计算栈中最小值的函数便不再需要对整个栈进行遍历寻找，只需将 stack → minItem → data 存放到 minItem 指向的位置即可。时间复杂度为 $O(1)$ 的获取当前栈 stack 的最小值函数如下：

```
    int FindMinStack(const Stack *stack, int *minItem)      //获取当前栈 stack 的最小值
函数，时间复杂度 O(1)
    {
        int retVal = -1;

        if(stack && minItem && stack->minItem)        //获取当前栈的最小值，并存放到
minItem 指向的位置
        {
            *minItem = stack->minItem->data;
            retVal = 0;                                     //成功
        }
        return retVal;
    }
```

另外，出于完整性考虑，还需要销毁栈的操作。这个比较简单，只需将 topItem 链和 minItem 链同时释放销毁即可。

```
    void DeleteStack(Stack **pStack)                        //销毁栈
    {
        if(pStack)
        {
            Stack *stack = *pStack;
            StackItem *freePtr = NULL;

            if(stack)
            {
                while(stack->topItem)                       //释放 topItem 链
                {
                    freePtr = stack->topItem;
                    stack->topItem = stack->topItem->nextItem;
                    free(freePtr);
                }
                while(stack->minItem)                       //释放 minItem 链
                {
                    freePtr = stack->minItem;
                    stack->minItem = stack->minItem->nextItem;
                    free(freePtr);
                }
            }
            *pStack = NULL;
        }
    }
```

13.2.2　设计计算指定结点层数算法

考题题干：

已知计算机内存中存储一个二叉树，如图 13-3 所示。请编写算法来计算字符“C”位于

二叉树中的层数，给出算法的实现函数即可。

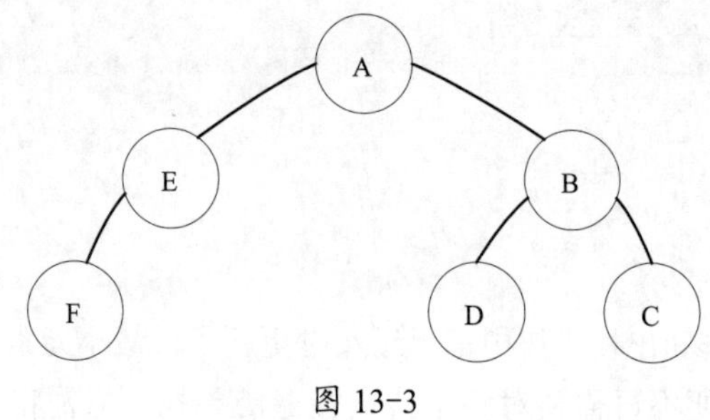

图 13-3

考题分析：

本题是非常普遍的一类考题，重点考查面试者对二叉树的理解以及分析解决问题的能力。由于需要找到指定的结点，可以通过遍历二叉树的方式来实现。找到该结点之后，剩下的便是如何计算该结点所在的层数。

解决这类问题有一个通用的办法，那就是借助于递归的思想。设计一个递归函数，该函数的参数中包含一个变量 level，用于记录当前访问的结点所处二叉树中的层数。这样，每次调用该函数，便将变量 level 累加 1，同时将其作为递归函数的参数进行传递。在递归函数中，变量 level 是每一次递归操作的局部变量，其值实时反映了当前层数的变化。

这样，一旦通过这个递归函数遍历搜索到指定的字符“C”，便可以停止遍历操作，返回变量 level 即可代表当前层数。

参考答案：

程序示例代码如下：

如果定义一个二叉树结点结构如下：

```
typedef struct BiTNode
{
    char data;                                              //结点的数据域
    struct BiTNode *left , *right;                          //指向左结点和右结点
} BiTNode , *BiTree;
```

那么递归实现遍历搜索的算法函数如下：

```
int FindLevel(BiTree T,int level)
{
    int temp;

    if(T)                                                   //T 为空，递归结束条件
    {
        if(T->data=='C')
        {
            return level;
        }
        temp = FindLevel(T->left,level+1);                  //先遍历 T 的左子树

       if(temp!= 0)
        {
            return 1;
        }
        else
        {
            return FindLevel(T->right,level+1) ;            //先遍历 T 的右子数
        }
```

```
    }

    return 0;
}
```

其中，参数 level 为前面分析的包含层数的变量。在遍历操作中，首先遍历 T 的左子树，然后遍历 T 的右子树。每次递归调用时，都将局部变量 level 累加 1，如果函数递归调用找到字符“C”则返回。读者可以结合前面章节中介绍的二叉树的其他函数来进行程序验证。

13.2.3　链表法筛选成绩

考题题干：

一个班级共有 8 个学生，考试成绩分别如下：

76、91、53、89、65、77、94、81

以 60 分为及格线，请输出及格的成绩分数，要求必须使用链表结构及指针操作来实现。

考题分析：

本题考查的是面试者运用链表来解决问题的能力，Google 公司曾经出过类似的面试题。链表是一种非常高效的数据结构，广泛应用于计算机数据存储中，运用指针进行操作的速度非常高。

对于这道题目来说，可以将所有成绩存入一个链表结构中，查找链表中成绩小于 60 的元素，然后将该元素删除，剩余的便是及格的成绩分数。在这个过程中，需要定义一个获取链表指定结点指针的函数，删除链表元素的操作可以使用指针移动来完成。获取一个链表中指定位置的结点指针也比较方便，只要给定该链表的头指针，即可从头指针顺序地访问链表中的结点。当访问到指定结点时便停止，然后返回该结点的指针。

参考答案：

程序示例代码如下：

```
#include <stdio.h>                                       //头文件
#include <stdlib.h>

typedef struct node
{
    int data;                                            //数据域
    struct node *next;                                   //指针域
}Lnode,*LinkList;

LinkList CreateLink(int n)                               //创建链表
{
    LinkList p,r,l=NULL;
    int temp;
    int i;

    for(i=1;i<=n;i++)                                    //循环添加链表元素
    {
        scanf("%d",&temp);
        p=(LinkList)malloc(sizeof(Lnode));               //申请空间
        p->data=temp;
        p->next=NULL;

        if(!l)
            l=p;
        else
            r->next=p;
```

```
        r=p;
    }

    return l;                                                    // 返回链表
}

Lnode * getPtr(Lnode *Linkhead, int pos)                         // 获取链表指定元素指针
{
     Lnode *p = Linkhead;
     int i;

     for(i=1;i<pos;i++)                                          // 遍历
     {
        p = p->next;
     }

     return p;                                                   // 返回指针
}

void main()                                                      // 主函数
{
    LinkList l,p,q;
    int i,n,m;

    n=8;
    printf("创建链表，请先输入 %d 个学生的成绩：\n",n);
    l = CreateLink(n);                                           // 创建链表

    for(i=0;i<n;i++)                                             // 遍历查找不及格成绩
    {
        p = getPtr(l,i);
        if(p->data<60)
        {
            m=i;
        }
    }
    p = getPtr(l,m-1);                                           // 找到指定结点指针
    q = p->next;                                                 // 删除链表结点
    p->next = p->next->next;
    free(q);

    printf("及格的成绩分别如下：\n");                              // 输出及格的成绩
    p = l;
    while(p)
    {
        printf("%d ",p->data);
        p = p->next;
    }
    printf("\n");
}
```

该程序执行结果如图 13-4 所示。

图 13-4

13.2.4　将二叉树转变成排序的双向链表

考题题干：

输入一棵二叉树，请给出将该二叉树转换成一个排序的双向链表的算法。要求不能创建任何新的结点，只调整指针的指向。

例如，将图 13-5 所示的二叉树转换成双向链表 4=6=8=10=12=14=16。

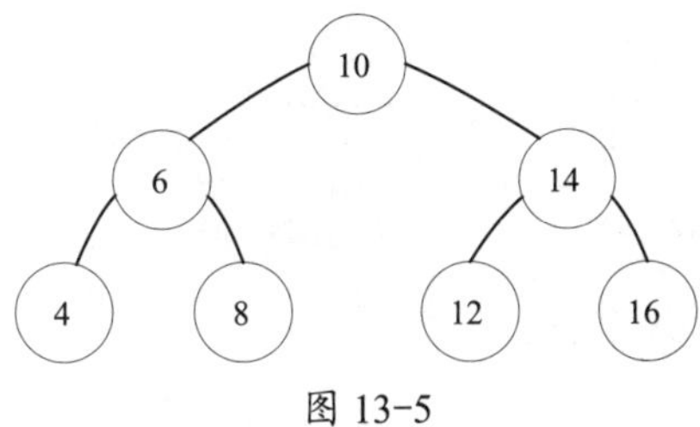

图 13-5

考题分析：

本题是微软公司的一道面试题。一般来说，与二叉树有关的题目都会与递归的思路有关。本题也可以用递归的思路来解决。假定一个二叉树结点定义如下：

```
struct BSTreeNode                                   // 二叉树结点
{
    int           m_nValue;                         // 结点值
    BSTreeNode   *m_pLeft;                          // 左子结点
    BSTreeNode   *m_pRight;                         // 右子结点
};
```

可以设计一个递归函数，按照中序遍历整棵二叉树。在该递归函数遍历树时，比较小的结点先访问。每次访问一个结点，假设之前访问过的结点已经调整成一个排序双向链表。再调整当前结点的指针将其链接到链表的末尾。这样，当所有结点都访问过之后，整棵树也就转换成一个排序双向链表了。可以按此思路来设计递归算法处理函数。

参考答案：

程序示例代码如下：

```
void ConvertNode(BSTreeNode* pNode, BSTreeNode*& pLastNodeInList)       // 将二叉
树转换为排序的双向链表
{
    if(pNode == NULL)
    {
        return;
    }

    BSTreeNode *pCurrent = pNode;

    if (pCurrent->m_pLeft != NULL)                  // 转换左子树
    {
        ConvertNode(pCurrent->m_pLeft, pLastNodeInList);
    }

    pCurrent->m_pLeft = pLastNodeInList;            // 将当前结点放入双向链表
    if(pLastNodeInList != NULL)
    {
        pLastNodeInList->m_pRight = pCurrent;
    }
```

```
    pLastNodeInList = pCurrent;

    if (pCurrent->m_pRight != NULL)                      //转换右子树
    {
        ConvertNode(pCurrent->m_pRight, pLastNodeInList);
    }
}

BSTreeNode* Convert_Solution(BSTreeNode* pHeadOfTree)       //将二叉树转换为排序的双向链表
{
    BSTreeNode *pLastNodeInList = NULL;
    ConvertNode(pHeadOfTree, pLastNodeInList);               //调用 ConvertNode 函数

    BSTreeNode *pHeadOfList = pLastNodeInList;               //获取双向链表的头
    while(pHeadOfList && pHeadOfList->m_pLeft)
    {
        pHeadOfList = pHeadOfList->m_pLeft;
    }

    return pHeadOfList;
}
```

这里给出了算法的实现函数，将二叉树转换为排序的双向链表的递归函数ConvertNode，该函数包含两个参数，一个是pNode表示子树的头，另一个是pLastNodeInList表示双向链表的尾。读者可以结合前面章节中介绍的二叉树其他函数来进一步进行程序验证。

13.2.5 单链表逆转

考题题干：

请给出将一个单链表进行逆转的算法实现。

考题分析：

单链表逆转的考题最早见于微软公司的面试题，华为公司的算法应用面试题也采用了此题。这个题目主要考查面试者链表和指针操作，以及思维是否严密。

单链表的逆转，其实很简单。为了正确地反转一个链表，需要调整指针的指向。关键是要声明3个指针，一个指向当前结点，另外两个分别指向当前指针的前一个结点和后一个结点，然后逆转即可。

但是这种常规思路并不是最优的，还可以考虑使用递归算法。假定p为指向非空单链表中第一个结点的指针，递归算法逆转链表并返回逆转后的头指针。基本思路是：如果链表中只有一个结点，则空操作，否则先逆转第二个结点开始的链表，然后将头结点连接到逆转后的链表的表尾之后。

递归法逆转单链表算法如下：

```
node *reverse(node *head, node *pre)                        // 逆转单链表函数
{
    node *p=head->next;                                      //p为子链表的头指针

    head->next = pre;
    if(p)
    {
        return reverse(p, head);                             //递归调用
    }
    else
    {
```

```
        return head;                         //链表只有一个结点，逆转后头指针不变
    }
}
```

参考答案：

程序示例代码如下：

```
#include <stdio.h>                           //头文件
#include <stdlib.h>

typedef char eleType;                        //定义链表中的数据类型
typedef struct listnode                      //定义单链表结构
{
    eleType data;
    struct listnode *next;
}node;

node *create(int n)                          //创建单链表，n 为结点个数
{
    int i;
    node *p = (node *)malloc(sizeof(node));
    node *head = p;
    head->data = 'A';

    for(i='B'; i<'A'+n; i++)
    {
        p = (p->next = (node *)malloc(sizeof(node))); //申请内存
        p->data = i;
        p->next = NULL;
    }
    return head;
}


void show(node *head)                        //按链表顺序输出链表中元素
{
    for(; head; head = head->next)           //循环遍历
    {
        printf("%c ", head->data);           //打印输出
    }
    printf("\n");
}

node *reverse(node *head, node *pre)         //逆转单链表函数
{
    node *p=head->next;                      //p 为子链表的头指针

    head->next = pre;
    if(p)
    {
        return reverse(p, head);             //递归调用
    }
    else
    {
        return head;                         //链表只有一个结点，逆转后头指针不变
    }
}

void main()                                  //主函数
{
    node *head = create(6);                  //创建单链表
    printf("输入的单链表为：");
    show(head);
```

```
    head = reverse(head, NULL);                              //反转单链表
    printf("反转后的单链表为：");
    show(head);
}
```

这里给出了前面递归算法进行单链表逆转的测试程序，读者通过这个程序可以更加深刻地理解递归算法逆转单链表的思路。

第 14 章

算法常见面试题及解答

对于想要从事计算机程序设计的求职者来说，面试最重要的一项内容就是考查算法技能，这直接决定了求职的成败。虽然各家公司都有自己的面试题目，但是有些内容是许多公司都容易考到的，同类型的题目会经常出现。本章选择了一些与算法有关的常见面试题进行介绍，帮助求职者顺利通过面试关。

14.1 排序类算法面试题

排序算法是一种最基本的算法，是每一个程序员都应熟练运用的，它是将一组数据按照一定的规律进行排列。常见的排序方法有冒泡排序法、选择排序法、插入排序法、Shell 排序法、快速排序法、堆排序法、合并排序法等。每种排序方法都有其适合的应用场合。

14.1.1 鸡尾酒排序算法

考题题干：

鸡尾酒排序算法又称双向冒泡排序，就是在一次排序操作时将小的数据向前移，同时将大的数据向后移。依此设计鸡尾酒排序算法对下面的数据进行排序，并与传统的冒泡排序算法进行对比。

12，78，34，101，23，170，120，22，200，90，56，260，33，55，125，89，199，201，3，9

考题分析：

本题曾经是中兴公司的一道面试题。鸡尾酒排序的过程中，每一轮排序按照如下方式操作：

（1）先对数组从左到右进行冒泡排序（升序），则最大的元素去到最右端；

（2）再对数组从右到左进行冒泡排序（降序），则最小的元素去到最左端。

依此类推，依次改变冒泡的方向，并不断缩小未排序元素的范围。当判断到某一轮排序没有更改元素位置时，可以判断为结束排序。

参考答案：

程序示例代码如下：

```
#include <stdio.h>                          //头文件
#include <string.h>
```

```
void Cocktail(int * arr,int size)                    // 鸡尾酒排序法
{
    int i,j,k;
    int bl;                                          // 结束标志
    int temp
    int tail=size-1;
    for(i=0;i<tail;)
    {
        bl=0;
        for(j=tail;j>i;--j)                          // 第一轮，先将最小的元素排到前面
        {
            if(arr[j]<arr[j-1])
            {
                temp=arr[j];
                arr[j]=arr[j-1];
                arr[j-1]=temp;
                bl=1;
            }
        }
        ++i;                                         // 原来 i 处数据已排好序，加 1
        for(j=i;j<tail;++j)                          // 第二轮，将最大元素排到后面
        {
            if(arr[j]>arr[j+1])
            {
                temp=arr[j];
                arr[j]=arr[j+1];
                arr[j+1]=temp;
                bl=1;
            }
        }
        tail--;                                      // 原 tail 处数据也已排好序，将其减 1

        printf("第 %d 步排序结果 :",i);               // 输出每步排序的结果
        for(k=0;k<size;k++)
        {
            printf("%d ",arr[k]);
        }
        printf("\n");

        if(bl==0)                                    // 判断是否已经完成排序
        {
            break;                                   // 跳出排序
        }
    }

    printf("排序后的数组为：");
    for(i=0;i<size;i++)                              // 输出排序后的数组
    {
        printf("%d ",arr[i]);
    }
    printf("\n");
}

void main()                                          // 主函数
{
    int i;
    int arr[]={12,78,34,101,23,170,120,22,200,90,56,260,33,55,125,89,199,201,3,9};

    printf("排序前数组为：");                          // 输出排序前的数组
    for(i=0;i<20;i++)
    {
        printf("%d ",arr[i]);
    }
```

```
        printf("\n");

        Cocktail(arr,20);                                    //执行鸡尾酒排序
    }
```

该程序执行的结果如图 14-1 所示。可以将该组数据使用传统的冒泡排序法执行一次，读者将会发现鸡尾酒排序算法经过很少的几轮操作便可以完成排序。

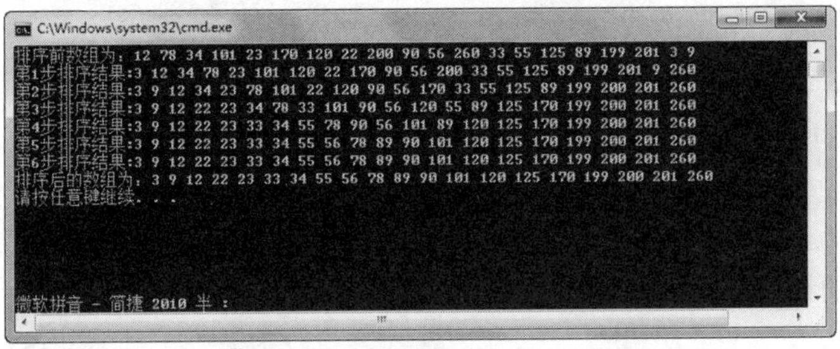

图 14-1

14.1.2　城市名称

考题题干：

任意输入 5 个城市名称的拼音，按照字母的顺序进行重新排列输出。

考题分析：

这是一个比较综合的问题，涉及排序算法以及字符型数组的存储和操作。可以用字符型的二维数组存储城市名称，每一行存储一个城市名称，共存储 5 行。因此需要定义一个 5 行 *n* 列的二维数组，*n* 要足够大，以便可以存放国家的名字。C 语言规定可以把一个二维数组当成多个一维数组处理。因此本题可以按 5 个一维数组处理，而每一个一维数组就是一个城市名称字符串。

将问题抽象为字符串数组之后，便可以借助于字符串比较函数 strcmp() 对字符串进行大小的比较，然后根据比较的结果对 5 个字符串排序输出。

参考答案：

程序示例代码如下：

```
#include <stdio.h>                                   //头文件
#include <string.h>

void main()                                          //主函数
{
    char st[20],citys[5][20];
    int i,j,p;

    printf("First please input 5 city’s name:\n");
    for(i=0;i<5;i++)                                 //输入 5 个城市名称
    {
        gets(citys[i]);
    }
    printf("\n");
    for(i=0;i<5;i++)                                 //循环处理
    {
        p=i;
        strcpy(st,citys[i]);
        for(j=i+1;j<5;j++)
```

```
        {
            if(strcmp(citys[j],st)<0)      //找到字母小的字符串
            {
                p=j;strcpy(st,citys[j]);
            }
        }
        if(p!=i)
        {
            strcpy(st,citys[i]);           //实现字符串的调换
            strcpy(citys[i],citys[p]);
            strcpy(citys[p],st);
        }
        puts(citys[i]);
    }
    printf("\n");
}
```

该程序执行的结果如图 14-2 所示。

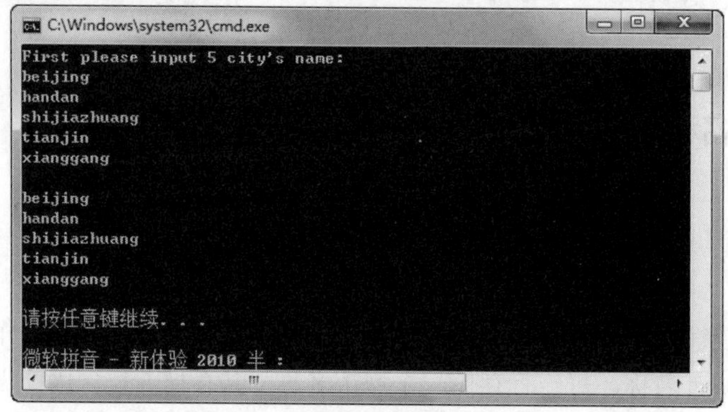

图 14-2

14.2 查找类算法面试题

查找算法也是一种最基本的算法，它是指从一批记录中找出满足指定条件的某一记录的过程。查找算法在面试题目中非常常见，常用的查找算法有顺序查找和折半查找。有时针对不同的数据结构还可以有不同的表现形式，例如在顺序表、链表、树结构以及图结构中。

14.2.1 递归求极值

考题题干：

使用递归方法求下面 10 个整数中的最大值。

13、9、5、10、17、7、20、11、3、15

考题分析：

此题曾经是 Google 公司的一道面试题目。由于本题限定了必须使用递归的方法，就不能使用顺序比对查找的方法来找到最大值了。考查的是一个整型数组，共 10 个元素，元素互不相同。以递归的思想来描述在一个数组中寻找最大元素的过程如下：

（1）如果该整型数组中只有一个元素，那么该元素就是最大的值，因此将其返回即可；

（2）如果该整型数组中的元素个数大于 1，那么寻找最大值可以分解为如下思路：

将该整型数组中的第一个元素与后面其他元素构成的新数组中的最大值进行比较。如果第一个元素大于后面其他元素构成新数组中的最大值，则返回第一个元素；否则返回后面其他元素构成新数组中的最大值。

这样一来，继续按照相同思路向下分解，计算“后面其他元素构成新数组中的最大值”的过程重复执行（1）和（2）即可。

这就是实现递归方法求解数组最大值的思路，读者可以依此思路来编写程序。

参考答案：

程序示例代码如下：

```
#include <stdio.h>

int FindArrayMax(int array[],int n);                    //递归获得一个数列中的最大值


main()
{
    int maxval,i;
    int arr[]={13,9,5,10,17,7,20,11,3,15};

    printf("原数组为:");                                 //输出原始数组
    for(i=0;i<10;i++)
    {
        printf("%d ",arr[i]);                           //输出
    }
    printf("\n");

    maxval= FindArrayMax(arr,7);                        //获得数组 arr 中的最大值
    printf("该数组中的最大值为:  %d\n",maxval);          //输出结果
}

int FindArrayMax(int array[],int num)                   //递归获得一个数列中的最大值
{
    if(num == 1)
    {
        return array[0];
    }
    if (array[0]>=FindArrayMax(array+1,num-1))
    {
        return array[0];
    }
    else
    {
    return  FindArrayMax(array+1,num-1);
    }
}
```

该程序执行的结果如图 14-3 所示。

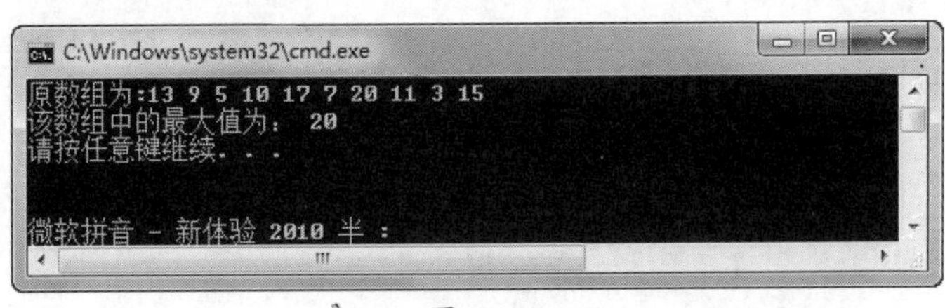

图 14-3

14.2.2 寻找共同元素

考题题干：

输入任意两个整型数组，查找并输出在这两个整型数组中都同时出现的元素。

考题分析：

这是一个对比查找的问题，需要在两个数组中通过两两比较来实现。在算法处理上比较直观的处理方式是使用二重循环来实现。

假定第一个整型数组中包含 *m* 个元素，第二个整型数组中包含 *n* 个元素。通过二重循环，一旦发现第一个数组中的第 *i* 个元素与第二个数组中的第 *j* 个元素相等，就将该数组元素输出。注意，此时第二个数组中的后续元素可以不再继续比较下去。这样最多需要比较 $m \times n$ 次便可以完成。

参考答案：

程序示例代码如下：

```
#include <stdio.h>                                              //头文件

void FindNumber(int array1[],int n1,int array2[],int n2); //找出 array1 和 array2 中的相同元素

void main()                                                     //主函数
{
    int i,j,n1,n2;
    int array1[5];
    int array2[6];

    n1=5;
    printf("请输入数组 1，共 %d 个整数：\n",n1);
    for(i=0;i<n1;i++)                                           //输入数组 1
    {
        scanf("%d",&array1[i]);
    }

    n2=6;
    printf("请输入数组 2，共 %d 个整数：\n",n2);
    for(i=0;i<n2;i++)                                           //输入数组 2
    {
        scanf("%d",&array2[i]);
    }

    printf("数组 1 为：");
    for(i=0;i<n1;i++)                                           //输出数组 1
    {
        printf("%d ",array1[i]);
    }
    printf("\n");
    printf("数组 2 为：");
    for(i=0;i<n2;i++)                                           //输出数组 2
    {
        printf("%d ",array2[i]);
    }
    printf("\n");

    printf("两个数组中同时出现的元素为：");
    FindNumber(array1,n1,array2,n2);                    //找出 array1 和 array2 中的相同元素
}

void FindNumber(int array1[],int n1,int array2[],int n2)  //找出 array1 和 array2 中
```

```
                                                        的相同元素
{
    int i,j;
    for(i=0;i<n1;i++)
    {
        for(j=0;j<n2;j++)
            {
            if(array1[i] == array2[j])              //找到相同元素
            {
                printf("%d ",array1[i]);
                break;
            }
        }
    }
}
```

该程序执行的结果如图 14-4 所示。

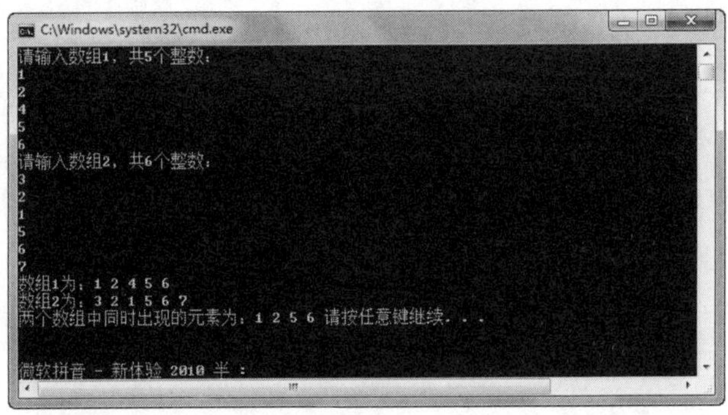

图 14-4

14.2.3　查找最大子串

考题题干：

在一个由 0 和 1 构成的字符串中，找出 0 和 1 连续出现的最大次数。例如，字符串“111001111110000”中 0 连续出现的最大次数为 4，1 出现的最大次数为 6。

考题分析：

这是比较典型的查找类型面试题，重视算法应用的公司经常会出类似的面试题目。解决此题的关键是寻找到最优的算法。

可以设置两个变量 sub0 和 sub1，其初始值可设定为 0，分别用于存放字符 0 和 1 连续出现的最大次数。在扫描整个输入字符串时，每当扫描到一组连续的字符 0 或者字符 1 时，都记录下它们连续出现的次数，然后再分别与 sub0 和 sub1 的值进行比较，将较大的值替换给 sub0 或者 sub1。这样就保证了 sub0 中始终存放的是当前已扫描过的字符串中连续出现 0 的最大次数，保证了 sub1 中始终存放的是当前已扫描过的字符串中连续出现 1 的最大次数。

这样通过一次字符串的遍历扫描，便可以计算出字符串中 0 和 1 连续出现的最大次数，效率很高。

参考答案：

程序示例代码如下：

```
#include <stdio.h>                                  //头文件
#include <string.h>
```

```
void FindSub(char *str,int *sub0,int *sub1)         // 寻找字符串及最大长度
{
    int i=0,len;
    int temp0 = 0, temp1 = 0;

    len = strlen(str);                               // 计算长度
    while(i<len)                                     // 逐个字符遍历
    {
        if(str[i]=='0')
        {
            if(str[i-1] == '1')                      // 如果是字符串的 1-0 转换点
            {
                f(temp1>*sub1)                       // 判断是否需要修改 sub1 的值
                {
                    *sub1 = temp1;
                }
                temp1 = 0;                           // 临时变量 temp1 清零
            }
            temp0++;                                 // 变量 temp0 自增 1，记录 0 的次数
            *sub0 = temp0;
        }
        if(str[i]=='1')                              // 如果是字符串的 0-1 转换点
        {
            if(temp0>*sub0)                          // 判断是否需要修改 sub0 的值
                {
                    *sub0= temp0;
                }
            if(str[i-1] == '0')                      // 判断是否需要修改 sub0 的值
            {
                temp0 = 0;                           // 临时变量 temp0 清零
            }
            temp1++;                                 // 变量 temp1 自增 1，记录 1 的次数
            *sub1 = temp1;
        }

        i++;
    }
}

void main()                                          // 主函数
{
    char *str="10110000000000001111000000000000"; // 初始化字符串
    int sub0=0;
    int sub1=0;

    printf("输入字符串为：%s\n",str);

    FindSub(str,&sub0,&sub1);                        // 寻找子串及最大长度
    printf("全为'0'的子串最大长度为%d\n",sub0);
    printf("全为'1'的子串最大长度为%d\n",sub1);
}
```

该程序执行的结果如图 14-5 所示。

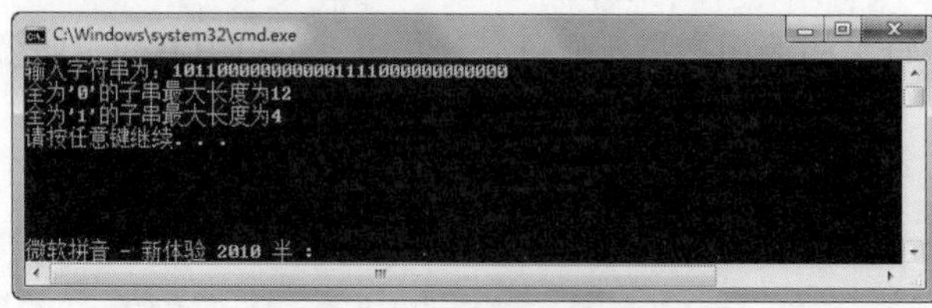

图 14-5

14.3　综合类算法面试题

在算法面试环节上，一些涉及算法思想、数论、数值计算、探索规律类的面试题目常常被用到。这些题目往往比较综合，涉及的知识点五花八门，非常考验读者的分析问题能力和综合运用能力。

14.3.1　求序列和

考题题干：

编写算法，计算数据序列“1、2、3/2、5/3、8/5、13/8、……”的前 100 项之和。

考题分析：

这是典型的分析规律类的题目，重点考查的是面试者发现数列规律并将其抽象为算法语言的能力。首先将数据序列换成如下形式：

$$\frac{1}{1}、\frac{2}{1}、\frac{3}{2}、\frac{5}{3}、\frac{8}{5}、\frac{13}{8}、\cdots$$

从这个书写形式中可以发现其中的规律。数据序列的每一项分数的分母等于前一项分数的分子，序列每一项分数的分子等于前一项分数的分母与分子之和。有了这个规律之后，将其转换为算法的语言来实现即可。

参考答案：

程序示例代码如下：

```
#include <stdio.h>                          //头文件

void main()                                 //主函数
{
    int i;
    int n=100;
    float a=1;                              //分子
    float b=1;                              //分母
    float tmp;
    float sum = 0;                          //总和

    for(i=0;i<n;i++)                        //循环求累加和
    {
       sum = sum +a/b;
       tmp = a + b;
       b = a;                               //分母等于前一项的分子
       a = tmp;                             //分子等于前一项分母与分子之和
}

    printf("1+2+3/2+5/3+...=%f\n",sum);  //输出结算结果
}
```

该程序执行的结果如图 14-6 所示。

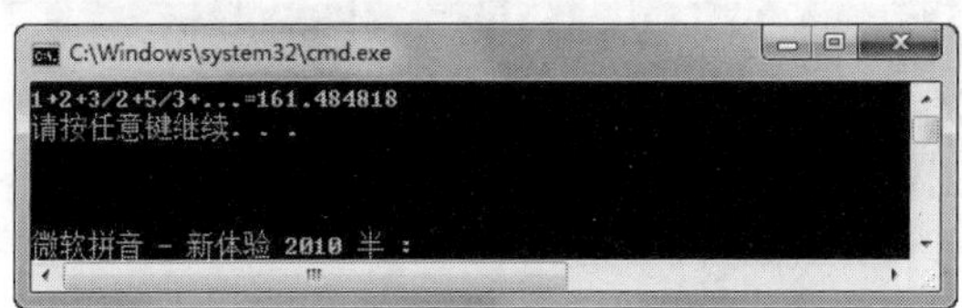

图 14-6

14.3.2 逆置字符串

考题题干：

请编写算法，在不额外开辟字符串空间的情况下，将一个输入的字符串 str1 进行逆置。例如，输入的字符串为“abcdef”，则逆置之后的字符串应为“fedcba”。

考题分析：

这个题目是百度公司的面试题。不额外开辟字符串空间，仅在输入的字符串上进行操作。一般在对内存有严格要求的程序应用中会用到，可以采用指针来实现。操作思路如下：

（1）在程序中设置两个指针，一个指向字符串的头，另一个指向字符串的尾；

（2）交换这两个指针指向位置的内容，再将靠近字符串首的指针后移，靠近字符串尾的指针前移；

（3）重复上述操作，直到尾指针大于首指针（指针过界），或者两个指针重合为止。

参考答案：

程序示例代码如下：

```
#include <stdio.h>                                      //头文件
#include <string.h>

void ReverseStr(char *s);                               //求字符串的逆置

void main()                                             //主函数
{
    char s[]="ABCDEFGHIJK";                             //输入字符串
printf("输入字符串为%s\n",s);

    ReverseStr(s);
    printf("逆置后的字符串为%s\n",s);                    //逆置后的字符串
}

void ReverseStr(char *s)                                //求字符串的逆置
{
    int len = strlen(s)-1;
    int n=0;
    char tmp;

    while(n!=len && n<len)                              //逐个互换操作
    {
        tmp = s[n];
        s[n] = s[len];
        s[len] = tmp;
        n++;
        len--;
    }
}
```

该程序执行的结果如图 14-7 所示。

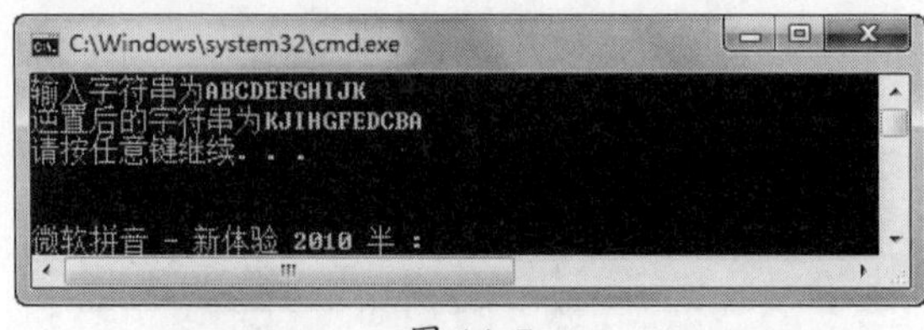

图 14-7